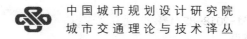

中国城市规划设计研究院
城市交通理论与技术译丛

美国城市交通规划
历程、政策与实践

（原著第五版）

Urban Transportation Planning in the United States：
History，Policy，and Practice（Fifth Edition）

[美]爱德华·韦纳 著

（Edward Weiner）

叶 敏 康 浩 赵一新 张斯阳 许定源 等译

中国建筑工业出版社

著作权合同登记图字：01-2018-8271号

图书在版编目（CIP）数据

美国城市交通规划历程、政策与实践：原著第五版 /（美）爱德华·韦纳著；叶敏等译 .—北京：中国建筑工业出版社，2020.3

（中国城市规划设计研究院城市交通理论与技术译丛）

书名原文：Urban Transportation Planning in the United States：History，Policy，and Practice（Fifth Edition）

ISBN 978-7-112-24725-7

Ⅰ.①美…　Ⅱ.①爱…　②叶…　Ⅲ.①城市规划—交通规划—研究—美国　Ⅳ.①TU984.191

中国版本图书馆CIP数据核字（2020）第022468号

Translation from the English language edition：
Urban Transportation Planning in the United States： History, Policy, and Practice （5th Ed.）
by Edward Weiner
Copyright © Springer International Publishing Switzerland 2016
This Springer imprint is published by Springer Nature
The registered company is Springer International Publishing AG
All Rights Reserved

Chinese Translation Copyright © 2020 China Architecture & Building Press

本书经Springer International Publishing Switzerland公司正式授权我社翻译、出版、发行

责任编辑：李玲洁　董苏华　石枫华　张文胜　程素荣
责任校对：张　颖

中国城市规划设计研究院城市交通理论与技术译丛

美国城市交通规划历程、政策与实践（原著第五版）

Urban Transportation Planning in the United States：History，Policy，and Practice（Fifth Edition）

[美]爱德华·韦纳　著
（Edward Weiner）

叶　敏　康　浩　赵一新　张斯阳　许定源　等译

*

中国建筑工业出版社出版、发行（北京海淀三里河路9号）

各地新华书店、建筑书店经销

北京点击世代文化传媒有限公司制版

天津翔远印刷有限公司印刷

*

开本：787毫米×1092毫米　1/16　印张：20¾　字数：523千字

2020年11月第一版　2020年11月第一次印刷

定价：99.00元

ISBN 978-7-112-24725-7

（35179）

版权所有　翻印必究

如有印装质量问题，可寄本社图书出版中心退换

（邮政编码 100037）

中文版序

　　埃德·韦纳先生长期关注美国交通政策、立法和交通规划研究，在美国交通运输部工作超过35年，对美国的城市交通发展和规划有深刻地认识，其著作《美国城市交通规划历程、政策与实践》历史性地概述了美国城市交通规划发展的进程，并多次再版。

　　本书向读者展示了美国交通规划的演变，从20世纪30年代关注高速公路系统发展到如今致力于可持续发展、安全性以及控制污染，汇集美国重大国家性事件、政策法规、学术研讨、联邦项目以及规划流程与技术的发展情况。书中回溯了自1962年高速公路法案颁布以来50余年的绝大多数法律规范，更加强调交通安全、石油依赖、运行管理以及公私合营模式等方面的重要意义，对系统了解美国城市交通规划提供了一个全面的视角。

　　中国城市交通伴随快速城镇化发展和技术进步，呈现不同的难点和问题，逐渐成为城市矛盾的一个焦点。交通拥堵、停车难、出行服务差等一一列入城市健康发展的问题清单。如何科学认知城市交通，综合研判现状问题，精准谋划解决方案，是中国城市交通规划当前面临的挑战。中国城市经历了近20年的快速城镇化和机动化发展之后，城市开始进入了以存量优化为重点的城市更新发展时期。同样，经过近40年城市交通基础设施的快速建设，大城市中心城区城市干线交通基础设施也基本进入了以存量优化为主导的发展阶段。中国的城市交通规划拥有自身独特的发展轨迹与经验，同时，也在建设过程中不断借鉴外国的经验教训。从蓬勃建设到可持续发展，美国经历了怎样的发展历程，有过哪些经验教训？面对高度发达的交通基础设施系统，美国如何应对环境与能源危机，调整城市交通发展思路？这些疑问驱使中国城市规划设计研究院城市交通研究分院组织翻译了《美国城市交通规划历程、政策与实践（原著第五版）》这本书。

　　2019年是中国政府提出交通强国发展战略的元年。面对未来的国际合作与竞争、国家发展与进步，中国将完善交通系统软硬件设施作为建设现代化经济体系的先行领域以及全面建成社会主义现代化强国的重要支撑。如何以创新为驱动，构建安全、便捷、高效、绿色、经济的现代化综合交通体系，成为中国城市交通规划人员的必修课。阅读本书，可以帮助中国的城市交通规划人员在了解美国城市交通发展现状的同时，更加透彻地理解规划背后的时代背景和政策土壤。本书涉及美国各类政策、交通立法、机构体制等诸多领域，希望对国内城市交通发展有借鉴作用。

王凯

北京

2019年11月20日

前言

　　州和地方机构对城市交通规划均极为重视。多年来，对城市交通系统的规划和评估不断取得进展，这些知识对于规划者和决策者推动和实现交通系统变革具有重要意义。在此背景下，非常有必要厘清交通和规划领域都进行了哪些尝试，这些尝试是如何形成今日通用的方法。本书追溯了城市交通发展 70 年的演进历程。

　　本书首发于 1987 年，目前为第五版。第四版讨论了 2012 年中期的城市交通规划。第五版将内容推进至 2016 年的城市交通规划和政策发展情况。第五版同时对上一版进行了补充、更正。本书对"城市交通规划演进历程"的更新则是基于 1979 年出版、由乔治·E·格雷（George E. Gray）和莱斯特·L·赫尔（Lester L. Hoel）主编的《公共交通：规划、运营和管理》（Public Transportation：Planning, Operations, and Management）一书的第十五章。

　　本书聚焦于城市交通规划发展过程中的关键事件，包括技术流程、理念、过程以及制度的发展。同时，规划者还应对法规、政策、规范以及技术的改变有所察觉。这些事件共同勾勒出一个关于曾经以及还将持续影响城市交通规划的作用力的更完整的画面。

　　将庞杂的历史浓缩于一本书中必然意味着艰难的抉择。众多个人和组织都为城市交通规划的发展贡献了力量。本书显然无法穷尽或引用所有的贡献。本书关注于具有全美影响力的关键事件，力求掌握城市交通规划演进的全貌。关注关键事件也有助于就某一专门领域展开讨论。

　　本书主要以时间顺序进行组织。作者用一个主题概括每个时期的标题。并非所有关键事件都能找到对应的主题，但是大多数情况下可以。对某些事件或者事件后续活动背景的剖析可能跨越多个时期，但会将其归入与之最相关的章节。

　　本书对以下领域进行了多角度、不同观点兼容并蓄地研究：至关重要的联邦法律、主要及相关联邦法规和政策、高速公路隐忧、公共交通隐忧、环境问题、能源问题、安全问题、气候变化隐忧、财政、相关会议、技术发展、交通服务替代方案、设施的弹性、实践和理论发展、全美交通案例、全美数据来源、具有全美意义的地区事件。

　　多年来，作者时常与专业人士讨论这些事件。他们往往亲自参与其中或掌握一手资料。由于人数众多无法一一列举，作者对他们的协助一并表示感谢。

　　在筹划本书的过程中，几位专家向作者提供了关于某些事件的关键信息。特此感谢以下专家的协助：Jack Bennett，Barry Berlin，Susan Binder，Norman Cooper，Frederick W. Ducca，Sheldon H. Edner，Christopher R. Fleet，Charles A. Hedges，Kevin Heanue，Donald Igo，Anthony R. Kane，Thomas Koslowski，Ira Laster，William M. Lyons，James J. McDonnell，Florence Mills，Camille C. Mittelholtz，Norman Paulhus，Elizabeth A. Parker，John Peak，Alan Pisarski，Sam

Rea，Carl Rappaport，Elizabeth Riklin，James A. Scott，Mary Lynn Tischer，Martin Wachs，Jimmy Yu，以及 Samuel Zimmerman。

感谢 Donald Emerson，David S. Gendell，James Getzewich，Charles H. Graves，Thomas J. Hillegass，Howard S. Lapin，Herbert S. Levinson，Alfonso B. Linhares，Gary E. Maring，Alan Pisarski，Ali F. Sevin，Gordon Shunk，Peter R. Stopher，Carl N. Swerdloff，Paul L. Verchinski 以及 George Wickstrom 给予修改意见。

如有任何错漏，责任归于作者本人。

爱德华·韦纳
美国马里兰州银泉市
2016 年 1 月

目　录

第十七章 关注气候变化 212

第一章
绪 论

　　1962 年 10 月 23 日，美国总统约翰·肯尼迪（John F. Kennedy）批准通过了 1962 年《联邦援助公路法案》（Federal-Aid Highway Act）。该法案确立了美国城市交通规划的法定地位，至今已有 50 多年的历史。该法案是 20 年来城市交通规划程序和机构试验发展的里程碑。法案在德怀特·艾森豪威尔（Dwight D. Eisenhower）国家州际和国防公路系统规划之初批准通过。在该法案与州际公路项目 90% 的联邦资金激励的共同作用下，城市交通规划在美国迅速蔓延，对世界其他地区的城市交通规划产生了重大影响。

　　50 多年来，城市交通规划的流程和规划技术在某些方面几乎没有改变，而在其他的一些方面，城市交通规划随着不断变化的情况、条件、价值观以及对城市交通现象更深入的了解而不断更新。目前的城市交通规划实践比其前身公路规划要更加精细复杂且费用更高，并且在规划过程中涉及更广泛的公众参与。

　　规划流程的改进历经了多年，新的关注和新的问题不断引发规划技术和流程的变更，这些改进旨在使规划过程对所关注的领域更具响应性和敏感性。交通规划新概念和新技术在具有资源和技术优势的城市或地区得以快速采纳和发展，并常常在联邦政府和专业组织的协助下在全美范围内得以推广。然而，新概念被接受的程度因地而异，这导致在同一时间点各地规划的质量和深度表现出较大的差异性。

　　早期的公路规划专注于建立一个连接全美各地的全天候公路网络。随着这项工作的完成，交通规划转而关注如何满足日益增长的交通需求，以及早期城市规划中分散的土地开发利用模式、职住不平衡、环境恶化、公众参与、能源消耗、弱势群体交通以及基础设施恶化等问题。近年来，交通拥堵、多式联运、绩效指标、可持续发展、环境正义、气候变化、国家安全和基础设施的弹性则成为交通规划新的关注点，而充足的资金则是交通规划中由始至终的一个关注点。

　　美国公路和交通设施与服务主要由州和地方机构拥有和运营，近年来，不少私人机构也开始涉足公路和交通设施与服务。与此相适应，美国的城市交通规划通常在咨询公司和大学的帮助下，由州和地方机构主导开展，联邦政府则关注于制定国家政策，提供财政援助，开展技术援助和培训，以及引导交通问题研究。联邦政府在财务援助的同时通常附加额外的要求，从规划的角度来看，这些附加要求最为重要的是要求人口超过 5 万人的城镇化地区交通项目应以城市交通规划流程为基础，而该内容于 1962 年被首次纳入《联邦援助公路法案》。

　　部分附加要求被纳入联邦法律和法规，本书按照时间顺序记录了其中大部分内容。在不同时间段,这些附加要求的执行程度差异较大,有时严格要求具体到细节,而有时则较为灵活。目前,地方层面更强调在规划实施时增加州和地方的灵活性,同时强调规划过程对于全部团体和个人应更具包容性。

多年来,一些联邦机构影响着城市交通规划(表1-1)。1962年《公路法案》通过时,美国公共道路局(BPR)是美国商务部的一部分。1966年美国交通运输部(DOT)成立后,美国公共道路局并入交通运输部,并更名为美国联邦公路管理署(FHWA)。联邦城市公共交通项目组始于1961年美国住房金融署(1965年在此基础上成立了美国住房和城市发展部),1968年转入交通运输部,并更名为美国城市公共交通管理署。1991年根据的《联邦运输法案修正案》更名为美国联邦运输管理署(FTA)。美国联邦铁路管理署(FRA)同样成立于1966年。1966年美国商务部依据1966年《国家交通和机动车安全法案》和1966年《公路安全法案》分别设立国家交通安全署和国家公路安全署。这两个安全机构于1967年由行政命令11357合并到新建立的交通运输部中的国家公路安全署,1970年更名为国家公路交通安全管理署(NHTSA)。

新问题的出现使得不断有联邦机构参与到城市交通规划中,如:1964年美国劳工部(DOL)参与监管《城市公共交通法案》的劳动保护条款,成立于1966年的历史保护咨询委员会负责管理国家历史保护计划,预算局(BOB)[后来成为管理和预算办公室(OMB)],于1969年发布导则以改善联邦政府资助项目之间的协调,在后来的几年里,管理和预算办公室发布了许多影响城市交通问题的导则。1969年成立的环境质量委员会(CEQ)和1970年成立的美国环境保护署(EPA)致力于应对20世纪60年代后期日益严重的环境问题。美国卫生教育和福利部(HEW))(现在美国卫生及公共服务部(HHS))因1973年的《康复法案》而参与到城市交通规则中,以尽可能消除残疾人歧视。随着1973年《濒危物种法案》的通过,美国内政部和商务部开始参与城市交通规划。1977年,美国能源部(DOE)成立,旨在汇集联邦能源职能。

	部分联邦机构及其成立年份	表1-1
1849 年	Department of Interior	内政部
1913 年	Department of Commerce	商务部
1913 年	Department of Labor	劳工部
1916 年	Bureau of Public Roads	公共道路局
1921 年	Bureau of the Budget	预算局
1947 年	Housing and Home Finance Agency	住房金融署
1953 年	Department of Health, Education and Welfare	卫生、教育和福利部
1965 年	Department of Housing and Urban Development	住房和城市发展部
1966 年	Department of Transportation	交通运输部
1966 年	Federal Highway Administration	联邦公路管理署
1966 年	Federal Railroad Administration	联邦铁路管理署
1966 年	Advisory Council on Historic Preservation	历史保护咨询委员会
1967 年	National Highway Safety Bureau	国家公路安全署
1968 年	Urban Mass Transportation Administration	城市公共交通管理署

续表

1969 年	Council on Environmental Quality	环境质量委员会
1970 年	National Highway Traffic Safety Administration	国家公路交通安全管理署
1970 年	Office of Management and Budget	管理和预算办公室
1970 年	Environmental Protection Agency	环保署
1977 年	Department of Energy	能源部
1979 年	Department of Health and Human Services	卫生和公共服务部
1991 年	Federal Transit Administration	联邦运输管理署
1992 年	Bureau of Transportation Statistics	交通运输统计署
2000 年	Federal Motor Carrier Safety Administration	联邦汽车运输安全管理署
2001 年	Transportation Security Administration	运输安全管理署
2002 年	Department of Homeland Security	国土安全部
2005 年	Research and Innovative Technology Administration	研究与创新技术管理署

　　根据 1991 年的《多式联运地面运输效率法案》，交通运输统计署（BTS）于 2005 年因《诺曼·米内塔（Norman Y. Mineta）研究和特别计划改进法》合并到研究和创新技术管理署（RITA）而创建，专注于数据收集和分析，并确保最有效地使用交通监测资源。2000 年，依据 1999 年的《汽车运输安全改进法案》，美国交通运输部内单独设立联邦汽车运输安全管理署（FMCSA），旨在减少涉及大型卡车和公共汽车的撞车事故以及伤亡事故。依据《美国交通安全法案》，美国运输安全管理署（TSA）于 2001 年成立，旨在通过实现人和物的自由移动以保护国家的交通系统。依据《国土安全法》，国土安全部于 2002 年成立，运输安全管理署并入国土安全部（DHS）。

　　联邦、州和地方层面不同机构的参与对城市交通规划提出了更大的挑战。地方规划者投入大量资源来满足上级政府的要求，这往往会削弱他们解决当地需求和目标的能力，而这些要求也被当地机构用作开展他们所期望而未能获得地方支持的活动的理由。

　　本书回顾了美国城市交通规划程序的历史发展，从早期的公路规划、交通规划到目前更关注多式联运、可持续发展和广泛的公众参与。

　　第二章讨论了早期的公路规划。

　　第三章回顾了城市交通规划的形成时期，该时期也是许多城市交通规划基本概念建立的时期。

　　第四章追溯了国家州际和国防公路系统的开端。

　　第五章重点介绍了 1962 年的《联邦援助公路法案》及其给美国城市交通规划体系带来的巨大变化，还介绍了联邦政府早期参与城市公共交通的情况。

　　第六章讨论了改善政府间协调的努力，联邦公路和车辆安全计划的开始，联邦政府加强对城市公共交通行业的引导以及向"持续"交通规划的演变。

　　第七章描述了 20 世纪 60 年代后期的环境革命以及城市交通规划过程公众参与的普及。

　　第八章介绍了引发城市公共交通和公路规划整合的大事件，包括增加联邦公共交通发展计划以及提高公路资金使用的灵活性。

　　第九章重点关注 1973 年的阿拉伯石油禁运，加速了从长期系统规划向短期规模较小规划的过渡。本章还讨论了对运输决策中成本效益的关注以及对运输系统管理技术的重视。

第十章强调了对旧城复兴的关注以及对日益增长的节能需求，介绍了联邦政府对环境质量和特种运输进一步的要求。

第十一章关注了为减少联邦政府对地方决策的干预和减少联邦要求所进行的努力。

第十二章讨论了私营部门提供运输服务的扩张以及公共资源在交通规划中的缩减。

第十三章聚焦于 2000 年和 21 世纪的战略规划，以及对新技术选择的重新关注。本章还讨论了交通需求管理，以及对交通拥堵和空气污染日益增长的关注。

第十四章介绍了人们日益关注交通对生活质量和环境的影响，这促使交通规划中更广泛地采用各种方法来实现交通可持续发展。

第十五章关注了交通决策过程中包括个人和市民团体在内的广泛的公众参与。

第十六章重点介绍了随着新世纪的开始，交通系统开启了有效运营的进程，确保支出取得切实的成效，寻求足够的资源以满足不断增长的需求。

第十七章介绍了对气候变化的日益关注以及应对气候变化的措施。

第十八章讨论了国家经济放缓，国家赤字日益上升，以及由此带来的交通运输项目投融资的不足和困难。

第十九章重点介绍基础设施应保持足够的弹性以应对人为和自然灾害。

第二十章讨论了在资金有限的情况下运输基础设施成本的增长。

第二十一章是总结和结论。

第二章
早期公路规划

20 世纪上半叶，汽车和卡车使用的增加催生了早期的高速公路规划需求。从 1904 年开始，当第一批汽车驶出城市时，交通量稳步快速增长。公路建设的重点也由早期的连通不同的城市，转向改善公路系统以承载增加的交通负荷。人们不断创新致力于提高公路容量，包括控制出入口、减少平面交叉口、应用新型交通控制设备和改进道路设计。私人运营的公共交通在城市范围内开始出现。

第二次世界大战前的早期公路规划更关注收集和分析现状资料，并用于解决不断增长的公路问题。正是在这一时期，科学和工程的原理开始用于计量公路交通量和通行能力，并应用于公路规划和设计。

1921 年《联邦公路法案》

在公路建设的早期，汽车被视为一种娱乐工具而非重要的交通工具。因此，在这个时期建立的高速公路通常是从城市到乡村的短距离道路。而许多重要的城际路线建设则存在显著的差距。在此期间，城市道路被认为是富余的，特别是与通常没有路面硬化的乡村道路相比。

随着汽车的改进和普及，建设公路系统的想法越来越强烈。国家公路系统的概念在 1921 年的《联邦公路法案》中得到承认。该法案要求各州公路部门设计一个州际和县际公路网络系统，这个系统的路网总长度不能超过当时已经建成的乡村道路的 7%。

联邦援助基金作为国家公路系统建设的专项资金，联邦政府将支付 50% 的建设成本，而州将支付另外 50% 的费用。这种资金集中投入精心挑选的道路系统的模式对快速改善整合形成全美公路网络产生了巨大的影响。

1925 年的《联邦援助公路法案》强化了连续的国家公路系统的概念，将遍布全美的重要通道进行编号。不同于以前在电话杆上使用名称和彩色条带，新系统统一在盾牌形路标上使用数字对州际公路进行编号，极大地提高了路标的辨识性。当时，这并非是一个正式的公路编号系统，而只是为驾车者提供指南。美国编号公路系统于 1926 年被采纳。

随着 1921 年《联邦援助法案》实施的联邦援助系统并标记了所有道路，公路建设的重点是"缩小差距"。到 20 世纪 30 年代初，构建连接人口中心的双车道公路网络的目标已基本实现。这使得在一个顺畅的全天候公路系统上环游全美成为可能（U.S. Federal Works Agency，1949）。

随着公路建设"开创性时期"的结束，人们的注意力转移到交通快速增长和车辆重量增加所带来的更为复杂的问题上。图 2-1 显示了该时期车辆登记、机动车燃料消耗、公路支出和税收收入的增长（U.S. Department of Commerce，1954a）。早期的公路宽度、坡度和线形不足以满足主要的交通负荷，与此同时，公路路面设计也未考虑新卡车的数量和承载重量。

很明显，这些新增问题使得全面收集和分析高速公路信息以及高速公路的使用变得比以往更为重要（Holmes and Lynch，1957）。采用系统的方法进行公路规划以应对上述日益严重的问题成为必要的内容。

早期的公园大道

20 世纪初，随着汽车保有量的增长和城市向郊区的蔓延，产生了对专用道路的需求。在纽约，城市的增长迅速向北延伸到韦斯特切斯特县（Westchester）。布朗克斯河（Bronx River）沿岸的物业陆续进入市场。沿岸土地细分为较小的地块，地块上的开发逐渐污染了布朗克斯河流。布朗克斯河委员会成立于 1907 年，在获得必要的土地后便开始建设布朗克斯河大道，并将建设布朗克斯河大道作为纽约市和韦斯特切斯特县共同的事业。

布朗克斯河公园保护区是第一个专门为汽车使用而设计的林荫大道。该项目最初是一项环境恢复和公园开发计划，旨在将污染严重的布朗克斯河改造成一个迷人的带状公园。随着林荫大道的建设，该项目成为现代机动化道路发展的先驱典范，它通过减少危险交叉口的数量，限制周围街道和商业的出入口，驾驶员周围是宽阔的、风景如画的绿化带，成功地将美观、安全和高效结合起来。布朗克斯河大道保护区与大道平行，是韦斯特切斯特县的第一片公共绿地（Bronx River Parkway-Historic Overview）。

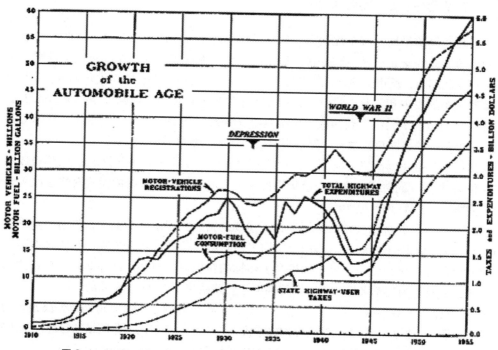

图 2-1   1910—1955 年美国机动车辆登记、燃油消耗、用户税和公路支出情况

资料来源：U.S. Department of Commerce（1954）

　　布朗克斯河大道有 40 英尺宽，设有 4 条车道。其中几个重要的设计特征很快成为大道设计的标志，包括避免过高的坡度和危险曲线，用立体交叉口取代平面交叉口，以景观中央分隔带分离对向车辆，桥梁建造考虑持久性，通过建筑处理与自然环境相协调。许多特征都被其他项目的设计师复制，成为大道的标志（Bronx River Parkway-Historic Overview）。

　　汽车保有量的不断增长和汽车技术的进步迅速触发了建设机动车道的需求。在 20 世纪 20 年代和 30 年代，建造了许多新的林荫大道，包括哈钦森（Hutchinson）、索米尔（Saw Mill）、中央车站（Grand Central）和纽约市北部的塔科尼克（Taconic）、纽约的亨利哈德逊公园大道（Henry Hudson Parkway）以及新泽西州的帕利塞兹（Palisades）和帕利塞兹公园大道（Palisades Parkway）。在长岛上，有梅多布鲁克大道（Meadow）、北州大道（Northern State Parkway）和南州大道（Southern State Parkway）以及旺托州立大道（Wantagh State Parkway）。截至 1934 年，在罗伯特·摩西（Robert Moses）的指导下，皇后区（Queens）、拿骚县（Nassau）和韦斯特切斯特县建立了长约 134 英里的林荫大道（Walmsley，2003）。同样，也是在 20 世纪 30 年代，现代化的林荫大道运动由纽约市逐渐向外蔓延发展成为联邦州级大道，包括弗吉尼亚州的天际线公路（Skyline Drive），连接北卡罗来纳州和田纳西州的蓝岭大道（Blue Ridge Parkway）以及康涅狄格州的梅里特大道（Merritt Parkway）（Loukaitou-Sideris and Gottlieb，2003）。

新泽西州雷德明

　　第一次世界大战后美国的工业化导致了乡村地区的迁移和 20 世纪 20 年代城市的迅猛增长。人口快速增长导致严重的住房短缺，汽车正在成为美国生活的主要交通工具，也同时为城市生活增添了新的问题。提供更多住房和保护人们免受汽车交通的影响成为城市设计必须面对的课题。为了满足这些需求，1929 年在纽约市外的新泽西州费尔劳恩（Fairlawn）建立了雷德明（Radburn）——"汽车时代的城镇"。

　　雷德明是由亨利·怀特（Henry Wright）和克拉伦斯·斯坦（Clarence Stein）设计的，采用了赖特"六块木板房屋平台"设计：

- 雷德明汽车小镇设计简单但全面。设计没有局限在传统的建筑红线上，而是根据物业的特殊需要调整路面、人行道、下水管道等，精心安排建筑物和空地，保证最小和最便宜的房屋也能同样享有采光，通风，有适宜的外观。
- 小镇因地制宜地为社区提供各类充足的场地，包括：游乐场、学校花园、学校、剧院、教堂、公共建筑和商店。
- 优化工厂和其他工业建筑物布局，避免货物或人员运输的浪费。
- 依据安全、安静和清晰的原则设计汽车停放存储、货物交运、废物收集。
- 将私人用地和公共用地联系起来，在规划设计中考虑建筑物和建筑群彼此之间的关系。集体开发公共服务设施，以提高个人的舒适度，降低人均运作成本。
- 在合理的成本和服务基础上安排房屋使用，包括组织、建设和维护社区所需的成本。

　　雷德明汽车小镇的主要创新在于道路系统层次结构。它通过废除传统的方格路网模式并建立一种超级街区将行人和车辆分开，超级街区是以主要道路围绕而成的大块土地。这些街区内的房屋通过周边尽端式支路网进入主要道路，将超级街区内剩余的土地建设为公园，成为串联邻里的骨架。房屋的起居和休息区面向花园和公园区，而活动区则面向通道。

建设纯粹的住宅街道的想法在当时是一个新兴的想法。雷德明计划使用尽端式道路作为一种较合理的方法来规避方格路网的局限。方格网道路中所有街道都是通过性街道，每100m就有可能发生汽车和行人之间的碰撞。雷德明尽端式路网设计间隔为100～130m，街道宽度为16～20m，而机动车道宽度限制为10m，甚至计划进一步将机动车道宽度减少到6m，并允许对每侧2m的公用设施带进行景观美化，从而使其在视觉上成为花园的一部分。小镇中建筑退线为5m，并为街道停车设置了条款。

房屋花园周围的人行道将尽端路系统相互分开，并与中央公园分开，仅在一些必要的地方穿过公园。为了进一步分离行人交通和机动车流，小镇设计了一个连接超级街区的人行地下通道和立交桥系统，通过这个系统行人可以从小镇内任何一个点开始，然后步行前往学校、商店或教堂，而不必穿过汽车使用的街道。

雷德明的另一项创新是公园无须住户支付额外费用。与正常街道分区相比，雷德明的道路和公用事业支出节省费用足以覆盖公园建设。雷德明小镇规划使用小地段和较少的街道面积来确保相同数量的临街面积。此外，为了直接进入大多数房屋，它使用较窄的道路以及较小的公用设施线路。街道面积和公用设施的长度比典型的美国街区低25%。节省的成本不仅覆盖了进入内部公园总面积12%～14%的建设费用，还包括了连接中央公共区域游憩空间以及中央大厦的绿道系统立交和景观成本。由此将房主在社区中生活的成本降至最低，同时使开发商的投资成本足够小以实现投资盈利。

雷德明是独一无二的，因为它是一个对城市美好生活的展望，是城市规划的第一个范例，它承认汽车在现代生活中的重要性，但不允许它主导环境变化。雷德明的设计手法都不是全新的，然而，它们的统一整合布局是细分形式的突破。这是美国第一次如此大规模地进行房屋开发，从一个有限的建筑计划出发，形成了一个完整的城镇。雷德明对开发商也很重要，因其公园和道路分级的独特建设经费方式。

随着时间冲刷，雷德明模式仍是郊区的首选模式。规划者将其载入聚类分区条例，开发商或许从未听说过雷德明或其规划原则，但他们也将建筑物分布在尽端路周围，并将"社区中心"作为其市场卖点。"社区中心"通常包括公共开放空间、游泳池，有时还包括网球场、室内运动设施和儿童游乐设施（Garvin，1998）。

1934 年《联邦援助公路法案》

从1934年的《联邦援助公路法案》开始，国会授权每年分配给各州预算总额中的0.5%～1%可用于公路建设项目的调查、规划、工程和经济分析。该法案通过州际公路规划普查，建立了美国公共道路局（现为美国联邦公路管理署）与州公路部门之间的合作安排。到1940年，美国各州都加入了该项目（Holmes and Lynch，1957）。

作为一项初步活动，这些公路规划普查包括建立公路的完整清单和图形测绘及其物理特征。开展交通调查以掌握各种类型、重量和尺寸车辆的交通量，进行财务研究以确定公路财政与各州内其他金融业务的关系，评估各州为公路系统的建设和运营提供资金的能力，并指示如何在不同部门之间分配公路税。时至今日，许多相同类型的活动仍然由公路机构持续推进（Holmes，1962）。

电气化铁道部主席会议委员会

有轨电车系统是第一次世界大战期间城市公共交通的支柱，到 1917 年，1000 多家有轨电车公司运送了大约 110 亿乘次（Mills，1975）。1923 年以后，有轨电车乘客量开始下降，因为公共汽车因其路线的灵活性和更低的成本很快就开始替代有轨电车（N.D. Lea Transportation Research Corporation，1975）。随着运营成本上升而又无法通过提高票价覆盖成本，有轨电车公司的财务状况逐渐恶化。

1930 年，25 家有轨电车公司的负责人组成了有轨电车运营公司总裁会议委员会（PCC）。PCC 的目标是开发一种现代有轨电车，以匹配其竞争对手的舒适性、性能和现代形象，阻止有轨铁路行业的衰落。这项工作耗时 5 年，耗资 75 万美元。它是城市公共交通中最彻底、最有效组织的企业之一。其产品被称为 "PCC 汽车"，在加速、制动、乘客舒适性和噪声方面远远超过其前身（Mills，1975）。

PCC 汽车的第一个商业应用是 1935 年在纽约布鲁克林。到 1940 年，已销售了 1100 多辆 PCC 汽车。到 1952 年首次停产时，大约生产了 6000 辆 PCC 汽车。PCC 汽车确实提高了有轨电车的竞争地位并减缓了公共汽车的更替，但没有其他改进，例如专有路权。它没能阻止有轨电车的长期下降，到 1960 年，美国只有十几个城市保留了有轨电车（Vuchic，1981）。

《统一交通控制设施手册》

公路系统不断扩建和升级以满足机动化交通的增长，采用统一高标准的交通控制装置的需求日益明显。这些交通控制设施包括标志标线、交通信号和其他设备，由公共机构布设在街道或公路上方或附近，以引导、警告或管理交通。1927 年，美国国家公路工作者协会出版了《美国道路标志标线的制造、显示和安装标准手册》（Manual and Specifications for the Manufacture, Display and Erection of U.S. Standard Road Markers and Signs）。该手册是为乡村公路编写的。随后，在 1929 年，全美街道和公路安全会议发布了指导城市街道交通设施的使用手册。

然而，统一适用于不同类别的道路系统的控制设施标准显得尤为必要。美国各州公路工作者协会（AASHO）和全美道路安全会议的联合委员会共同努力，制定了第一部关于统一交通控制设施的手册，该手册由美国公共道路局（BPR）于 1935 年出版。该手册包含了沿用至今的密西西比河谷国家公路部门协会制定的标准。1923 年，该协会制定了一系列影响至今的街道标志形状。这些建议基于一个简单的想法：标志的边越多，它所指示的危险程度就越高。如：圆形具有无限数量的边，表明存在危险，建议用于铁路道口；八边形用于表示第二高危险的标志；钻石形状用于警告标志；矩形和方形用于信息标志。

1961 年 6 月，美国公共道路局（BPR）发布了 1961 年版的《统一交通控制设施手册》（Manual on Uniform Traffic Control Devices，MUTCD），它删除了上一版本允许的许多替代方案并代之以单一标准。BPR 要求强调统一性，即联邦公路上使用的所有交通控制设备必须符合新手册。第一次将遵守 MUTCD 标准与联邦公路援助基金关联起来（Hawkins，1992）。

自第一本手册发布以来，交通控制的问题和需求发生了很大变化，新的解决方案、设备以及指导其应用的标准都随之更新。最初的联合委员会持续开展工作，偶尔调整组织和人员。1972 年，委员会正式成为联邦公路管理署（FHWA）下的统一交通控制设备全美咨询委员会。

从 1971 年版开始，MUTCD 通过引用被纳入联邦法规。条款包括三个级别："必须""应该""可以"。这为当地交通运输部门提供了一定的空间以适应不同的道路条件。自 1935 年以来 MUTCD 已发布了 10 个版本。最新版的 MUTCD 于 2009 年出版，随后纳入了修订版一和二，并于 2012 年完成（U.S. Department of Transportation，2000a，1978b；Upchurch，1989）。

绿带社区

1936 年，作为富兰克林·罗斯福（Franklin Roosevelt）总统在大萧条之后执行新政的一部分，联邦政府在《紧急救援拨款法案》授权下的移民安置管理署创建了"绿带社区"项目。该项目选择了三个"绿带社区"：格林代尔（Greendale），威斯康星州密尔沃基附近；格林希尔斯（Green Hills），俄亥俄州辛辛那提附近；格林贝尔特（Greenbelt），马里兰州华盛顿特区附近。位于新泽西州的第四个小镇一直未能建成。该项目由联邦移民管理署郊区重新安置署署长雷克斯福德·特格韦尔（Rexford G. Tugwell）博士倡导创立（http：//greenbeltmuseum.org/history/，2015）。

这些社区被称为"绿带社区"，因为他们周围有专门预留的未开发土地。绿带社区的设计受到英国规划学者埃比尼泽·霍华德（Ebenezer Howard）的思想影响，他认为理想的社区应为城乡环境的结合体，他提出的"田园城市"，每个都被永久农业带环绕，田园城市应被设计成一个供 3 万人自给自足的经济实体，而不是一个郊区睡城。

这些"绿带社区"的建设有三个主要目标：①展示一种结合城市和乡村优点的新郊区社区；②以合理的租金提供良好的住房；③为失业工人提供就业机会。"绿带社区"是社区建设前自然和社会规划的试验。社区规划大型居住区，内部人行道系统允许居民从家到社区中心而不穿过主要街道。行人和车辆被特意分开。两条主要的弯曲街道布置在新月形天然山脊的上方和下方。商店、学校、球场和社区建筑被布局在这个新月的中心。居民房屋布局实现与花园、就业和社区中心便捷的步行联系。设计独特的住宅位于街道附近，客厅位于房屋后面，居民可以更好地欣赏风景如画的后院（http：// www.greendale.org/our_community/historic_greendale/index.php，2013）。

尽管这个试验项目很有限，但这些绿带社区的部分特征逐渐被未来的郊区发展采纳。

AASHO 乡村公路设计政策

随着对车辆性能和公路设计特征新知识的掌握，有必要将其运用到实践。为此，美国各州于 1937 年成立了公路工作者协会（AASHO）的规划和设计政策委员会。委员会的运作模式是制定项目框架工作，并由委员会秘书处监督美国公共道路局（BPR）执行该工作。BPR 收集已有信息并制定指南草案，由委员会修订形成提案，并由超过三分之二的州投票通过实施。

在 1938—1944 年期间，委员会副秘书长约瑟夫·巴内特（Joseph Barnett）制定了 7 项与公路分类、公路类型、视距、标志、平面交叉口、环岛以及立体交叉口设计有关的政策。1950 年这些政策直接被印刷成册（American Association of State Highway Officials，1950）。

随后，这些政策作为完整而连贯的文件进行了更新、扩展和改写，并于 1954 年发布为《乡村公路设计政策》（American Association of State Highway Officials，1954）。该政策包含了确定公路设计、平纵线形、横截面要素、平面和立体交叉口以及互通式立交标准的设计标准，作为公路设计的标准指南被广泛应用，称为"蓝皮书"，到 1965 年经历了 7 次印刷，于 1966 年再次更新并以修订形式重新发布，以反映更多当时信息（American Association of State Highway Officials，1966）。

1954 年乡村政策中的大部分材料同时适用于城镇和乡村公路。随着针对城镇公路新的数据和研究成果的出现，美国各州公路工作者协会（AASHO）委员会决定发布专门针对城镇公路的设计政策（American Association of State Highway Officials，1957）。

这些政策的制定体现了公路标准化的推进进程，研究收集有关车辆和公路运行的数据。这些数据通常由美国公共道路局（BPR）的工作人员在 AASHO 的指导下以设计标准的形式汇总。最终，他们通过各州的协议成为公路设计实践的一部分。由于其依据事实并通过共同协议加以推动，这些政策对美国和其他国家的公路设计产生了巨大的影响。

收费公路研究

到 20 世纪 30 年代中期，部分倡导者认为人们愿意通过收费使用一些连接主要城市的长距离、出入口控制的公路来覆盖其大部分成本。1937 年，富兰克林·罗斯福总统要求美国公路署研究这一想法。2 年后，该署出版了《收费公路和免费公路》（Toll Roads and Free Roads）（U.S. Congress，1939）。

研究建议建立一个全美性公路系统，由区域间公路组成直接连接所有必要的城市和周围地区。研究报告认为全美范围的公路系统不能仅仅通过收费来融资，即使某些路段可以这样。报告建议组建联邦土地管理署，授权其获取、持有、出售和租赁土地。报告还以巴尔的摩市为例强调了主要城市的交通问题（Holmes，1973）。

未来世界

1939—1940 年的纽约世界博览会展示了国家州际公路系统的未来发展。它的口号是向游客展示"未来世界"。展会上最令人难忘的展览是通用汽车展馆，而通用汽车展馆中最令人难忘的展品是名为"Futurama"的概念车。人们排队好几个小时等候乘坐"Futurama"，体验令人兴奋的、遥远的"未来 1960 年"的生活。

Futurama 的设计师诺曼·贝尔·盖迪斯（Norman Bel Geddes）在实际交通问题出现之前做了大量技术解决方案研究。他认为：

"人们并不是建造新的道路，而是对以前道路破损严重的地方进行修补和拓宽，部分道路也可能重铺路面。但无论发生什么微小的变化，铺设道路的基本技术都是一样的：砍掉树丛、拓宽路面，来给予通行权。而这种方法具有自身的缺陷，当更大、更重的汽车通过这种原本专为徒步旅行者或动物设计的路线时，这些路线的原有优势就丧失了"（Bel Geddes，1940）。

"20 世纪公路工程师的目标应该是建造高速公路而不是公路。……这意味着开拓，在崭新的领土上旅行，而不是追随传统的陈旧路径。但正如马车被汽车取代一样，高速公路也将取代公路"（Bel Geddes，1940）。

盖迪斯强调了早期公路中的一些高速公路特征，包括：布朗克斯河公园大道、林肯公路。纽约的公园大道和高架快速路，新泽西州的立体交叉口和宾夕法尼亚州收费公路，其坡度均不超过 3% 且没有最高设定限速，通过车道隔离、立体交叉和长视距清除保持高速稳定车流。

在"未来世界"展览中，大量游客试乘"Futurama"看到一些微缩景观，试乘体验效果类似从飞机窗口瞥见未来。试乘体验由通用汽车赞助，景观重点模拟 20 年后的道路和交通状况。试乘观众坐着舒适的软垫扶手椅，椅子后面安放一个小扬声器播放未来世界的解说，播放的内容与椅子的运动同步，向观众解说眼前经过景象的主要特征。模拟景观集中在主要公路干道上，这些公路被分隔成不同速度的车道，看起来与今天的道路大不相同。模拟景观涵盖每小时 100 英里速度疾驰而过的超车道、高速交叉口和宽阔的桥梁、周围的风景、规划中的城市、分散的社区和试验农场。

"Futurama"被广泛认为是美国公众首次体验全美范围的高速公路概念。贝尔·盖迪斯说，高速公路的设计应符合公路设计的四个基本原则：安全、舒适、快速和经济。他认为，全美人民和货物的自由流动是现代生活和繁荣的必要条件。

"Futurama"基于大量研究提出了一个乌托邦，呈现了驾驶员从未考虑过的未来愿景。1939 年的美国没有高速公路，也很少有车。"Futurama"最初因其丰富的想象力吸引了大众，却因其大胆的设想经久不衰。

《公路通行能力手册》

在 20 世纪 20 年代和 30 年代初期，美国进行了许多确定公路通行能力的研究。早期的工作主要是理论性的，后来逐渐采用多种手段，包括利用观察员、摄像机和航空调查进行现场观测，积累了一系列经验数据用于估算公路通行能力。到 1934 年，协调整合了各种研究的结果，并收集分析了额外的数据，美国公共道路局（BPR）于 1934—1937 年开展了这项工作，收集了不同条件下各种道路上的大量数据（Cron，1975a）。

1944 年，公路研究委员会组织公路通行能力委员会协调该领域的工作。诺曼（O.K. Norman）作为当时公路通行能力领域最重要的研究员担任主席。1949 年，委员会成功地将关于公路通行能力的大量事实信息精减至可供公路设计者和交通工程师直接使用的形式。其结果首先发表在《公共道路》（Public Roads）杂志上，然后单独刊印了《公路通行能力手册》（以下简称《手册》）（Highway Capacity Manual）（U.S. Department of Commerce，1950）。《手册》定义了通行能力，并提出了各种类型的公路不同条件下和因素下的通行能力计算方法。该手册很快成为公路设计和规划的标准，销量超过 26000 册，并被翻译成其他 9 种语言。

公路通行能力委员会于 1953 年重新启动，再次由诺曼担任主席，继续研究公路通行能力并编写新版本的手册。委员会的大部分工作都是由美国公共道路局（BPR）的工作人员完成。新手册于 1965 年发布，重点放在已广泛应用的高速公路、匝道和交织区，并增加了关于公共交通的章节，其他类型的公路和街道继续得到完善。与其前身一样，该手册主要是一本实用指南，它描述了在特定条件下估算公路设计通行能力、交通量或服务水平的方法，以及在给定交通需求下如何进行设计（Highway Research Board，1965）。

第三版《公路通行能力手册》由交通研究委员会于 1985 年出版。它反映了 20 多年来由一些研究机构进行的实证研究。这些研究机构得到国家公路合作研究项目和联邦公路署的赞助。研究的程序和方法依据高速公路、乡村公路和城市街道分为三类，并有详细的步骤和工作表。第三版在许多内容上进行了较大的修订，并纳入了关于行人和自行车的全新章节（Transportation Research Board，1985C，1994）。

上一个修订版《公路通行能力手册 2000 版》（HCM 2000）以公制单位以及传统手册中使用的美国惯用系统单位发布。除了对现有分析方法进行改进之外，HCM 2000 还包括了一个关于立交匝道端部的章节和涉及规划用途的章节，以及讨论何时应使用仿真模型而不是手册。HCM 2000 同时发布只读光盘（CD-ROM）。除了该书两个版本的文本和示例外，只读光盘还包括教程、阐述示例问题、说明视频、导航工具，手册各部分之间的超链接以及对应用软件的便捷访问（Transportation Research Board，2000）。

《区际公路报告》

1941 年 4 月，富兰克林·罗斯福总统指派全美区际公路委员会开展调查，确认是否需要建立限制出入的国家公路系统，以改善区域间交通设施的效率。该项工作由美国公共道路管理署（当时的公共道路局）完成，并于 1944 年在《区际公路报告》（Interregional Highways）（U.S. Congress，1944）中公布了这些结果。在 1944 年的《联邦援助公路法案》中建议并授权建立"国家公路和国防公路系统"。然而，直到 1956 年的《联邦援助公路法案》，该系统的具体工作才真正意义上开始。

这项研究在交通规划史上独一无二，其调查结果及后续实施进程对美国的生活方式和工业生产带来了深远的影响。该研究将规划者、工程师和经济学家与负责实施公路项目的公路工作人员召集到一起，最终的路线选择考虑战略需求、人口密度、制造业活动集中度和农业生产等因素对现有和未来交通的影响（Holmes，1973）。

该系统在城市中的重要性得到了认可，但这些公路并不计划服务于主要城市的通勤出行需求。正如报告中所述，"……在本地和全美范围内，重要的是要认识到推荐的系统……该系统是区域之间和主要城市之间最佳和最直接的联系路线"（U.S. Congress，1944）。

该报告认为该系统需要与其他运输方式相协调，并在各级政府中开展合作。它重申联邦土地管理署需要具有超额征用权力，并需要在州一级赋予类似的权力。

第三章
城市交通规划溯源

到 20 世纪 30 年代中期，全美许多低于标准的乡村公路得到了改善。这些乡村公路的规划主要基于交通量和通行能力研究。然而，当注意力转向改善城市道路时，这些工具被认为不足以支撑城市道路规划。在迅猛发展的城市结构中，规划道路需要支撑多元化的出行模式而变得更为复杂。随着这些城市地区交通的增长，拥堵现象越来越普遍，需要采用新的方法来分析和改善道路规划。

随着对出行起讫点数据收集的改进，规划新技术开始得到发展。新的分析技术逐渐开始应用于数据分析和预测。此时，城市交通前沿研究已经为全美数百个未来的城市交通研究创建了模板。

1944 年《联邦援助公路法案》

在战后经济过渡的预期中通过了 1944 年的《联邦援助公路法案》。法案为交通的预期增长做出了准备。该法案显著增加了联邦援助公路项目的资金，从 1942 年和 1943 年的每年 13.75 万美元（1944 年和 1945 年无援助资金）增加到 1946—1948 年每年 50 万美元。该法案同时认识到公路项目变得日益复杂。

联邦援助公路项目最初的 7% 被重新命名为联邦援助主干系统，由各州选择联邦援助次干系统，包括从农场到市场的公路网络和支线公路系统。联邦援助资金分为三个部分，即所谓的 "ABC" 计划，其中 45% 的资金用于主干系统，30% 用于次干系统，25% 用于主干和次干系统的城市延伸部分。

该法案继续依据公式分配资金。对于主干系统，依据面积、总人口和邮政路线里程进行资金分配。次干系统采用相同的公式分配，只是相应地以乡村人口代替总人口。对于城市拓展区，城市人口是唯一的因素。高达成本三分之一的联邦援助基金第一次可用于获取公路用地。

1944 年《联邦公路援助法案》通过授权城市公路第一笔专门资金，将城市纳入联邦–州合作计划。主干系统的城市延伸部分是服务进出城区的交通流，包括环路、带状公路和重要的支线。次干道系统的道路位于城市区域的边界内，且通过或连接城市区域内的其他主干道或次干道。如次干道上大部分交通继续沿同一方向行驶，则次干公路延长线可延伸至联邦援助道路第一个交叉口外。

该法案还授权 4 万英里的国家州际公路系统。这些路线由各州经美国国防部和公共道路局（BPR）批准后选定。但是，除了常规联邦援助授权之外，没有提供任何特别资金来建立该系统。

《居民出行调查家庭访问手册》

大多数城市地区直到 1944 年才开始进行城市出行调查。当年，《联邦援助公路法案》批准了联邦援助主干或次干系统城市延伸部分的资金支出。在此之前，缺乏支持道路设施规划有关城市出行的信息，也尚未开发出能够提供所需信息的综合调查方法。由于城市街道系统的复杂性以及交通出行在不同道路之间的转移，交通量并不是一个令人满意的交通改善必要指标，需要研究出行的起讫点以及影响出行的基本因素（Holmes and Lynch，1957）。

为满足这一需求而开发的方法是居民出行起讫点问卷调查，对家庭成员进行访谈，以获取有关特定日期所有出行的数量、目的、方式、起讫点的信息。这些城市出行调查用于规划公路设施，特别是快速路系统，以及确定设计特征。1944 年，美国公共道路局公布了第一份《居民出行调查家庭访问手册》（U.S. Department of Commerce，1944）。图 3-1 是居民出行调查表。1944 年，家庭访问技术被用于塔尔萨（Tulsa）、小石城（Little Rock）、新奥尔良（New Drleans）、堪萨斯城（Kansas City）、孟菲斯（Memphis）、萨凡纳（Savannah）和林肯（Lincoln）。到 1954 年，在 36 个州（U.S. Department of Commerce，1954b）的 100 多个大都市区采用家庭访问法进行了大都市区交通研究。

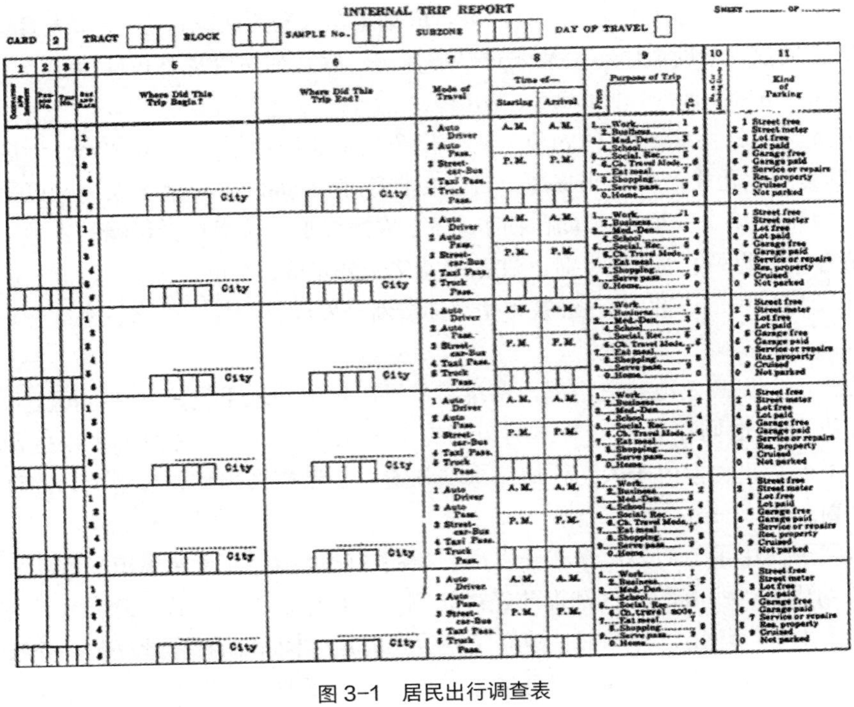

图 3-1　居民出行调查表

资料来源：U.S. Department of Commerce（1944）

城市交通规划过程的其他要素也逐渐建立，并应用于前沿的交通规划研究中。新的概念和技术在交通统计、公路目录和分类、公路通行能力、路面状况研究、成本估算和系统规划等领域不断涌现和改进。1927 年的克利夫兰地区交通研究第一次尝试将这些元素融入城市交通规划过程，该研究由美国公共道路局赞助。但是，即使在这项研究中，交通预测也是简单地使用基础的线性预测（Cron，1975b）。

在 1926 年波士顿的一项交通研究中，首次应用了重力模型来进行交通预测，但该技术当时并未用于其他地区。事实上，20 世纪 30 年代城市交通规划技术进步甚微，而与此同时，公路需求和财务分析的方法论开始建立并有所发展（U.S. Department of Transportation，1979a）。

到 20 世纪 40 年代，人们清楚地认识到如果可以衡量土地使用和出行之间的关系，这些关系很明显可以用作预测未来出行的方法。计算机的发展使其能够处理这些调查的大量数据，从而能够估计出行、土地利用和其他因素之间的关系。20 世纪 50 年代初期，在波多黎各圣胡安和底特律之间的公路规划是使用这种方法的第一次重要试验（Silver and Stowers，1964；Detroit Metropolitan Area Traffic Study，1955/1956）。

纽约莱维顿

随着第二次世界大战的结束，1600 万退伍士兵从欧洲、太平洋或美国的军事基地返回，许多人计划结婚并供养家庭。但这些退伍士兵在寻找合适的新家庭住所时遇到了麻烦，在 1945 年底，美国需要大约 500 万套房屋，而战争导致建筑材料短缺，房地产业迅速衰落。退伍士兵及其家人只能与父母住在一起，或住在租来的阁楼、地下室或没有暖气的夏季平房里，有些人甚至住在谷仓、无轨电车和工具棚里。依据《军人安置法案》，退伍军人管理署向退伍军人提供低息贷款，帮助退伍军人搬入自己的住房，联邦住房管理署也确保银行家向开发商提供贷款（Levittown Historical Society，2012）。

1947 年 5 月 7 日，莱维特（Levitt）父子公开宣布他们计划在 Island Trees 地区为退伍军人建造 2000 套规模化生产的出租房屋。寄生虫摧毁了 Island Trees 地区农民赖以生存的大部分马铃薯，1945 年第二次世界大战结束时，岛上农民寻求尽快卖掉受影响的土地。莱维特从马铃薯种植者那里购买了岛上的土地。在莱维特父子公布该计划的 2 天后，《纽约先驱论坛报》报道，2000 套房屋中的 1000 套已经被租用。随着新开发项目的最终命名，莱维顿镇开始了蓬勃发展。

为了更经济、更高效地建造房屋，莱维特父子决定取消地下室，并在混凝土板上建造他们的新住宅，就像他们在弗吉尼亚州的诺福克（Norfolk）一样，这种做法在亨普斯特德镇（Hempstead）被禁止，但由于人们住房需求非常迫切，该镇修改了建筑规范，允许莱维特父子继续其计划。

莱维特父子使用了他们多年来在开发中积累的建筑经验，并重新组织了这些方法，以提高效率和节约成本。所有的木材都提前经过切割，并从他们在加利福尼亚州布卢莱克（Blue Lake）的一个木材厂运出，并在那里建立了一家螺钉厂。Island Trees 地区的一条废弃的铁路线重新开通以运送建筑材料。为了降低成本，项目使用了非工会承包商，此举引起了强烈的反对。建造这一新开发项目的生产线技术非常成功，到 1948 年 7 月，莱维特父子每天建造 30 栋房屋。

即使按照这种速度，莱维特父子也无法满足需求。2000 套房屋几乎立刻全部租出，但数百名退伍军人仍在排队申请。因此莱维特父子决定再建造 4000 套房屋。社区很快就有了自己的学校、邮政服务，甚至还有电话服务和路灯。1949 年，莱维特父子停止建造租赁房屋，转向建造更大、更现代化的房屋，并取名为 "牧场"，以 7990 美元的价格出售。依靠政府和银行推出的分期付款政策，购房者预缴 90 美元的首付，每月还贷 58 美元。莱维特牧场有 5 种不同的房型，其面积为 32 英尺 × 25 英尺，只有外观颜色、屋顶线条和窗户的位置上略有不同。如同以前的莱维特住宅一样，牧场建在一块混凝土板上，上面有辐射加热线圈。住宅没有配备车库，配有可扩展的阁楼。厨房配有普通电炉和冰箱、不锈钢水槽、橱柜、最新的 Bendix 洗衣机和 York 燃油炉。

在莱维顿弯曲的街道上有一个地区高中、一个图书馆、市政厅和杂货店购物中心。在莱维顿开发过程中，人们搬到了郊区，但商业配套还不完善，人们仍然需要前往中心城区的百货商店和大型购物商场购物（Ruff，2007）。

然而，在第一批居民搬进莱维顿镇之后很久，莱维特不得不为针对黑人的住房限制进行辩护，声称他只是在遵守当时的社会习俗。"这是他们（白人客户）的态度，而不是我们的。"他曾经写道，"作为一家公司，我们的立场很简单：'我们可以解决住房问题，也可以尝试解决种族问题。但我们不能将两者结合起来'"（Ruff，2007）。

市场对新的莱维特牧场的需求如此巨大，以至于购房程序也据此修改以纳入 "装配线" 方法。一旦这些技术付诸实施，退伍军人依据《军人安置法案》有权享受低息贷款，这将使新的莱维特住宅变得更容易负担而极具吸引力。购房者可以在 3 分钟内选择房屋并签订合同。莱维特父子在 1950 年和 1951 年期间继续建造这种房子，当时他们在莱维顿及周边地区建造了 17447 套房屋。莱维顿镇成为一个开发商最大的单一开发项目，也是美国有史以来最大的住宅开发项目。

随着退伍军人入住并找到高薪工作并开始养家，莱维顿模式和周围社区也随之调整以满足不断增长的家庭的需求。1950 年的牧场开始带有一个车库，并在客厅的楼梯间内置一个12.5 英寸的 Admiral 电视机。1951 年的房型则包括一个半成品的阁楼，购物中心、游乐场和一个价值 25 万美元的社区中心应运而生，以服务莱维顿镇活跃的居民。

1951 年，莱维特父子在宾夕法尼亚州的巴克斯（Bucks）县建造了他们的第二个莱维顿镇（新泽西州特伦顿（Trenton）外，宾夕法尼亚州费城附近）。1955 年莱维特父子购买了伯灵顿（Burlington）县（费城的通勤距离内）的土地。莱维特购买了威灵伯勒（Willingboro）镇的大部分土地，地方政府甚至因此调整了边界，以确保对最新的莱维顿镇进行属地化管理（宾夕法尼亚州莱维顿镇与多个司法管辖区重叠，使莱维特公司的开发变得非常困难）（Rosenberg，2012）。

莱维顿镇的建设是第二次世界大战结束时郊区化进程快速发展的起点。莱维顿成为第二次世界大战后郊区社区的典范——莱维顿镇最初是一个低成本、大规模生产住房的试验，后来可能成为世界上最著名的郊区发展项目。

早期公共交通规划

早期，公交运营商进行公共交通规划是公共交通系统运营的常规内容。联邦援助资金不能用于规划或建设，在公共交通运营中几乎没有联邦利益。然而，随着公共交通乘客数量的下降，财政问题加剧，没有足够资金用于修复设施和设备。一些城市地区陆续成立了公共交通管理机构来接管和运营公共交通系统。芝加哥交通管理局和波士顿大都会交通管理局成立于 1947 年，纽约市交通管理局成立于 1955 年。

正是在这个时候，旧金山湾区开始规划区域快速公交系统。1956 年，快速公交委员会提议在湾区 5 个县建立一个 123 英里的系统。基于此项研究，在湾区 5 个县成立了湾区快速交通区（BARTD）。BARTD 完成了公共交通系统规划，并进行了初步的工程和财务研究。1962 年 11 月，选民们批准了一项债券发行，以建立一个三县 75 英里的系统，全部由地方基金支持（Homburger，1967）。

分析方法的曙光

在 20 世纪 50 年代之前，交通起讫点研究的结果主要用于描述现有的出行模式，通常以出行起讫点以及"期望线"示意性地表示出行的主要空间分布。未来的城市交通量是依据过去的交通增长率来直接扩展，仅仅是一种外推技术。一些交通研究没有使用任何类型的预测，只强调缓解现有的交通问题（U.S. Department of Transportation，1967b）。

20 世纪 50 年代初开始，新思想和新技术迅速产生，并在城市交通规划中得到应用。1950 年，公路研究委员会出版了《路径选择和交通分配》（Route Selection and Traffic Assignment）（Campbell，1950），这是一份通信摘要，总结了识别交通期望线和连接交通 OD 对的方法。到 20 世纪 50 年代中期，克利夫兰交通研究所的托马斯·弗莱特（Thomas Fratar）开发了一种计算机方法，利用增长因子来分配未来的起讫点出行数据。在 1956，公路交通控制 ENO 基金会发布了《公路交通量预测》（Schmidt and Campbell，1956），它记录了最新的技术并强调了弗莱特技术。

在此期间，美国公共道路局（BPR）赞助了哥伦比亚大学一项有关交通生成的研究，该研究由罗伯特·米切尔（Robert Mitchell）和切斯特·拉普金（Chester Rapkin）主持，旨在通过经验方法了解出行与土地使用之间关系，包括人员和货物的流动。米切尔和拉普金这样陈述他们研究的一个主要前提：

"尽管各国对居住地和工作地点之间的出行给予了相当多的关注，但该主题尚未得到足够的重视；也就是说，将家庭和工作场所之间的出行视为一种'出行系统'，其中的变化可能与土地使用的变迁以及城市行为系统或社会结构的其他变化有关"（Mitchell and Rapkin 1954：65）。

他们的研究表明了对影响出行方式和行为的许多变量的早期理解，例如：

"基于家的往返出行因家庭成员的性别、组成和年龄而异。单身人士、年轻夫妇、有小孩的家庭以及由老年人组成的家庭的出行模式在出行行为方面都表现出显著差异"（Mitchell and Rapkin，1954：70）。

他们预计社会科学方法将对出行行为理解做出贡献：

"探究出行动机及其与行为以及作为出行结果的实际事件的对应关系，将有助于理解这种行为发生的原因，从而增加预测行为的可能性"（Mitchell and Rapkin 1954：54）。

他们最后提出了一个分析出行模式的框架，其中包括建立土地使用和出行之间的分析关系，然后将其作为未来交通设计的需求预测基础。

AASHO《公路用户利益分析手册》

20 世纪 40 年代末期，美国各州公路工作者协会（AASHO）规划和设计政策委员会在美国公共道路局（BPR）的协助下，开发了普遍适用的分析技术，用于对公路项目进行经济分析。这项工作源于对州公路部门所使用的经济分析方法的调查，该调查发现这些程序及其使用明显各不相同（American Association of State Highway Officials，1960）。

在早期的公路经济分析工作的基础上，委员会编写了一本《公路用户利益分析手册》（American Association of State Highway Officials，1952b）。该手册的基本原则是“……投资回报应用于公路项目以及一般商业企业”。与之前仅分析测量施工、通行权和维护成本的分析方法不同，该手册将公路用户的成本作为经济分析必要的和综合的成本的一部分。在当时，还没有数据可以进行这样的分析。

该手册定义了效益成本比，即道路用户使用成本与替代路线使用成本之间的差异除以成本差。道路用户成本包括：燃料、其他运营成本（即油、轮胎、维护和折旧）、时间价值、舒适性和便利性、车辆的拥有成本和安全性。时间价值规定为每车每小时 1.35 美元或每人每小时 0.75 美元。舒适性和便利性的价值被列为增加行程的干扰成本，并根据道路类型不同而变化。它的最佳条件为每英里 0 美分，最差条件为每英里 1.0 美分。手册内有包含成本和效益组成部分具体数值的表格和图表，以及进行效益-成本分析的程序。

该手册于 1960 年进行更新，采用了相同的分析方法，但采用了新的单位成本数据（American Association of State Highway Officls，1960）。1977 年，在对分析技术和单位成本数据进行了大量研究之后，对手册进行了重大更新（American Association of State Highway and Transportation Officials，1978）。该手册也被扩展到应对公共汽车交通改善。该手册认为，效益-成本分析只是交通项目评估中的一个要素，它适用于更大的城市交通规划过程。

经过修订的《公路用户利益分析手册》（A Manual of User Benefit Analysis for Highways）第二版于 2003 年出版，更新了 1977 年版以及公路改善评价理论和实证基础，提供了分析工具来评估与交通改善项目相关的成本和收益。该手册以平装版出版并附 Windows 只读光盘（美国国家公路工作者协会，2003）。

分析技术的突破

使用分析技术进行出行预测的第一个突破出现在 1955 年，艾伦·沃里斯（Alan M.Voorhees，1956）发表了一篇题为《交通运输的一般理论》的论文。沃里斯提出了重力模型，将土地利用与城市交通流联系起来。关于与人交互的重力模型理论研究已经进行了多年。以前，社会学家和地理学家已经应用了重力类比来解释人口流动。沃里斯使用起讫点调查数据，将驾驶时间作为空间分离的度量，并估算了一个三段行程目的出行重力模型的指数。其他类似的研究很快证实了这些结果（U.S. Department of Commerce，1963a）。

交通分配领域的另一个突破很快随之而来。交通分配的主要困难是评估驾驶员在起点和终点之间的路径选择。公路研究委员会的厄尔·坎贝尔（Earl Campbell）提出了一个“S”曲线（转移曲线），它将特定设施的使用百分比与行程时间比率联系起来，进行了大量的实证研究，以评估从主干道向新建快速路交通转移的理论。根据这些研究，美国州公路工作者协会于 1952 年在《城市地区新建公路交通转移估算基础》（A Basis for Estimating Traffic Diversion to New Highways in Urban Areas）中发布了一条标准交通转移曲线（图 3-2）。然而，交通分配在很大程度上仍是一个机械的需要判断的过程（U.S. Department of Commerce，1964）。

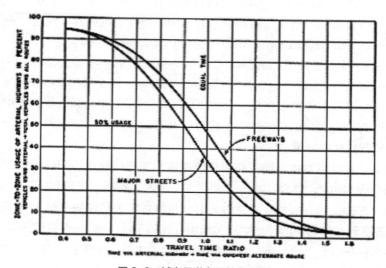

图 3-2　城市干道交通转移曲线

资料来源：U.S. Department of Commerce（1964）

1957 年，两篇论文讨论了网络最小阻抗算法，其中一篇是爱德华·摩尔（Edward F. Moore）的《穿越迷宫的最短路径》（The shortest Path through a Maze），另一篇是乔治·丹齐格（George B. Danzig）的《最短路线问题》（The Shortest Route Problem）。利用这种算法，可以使用新开发的计算机将出行分配给出行时间最短路径。小道格拉斯·卡罗尔（J. Douglas Carroll，Jr）博士领导的芝加哥地区交通研究所的工作人员最终开发并改进了程序，实现了整个芝加哥地区的交通分配（U.S. Department of Commerce，1964）。

全美城市交通委员会

在公路部门强调干线公路的同时城市街道拥堵不断恶化。在这种条件下，1954 年成立了城市交通委员会，其目的是"通过系统地收集基本事实帮助城市更好地进行交通规划……尽可能以最低的成本向公众提供最好的交通，实现城市更新和城市健康发展的理想目标"（National Committee，1958—1959）。

该委员会由多个领域的专家组成，分别代表联邦、州和市政府，公共交通行业和其他利益方。委员会制定了《为您的城市提供更好的交通》（Better Transportation for Your City）规划指南（National Committee，1958—1959），旨在帮助当地工作人员建立有序的城市交通规划。指南附录包括 17 个程序手册，介绍了公路规划、公共交通规划以及枢纽改善规划的技术。指南和手册获得了全美范围的认可。尽管该指南主要是为了引起地方工作人员的注意，但它强调了合作行动的必要性，专业人员和决策者之间应充分沟通，以及交通系统的发展应符合社区发展的广泛目标。它首次为系统的交通规划提供了完整的文件化程序。

1954 年《住房法案》："701" 综合规划项目

1954 年《住房法案》第 701 节是联邦城市规划政策的重要基石。该法案表明了国会对城市问题的关注以及认可城市规划过程是解决这些问题的适当方法。第 701 节授权向人口少于 5 万人的州规划机构、城市和其他城市提供联邦规划援助，并在进一步修订后向大都市和区域规划机构提供联邦规划援助（Washington Center，1970）。

该法案的目的是鼓励有序的城市规划过程，以解决与城市发展、制定地方规划和政策相关的问题。法案指出，规划应在综合规划的框架下以区域为范围。综合规划项目有助于建立规划标准和准则的一致性，并致力于为大都市地区所有综合活动和交通活动建立一个统一的机构。

综合规划项目鼓励州、地方和区域官员将规划和管理作为一个持续的过程来对待，以制定、分析、评估和实施与社区发展相关的政策和目标。综合规划项目为与社区范围内的交通和综合规划目标相关的社区决策提供了合理的依据。根据第 701 节综合规划项目制定的规划成为大都市区公路和交通规划的基础（U.S. Department of Transportation and U.S. Department of Housing and Urban Development，1974）。

该项目最初的资金为每年 100 万美元，并在 20 世纪 70 年代初达到高峰，每年拨款 1 亿美元。该项目因为城市规划的重心转移而于 1981 年结束（Feiss，1985）。

开创性的城市交通研究

20 世纪 40 年代末和 50 年代，分析方法的最新发展开始应用于城市交通的前沿研究。在这些研究之前，城市交通规划是基于现有的出行需求，或是在区域范围内使用统一增长因子的增长系数法进行出行预测。

波多黎各圣胡安（San Juan）的交通研究始于 1948 年，是最早使用出行生成法预测出行的城市之一。根据用地位置、出行强度测量和活动类型，对一系列土地利用类别分类，这些出行生成率经一些校核后用于预测规划用地出行生成（Silver and Stowers，1964）。

底特律都市区交通研究（DMATS）首次将城市交通研究的所有要素整合在一起。项目是在 1953—1955 年期间，由执行主任小道格拉斯·卡罗尔领导 DMATS 工作人员根据每个区域的土地使用类别分别确定了出行生成率，根据土地利用预测未来的出行。行程分布模型是重力模型的变体，空间距离是衡量出行行程的阻抗因子。模型采用速度和距离比曲线进行交通分配。为便于计算，大部分工作是借助制表机手工完成的，利益 / 成本比用于评估快速路网络的主要元素（Detroit Metropolitan Area Traffic Study，1955/1956；Silver and Stowers 1964；Creighton，1970）。

1955 年，在小道格拉斯·卡罗尔博士的指导下开展了芝加哥地区交通研究（CATS）。卡罗尔博士拓展了其在 1952—1954 年底特律交通研究以及他早期在密歇根州弗林特（Flint）管理研究中吸取的经验教训。它为未来的城市交通研究设定了标准，在底特律总结的经验教训在芝加哥得到更高水平的应用。CATS 使用底特律开创的基本六步程序：

- 数据采集；
- 预测；
- 目标制定；
- 准备路网方案；
- 测试方案；
- 评估方案。

交通网络的发展是为了服务根据未来的土地利用模式预测的出行。考虑到每个设施对网络中其他设施的影响，使用系统分析对其进行测试。根据经济效益、最大交通量和最低成本对网络进行评估。CATS 使用出行生成、出行分布、出行方式划分和交通分配模型进行出行预测。采用简单的土地利用预测程序，预测未来土地利用和活动模式。CATS 工作人员在使用计算机进行出行预测方面取得了重大进展（Chicago Area Transportation Study，1959/1962；Swedloff and Stowers，1966；Wells et al.，1970）。

随后的其他交通研究包括 1955 年的华盛顿地区交通研究、1957 年的巴尔的摩交通研究、1958 年的匹兹堡地区交通研究（PATS）、1958 年的哈特福德地区交通研究和 1959 年的宾夕法尼亚州泽西（费城）交通研究。所有这些研究都是在一个新尺度下进行的交通规划。它们是一个全区域、多学科的事业，涉及大量全职员工。城市交通研究由各政策委员会的特设组织进行，他们与任何政府部门都没有直接联系。一般来说，这些城市交通研究是在有限的时间内进行的，目的是制定规划并进行发布。在计算机问世之前，这种研究是不可能实现的（Creighton，1970）。

由此产生的规划主要基于经济成本和收益的标准，面向区域公路网络。公共交通作为次要考虑对象。规划针对交通工程改进评估了新设施，但很少考虑监管、定价方法或新技术（Wells et al.，1970）。

这些开创性的城市交通研究为未来的研究设定了内容和基调，为随后十年发布的联邦指南奠定了基础。

第四章
启动州际公路计划

在第二次世界大战期间，常规公路项目停止。公路材料和人员开始满足战争和军事的需求。随着汽油和轮胎的定量配给政策以及新的汽车制造陷入停滞，公共交通的需求如雨后春笋般涌现。1941—1946 年，公共交通客运量增长了 65%，达到每年 234 亿人次的历史最高水平（American Public Transit Association，1995）（图 4-1）。

战争结束后，被压抑的房屋和汽车需求迎来了"郊区繁荣"时代。汽车产量从 1945 年的 7 万辆激增至 1946 年的 210 万辆，1947 年更达到 350 万辆。公路出行在 1946 年回到战前高峰后，开始以每年 6% 的速度攀升，并持续了数十年（U.S. Department of Transportation，1979a）。另外，公共交通使用率下降幅度与战争期间增加的速度大致相同。到 1953 年，每年的公共交通客运量降至不到 140 亿人次（Transportation Research Board，1987）。

战争期间，公路维护和改善工作基本暂停，战时交通进一步使道路状况恶化。状况不佳的国家公路难以适应日益增加的交通负荷。此外，新开发的郊区引发的交通量超过了邻近公路的服务能力。郊区交通迅速淹没了现有的双车道乡村道路（U.S. Department of Transportation，1979a）。公共交通设施在战争期间经历了长时间过度使用和维护拖延，设施磨损严重，这导致战争结束时公共交通场站设施破败。为满足公共交通雇员涨工资的要求，1950 年公共交通平均票价上涨近 50%。这进一步导致客运量下降。这些因素叠加导致许多公共交通公司出现严重的财务问题（Transportation Research Board，1987）。战后时代集中于处理郊区经济增长以及恢复至和平时期经济水平所带来的问题，在战争期间不得不推迟的许多规划活动重新恢复了新的活力。

为了满足日益增长的出行需求，国家开始实施最大的公共工程计划，建立国家州际公路系统。这项大规模的工作开启了公路扩建的新纪元，带来了广泛的经济、社会和环境影响。

1956 年《联邦援助公路法案》

在城市交通规划发展的早期阶段通过了 1956 年版《联邦公路援助法案》。该法案启动了迄今为止规模最大的公共工程项目：建设国家州际公路和国防公路系统。该法案是 20 年研究和谈判的结果。根据区域公路报告，国会批准了 1944 年版《联邦公路援助法案》中建议不超过 4 万英里的州际公路系统，但没有批准建造该系统的资金。根据美国公路署和国防部的建议，1947 年采纳了 37700 英里的州际公路系统（图 4-2）。该系统主要由联邦援助主干系统中最繁

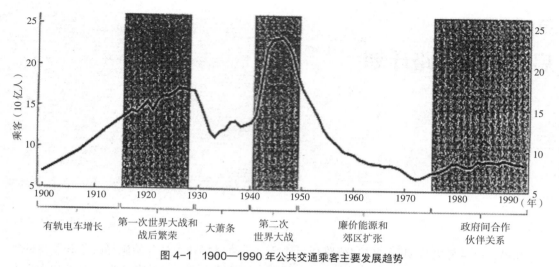

图 4-1　1900—1990 年公共交通乘客主要发展趋势

资料来源：American Public Transit Association（2005）

忙的路线组成，剩下的 2300 英里是为城市区域内和附近的其他放射状道路、绕城环路和环形路线预留。在城市工作人员的配合和帮助下，各州对城市地区的需求进行了研究，城市联系道路系统于 1955 年正式编号标示（U.S. Department of Commerce，1957）。

　　当时州际公路系统资金已拨付，但数额很低：1952 年和 1953 年每年 2500 万美元，联邦份额为 50%。1954 年拨付 1.75 亿美元，联邦份额为 60%。为了确保资金的显著增加，公路用户大会于 1952 年发起了一项重大的全美游说活动，名为"充足的道路项目"。艾森豪威尔（Eisenhower）总统任命卢修斯·克莱（Lucius D. Clay）将军领导全美咨询委员会，该委员会于 1955 年编制了一份报告，即十年期的全美公路项目。该项目建议通过发行 230 亿美元债券以支持建立一个 37000 英里的州际公路系统（Kuehn，1976）。

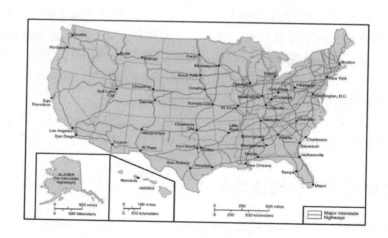

图 4-2　州际公路系统

资料来源：U.S. Department of Commerce（1957）

最终，随着 1956 年版《联邦公路援助法案》的实施，州际公路和国防公路的国家体系建设进入了高速发展阶段。该法案将授权的州际公路增加到 41000 英里。该系统计划将 90% 的人口超过 5 万人的城市以及许多较小的城镇联系起来。法案还授权在 1957—1969 年的 13 个财政年度中支出 248 亿美元，其中联邦份额占 90%。法案规定了可在该系统上运行的车辆的标准结构、最大尺寸和重量。该系统将于 1972 年完成（Kuehn，1976）。

1956 年的《公路税收法案》增加了汽油和其他汽车燃料的联邦税和轮胎的消费税，并对翻新轮胎征收了新税，对重型卡车和公共汽车征收了重量税。法案设立了公路信托基金，以托管公路的专用税收收入，这项规定打破了国会长期以来不为特定授权目的的征税的先例（U.S. Department of Commerce，1957）。

法案对城市地区产生了深远的影响。在联邦资金无法用于公共交通的时候，法案通过用户收费为公路建立了有保障的资金来源。法案设定了 90% 的联邦份额，远远高于其他联邦援助公路现有的 50% 份额。大约 20% 的系统里程指定为城市服务，为进出、通过和绕行城市地区提供替代性州际公路服务。这些规定在未来几年主导了城市交通规划，并最终导致反补贴力量的发展，以平衡城市公路项目。

哈特福德会议

1955 年 9 月，一份名为《黄皮书》的报告递送给国会议员。该报告包括一页国家州际公路系统规划草图，主要是 1947 年的乡村公路图纸和一系列主要大都市区的特定州际公路系统规划草图（U.S. Public Roads Administration，1955）。

《黄皮书》囊括了 1947 年确定的 2900 英里城市公路的大致示意图，以及已预留但未确定的 2300 英里城市公路的示意位置。国防部主张在最拥挤的城市地区周围设置环形道路，可以将内陆军事哨所、弹药库与港口连接起来，从路线途经的城市获得补给（Heanue and Weiner，2012）。

州际公路系统项目的制定涉及联邦政府对潜在总里程和备选路线的分析。对于提议系统中乡村公路段的路线选择，公共道路局（BPR）和各州之间进行了一系列磋商，直到达成一定程度的共识。由联邦和州政府以及大都市区代表之间对城市部分道路的磋商仍在继续。

1947 年确定的 2900 英里城市公路并不足以支撑城市发展，许多城市都在纷纷游说更多里程。1954 年 12 月，美国市政协会（AMA）的年度大会以 90% 的高票通过了一项决议，支持增加城市州际公路系统。第二年，在国会未能采取行动之后，AMA 一致通过了类似的、措辞更为强硬的决议，在 1955 年 9 月正式出版的《黄皮书》中确定了其余城市公路里程。

在许多城市，提议的州际路线得到了充分的认可，并已纳入城市规划。然而，在另外一些城市，线路并未完全确定。替代方案研究表明，与确定最终路线相比，未确定线路可能会对更多邻近区域产生影响。随着市民和地方工作人员意识到房屋将被占用，社区将被扰乱，一些城市出现了"高速公路反对浪潮"。

康涅狄格州人寿保险公司于 1957 年举办了一次关于"新高速公路：对大都市区的挑战"的研讨会，即哈特福德会议。会议试图将联邦、州和城市的工作人员和协会召集在一起，他们共同构建了"州际路网"的计划。不幸的是，很少有拥有资金或负责城市公路项目的人参加，也几乎没有地方工作人员参加，而参加会议的城市规划和其他城市利益的代表则表示反对"州际"概念（Holmes，1973）。

公路界认为哈特福德会议会因其为美国城市提供的机会受到表扬，而让他们感到震惊的是，公路工程师并没有被称为英雄，而是受到来自城市规划人员和出席会议工作人员的严厉批评。

据称，1956 年的法案是基于一项对公路非常不充分的研究，而不是基于对实际问题的研究，对全美交通系统的研究则受到国会阻挠。因此，哈福德会议是关于公路在城市地区作用系列会议中的第一次会议。

萨加莫尔公路和城市发展会议

1956 年《联邦公路援助法案》提供了大量资金，各部门纷纷响应以制定行动计划。为了鼓励合作开展公路规划和项目，1958 年在雪域大学萨加莫尔中心（Sagamore Center at Syracuse University）召开了一次会议（Sagamore，1958）。

会议强调需要在区域范围内进行城市综合交通规划，包括公共交通，以支持城市地区的有序发展。会议认为，应通过对用户和非用户受影响的成本效益进行大量计算以评估城市交通规划。

虽然会议的建议获得批准，但实施进展缓慢。较大的城市地区正在进行开拓性的城市交通研究，最值得注意的是芝加哥地区交通研究（CATS）。但由于缺乏有能力的员工来执行城市交通规划，很少有较小的城市地区开展交通规划研究。

为了鼓励较小的地区开始规划工作，1962 年初，美国市政协会、美国国家公路工作者协会和全美县级工作人员协会联合启动了一项计划，以介绍和阐述如何进行城市交通规划。该计划最初针对人口不到 25 万人的城市地区（Holmes，1973）。

高速公路的反对浪潮

在通过 1944 年公路法案之后，各州将确定的道路纳入国家州际公路和国防公路系统。最初，指定道路集中在乡村部分。到 1955 年 8 月初，美国公共道路局（BPR）进入确定城市部分道路的最后阶段，1955 年 9 月 15 日路线正式确定。当时 BPR 批准了州际公路系统的大体位置，"包括进入城市区域的其他路线，由相关州公路部门协商调整后提交"（Weingroff，2012）。许多州指定了大量城市道路被纳入该系统的城市部分。新增道路载于出版物《国家级州际公路系统总体位置，包括 1955 年 9 月确定的城市地区的所有附加路线》（General Location of National System of Interstate Highways Including All Additioral Routes at Urban Areas Designated in September，1955）。由于该出版物的封面是黄色的，因此被称为《黄皮书》（U.A. Public Roads Administration，1955）。

这些即将建设或正在建设中的主要穿城高速公路引起了许多当地社区的关注和担忧。这些担忧首先演变成为"旧金山危机"。1956 年 11 月 2 日，《旧金山纪事报》公布了加利福尼亚州高速公路所有路段的路线图。路线图显示在金门公园潘汉德尔（Panhandle）的狭长地带上有一条六车道的高架公路以及一条贯穿公园的高速公路。早期反对新建高速公路的声音持续发酵，很快形成了一场强有力的反对运动。1959 年 1 月 23 日，旧金山监事会一致投票取消 10 条拟建高速公路中的 7 条，其中并未包括潘汉德尔公园高速公路规划。到 1966 年，又花了 7 年时间，才最终取消了潘汉德尔公园高速公路规划（Johnson，2009）。

　　旧金山的这一行动引发了全美范围内许多城市对高速公路建设的反对浪潮。在密集的城市建成区建设高速公路具有明显的破坏性。这些高速公路的设计很少考虑其经过的区域，许多家庭和企业被迫离开原址，而项目并没有尝试为其寻找替代住房。高速公路如同一堵墙，对沿线的社区造成分隔，阻碍了高速公路两侧社区之间的居民流动。为了避免占用额外的房屋和企业，一些路线甚至穿过公园和历史古迹。

　　有的高速公路建设被视为城市更新项目，以消除低收入、破败的社区，其中许多社区有少数民族居住。高速公路的建设不断消除少数民族聚集区，使郊区工人可以更快地前往市中心的工作岗位。

　　即使有大量的联邦援助，这些庞大的高速公路计划也因太过昂贵而无法完成。在战后的建设热潮中，建筑成本急剧增加。居民认为更需要改善公共交通而不是修建更多的公路。此外，早期对额外的高速公路交通量造成的空气及噪声污染恶化问题的担忧也在上升。

　　反对活动的增加导致许多城市取消高速公路建设。在不妨碍施工的前提下，设计部门也对一些影响较小的项目，在设计或线形上进行了一些微小的改动。表 4-1 列出了由于这些高速公路的"反对浪潮"而部分或完全停止的高速公路。

　　公路界将在后续 40 年的州际建设中试图回应高速公路反对者的抱怨。后续的立法和法规回应了高速公路反对运动中提出的许多问题，包括占用房屋和公园用地，增加公共交通资金、安全、环境问题、空气污染、能源稀缺、公众参与、多种交通方式的协同整合和宜居性。

部分或完全取消建设的高速公路（部分清单）	表 4-1
Albany, NY 纽约州奥尔巴尼	Northern Albany Expressway 北奥尔巴尼快速路
Atlanta, GA 佐治亚州亚特兰大	I-485 and the Stone Mountain Freeway I-485 和石山高速公路
Baltimore, MD 马里兰州巴尔的摩	Jones Falls Expressway 琼斯瀑布快速路
Berkeley, CA 加利福尼亚州伯克利	Ashby Freeway 阿什比高速公路
Boston, MA 马萨诸塞州波士顿	Inner Beltway 内环路
Chicago, IL 伊利诺伊州芝加哥	Crosstown Expressway 克罗斯敦快速路
Cleveland, OH 俄亥俄州克里夫兰	Clark Freeway 克拉克高速公路
	Lee Freeway 李高速公路
	Heights Freeway 高地高速公路
Detroit, MI 密歇根州底特律	Davison Freeway 戴维森高速公路
Ft. Lauderdale, FL 佛罗里达州劳德代尔堡	Cypress Creek Expressway 柏溪快速路

Hartford, CT 康涅狄格州哈特福德	Interstate 484 484 号州际公路
Los Angeles, CA 加利福尼亚州洛杉矶	Glendale/Beverly Hills Freeway 格伦代尔 / 比弗利山庄高速公路
	Laurel Canyon Freeway 劳雷尔峡谷高速公路
Milwaukee, WI 威斯康星州密尔沃基	Park East Freeway 公园东高速公路
	Stadium Freeway 体育场高速公路
New York, NY 纽约州纽约市	Lower Manhattan Expressway 曼哈顿下城快速路
	Richmond Parkway 里士满大道
	Rockaway Freeway 洛克威高速公路
	West Side Highway 西侧公路
New Orleans, LA 路易斯安那州新奥尔良	Riverfront Expressway 滨河快速路
Oakland, CA 加利福尼亚州奥克兰	Richmond Boulevard Freeway 里士满大道高速公路
Phoenix, AZ 亚利桑那州凤凰城	Papago Freeway 帕帕戈高速公路
Philadelphia, PA 宾夕法尼亚州费城	Cobbs Creek Expressway 科布斯克里克快速路
Portland, OR 俄勒冈州波特兰	Mount Hood Freeway 胡德山高速公路
	Laurelhurst Freeway 劳雷尔赫斯特高速公路
San Francisco, CA 加利福尼亚州旧金山	Embarcadero Freeway 滨海高速公路
	Golden Gate Freeway 金门高速公路
	Panhandle Freeway 潘汉德尔高速公路
Trenton, NJ 新泽西州特伦顿	Davison Freeway 戴维森高速公路
Washington, DC 华盛顿特区	North Central Freeway 北中央高速公路
	Three Sisters Bridge 三姐妹桥

资料来源: Johnson（2008）和其他资料

购物广场

到 20 世纪 50 年代，人口的郊区化已经快速发展了 10 多年。虽然在郊区有零星的当地购物场所，但主要购物区仍集中在市中心。这种模式要求郊区居民长距离出行进入城市购买重要物品。

1956 年，维克托·格林（Victor Gruen）在明尼苏达州伊代纳（Edina）设计了第一个封闭式购物中心。这个想法是在郊区创造一个类似城市环境的供购物者体验。这些购物中心通常有一个或多个大型主店，附近有多个小店，购物中心内无车通行。格林预计，购物中心将成为新定居点的核心，与周边公寓、学校、诊所和其他设施一起形成新的城市居住区（http: //www.encyclopedia.com/topic/shopping_center.aspx）。

伊代纳购物中心开启了美国一站式购物模式（the malling of America）。购物中心成为郊区生活购物和逗留的中心。在美国建造的 47000 个购物中心里，有 1100 个是封闭式购物中心。到 20 世纪 90 年代，几年内更是建造了多达 100 家大型购物中心。到 2003 年，约有 76% 的非自动零售业务发展为购物中心。

通常，购物中心是建造在大型停车场中的一个独立城市购物岛。购物中心显著改变了购物出行和许多社交休闲出行的出行模式。在周末，通往购物中心公路上的交通堵塞与工作日的工作出行一样严重。

1961 年《住房法案》

1961 年的《住房法案》是第一部明确提及城市公共交通的联邦立法。该法案主要是应对通勤铁路服务日益严重的财务困难。法案启动了一项小型低息贷款计划，用于公共交通系统的收购和设施改善，并启动了一项示范项目（Washington Center，1970）。

法案规定，可以提供联邦规划援助，以 "制定全面的城市交通调查、研究和规划，以帮助解决交通拥堵问题，促进大都市和其他城市地区人员和货物的流通，并减少交通需求"。该法案允许联邦援助 "在可持续的基础上开展促进城市发展的综合规划，包括协调交通系统"。法案的这些规定修改了 1954 年《住房法案》中的第 701 节综合规划项目。

未来的公路和城市发展

汽车制造商协会委托威尔伯史密斯公司开展一项研究，确定州际公路系统在多大程度上满足 1980 年以前城市地区的高速公路要求，以及洛杉矶地区建设固定轨道、公共交通快线以及快速交通系统的需求情况；该研究还预测了未来城市和乡村州际公路的使用情况，并评估其对交通增长的影响以及对其他道路和街道交通状况的疏解作用；研究最后评估了驾车者的直接获益情况，其中包括 1972 年完成州际系统后事故减少和车辆运营成本降低，以及对国民经济、土地价值和公众服务的一般收益（Wilbur Smith and Association，1961）。

该研究发现，美国 2/3 的居民居住在城市化地区，其中一半的城市居民居住在中心城市以外的郊区。该研究估计，未来 20 年的人口增长几乎都将出现在大都市区的郊区。到 1980 年，全美预计 2.45 亿人口中四分之三为城市居民，而全美一半以上的人口将居住在郊区。人口密度和土地利用模式的变化同时伴随着郊区的扩张。郊区化促进了新的购物中心以及商业服务和工厂的分散。随着中央商务区成为政府、管理和金融中心，销售和就业逐渐下降。随着更多的多中心社区建成以满足汽车导向型城市的需求，城市将持续见证更多的变迁。

关于出行模式，研究发现，过去大城市及其市中心地区的发展受到城市居民依赖公共交通所推动。现在，这种情况发生了很大变化，城市及其郊区人员和商品的流动都越来越依赖汽车和卡车。大城市居民每天大约有两次汽车或者公共交通出行，在小城市则有两次或更多次出行；在所有城市中，居民每天各种活动出行约 10 英里，约 20% 的城市日常出行是工作出行；18% 是商业和购物出行；12% 是社交和娱乐出行；40% 是回家；3% 为上学出行；其他原因出行约占 7%。在除极少数几个大城市以外的所有城市中，汽车占所有城市出行的 85% 以上，公共交通出行主要集中在中心商务区，而汽车出行则遍布全市。

出行方式的选择与汽车拥有量和人口密度密切相关，而这又通常与家庭收入有关。一般来说，低收入与高密度一致，随着与中央商务区距离的增加、居民收入增加而密度降低。随着城市密度持续下降和汽车保有量的增加，汽车出行在未来出行中将越来越占主导地位。由于高速公路节省时间和新的高速公路用地模式，促使城市出行量增加 10% ~ 15%。预计到 1980 年，平均车辆出行里程将从近 4.5 英里增加到 5.0 英里以上。到 1980 年，人均私人汽车保有量将可能较现状的每 2.4 人一辆车增加约 20%，预计小汽车保有量将达到 1.2 亿辆。

该研究报告称，全美近一半的汽车出行发生在仅占公路总里程 10% 的城市道路上，预计未来 20 年城市出行总量将增加一倍以上，而乡村公路出行预计将增加约 30%。到 1980 年，预计每年车辆行驶里程达到 12770 亿英里，其中约 60% 将在城区及城郊接合部。

大约 6700 英里的州际公路系统规划在目前的城市化区域内。任何大城市地区建成的高速公路系统都可以容纳城市出行中很大的一部分，特别是随着地区范围的扩大。高速公路将提供更多的出行，更广泛的使用，因此，高速公路在大城市地区将变得越来越有价值，除了最大和最小的城市，每 1 万个城市居民需要大约 1 英里的高速公路。因此，到 1980 年，州际系统高速公路将在城市地区建成大约 9600 英里的高速公路。预计到 1980 年若所有高速公路建成，大约 1/3 的年度出行将由国家的高速公路系统承担。

到 1980 年，该系统交通事故和其他车辆运营的节约成本每年达到 50 亿美元。因此，在大约 8 年内，节省的车辆运营成本将等于系统的总成本。此外，使用州际公路系统的驾驶员每年将节省大约 40 亿车辆小时。

高速公路项目可以成为城市发展和振兴的前提条件。项目是旧城区进行土地合理使用及调整的第一步，也是新城市发展的稳定因素。与周边环境和各要素协调的高速公路规划将有助于保护生产性土地使用，协助城市更新，并确保未来的交通拥堵不会最大限度地减少城市发展的益处。市中心的高速公路环路旨在从拥挤的市中心街道上转移大约 50% 的汽车交通。由于来自周边地区的竞争日益激烈，市中心的首位度一般不会提高，而通过改善公路、公共交通和停车场，以及在周边地区开发具有吸引力的高密度住宅，市中心的主导地位则会进一步加强。

在过去几十年，除了地铁系统和其他快速轨道交通设施已经广泛开发的大城市，大多数城市地区的公共交通服务主要采用公共汽车运营。尽管一些大城市公共交通使用率可能会趋于稳定，但近几年来公共交通客流量预计会继续下降。公共交通是高速公路高峰时段进出中央商务区主要客运走廊的一个极为重要的辅助工具，特别是在大城市。基于对公共交通乘客量的乐观预测，大力发展快速公交设施并不会对全区高速公路需求带来重大影响。

该研究的结论是，迫切需要迅速完成41000英里的国家州际公路和国防公路系统，这对美国的经济、机动性以及城市的活力至关重要。然而，当时规划的州际公路不足以满足美国未来的高速公路需求。

城市出行需求分析

在20世纪60年代初，对城市出行的分析开始转型。在此之前，交通工程师主要将注意力集中在道路建设的工程和技术问题、安全考虑等方面，而不是交通拥堵或合理交通系统的发展（Oi and Shuldiner，1962）。他们专注于解决当时的公路状况而非未来的需求。

随着1944年《联邦公路援助法案》的通过和ABC系统的建立，美国公共道路局（BPR）在城市公路系统的规划中发挥了积极的作用。随后，人们开始关注早期的出行生成研究，特别强调起讫点的研究。BPR于1944年发布了其第一份《居民出行起讫点调查手册》（U.S. Department of Commerce，1944），这一事件标志着城市出行分析的重点发生了重大转变。起讫点研究反映出需要了解城市地区出行活动更多相关信息。

在此期间，Oi和Shuldiner开始分析城市出行现象。这项研究的主要目的是解释城市出行的变化，从而更好地了解城市出行行为。他们发现城市交通问题源于城市居民出行需求的增加。出行需求的增长主要是由于城市人口的快速增长和汽车拥有量的提高。然而，即使考虑到人口增长和汽车拥有的影响，他们仍然观察到城市居民的出行需求存在很大差异（Oi and Shuldiner，1962）。

在这项研究中，城市出行被视为人类行为的一个方面，在很多方面与城市居民的整体经济水平和社会行为有关。研究者将出行需求理解为源于人们在时间和空间活动中追求的愿望而产生。因此，了解参与活动的必要性，可以更好地建立出行知识理论体系。

研究者认为，"建立基于消费者行为的交通规划程序，以小地理区域作为分析单元，以及家庭平均面积、土地利用和其他特征作为变量的现状做法，交通规划程序的先进性可以得到极大的改善"（Wingo，1963）。

"499俱乐部"

新开发的计算机交通分析工具联邦试验平台位于华盛顿特区宾夕法尼亚大道499号。其工作人员包括来自美国公共道路局（BPR）、国家标准署和哥伦比亚特区、弗吉尼亚州和马里兰州的公路部门和从几个咨询公司借调的员工，后被人们称为"499俱乐部"。

这些计算机驱动的交通预测新技术在首都地区的两项规划工作中得到应用和进一步发展，这也是1960年《国家首都交通法案》的结果。该法案要求对以前的研究进行审查，协调该地区的交通规划，制定公共交通发展计划（Lash，1967）。国家首都交通局（NCTA）的分析工作由托马斯·迪恩（Thomas Deen）领导。区域公路委员会（RHC）负责制定区域公路计划。20世纪60年代早期的分析工作由威廉·李·茨（William Lee Mertz）领导。大部分分析工作和产品是1961—1963年期间两个小组共同努力完成的（Deen，2015）。

软件实现了区域交通分配，并配备了美国公共道路局（BPR）最新开发的重力交通分布模型。IBM 在 1960—1962 年期间开发了足够大容量的计算机以进行大区域道路网络配置分析。国家标准署（Deen 2015）提供了这些计算机。联合小组的员工使用 IBM 704 上的新技术来执行首都地区交通网络的分析。由于这些新技术和软件可以从工作人员以及其他区域机构获得，联合小组还设立了内部课程以学习这些新技术以及更多软件。后来，这些课程演变成定期的月度会议介绍和交流新的软件，月度会议后来进一步固定成 TPEG（交通规则交流小组）（Brown，2015）。国家首都交通局（NCTA）和区域公路委员会（RHC）的工作人员，以及美国公共道路局（BPR）和其他在"499 俱乐部"接受过培训的机构专业人员，成为执行 1962 年《联邦公路援助法案》规划要求的领导者（Deen，2015）。

1959 年的公共交通研究建议建设 33 英里的快速铁路线路、66 英里的快速公交线路，并在现有的 81 英里上建设 329 英里的高速公路和快速路。NCTA 研究审查了这些建议。尽管在首都地区公路和公共交通的作用存在相当大的争议，但 NCTA 和 RHC 两个部门的工作人员就公路和公共交通出行建立了一套通用预测模型。1962 年 11 月，NCTA 向国会报告，建议将轨道交通里程增加到 83 英里，并建议将该地区的高速公路系统减少至 255 英里，减少了近 40%（Lash，1967）。

RHC-NCTA 联合项目是由同样关注公路和公共交通的机构共同执行的第一次综合交通规划研究，项目试图找到公路出行和公共交通出行之间的平衡。以前的研究使用的是模型和计算机，但没有关注计算机能力、模型开发和软件的融合。RHC-NCTA 项目由公路和公共交通双方的政治和金融部门共同监督。

第五章
城市交通规划时代的到来

  随着 1962 年《联邦公路援助法案》的通过，城市交通规划逐渐成熟，该法案要求在人口超过 5 万人的城市化地区必须以各州和地方政府合作开展的长期城市综合交通规划为基础来批准联邦援助公路项目。这是第一个要求将规划作为接收联邦援助资金的条件立法授权。美国公共道路局（BPR）迅速跟进，发布了解释该法案规定的技术指南。

  20 世纪 60 年代中期，城市交通规划经历了所谓的"黄金时代"。大多数城市地区正在规划其区域公路系统，建立了城市交通规划方法论以解决此问题。美国公共道路局（BPR）开展了广泛的研究、技术援助和培训，以推进这一进程和新方法论的应用。这些努力彻底改变了城市交通规划的实施方式。至 1965 年 7 月 1 日的法定截止日期，所有 224 个现有城市化地区都根据 1962 年法案制定了城市交通规划。

  这也是早期认识到在城市公共交通运输中需要联邦角色的时期。然而，这一角色在未来若干年内仍受到限制。

《城市公共交通联合报告》

  1962 年 3 月，应肯尼迪总统的需求，商务部部长和住房金融署署长向总统提交了一份《城市公共交通联合报告》（U.S. Congress，Senate，1962）。该报告综合了公路和公共交通的目标，这些目标在此之前相对独立，但通过不断开展合作活动，使这些目标之间的关系日益密切。该报告基于 1961 年由公共行政学院（IPA）完成的一项题为《城市交通与公共政策》（Urban Transportation and Public Policy）的研究，该报告还强烈建议联邦政府关注城市交通问题，并支持开展交通规划的需求（Fitch，1964）。

  以下是传送信函的概要，摘录了向国会提出的与规划有关的报告主旨：

   "交通是塑造我们城市的关键因素之一。随着我们的社区越来越多地采取深思熟虑的措施来指导其发展和更新，我们必须确保交通规划和建设是总体发展规划和方案的组成部分。我们的主要建议之一是，只有当城市社区准备或正在积极准备编制整个城市地区的最新总体规划，并且这些规划将交通规划与土地使用和开发计划联系起来时，才能提供联邦城市交通援助。"

   "城市交通政策的主要目标是实现合理的土地利用模式，确保各年龄阶段人口的交通设施，改善整体交通流，以最低成本满足交通需求总量。只有平衡的交通系统才能实现这些目标——

在许多城市地区，这意味着广泛的公共交通网络与公路和街道系统完全融合。但近年来公共交通经历了消耗而非扩张。公共交通运营陷入提高票价和削减服务以弥补乘客流失的恶性循环。这显然需要大量公共资金来支持公共交通的改善。因此，我们推荐一项新的城市公共交通补助和贷款计划"（U.S. Congress, Senate, 1962）。

肯尼迪总统的交通国情咨文

1962 年 4 月，肯尼迪总统向国会发表了第一个有关交通问题的国情咨文，其中与城市交通有关的许多想法都借鉴了前面提到的联合报告。总统的国情咨文认识到社区发展与适当平衡私人汽车和公共交通使用之间有着密切关系，其可以帮助塑造和服务城市地区。咨文还认识到需要提高城市地区的经济效益和宜居性，建议商务部与住房金融署（HHFA）继续密切合作（Washington Center for Metropolitan Studies，1970）。

这条交通国情咨文开启了城市交通的新纪元，并通过了两项具有里程碑意义的立法：1962年的《联邦公路援助法案》和 1964 年的《城市公共交通法案》。

1962 年《联邦公路援助法案》

1962 年的《联邦公路援助法案》是第一部将城市交通规划作为在城市化地区接受联邦资金条件的联邦立法。它声称，联邦政府对城市交通的关注将与土地开发相结合，并鼓励开展城市交通规划。该法案的第 9 节，即现在第 23 章第 134 节规定：

"鼓励和促进采用各种交通方式的交通系统的发展符合国家利益，其方式将充分、有效地为各州和当地社区服务"（U.S. Department of Transportation，1980a）。

这一政策声明直接遵循萨加莫尔会议的建议和肯尼迪总统的交通国情咨文。此外，该部分指示商务部长与各州合作：

"……制定长期道路规划和方案，与其他受影响的交通方式的改善规划妥善协调，并在适当考虑其对城市未来发展可能产生的影响的基础上制定这些规划和方案……"（U.S. Department of Transportation，1980a）

该部分的最后一句要求城市道路建设项目以规划过程为基础，符合法定的规划要求：

"在 1965 年 7 月 1 日之后，部长不得根据本章第 105 节批准任何超过 50000 人口的城市地区的项目规划，除非他认为这些项目是由各州和当地社区联合开展的持续的综合交通规划过程确认的，并符合本节所述目标"（U.S. Department of Transportation，1980a）。

该法案的两个特征对于执行规划过程的组织安排尤其重要。首先，它要求在城镇化地区而不是城市进行规划过程，从而将规模设定在大都市或区域层面。其次，它呼吁各州和当地社区开展合作。由于许多城市地区缺乏有资质的规划机构来实施这样的交通规划，因此美国公共道路局（BPR）要求建立能够执行所需规划过程的交通规划机构或组织。凭借道路规划的快速发展势头以及 HHFA 和 BPR 对规划过程的合作支持，这些规划组织很快就应运而生（Marple，1969）。

此外，该法案指定 0.5% ~ 1% 的资金用于规划和研究。如果不开展规划和研究，该州将无法获得此项资金，而以前，州可以要求将这些资金用于建设。该规定为规划和研究活动创造了永久、可靠的资金来源。此外，该法案规定，各州可以再追加0.5%的经费用于规划和研究活动。

赫西城市高速公路会议

为了回应人们对高速公路建设穿越市区日益增长的关注，1962年6月召开了赫西（Hershey）城市高速公路会议。会议得出结论："高速公路不能独立于其通过的区域进行规划。规划概念应延伸到高速公路周边城市的整个区域。"会议认为加强公路规划和城市发展的整合十分必要。

会议认识到，规划应该以团队精神为基础，利用工程师、建筑师、城市规划师和其他专家的技能。高速公路规划必须将高速公路与周围环境结合起来。恰当的规划可以使高速公路提供一个塑造和构建城市社区的机会，同时满足在这些地区人们生活、工作和出行的需求。此外，规划工作的开展必须考虑相关社区的公众参与。

1962年法案的实施

1962年《联邦公路援助法案》颁布后，美国公共道路局（BPR）作为美国商务部的一部分迅速响应，其城市规划部门发布规划指南阐述法案的城市交通规划相关规定，制定规划程序和计算机程序、编写程序手册和指南、提供技术援助、开展培训课程、培养专业人员，旨在通过标准化、计算机化，来协助城市化地区的规划组织推动在20世纪50年代末创建的规划程序的应用，并对规划程序的知识进行宣传。

1963年3月出版的《指导备忘录》阐述了该法案对3C规划过程的规定：

- "合作"（Cooperative）不仅包括联邦、州和地方政府之间的合作，还包括同级政府机构之间的合作。
- "持续"（Continuing）是指需要定期重新评估和更新运输计划。
- "综合"（Comprehensive）包括3C规划过程需要建立名录和进行分析的十个基本要素（表5-1）。

合作、持续、综合（3C）规划过程的十个基本要素　　　　　　　　　　　　　　表5-1

1	影响发展的经济因素
2	人口
3	土地使用
4	交通设施包括公共交通交通设施
5	出行模式
6	场站和换乘设施
7	交通控制特征
8	分区法令、土地细分条例、建筑规范等
9	财政资源
10	社会和社区价值因素，包括保护开放空间、公园和娱乐设施；保护历史遗迹和建筑物；环境便利设施和美学

这些备忘录以及后来的改进和扩展涵盖了组织和执行 3C 规划过程的所有方面。

1962 年的法案还要求将分配给各州道路建设资金的 1.5% 用于道路规划和研究（HP & R）。另外 0.5% 的公路建设资金的使用可由各州自行决定。然而，各州必须为这些资金提供项目成本 50% 的配套资金。HP & R 基金与各州配套基金相结合共同支持了城市交通规划过程。

美国公共道路局（BPR）通过其城市规划部门，在加兰·马普尔（Garland E. Marple）的领导下，开展了广泛的规划程序和计算机程序开发，编写程序手册和指南，开展培训课程，并提供技术援助。这项工作旨在发展城市化区域规划组织、标准化、计算机化，以及应用 20 世纪 50 年代后期开发的程序和传播此类程序的知识。

美国公共道路局（BPR）定义了 3C 规划过程的步骤。这种经验方法基于 20 世纪 40 年代和 50 年代的城市交通规划研究，需要大量的数据和多年的时间才能完成。这一过程包括建立一个组织机构来执行规划过程；制定地方目标和宗旨；调查和清点设施；分析现状和预测校准；同时考虑公路和公共交通模式；预测未来的活动和出行；评估替代交通网络，制定推荐规划方案；编制分期计划；确定执行计划的资源。3C 规划研究通常会生成一份详尽的报告来描述规划过程、分析备选方案和建议方案。

为了推广这些技术程序，美国公共道路局（BPR）发布了一系列程序手册，这些手册成为后续多年的技术标准：《校准和测试任意规模城市区域的重力模型》（Calibrating and Testing a Gravity Model for Any Size Urban Area）（1963 年 7 月）、《使用小型计算机校准和测试重力模型》（Calibrating and Testing a Gravity Model with a Small Computer）（1963 年 10 月）、《交通分配手册》（Traffic Assignment Manual）（1964 年 6 月）、《人口预测方法》（Population Forecasuing Methods）（1964 年 6 月）、《城市交通规划中的人口、经济和土地利用研究》（Population,Economic,and Land Use Studies in Urban Transportation Plannin）（1964 年 7 月）、《标准土地用途编码手册》（Population,Economic, and Land Use Studies in Urban Transportation Plannin）（1965 年 1 月）、《经济研究在城市交通规划中的作用》（The Role of Economic Studies in Urban Transportation Planning）（1965 年 8 月）、《小城区的交通分配和交通分布》（Traffi c Assignment and Distribution for Small Urban Areas）（1965 年 9 月）、《方式划分——九种估算公共交通使用方法的文件》（Modal Split-Documentation of Nine Metimating Transit Usage）（1966 年 12 月）和《出行生成分析指南》（Guidelines for Trip Generation Analysis）（1967 年 6 月）。

美国公共道路局（BPR）为规划师和工程师开设了为期两周的城市交通规划课程。该课程涵盖了 3C 规划过程的组织问题和技术程序。以 BPR 手册为教科书，并辅以讲义和其他材料，以提供最新的信息。制定技术程序、编写手册并提供技术援助的工作人员负责教授该课程，州和地方政府工作人员、顾问、大学教师和研究生以及许多外国政府的工作人员广泛参加并学习了该课程。

美国公共道路局（BPR）的专业人员向州和地方机构提供实际操作的技术援助，BPR 工作人员前往各州和城市化地区协助安装计算机软件和运行预测模型，将新程序应用于州和地方。此外，BPR 工作人员可通过电话向州和地方机构提供帮助和技术指导。

由于认识到需要训练有素的专业人员来实施 1962 年法案，BPR 为具有硕士学位的新员工制定了一个为期 18 个月的城市交通培训计划。受训人员在华盛顿特区城市规划处的区域和分部办公室轮流工作，后续在全美各地进行持续的城市交通研究。受训者同时还需要接受为期两周的城市交通规划课程培训。

　　1962 年法案的实施条文要求各州和地方政府签署一份协议备忘录，以便在其所在地区实施 3C 规划程序。统一的年度工作计划规定了详细步骤以及每个步骤的负责机构。法案要求各州和地方政府必须认真制定本地规划流程，具体包括：进行协议备忘录谈判、雇用员工、制定工作计划、启动技术任务、制定城市交通规划进度方案。截至 1962 年，很少有地区能制定出城市交通规划流程，尽管如此，1962 年法案规定的 224 个城市化地区在 1965 年 7 月 1 日的法定截止日期之前都确认了城市交通规划流程（Holmes，1973）。

传统的城市出行预测过程

　　3C 规划过程包括四个技术阶段：数据收集、数据分析、活动和出行预测，以及替代方案评估。这种方法的核心是城市出行预测过程（图 5-1）。该过程使用数学模型，允许模拟并预测当前和未来的出行，预测结果在交通网络方案中进行测试和评估。

　　城市出行四阶段预测法包括出行生成、出行分配、方式划分和交通分配。第一步，通过实际调查数据再现现有出行以对模型进行校准，然后用这些模型预测未来出行。预测过程首先估计影响出行模式的变量，包括土地利用的位置和强度，人口的社会和经济特征，以及该地区交通设施的类型和范围。第二步，分析出行生成，使用这些变量来估计区域（即交通分析区域）中每个交通小区的行程起讫点数量。第三步，使用方式划分模型将车辆总出行矩阵分为道路和公共交通出行矩阵。第四步，通过交通分配模型，将道路和公共交通出行矩阵分别分配给道路和公共交通网络上的路线（U.S. Department of Transportation，1977）。

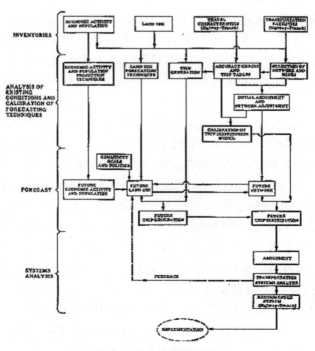

图 5-1　城市出行预测过程

资料来源：U.S. Department of Transportation（1977c）

　　在使用这些模型来分析未来的交通网络时，输入的预测变量应与测试网络的年份对应。为每种交通网络方案进行出行预测，确定交通量和服务水平。通常，在交通预测后对其他方案仅重新进行方式划分和交通分配，但偶尔也会重新进行出行分布。

　　区域范围内的出行预测需要较大的计算能力。第一代计算机在 20 世纪 50 年代中期出现。美国公共道路局（BPR）利用这种计算机借鉴改编了电话路由算法，开发了可在 IBM 704 计算机上运行的交通分配程序，同时开发了其他程序以执行其他功能。1962 年开发的第二代计算机提供了更多的功能，BPR 为 IBM 709、IBM 7090/94 系统重写了计算机程序库。BPR 与标准署合作开发、修改并测试这些程序，为 IBM 1401 和 1620 计算机开发了应用程序。这项工作持续进行了多年。到 1967 年，程序包包含了大约 60 个程序（U.S. Department of Transportation，1977）。

　　这种后来被称为"传统城市出行预测过程"的出行预测方法很快得到广泛应用。这些程序专门针对区域范围内的城市交通规划任务而制定，BPR 在应用这些程序时提供了大量援助和监督。此外，因没有其他普遍可用的程序，不使用"传统城市出行预测过程"的城市交通研究小组必须开发自己的流程和计算机程序。

威斯康星州东南部地区规划委员会

　　大多数城市化地区成立了专门机构，以执行 1962 年《联邦公路援助法案》和《公共道路局指南》所要求的城市交通规划。然而，在一些城市化地区，城市交通规划是由现有的区域规划机构主持。威斯康星州东南部的密尔沃基（Milwaukee）、拉辛（Racine）和基诺沙（Kenosha）的城市化地区就属于这种情况。

　　威斯康星州东南部地区规划委员会（SEWRPC）是根据威斯康星州州长行政命令于 1960 年基于 7 个组成县的县议会请求而成立的。该委员会在研究和分析的基础上，制定了威斯康星州东南部地区总体规划以指导区域发展。委员会由 21 名公民成员组成，每个县有 3 名成员，包括县议会任命的 1 名成员和县长任命的另外 2 名成员，每届委员会无薪服务 6 年（Bauer，1963）。

　　区域土地利用交通研究始于 1963 年，是委员会的第一次长期规划工作。工作人员在政府协调委员会和技术协调委员会的指导下开展工作（图 5-2）。这项为期 3 年半、耗资 200 万美元的研究涵盖了目标和宗旨的制定、现状清单、多方案的制定和分析，以及最佳方案的确定和采用（Southeastern Wisconsin Regional Planning Commission，1965—1966）。SEWRPC 制定了 1990 年的三种土地利用规划方案。"控制现有发展趋势规划"延续了低密度住宅发展趋势，实行土地使用控制措施，尽量减少跨越式发展，并减少对环境敏感地区的侵蚀。"走廊计划"沿交通走廊集中了中高密度住宅开发，住宅用地之间楔以娱乐和农业用地。"卫星城镇规划"将新的住宅开发重点放在现状偏远社区，通过规划为每个土地制定了一套交通方案，主要包括现有的和承诺的道路和公共交通系统，包括一个带有公交专用车道的广泛快速公交系统。

　　建议的"控制现有发展趋势规划"被全体委员会采用，并最终由大多数县议会和地方政府部门采纳。1966 年，SEWRPC 开始了土地利用与交通研究的持续跟踪，为实施该规划提供了支持，监测了该地区的变化和规划实施进度，并根据该地区的变化定期对规划进行重新评估。

图 5-2 威斯康星州东南部区域规划委员会——土地利用与交通研究
资料来源：Highways and Development（1965）

在随后的几年中，SEWRPC 进行了广泛的规划研究，包括：流域开发和水质、空气质量、道路功能分类、公共交通、公园和开放空间、港口开发、图书馆、机场使用，并与当地司法管辖区合作开展了多项地方规划。此外，SEWRPC 还就各种规划问题向地方政府提供了广泛的技术支持和援助。

《公路规划流程手册》

作为为开展公路规划提供技术指导大量工作的一部分，美国公共道路局（BPR）编制了《公路规划流程手册》（Highway Planning Program Manual）。该手册旨在整合有关公路规划实践的技术信息，并使其随时可用。关于公路规划实践的许多手册其大部分信息都是由 BPR 制定的。

《公路规划流程手册》于 1963 年 8 月首次发行（U.S. Department of Commerce，1963d）。该手册主要针对 BPR 现场工作的公路工程师，他们需要一些信息来管理由各州公路部门和城市交通规划小组通过联邦援助公路规划基金组织的公路规划活动。该手册为州和地方机构执行实际规划的工作人员提供了宝贵的信息。

该手册涵盖了公路规划过程的基本要素，包括：管理和控制、公路清单、地图测绘、交通统计、分类和称重、出行研究、机动车登记和税收、公路财务数据、道路预期寿命和费用，以及城市交通规划。公路规划过程的目标是制定公路发展总体规划，包括规划功能分类的公路系统、预测公路出行需求、满足优先需求的长期开发计划，以及支付开发计划的财务计划。

该手册对城市交通规划进行了详细的介绍，内容涵盖了城市交通规划过程的各个方面，包括：计算机的组织使用、起讫点研究、人口研究、经济研究、土地利用、街道清查和分类、交通服务评估、交通工程研究、公共交通、码头设施、出行预测、交通分配、制定交通规划方案、实施计划和滚动规划过程。

联邦公路管理署持续进行了多年的《公路规划流程手册》更新工作，并在 20 世纪 80 年代初期增加了附录，其中包括最新版的相关程序手册。该手册最终被联邦公路管理署于 1985 年废除。

1964 年《城市公共交通法案》

1964 年通过的《城市公共交通法案》是多方努力推动联邦援助城市公共交通发展的第一次真正的成果。该法案的目标仍然符合肯尼迪总统的交通咨文，即 "……鼓励规划和建立经济和理想城市发展所需的区域性城市公共交通系统"（U.S. Department of Transportation，1979b）。

该法案授权联邦最多拨款项目净成本三分之二的资金用于建设、重建或购置公共交通设施和设备。净项目成本被定义为项目总成本中无法从运输收入中轻易获得的部分。但是，在那些尚未完成综合规划的地区，即没有制定规划的情况下，联邦份额将被控制在不超过 50%。所有联邦基金都必须通过公共机构提供。所有公共交通项目均将由当地发起。该法案第 13(c) 节保护公共交通雇员不受联邦公共交通援助的潜在不利影响，保护公共交通雇员不会被剥夺或失去集体谈判权利。

1964 年法案还批准了一项研究、开发和示范项目。该项目的目标是 "……协助减少交通需求，改善公共交通服务，或支持以最低成本满足城市交通需求总量的此类服务"（U.S. Department of Transportation，1979b）。

然而，国会没有批准充裕的资金来执行这项立法。根据 1964 年法案，每年联邦拨款不超过 1.5 亿美元，而实际拨款远远低于这一数额。

城市发展仿真模型

随着城市交通规划的发展，人们越来越关注城市现象的理解和城市发展仿真模型的构建。这些模型将使规划者能够评估城市发展的多种模式，并生成有关人口、就业和土地使用的信息，以用于估算出行和交通需求。在早期城市交通研究中开发的土地利用仿真模型是初步的，侧重于交通通道对活动地点的影响（Swerdloff and Stowers，1966）。

在此期间，许多城市积极参与制定工作计划，通过由住房金融署（HHFA）部分资助的社区重建计划（CRP）来消除贫民窟和城市衰退。这些社区重建计划为城市仿真模型的开发提供了额外的动力，作为其中一个社区重建计划的一部分，取得了重大突破。1962—1963 年，艾拉·劳里（Ira S. Lowry）为匹兹堡地区规划协会开发了土地利用分配模型，成为构建多方案和援助决策的模型系统的一部分（Lowry，1964）。

众所周知 "洛瑞模型" 是第一个大规模、完整的城市发展仿真模型。该模型之所以极具吸引力，主要由于其因果结构简单、扩展性和可操作性较强（Goldner，1971）。该模型以经济基础理论为依据,将就业分为 "基本" 就业（特指从事该地区以外的商品和服务的就业）和 "零售" 或 "非基本" 就业（特指服务于当地市场的就业）。基本就业位于模型之外，非基本就业基于对家庭的可达性。家庭位置的确定基于就业机会和空置土地的可得性。模型以迭代的方式进行，直到达到平衡（Putman，1979）。

　　Lowry 开发的概念框架推动了 20 世纪 60 年代中期模型的发展，这一阶段中大部分时间都集中在 Lowry 模型概念的细化和增强上（Goldner，1971；Harris，1965；Putman，1979）。Lowry 模型在匹兹堡和旧金山湾区仿真模拟及许多研究人员的其他努力而进一步深化。然而，大多数工作并没有导致模型无法运作（Goldner，1971）。经过一段时间的休整后工作重新启动，并促成了综合交通和土地使用—揽子计划（ITLUP）的发展。这组模型进行了土地利用活动分配，包括交通对土地利用的影响以及土地利用对交通的反馈效应（Putman，1983）。

《城市交通问题》

　　在兰德公司的资助下，约翰·迈耶（John Meyer）、约翰·卡西（John Kain）和马丁·沃尔（Martin Wohl）（Rand Corporation）开展研究，并于 1965 年发表了《城市交通问题》（The Urban Transportation Problem）（Meyer et al.，1965）。该书将经济分析应用于城市交通中，包括多方案技术、基础设施投资以及城市地区所需的交通服务类型，且恰好发布于人们对联邦资金在公路融资和公共交通政策中日益扩大的作用开展辩论的时候。

　　该书表明，战后全面推行的就业分散化，在第二次世界大战期间就已经发挥了作用，尽管有些遮掩，早在 20 世纪 20 年代的数据中就可以看出这一点。该书回顾了中央城市边界内从 CBD 到城市周边就业的分散情况。

　　这种对工作场所和居住地点的关注导致了对连接这些起讫点的交通系统的研究。它分析了公共交通机构和道路管理部门面临的艰难抉择，以及对汽车的监管。研究声称，特定城市或城市地区公共交通乘客分担率主要取决于公共交通提供者和政治决策者控制之外的因素。这本书描绘了美国的郊区化进程以及从公共交通到汽车的快速转变（Glaeser et al.，2004）。

　　研究对多方案的通勤成本进行了详细的分析，包括运营成本、资本成本以及出行起点、路段和终点的成本。研究得出如下结论：首先，在合理定价之前，道路将永远不会被合理恰当地使用。除非驾驶员在高峰时段支付拥挤的城市道路的全部社会成本，否则这些道路将继续过度使用，社会将在浪费的时间上支付大量成本。其次，公共汽车几乎在任何地方都比城市火车更具成本效益（Glaeser，2009）。除了少数特殊情况外，在公交专用车道上运营的快速公交车每个乘客的成本要比传统的重型轨道交通系统低很多。上述特殊情况包括非常短的公共交通路线、非常集聚的高峰小时交通量和非常高的净住宅密度。

　　研究强调，随着消费者收入增加及其对低密度生活条件的需求，公共交通的发展会有一定局限性。起讫点的异质性以及通勤者时间的价值意味着大规模的轨道交通投资几乎不可能有效地利用公共资源。

　　尽管该书的一些结论仍然存在争议，特别是那些与轨道交通相关的结论，但大多数仍然是经济政策建议的重要基础。

威廉斯堡道路会议和城市发展

　　截至 1965 年，很少有规划研究制定基于目标的评估方法，人们担心规划过程没有充分评估社会和社区价值。在弗吉尼亚州威廉斯堡（Williamsburg）举行了第二次道路和城市发展会议专门讨论了这个问题（Highways and Urban Development，1965）。会议认为，交通必须以提高城市标准和提高社区总体价值为导向，安全、经济和舒适等交通价值是社区价值总量的一部分，应适当加权。

会议各项决议强调需要确定用于评估城市交通规划的城市目标和宗旨。会议强调许多价值观可能无法量化，但不应忽视。会议还赞同通过交通管理和土地使用控制最大限度地利用现有交通设施。

住宅区位和城市交通

20 世纪 60 年代，美国公共道路局与密歇根大学调查研究中心签订合同，对家庭居住地和出行偏好进行了几次调查。通过调查消费者的态度，交通规划者试图了解未来住宅模式和出行决策的主要指标的方向。调查研究中心在 20 世纪 60 年代中期对统计选择的样本（不包括纽约大都会区）进行了两次访谈。

这项研究的结果为 20 世纪 60 年代中期的消费者态度提供了基准。

- 住宅区位的现有模式受到家庭收入和家庭生活周期所处阶段较强的影响。
- 人们对独门独院有强烈的偏好。85% 的被调查家庭更愿意住在一个单独的家庭住宅中。
- 对大地块的偏好是显而易见的。受青睐的地块面积大约是 0.3 ~ 0.5 英亩，而当时建成地块的平均面积只有 0.2 英亩。
- 对最近搬家者偏好的研究中发现他们寻找新家的特征主要与空间需求有关。
- 虽然大多数人都喜欢他们现在的居住地，但更倾向于进一步向外搬迁。
- 家庭拥有的汽车数量随着收入而增加，随着人口密度的降低而增加。
- 家庭每年出行的里程数随着家庭收入和家庭成年人数量的增加而增加。
- 在所研究的城市里，平均上班路程为 5 英里。小汽车出行需要 20 分钟，而乘坐公共汽车需要两倍时间。离开大都市区市中心的工人大约是进入市中心工人数量的一半左右。
- 大多数人更喜欢开车上班而不乘坐公共交通工具上班。如果两种模式的时间和成本相同，那么有九成的人更愿意开车去。人们表示，他们喜欢行动自由和汽车出行的便利，不喜欢公共交通工具，因为公共交通十分拥挤。

这项研究获取了战后美国居民对家庭居住地和出行偏好的结果，这些结果是由于收入增加的力量推动了郊区的蔓延，汽车保有量的增加、汽车使用的普及以及经过几十年演变形成了低密度发展模式。

第六章
改善政府间协调

随着联邦城市发展和交通项目数量和范围的扩大，人们越来越关注这些项目在实施过程中出现的各种冲突和矛盾。每个联邦项目都有单独的拨款要求，这些要求通常很少考虑与其他项目相互协调，这使得获得批准和实施进程中的项目与同一地区正在进行的其他项目不相协调。

在此期间，人们采取了一些措施来缓解这一问题。首先，试图通过将两个新的内阁级别部门（住房和城市发展部与交通运输部）整合在一起，在联邦层面更好地整合城市发展和交通项目。其次，建立项目审查程序，以改善联邦和地方各级政府间的协调。各州和地方政府也通过巩固职能和责任来解决这一问题。许多州建立了自己的交通运输部门。最后，各州和当地社区建立了更广泛的多功能规划机构，以更好地协调和规划整个区域的发展。

随着大多数城市地区完成了他们的第一个规划，城市交通规划过程转变为"持续"阶段。使用诸如预留公共交通车道、交通工程改进和外围停车场等技术来降低交通拥堵的轻资本方法引发了新的兴趣。也是在此期间，国家关注的重点是公路安全问题和交通事故带来的巨大经济损失。与此同时，在立法涉及解决自然区域和历史遗址的保护问题以及为家庭和企业提供搬迁援助方面，环境问题变得更加重要。

1965 年《住房和城市发展法案》

1965 年的《住房和城市发展法案》设立了住房和城市发展部（HUD），以便更好地协调联邦一级的城市规划。此外，为了形成综合性的规划，该法还修改了根据 1954 年《住房法案》设立的第 701 节城市规划援助方案，授权给予"由公共机构工作人员组成的机构"，住房和城市发展部秘书长认为该机构代表了其所在的大都市区或城市地区的政治管辖区（Washington Center，1970）。

法案条款鼓励组建由民选而非任命的官员来主持的区域规划机构。法案推动了政府理事会（COGs）等机构的形成。它还鼓励地方政府通过合作，在区域背景下解决地方的问题。

1966 年《城市公共交通法案修正案》

为了填补 1964 年《城市公共交通法案》中的若干空白，1966 年通过了一系列修正案。修正案其中一项条款制定了技术研究计划，该计划为城市公共交通项目等类似技术活动的规划、设计或其他申请资金的类似技术活动提供三分之二的联邦配套援助资金。

另一项授权为管理培训提供资金援助。修正案同时授权了一个项目研究和一个拟开发的新城市交通系统的研究计划。这些内容汇总形成了1968年向国会提交了一份报告，即《明天的交通：城市未来的新系统》（Tomorrow's Transportation：New Systems for the Urban Future）（Cole，1968），该报告推荐了一项针对硬件、规划和运营改进研究的长期平衡计划。这项研究引发了人们对许多新系统的关注，例如电话预约公共汽车、个人快速公交、双模式平台系统和履带式气垫车系统。该研究是开展和改进新城市交通技术的众多研究工作的基础，将推动现有技术的进步。

1966年《公路和机动车安全法案》

1964年，美国公路交通事故死亡人数达48000人，比1963年增加10%，死亡率也持续上升。1965年3月，政府运作委员会执行重组小组委员会主席，新任参议员阿伯拉罕·里比科夫（Abraham Ribicoff）就公路安全问题举行听证会，以唤起政府对这场国家悲剧的关注。在公路安全方面已有多年工作经验的拉尔夫·纳德（Ralph Nader）自愿协助参议员里比科夫开展工作。他基于自身的研究成果向委员会提供了很多材料，包括正在撰写的交通安全著作（Insurance Institute for Highway Safety，1986）。

在1965年7月的听证会上，通用汽车公司总裁承认，该公司去年在安全方面仅花费了125万美元。消息公布后，约翰逊总统命令特别助理约瑟夫·卡利法诺（Joseph Califano）制定运输方案。1965年11月，纳德先生出版的《任何速度都不安全》（Unsafe at Any Seed）一书批评了汽车工业和交通安全机构。

1966年2月，约翰逊总统知会美国审判律师协会，公路交通事故死亡人数仅次于越南战争，是"国家面临的最严重的问题"。1个月后，总统要求国会建立一个交通运输部门，并要求制定国家交通安全法案和机动车标准法案，提供国家援助资金推动国家安全计划，并为交通安全研究提供资金。1966年8月，法案提交参众议院表决，仅有参议院投出三张反对票，机动车标准法案得以通过。约翰逊总统于1966年9月9日签署了最终法案。

根据1966年《国家交通和机动车安全法案》，商务部设立了国家交通安全署。法案要求制定机动车辆和设备的最低安全标准，授权进行研究和开发，并扩大对驾驶证拒发、终止或撤销的个人驾驶证件人员的登记范围。根据该法案，每项标准都要求切合实际，满足机动车安全的需要，并以客观的方式说明。在制定标准时，国家交通安全署署长须考虑：（1）有关机动车辆安全的数据；（2）拟议的标准是否适用于所规定的特定机动车辆或设备；（3）标准在多大程度上有助于实现该法案的目标（Comptroller General，1976）。

1966年的《公路安全法案》在商务部设立了国家公路安全署。它旨在通过向各州提供财政援助，提供协调的国家公路安全计划。根据该法案，各州必须按照联邦标准制定公路安全计划。根据第402节，联邦基金按人口和公路里程分配，以75%的联邦资金和25%的地方配套资金援助国家公路安全计划项目（Insurance Institute for Highway Safety，1986）。

根据11357行政命令，国家交通安全署和国家公路安全署合并到新建的交通运输部国家公路安全署中。到1969年，在小威廉·哈登（William Haddon Jr.）博士的领导下，该署制定了 29 项机动车标准和 13 项公路安全标准，所有州都制定了相应的公路安全计划。截至 1972 年年底，该机构共发布了 43 项机动车标准，包括车辆事故预防和乘客保护以及 18 项公路安全标准，涵盖车辆检查、登记、摩托车安全、驾驶员教育、交通法律和记录、事故调查和报告、学生交通和警察交通服务（Insurance Institute for Highway Safety，1986）。

这两项安全法案为全面实施国家公路安全计划、减少机动车辆造成的伤亡奠定了基础。

1966 年《交通运输部法案》

1966 年美国交通运输部（DOT）成立，旨在协调运输计划，并在最大可行的范围内促进利用私营企业协调运输服务机制的建立和改进。《交通运输部法案》要求，国家应以最低成本实现快速、安全、高效和便利的运输，这符合其他国家目标，包括保护自然资源。交通运输部的目标是在识别运输问题和解决方案方面发挥领导作用，激发新的技术进步，鼓励所有相关方之间的合作，并建议制定实现这些目标的国家政策和计划。

该法案第 4（f）节要求保护自然资源。法案禁止在公园、休闲区、野生动物和水禽庇护所或历史遗址的交通项目中使用土地，除非没有其他可行和更严谨的替代方案，并且该项目应尽量减少交通建设项目对该地区自然环境的负面影响。

此时，《交通运输部法案》还未清晰界定交通运输部与住房和城市发展部之间在城市公共交通上的责任分工。交通运输部与住房和城市发展部花了一年多的时间才就各自的责任达成协议。该协议称为 "重组计划 2 号"，于 1968 年 7 月生效。根据该协议，交通运输部承担了援助项目中公共交通设施的拨款、技术研究和管理培训的责任，这些计划需要获得住房和城市发展部对其设施援助申请的规划要求进行认证。研发（R&D）由多家部门共同承担。交通运输部承担了改善传统公共交通系统运行的研发责任，住房和城市发展部则承担了与综合规划相关的城市交通研发责任。先进技术系统的研发是两个部门的共同责任。重组计划还创建了城市公共交通管理署（UMTA）（Miller，1972）。

1966 年《国家历史保护法案》

在 20 世纪 50 年代至 60 年代，联邦政府资助了众多的公共工程和城市更新项目，但《联邦政府保护法案》仅适用于少数几个具有全美意义的历史遗产，导致联邦项目破坏或损毁了数千座历史遗产。国会认识到需要进行新的立法来保护联邦活动中受到损害的众多历史遗产（Advisory Council on Historic Preservation，1986）。

为了解决上述问题，1966 年通过了《国家历史保护法案》。依据该法案设立了历史保护咨询委员会，为国家保护政策提供建议。该法案第 106 节要求联邦机构考虑其项目对历史遗产的影响，并向地方议会提供机会对项目进行评议审查。法案第 110 节要求联邦机构识别和保护其控制下的历史遗产。

法案第 106 节制定的地方议会审查程序要求联邦机构提供资金或以其他方式参与制定项目，以确定可能受项目影响的历史遗产，并找到避免或减轻任何不利影响的可接受方法。联邦机构应与地方议会和州长任命的州历史保护办公室协商，以执行这一程序。

1966 年《示范城市和大都市发展法案》

随着城市更新，公路、公共交通和其他建筑项目的联邦拨款计划的增长，需要建立项目执行协调机制。1966 年颁布的《示范城市和大都市发展法案》，力图确保联邦拨款没有多目的交叉使用。该法案的第 204 节强烈敦促改善公共设施建设项目之间的协调关系，以获得联邦支出的最大效力，并将这些项目与所在地区的发展计划联系起来。

法案第 204 节要求将所有设施规划和建设申请提交给所在地区的规划机构进行审查和评论。其规划机构必须由选举产生的当地官员组成。该条款目的在于鼓励城市地区物理设施的规划和建设协调。第 204 节还旨在激励目光并不长远的运营机构检查其项目与城市区域增长计划之间的关系。预算局在第 82 号通函"根据 1966 年《示范城市和大都市发展法案》第 204 条协调大都市地区的联邦援助"中发布了该法案的实施程序（Bureau of the Budget，1967）。

为响应这些审查要求，许多城市地区建立了新的规划机构或重组现有机构，以确保在其政策委员会中包含选举产生的官员。到 1969 年年底，只有 6 个大都市没有建立统一的区域范围的审查机构（Washington Center，1970）。

达特茅斯城市发展模式会议

土地利用规划模型是作为交通规划的伴生产物而发展起来的，可为交通预测模型提供人口、就业和土地利用的预测。从 20 世纪 50 年代中期开始，在新近可用的计算机和运筹学研究以及系统分析会议的推动下，该领域迅速发展（Putman，1979）。1964 年 10 月在宾夕法尼亚大学举行的研讨会上讨论了土地利用规划模型发展情况，该研讨会记录在美国规划师协会期刊的特刊中（Harris，1965）。

到 1967 年，公路研究委员会的土地利用评估委员会认为需要对该领域的工作进行另一次评估，而该评估的开展方式缺乏协调。1967 年 6 月在新罕布什尔州的达特茅斯召开了城市发展模式会议，以研究确定该领域最需要开展的研究课题（Hemmens，1968）。

与会者建议，赞助土地使用模式研究的机构（通常是联邦政府），应该提高其内部员工处理这些模型的能力。会议建议采取措施改进数据采集和处理，进一步研究包含社会目标的更广泛的模型。与会者对缩小建模者和决策者之间在认识上的差距表示关注，建议对个别决策单元的行为进行研究。会议还鼓励开展设计、校准和使用模型专业标准的研究（Hemmens，1968）。

由于土地开发模型，特别是小范围的土地开发模型，并没有达到研究人员和决策者的期望，早期的乐观情绪逐渐消退。建模者低估了模拟复杂城市现象的任务，其中许多建模工作都是规划机构在不太合理的时间期限内匆忙完成的（Putman，1979）。随着城市发展过程的多样化，不同的子模型不断被添加到模型中，模型变得越来越复杂，数据需求越来越大，模型的构造和操作成本也越来越高，而且许多模型仍然没有产生可借鉴的结果。到 20 世纪 60 年代后期，美国的土地利用模型活动进入了沉寂期，一直持续到 20 世纪 70 年代中期。

1966 年《信息自由法案》

1966 年通过的《信息自由法案》（FOIA）假定美国政府行政部门的机构和部门拥有的记录可供公民查阅，但这并不是联邦信息披露政策的常用方法。在制定《信息自由法案》之前，确立审查政府记录的权利责任在于个人，并没有法定指南或程序可以帮助寻求信息的人，也没有司法补救办法可以给予那些被拒绝获得信息的人。

随着《信息自由法案》的通过，举证责任从个人转移到政府。寻求信息的个人不再需要表明需要信息。相反，"需要知道"标准被"知情权"原则所取代，政府现在必须证明相关信息需要保密。《信息自由法案》为确定哪些记录必须披露以及哪些记录可能保密设定了标准。法案还为那些被拒绝获取记录的人提供了行政和司法补救办法。最重要的是，该法案要求联邦机构向公众提供最充分的信息公开。该法案的历史反映出这是一项公开法。它假定所要求的记录将被公开，除非相关机构证明该记录符合《信息自由法案》不予公开的例外情况，才可以对该记录进行保密。如果所要求的记录中的信息需要保护，则申请法案豁免通常是允许的。因此，在确定是否应根据《信息自由法案》豁免一份文件或一组文件公开时，该机构必须在合理预见披露该文件会对受豁免保护的利益造成损害的情况下，机构才应对这些文件进行披露豁免。同样，当请求者要求提供一组文件时，相应的机构应该发布所有文件，而不是这些文件的一部分。

《信息自由法案》要求各机构在美国联邦公报上公布信息。后经修改要求在线提供如下信息：（1）机构组织和办事处地址的说明；（2）代理业务的一般过程和方法陈述；（3）程序规则和表格说明；（4）普遍适用性和一般政策声明的实质性规则。法案还要求各机构允许公众公开查看和复制如下信息：（1）对案件裁决的最终意见；（2）未在联邦纪事上公布的机构通过的政策和解释声明；（3）影响公众的行政人员手册；（4）为响应 FOIA 而发布的记录副本，要求机构确定已经或可能面临其他额外的请求；（5）一份有关可能成为附加需求主体的已发表记录的一般索引。1996 年《信息自由法案》修正案要求，如果没有《信息自由法案》要求的情况下，机构必须以电子文件和打印件的方式提供检查和复制的材料。

《信息自由法案》还要求联邦机构在联邦登记簿上公布计划变更通知，并且《行政程序法案》建立了正式的规则制定流程，其中包括通知公众并对联邦计划进行修改，以及征求关于拟议变更的意见。《信息自由法案》大大提高了政府决策的透明度。

公交专用车道

随着州际公路的建设进展，公路设施以较低的成本提供给人们使用，并未考虑其完全社会成本，从而导致与公共交通服务产生不公平竞争，公路工程师因此而饱受批评。批评者还担心，3C 规划过程没有充分关注远期城市交通规划发展中的公共交通选择。

公共道路局规划主任霍姆斯（E. H. Holmes）在 1964 年 4 月的一次演讲中对这一批评进行了首次的官方回应。霍姆斯先生说："由于超过四分之三的公共交通乘客使用公共汽车而不是轨道交通，公共交通和公路应该是协作关系而不是对立关系。反之亦然，公路必须为公共交通服务而不是阻碍它，因为出行者使用公共交通出行越多，公路工程师的工作就越容易"。

他继续主张使用高速公路提供快速公交服务。这将极大地提高公共汽车的运行速度，减少其行驶时间，从而使公共交通服务更具竞争力。BPR 的立场是，如果公共交通乘客超过了汽车在同一时期内能达到的运送能力，例如每小时 3000 人的高速公路车道，那么在高速公路上设立公交专用车道的设计是合理的（Holmes，1964）。

这一立场在联邦公路管理署（FHWA）于 1967 年 8 月发布的"公交专用车道"操作指导备忘录（IM）21-13-67 中正式确定。除了重申保留公交专用车道外，备忘录还说明了设立公共汽车优先使用车道的依据。在优先条件下，其他符合条件的车辆将被允许使用该车道，但仅限于符合条件的车辆，并且保证它们不会降低公共汽车的行驶速度。并通过测量其他车道上车辆的数量来控制流量，保证使用优先车道的总人数要大于向一般交通开放车道所运载的人数。

联邦公路管理署积极推动使用公交专用车道和公共交通优先措施的使用。根据 1967 年作为试验计划启动的交通运营安全和能力改善计划（TOPICS）的内容，公路主干路上的公共交通优先项目支出（包括装载平台和公共交通站台雨棚）符合联邦援助道路基金的援助要求，高速公路上设立公交专用车道符合常规联邦援助公路项目的要求。

许多城市地区采用公共交通优先技术来提高道路设施的通行能力，并以有限的成本使公共交通服务更具吸引力。到 1973 年，一份研究报告对美国和其他地方的 200 多个公共汽车优先项目进行了梳理汇总，这些优先项目包括高速公路公共交通专用路、高速公路专用道和匝道、公共交通枢纽交会处、主干道上的公交专用车道、交通信号优先，以及设置"停车换乘"停车场和城市交通枢纽（Levinson et al.，1973）。

反向通勤试验

在 1965 年美国发生城市骚乱之后，麦考恩委员会成立，为约翰逊政府提供种族暴动的原因分析和建议。该委员会提出的问题之一是，公共交通服务不足是导致中心城市居民失业率居高不下的几个因素之一。因此，联邦和州政府开展了一系列的计划资助了 1966—1971 年的反向通勤试验，该试验旨在引导人们从城市中心到适当的工作岗位空缺的郊区就业（Cevero，2002）。

这一系列示范项目旨在建立内城与就业机会增长的郊区中心之间长期可行的公共交通联系。城市公共交通管理署资助了 14 个城市的示范项目，试图建立 50 种不同的服务或公共交通线路。这笔资金几乎全部用于社区团体和参与者。联邦政府为这些项目总计花费约为 700 万美元（1965 年），再加上州和地方的捐款，考虑历年通货膨胀率进行调整，项目总花费折合 1992 年当年货币接近 3500 万美元。芝加哥奥黑尔（O'Hare）快速公交是当时的一个具体的项目。项目用快速公交服务连接芝加哥中心城区快速交通系统（以及整个内城）与奥黑尔机场就业综合体。该项目包括了服务发展项目所需的每一项积极成就（Crain，1970）。此外，到 20 世纪 70 年代中期，城市公共交通管理署资助了多个反向通勤示范项目，包括雪莉（Shirley）公路快速公交示范项目，援助受让人均是公交运营商（Rosenbloom，1992）。

在很大程度上，这些反向通勤项目为失业人员获得工作和建立长期交通服务方面是失败的。这个"解决方案"背后的大多数假设都是不真实的，或者比原先想象的要复杂得多。很少有郊区能够达到城市所提供的便利程度，也很少有市中心居民想要放弃社会福利并长途跋涉到郊区就业。而且对于入门级工作而言，郊区雇主存在很多偏见和沟通不畅。由于乘客人数令人失望，对反向通勤公共交通的支持政策也开始逐渐减少（Rosenbloom，1992）。

国家公路需求研究

20世纪70年代中期预计完成的州际公路系统将联邦援助公路计划引到了新方向。美国参议院认识到需要收集有关制定未来公路项目的信息，参议院联合决议第81号（1965年8月28日批准）第3节要求从1968年开始每两年报告一次公路需求。

1965年4月，美国公共道路局要求各州准备对未来也就是1965—1985年道路需求进行估算。各州只有短暂的几个月的时间，并依靠现有数据和快速估算技术来准备估算。估算结果记录在1968年的国家道路需求报告中。报告汇总结果显示，为满足估算的道路需求需要投入2940亿美元，这是一个惊人的成本总量。汇总项目包括州际公路系统中的41000英里（U.S. Congress，1968a），还包括另外40000英里高速公路。该报告的补充文件建议开展全美范围的功能性公路分类研究以作为重新调整联邦援助公路系统的基础（U.S. Congress，1968b）。

1968年的报告相比较历史研究更多地关注城市地区。报告补充文件建议，应向城市地区提供更多的联邦援助公路资金。报告研究了实现这一目标的手段，补充文件讨论了将主次干路系统之外的所有主干路系统全部纳入联邦援助城市系统。为了克服地方政府中分散部门进行城市交通决策的困难，报告建议成立地区范围的规划机构，由这些机构来制定5年的设施改善计划，这些机构将由当地选举的工作人员来进行管理（U.S. Congress，1968b）。

报告补充文件建议将联邦援助公路基金用于资助停车研究和开发项目，建设外围停车设施。补充文件建议设立一个提前获取道路用地的周转基金。报告补充文件主张在道路路界内和周边用地进行联合开发。这些项目应由交通运输部与住房和城市发展部联合协调（U.S. Congress，1968b）。

1968年国家公路需求报告补充文件中的许多建议被纳入1968年和1970年的《联邦援助公路法案》。1968年法案第17节要求与州公路部门和地方政府合作进行全美联邦公路系统的功能性分类研究。该功能分类研究手册指出："一个州内所有现有的公共道路和街道都应根据现有设施的最合理用途进行分类，以便为当前的出行和土地使用提供服务"（U.S. Department of Transportation，1969b）。这是在全美范围内收集道路详细功能系统信息的第一项主要研究。

1970年国家公路需求报告的补充文件详细说明了1968年公路系统功能分类研究的结果，该研究涵盖了目前出行和土地使用条件下的设施现状。研究结果表明，在道路分类功能和其所使用的联邦援助系统中，各州之间存在很大差异，并且城市地区的这种差距大于乡村地区。该报告表明，干线公路承载了大部分出行。例如，在1968年的城市地区，干线公路总里程占路网总英里数的19%，但却承载了车辆行驶里程的75%（U.S. Department of Transportation，1970）（图6-1）。

1972年的国家公路需求报告记录了1970—1990年功能分类研究的结果。它结合了1990年的预测功能分类和所有功能类别（包括当地道路和街道）的详细清单和需求估算。它建议根据后续 1980 年等年份的道路系统功能使用情况来调整联邦援助道路系统。这项调整建议被纳入 1973 年的《联邦援助公路法案》。在全美统一的"最低容忍条件"下，有关部门对 20 年后也就是 1990 年道路需求进行测算，测算结果显示 1990 年有 5920 亿美元的道路建设需求，其中 43% 源自联邦援助资金，该比例与现状 1970 年的联邦援助比例一致。报告认为超过 50% 的道路需求是"历史积压"，需要立即关注（U.S. Department of Transportation，1972b，1972c）。

1974 年国家道路需求报告更新了 1972 年报告中的需求测算数值。1974 年的道路需求研究是 1974 年国家交通研究的一部分。1974 年的道路报告分析了需求估计对预测交通量减少以及服务水平低于最低容许条件的敏感性。该报告申明道路需求测算取决于它们所依据的道路服务和道路设计的具体标准。

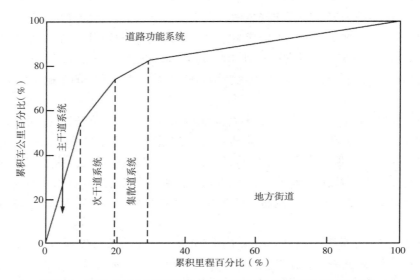

图 6-1　1968 年城市地区不同功能登记道路系统里程数量与车公里分布

资料来源：U.S. Congress（1970）

道路需求研究代表了国家道路系统评估的持续过程。研究量化了未来道路需求的性质和范围。这些研究由联邦、州和地方政府的共同努力完成。国家和地方政府的广泛参与为这些研究积累了较高的信誉。因而，道路需求报告对道路立法以及道路项目的结构和融资产生了重大影响（U.S. Congress，1975 年）。

1968 年《联邦援助公路法案》

1968 年的《联邦援助公路法案》制定了交通运营安全和能力改善计划（TOPICS）。联邦政府为行动计划在 1970 年和 1971 年两个财政年度分别授权 2 亿美元，联邦配套份额为 50%。该计划旨在减少交通拥堵并促进城市地区的交通顺畅。在此之前，公共道路局已启动了 TOPICS 试验计划。IM 21-7-67 建立了 TOPICS 指南，将城市街道分为两类。联邦援助主干道和次干道系统被认为是第一类。其他主要街道属于第二类。只有第二类系统允许开展交通系统运行改善（Gakenheimer and Meyer，1977）。

TOPICS 计划源自美国公共道路局（BPR）致力于扩大交通工程技术应用的长期努力。1959 年，BPR 赞助威斯康星大道研究，以证明各种交通管理方法统筹协调的有效性（U.S. Department of Commerce，1962）。

TOPICS 项目来自 3C 城市交通规划流程。截至 1969 年 10 月，有 160 个城市积极参与 TOPICS 项目，另有 96 个城市正在进行初步谈判，预计将产生积极结果。即便如此，TOPICS 项目的规划细节水平与规划过程中区域范围并不完全一致（Gakenheimer and Meyer，1977）。

TOPICS 计划在 1972 年和 1973 年两个财年重新获得每年 1 亿美元联邦授权。但是 1973 年的《联邦援助公路法案》终止了 TOPICS 项目的继续授权，并将 TOPICS 项目合并到新的联邦援助城市项目中。至此，TOPICS 项目已经完成了其预定目标，即提高交通工程技术的接受度，以此作为提高城市交通系统效率的一种手段。TOPICS 在鼓励交通管理概念方面也发挥了重要作用（Gakenheimer and Meyer，1977）。

除了启动 TOPICS 计划外，1968 年的《联邦援助公路法案》还纳入了一些旨在保护环境和减少道路建设负面影响的条款。法案重申了 1966 年《交通运输部法案》第 4（f）节关于保护公园和娱乐用地，野生动植物和水禽庇护所以及历史遗址等条款的要求同样适用于公路。此外，该法案还要求就拟议公路项目的经济、社会和环境影响及其与当地城市目标的一致性进行公开听证。法案建立了公路美化项目。此外，法案授权通过公路搬迁援助计划向因建设项目而流离失所的家庭和企业提供补偿。法案还建立了提前收购道路用地的周转基金，以尽量减少因道路建设造成的未来混乱，降低土地成本并清理土地。此外，该法案还批准了一项外围停车示范项目的援助计划。

该法案的许多条款都是关注环境质量和改善道路建设负面影响的早期响应。

"持续的" 城市交通规划

到 1968 年，大多数城市化地区已经完成或正顺利推进 3C 规划过程。联邦公路管理署将注意力转向规划过程的"持续性"方面。1968 年 5 月，IM 50-4-68 "'持续的'城市交通规划"正式发布。IM 需要为这些领域的交通规划持续滚动开展制定运行计划，其目标是保持规划对当地需求和潜在变化的响应能力（U.S. Department of Transportation，1968）。

运行计划旨在指导应对执行持续规划所需的各种项目，包括：组织结构；活动范围和负责的机构；描述监测方法，以确定土地开发和出行需求的变化；土地使用和出行预报程序的说明；继续研究 3C 规划过程的十个基本要素（U.S. Department of Transportation，1968）。

指南提供了对于确定持续规划过程至关重要的五个要素（图 6-2）。"监督"侧重于监督发展领域的变化，包括社会人口学特征和出行变化。"再评估"涉及三个层级的交通预测审查，并确定其是否仍然有效。计划和预测每 5 年更新一次，以保持在 20 年的时间范围有效。"服务"是协助各机构实施该计划。"程序建设"强调了升级分析技术的必要性。最后是发布关于这些活动的"年度报告"，作为与当地工作人员和公民沟通的一种手段（U.S. Department of Transportation，1968）。

联邦公路管理署提供了广泛的培训和技术援助，将城市交通规划转变为持续的运作模式。

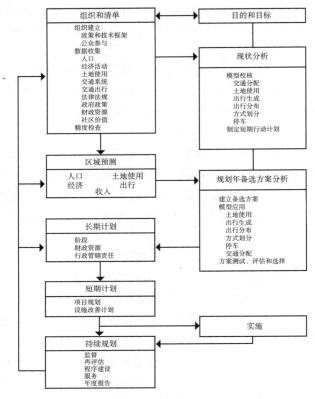

图 6-2 持续的城市交通规划过程

资料来源：U.S. Department of Transportation（1968）

1968 年《政府间合作法案》

1968 年通过的《示范城市和都市法案》第 204 节是更为广泛的立法的先驱，该法案旨在协调联邦和州一级的联邦援助资金计划。1968 年的《政府间合作法案》要求联邦机构向州长或立法机构通报其所在州的所有联邦援助资金项目的目的和金额。这一要求的目的是使各州能够更有效地规划其整体发展（Washington Center，1970）。

该法案要求根据州授权立法建立区域范围的规划机构。法案规定，在没有充分理由反对的情况下，联邦援助资金应拨付给政府的一般用途单位而不是特殊目的机构。该法案还需将这些政府间协调要求的管理职能从住房和城市发展部转移到预算局。

预算局第 A-95 号通函

为执行 1968 年《政府间合作法案》，预算局于 1969 年 7 月发布了第 A-95 号通函《联邦援助计划和项目的评估、审查和协调》，取代了第 A-82 号通函（Bureau of the Budget，1967）。该通函要求各州的州长在州一级和每个大都市区指定一个"信息交换所"。这些交换所的职能是审查和评论拟议的联邦援助项目与综合规划的兼容性，并协调可能受项目影响的计划和方案的机构。信息交换所必须根据州或地方法律授权承担该地区的综合规划（Washington Center，1970）。

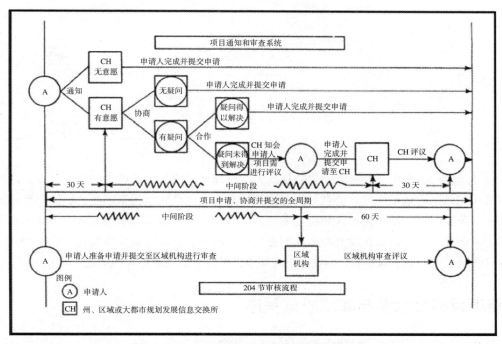

图 6-3　204 审核流程与项目通知和审查系统
资料来源：U.S. Bureau of the Budget（1967）

通函建立了一个项目通知和审查系统（PNRS），规定了审查和协调过程的执行方式以及过程中每个步骤的时间节点（图 6-3）。PNRS 包含一个"预警"功能，要求地方申请人在决定申请联邦拨款或贷款寻求协助时通知州和当地信息交换所。交换所利用 30 天时间对该项目利益做出进一步审释或安排项目协调。该规定旨在减少许多审查机构因不了解申请流程，而几乎没有机会帮助申请人获得援助的状况（Washington Center，1970）。

第 A-95 号通知提供了最明确的联邦声明以指导完成城市地区规划每一进程目标的达成。其重点并不针对具体事件，而强调规划进程和实施该进程所需的政府间联系。

改善政府间项目协调的各种行为和条例加速了大范围多功能机构的建立。到 1977 年，在州一级创建了 39 个交通运输部门。大多数部门都有多式联运规划、规划编制和部门协调的职能。在地方一级，综合规划机构（通常是为 A-95 指定的信息交换）承担编制交通规划的情况越来越普遍（Advisory Commission，1974）。

第七章
环境保护和公众参与

在 20 世纪 60 年代，对环境质量的日益关注给规划过程带来了巨大的压力，规划过程历经艰难调整以适应这些变化。公众的注意力开始集中在空气和水污染问题，居民和企业的流离失所，公园、野生动物保护区和历史遗址，以及社区的整体生态平衡及减轻破坏生态平衡的能力。此外，公民担心在没有考虑他们意见的情况下，社区已然发生变化。在此期间，联邦政府在这些事项上小幅度的介入在过去几年中已经开始适度地扩大和深化。

公路项目的公众参与和双听证程序

公众对公路项目的建议和意见通常在公开听证会上最为直言不讳。很明显，在项目完成后，公众无法有效地为公路决策做出贡献。许多问题涉及是否建设公路项目的基本问题以及对备选交通方案的考虑。因此，在 1969 年初，联邦公路管理署（FHWA）修订了政策和程序备忘录（PPM）20-8 "公众听证和选址批准"（U.S. Department of Transportation，1969a）。

备忘录为公路项目建立了双听证程序，取代了之前在项目开发过程中采取的单一听证会。第一次 "交通走廊公众听证会" 在路线选址决定之前举行，旨在让公众有机会对公路项目的需求和选线发表意见。第二次 "公路设计公开听证会" 的重点是具体的线位和设计特点。该政策和程序备忘录（PPM）还要求在提交联邦援助项目之前考虑社会、经济和环境影响。

人们认识到，即使是双听证会机制也没有为公民提供足够的参与机会，更糟糕的是，双听证会让双方对话更为困难。1969 年末，政府修订了 3C 规划过程的基本准则，要求公众参与规划过程的整个阶段，从设定目标到分析备选方案。因此，征求公众意见已成为规划机构的责任。

1969 年《国家环境政策法案》

联邦政府对环境问题的关注可追溯到 1955 年《空气质量控制法案》的通过，该法案指示卫生署署长开展研究以减少空气污染，自此开始，联邦政府采取一系列行动，逐步扩大和深入地参与到环境问题解决中。

1969 年是美国国家环境保护进程中重要的一年。联邦政府通过了一项非常重要的环境立法，即 1969 年的《国家环境政策法案》（NEPA）。该法案与先前的立法有很大的不同，因为它是一项首次阐明防止或消除对环境破坏的国家政策。该法案指出，"鼓励建立人与环境之间富有成效和和谐共处的关系"被确定为国家政策。

该法案要求联邦机构对影响环境的规划和决策采用系统的跨学科方法。它还要求所有可能对环境产生重大影响的立法和主要联邦行动必须提交《环境影响声明》（EIS）。EIS 须包含如下信息：有关拟议行动的环境影响、不可避免的影响、行动的替代方案、短期和长期影响之间的关系以及不可修复的资源情况。联邦机构将就受影响管辖区的行动及其影响广泛征求意见，并公布所有信息。

根据该法案还设立了环境质量委员会，以落实该政策并就环境问题向总统提交建议。

1970 年《环境质量改善法案》

1970 年的《环境质量改善法案》作为《国家环境政策法案》的伴生法案文件获得通过。法案在环境质量委员会下设立了环境质量办公室。该办公室负责协助联邦机构评估在建和拟议的项目，并敦促开展环境保护的相关研究。

这两项与环境相关的法案标志着十多年来决策权下放到州和地方政府的趋势第一次逆转。法案要求联邦政府成为设施改善与环境质量之间的最终决策者。此外，它要求编制 EIS 并征求所有相关机构的意见，从而建立了一个复杂而费用不菲的过程。这两个法案实际上创建了一个与现有的城市交通规划程序并行的新的规划程序。

全美范围的个体交通研究

早期的全美出行调查仅限于汽车和卡车的使用调查。1935—1940 年，以及在 20 世纪 50 年代，许多州针对机动车所有权、使用者和出行的特征进行了机动车辆使用研究（Bostick et al., 1954；Bostick, 1963）。1961 年，美国人口普查署为美国公共道路局（BPR）开展了 5000 户全美汽车使用研究调查。该调查涵盖了机动车拥有和使用的信息以及工作出行的信息、收入，其他可用于出行和车辆信息的其他家庭数据也进行了收集（Bostick, 1966）。

全美个体交通研究（NPTS）对这些信息进行了进一步研究，旨在获取有关全美出行者出行模式的最新信息。全美个人交通研究调查的家庭出行信息涵盖受访者所有出行方式和所有出行目的。全美个人交通研究于 1969 年（Department of Transportation, 1972—1974）首次开展此项调查，并于 1977 年重复进行（U.S. Department of Transportation, 1980—1983），后续大约每 7 年重复开展此项调查，1983 年（Klinger and Kuzmyak, 1985—1986）、1990 年（Hu and Young, 1992）、1995 年和 2001 年。前三次调查是由美国人口普查署通过家庭访谈进行的。后续的调查是由私人调查公司使用计算机辅助电话访问（CATI）和随机数字拨号，以便访问除 1995 年的电话调查用户以外未列出电话访问号码的其他用户。

2001 年，该项调查通过整合全美个体交通研究和美国出行调查（ATS）扩大了调查范围。调查被重新命名为"全美居民出行调查"（NHTS）。2001 年"全美居民出行调查"（NHTS）成为全美日常和长途出行的一份详细清单。该调查统计了包括家庭、人员、车辆的人口统计特征以及所有目的地和出行方式详细信息。对来自美国家庭样本的 NHTS 调查数据，工作人员通过出行方式、出行目的和一系列家庭属性进行了扩展，进行了国家层面的出行和里程的估算。结合 1969—1995 年的历史数据，2001 年 NHTS 调查数据提供了有关个人出行模式的详细信息。

2001 年 NHTS 的样本规模为 69817 个家庭，其中包括全美 26038 个样本。另外有 9 个区域资助收集了 43979 个额外家庭信息用于支撑本地研究开展。受访者被要求详细报告家庭成员的所有出行。调查收集了如下信息：家庭成员关系、教育水平、收入、住房特征和其他人口统计信息的家庭数据；每辆家用车辆的信息，包括年度、品牌、型号，以及每年行驶里程和燃料费用的估算；关于驾驶员的相关数据，包括车辆出行作为工作出行信息的一部分；在指定的 24 小时期间（家庭指定的出行日）内进行的单程出行的数据，包括出行开始和结束的时间、出行距离、出行成员的构成、交通方式、出行目的，以及使用的特定车辆（如果是家用车辆）；居民出行调查还收集了家庭在 4 周时间内（家庭指定的出行期间）的长途往返出行数据，出行的最远点距离家最少 50 英里，包括最远的目的地、出入口和出口停留以及旅途中过夜地点、来往最远的目的地的交通方式、出行目的和出行成员构成信息。步行和自行车出行的数据首次被包括在内。

全美个体交通研究提供了有关个体出行的国家统计数据，并按大都市统计区（SMSA）规模分组标准进行了一些分类。研究总结了家庭成员每日平均出行的信息，包括出行目的、出行方式、出行距离、车均载客率，在一天中的出行时间和哪天出行。通过连续的比较调查，全美个人交通研究量化了一些重要的国家出行趋势，具体包括（表 7-1）：

- 汽车保有量显著增加；
- 就业人数大幅增加；
- 个体和车辆出行量大幅增加；
- 家庭规模下降；
- 拥有多辆车的家庭数增加，零车家庭数减少；
- 每户车辆行驶里程（VMT）增长；
- 工作出行比例下降；
- 驾驶私人车辆出行的比例增加；
- 车均载客率下降。

全美个体交通研究成为分析出行方式的难得而珍贵的数据资源。它允许跟踪关键家庭居民出行特征的变化，并在联邦以及州和地方各级使用。

1970 年《清洁空气法案修正案》

1970 年的《清洁空气法案修正案》强化了联邦政府的中心地位，联邦政府成为影响环境的最终决策者。该法案创立了环境保护署（EPA），并授权其制定环境空气质量标准。法案中还规定了新汽车排放量的减少标准。该法案授权环境保护署，要求各州制定并实施计划，明确如何实现和维护 1970 年《清洁空气法案》修正案的质量标准。1971 年，美国环境保护署颁布了国家环境空气质量标准，并提出了符合这些标准的州实施方案（SIPs）（U.S. Department of Transportation，1975b）。

全美个体交通研究：家庭和出行指标（1969—2001 年）　　　　表 7-1

统计汇总		1969 年	2001 年	变化百分比（%） 1969—2001 年
总人口数（亿人）		1.972	2.772	40.6
总家庭数（亿户）		0.625	1.074	71.8
就业岗位总数（亿个）		0.758	1.483	95.6
私人汽车辆总数（亿辆）		0.725	2.026	179.4
年度机动化出行人次（亿人次）		0.873	2.330	166.9
年度家庭用车公里数（亿公里）		7.759	22.750	193.2
年度出行人次（亿人次）		1.451	4.073	165.0
年度出行人公里数（亿公里）		14.041	39.727	182.9
参数	户均人数（人）	3.20	2.58	
	户均车辆数（辆）	1.20	1.89	
	驾驶员平均拥有车辆数（辆）	0.70	1.06	
家庭百分比（%）	无车	20.6	8.1	
	1 辆车	48.4	31.4	
	2 辆车	26.4	37.2	
	3+ 辆车	4.6	23.2	
年户均车公里		12423	21187	70.5
小汽车工作出行比例（%）		31.9	22.1	
小汽车非工作出行比例（%）		68.1	77.9	
公共交通出行比例（%）		3.4	1.6	
车均载客人数		1.90	1.63	

　　州实施方案的准备、提交和审查发生在传统的城市交通规划程序之外，在许多情况下，规划机构制定交通规划并不涉及州实施方案。对于那些即使符合空气污染排放标准的新型汽车，但也无法达到空气质量标准的城市地区来说，这个问题变得特别困难。在这种情况下，环保部门需要制定交通控制计划（TCP），其计划中包含城市交通系统的变化及其减少排放的运作。而 TCP 很少与那些制定城市交通计划的机构共同制定。这些环保部门和交通规划机构之间花了几年时间进行对话，以调解城市交通和空气质量的联合计划和政策。

　　环境立法的另一个影响，特别是《清洁空气法案》，更加强调交通系统的短期变化。由于要求环境空气质量达标的最后期限相当短，环境保护署主要关注的是可能影响该期限范围内空气质量的措施。这些短期措施不包括重大设施建设，并且通常侧重于轻资本和交通管理措施。而当时，城市交通规划一直专注于远期（20 年或更长）的规划（U.S. Department of Transportation，1975b）。

波士顿交通规划评估

　　许多城市交通规划研究的结果要求对该地区的高速公路系统进行大规模扩建以及进行其

他公路改善。公共交通在该地区的未来发展中通常被认为作用很小。在这些城市交通规划中，许多高速公路改善项目都将建在城市建成区，将给这些地区造成严重的破坏和混乱。随着城市地区公众对社会和环境问题关注的增长，许多地区出现了反对交通规划中大规模公路系统扩建的意见。面对这些情况，城市地区被迫重新评估其交通规划。这些规划重新评估的原型都来自波士顿交通规划评估（BTPR）。

1969 年发布的波士顿地区长期规划提出了关于建立放射和环行高速公路综合网络的建议，并对现有公共交通系统进行了重大改进。该规划中大部分高速公路路段都被纳入州际公路系统。许多推荐的公路都包含在 1948 年早期发展规划中，这是这一时期城市交通规划的典型特征。1969 年的规划在公布之前就遭到了反对，特别是来自受影响的社区的反对（Humphrey，1974）。

1970 年 2 月波士顿市议会和州长弗朗西斯·萨金特（Francis Sargent）先后下令暂停重大公路建设。州长弗朗西斯·萨金特宣布对波士顿地区的交通政策进行重大的再评估，并要求波士顿交通规划评估作为一个独立团队直接向州长报告，以解决该地区的交通问题。

波士顿交通规划评估持续了大约 18 个月，在此期间，跨学科的专业团队确定并评估了许多运输方案。这项工作是在规划者、公民和当选官员之间开放和谐的氛围中完成的。波士顿交通规划评估导致州长决定不在波士顿核心区内建造更多的高速公路。而转为主要强调干道系统、特殊用途公路以及公共交通系统的重大改善的协同发展（Humphrey，1974）。

主持波士顿交通规划评估的艾伦·阿特休勒（Alan Altshuler）称波士顿交通规划评估为"公开研究"。这种新形式的城市交通规划过程具有如下里程碑标志。第一，专业人士、公民、利益集团和决策者在各方面都广泛参与再评估。第二，在平等的基础上评估道路建设方案与公共交通方案。第三，重新评估研究不仅关注宏观层面的区域研究，也强调着眼于微观层面的社区研究。第四，对计算机分析模型的依赖程度较低，对非技术参与者解释分析方法的态度更为开放。第五，该研究使用了更广泛的评估标准，这些标准考虑了更多的社会和环境因素。第六，决策者愿意介入并在过程陷入僵局的时候做出决定（Gakenheimer，1976；Allen，1985）。

波士顿交通规划评估发生在公民参与运动的高峰期，与此期间波士顿其他决策主流不同的是，波士顿交通规则评估充满活力的氛围。虽然这种研究不太可能以同样的方式在其他地方重复，但波士顿交通规划评估对城市交通产生了永久性的影响。波士顿交通规划评估的传奇展示了一个更加开放的规划和决策形式，规划和决策可以更加关注社会和环境影响以及受交通改善影响的人们的意见。

城市走廊示范项目

1970 年 1 月，交通运输部启动了城市走廊示范项目，该项目以测试和展示协同使用现有的公路交通工程和运输操作技术为方法，以缓解服务于城市主要径向走廊的交通拥堵。项目强调轻资本密集型改进而不是新的重大设施建设，以证明可以迅速实施的相对便宜的项目是否可以在缓解城市交通拥堵方面发挥有效作用（Alan M. Voorhees and Association，1974）。

该项目的重点是人口超过 20 万人的城市化地区。它利用现有的联邦项目，进行公共交通设施和设备的示范、调查和技术研究，以及道路建设、TOPICS 和路边停车。示范项目使用各种改进技术，这些技术通过其资助计划加以协调运作，以减少高峰时段的拥堵。

1970 年 7 月，11 个地区入选开展示范项目规划。编制了评估手册，以协助参与的城市地区进行试验设计，假设检验和总体评估策略（Texas Transportation Institute，1972）。根据这些地区的评估计划，相关部门选出了 8 个示范项目，其中 7 个已落地实施。这些项目测试了长途运输改善项目，例如公共交通优先方案，交通工程技术和公共交通服务改进；低密度地区公共交通乘客集散改善措施，如停车换乘设施，具备需求响应的公共汽车和避难所；CBD 集散系统的改进，如班车服务和改善公共交通场站。

这种早期尝试通过协调一致的方式整合轻资本密集型公共交通和道路改善技术，为今后广泛使用交通系统管理方法指明了方向。随着 1974 年服务和方法示范计划的建立，对轻资本技术的进一步试验仍在继续。

人口普查中的通勤调查

美国宪法要求每十年进行一次人口普查，这使得美国人口具有最长的时间序列的统计数据。第一次人口普查在 1790 年进行，并在 1810 年扩大到包括其他方面。由于全面的城市交通研究的出现以及对社会人口特征数据的需求，交通规划者于 20 世纪 50 年代后期开始对人口普查产生了兴趣。当时，人力资源处联合交通信息系统和数据需求委员会，说服人口普查署在 1960 年的人口普查中纳入有关工作地点和汽车所有权的问题。1960 年，人口普查的格式发生了变化，普查涉及的大多数人只需回答一些简短的问题，与此同时，被专门抽样的部分人口样本则需要回答更详细的问题。工作出行和其他与交通有关详细的问题通过设计纳入一个详细的调查大表。

20 世纪 60 年代，人口普查署设立了一个小区域数据咨询委员会，委员会中包括一些交通规划者，以协助他们开展 1970 年的人口普查。交通规划者认识到，十年一次的人口普查数据中包含大量传统数据变量，可以更广泛地用于研究交通中工作出行问题中经常用到的起讫点等类似问题。1966 年末，人口普查署在康涅狄格州纽黑文进行了一次人口普查数据使用研究。该研究的目的是评估测试他们为促进当地机构使用人口普查数据而制定的方法和程序。联邦公路管理署积极参与其中，并对如何有效维护当前城市交通规划数据表现出极大兴趣。随着地理编码系统的发展，人口普查区和交通分析区不相容这一关键问题得以解决，允许居住地和工作地点在地理系统上为单个城市街区进行编码，使得通过交通分析区汇总人口普查数据成为可能（Sword and Fleet，1973）。

预测试结果显示，1970 年测试表格不能满足城市交通研究的需要，联邦公路管理署资助人口普查署，以开发建立特殊汇总表格的系统能力。其结果是城市交通规划计划将工作出行和工作场所数据以及社会人口统计数据整合到一个可供当地规划机构使用的城市地区特定数据库（Sword and Fleet，1973）。

20 世纪 70 年代，为了准备 1980 年人口普查，相关部门对交通规划中城市交通规划方案的使用进行了评估（Highway Research Board，1971c；Transportation Research Board，1974c）。许多建议都被人口普查署纳入。这些建议包括车辆所有权、出行方式和地理细节的更高级别的分层，以及增加工作的出行时间。

到 20 世纪 80 年代，人口普查工作调查已经成为城市交通规划数据的重要来源。第一，自 20 世纪 60 年代以来，调查成本上升和财政资源减少迫使大多数城市交通机构放弃大规模数据收集。第二，规划机构面临来自决策层的压力，要求他们提供最新信息，以此作为分析和建议的依据。第三，基于数据建模的改进减少了对本地进行调查的需求，例如家庭居民出行调查中出行起讫点的研究。第四，交通相关问题的改进，以及 1980 年人口普查数据地理编码的精细化和准确性，为规划者提供了相应的数据库，部分填补了由于缺乏当地收集数据的空白（Transportation Research Board，1985b）。

基于 20 世纪 70 年代人口普查的经验教训，交通运输部为 1980 年人口普查提供了技术援助和培训（Sousslau 1983）。到 20 世纪 80 年代初，超过 200 个大都市规划组织购买了城市交通规划统计包。该统计包使用的经验评估仍在进行中（Transportation Research Board，1984c）。

1984 年 12 月 9 ～ 12 日 TRB 在佛罗里达州奥兰多组织了一次会议，由交通运输部赞助，以审查迄今为止普查的进展情况，并为 1990 年的人口普查提出建议（Transportation Research Board，1985b）。会议显示人口普查数据在城市交通规划中发挥了核心作用。

联邦公路管理署分析了 1960 年、1970 年和 1980 年人口普查数据中全美范围内的人口变化、通勤采用的交通方式、上班途径和车辆可用信息（Briggs et al.，1986）。并在由 AASHTO 领导的一些组织的赞助下开展了国家通勤研究中进一步的详细分析（Pisarski，1987a，1996）。

人口普查中通勤调查成为国家级出行数据的重要来源，也是州和地方规划的重要数据来源。在国家层面，每增加一个系列，该数据集的价值就会增加。在地方一级，因为人口普查数据有效性的提高，以及由于成本限制阻碍了地方层面新数据的收集，人口普查数据在城市交通规划中的作用变得更加重要。

奥弗顿公园案例

1966 年《交通运输法案》第 4（f）节禁止建造任何需要使用公园、娱乐场所、各级野生动植物和水禽庇护所、历史遗址土地的公路项目，除非没有可行的替代方案。如果存在以下问题则可以认为替代方案不可行且不慎重：不符合项目目的并且需要过高的施工成本，项目存在严重的操作或安全问题；有不可接受的影响（社会、经济或环境）；造成严重的社区混乱；或以上这些原因的组合。如果系列替代方案中存在方案可行而审慎，运输机构必须选择相应方案。相反，如果方案不能做到可行和慎重，运输机构可以拒绝替代方案。

该规定在奥弗顿公园（Overton Park）案例中得到了验证。奥弗顿公园占地 342 英亩，位于田纳西州孟菲斯市中心附近。有关部门建议修建一条六车道的快速路，该车道将动物园从公园的其他部分切断。该公路除了穿过一条小河之外，大部分道路将低于地面，预计有 26 英亩的公园将被毁坏。该公路将成为 I-40 州际公路的一部分。I-40 将为孟菲斯一条规划的主要东西快速路。这样可以更方便地从城市东部边缘的住宅区进入孟菲斯市中心。该路线于 1956 年由公共道路局批准，1966 年由联邦公路管理署批准。

《交通运输法案》第 4（f）节终止了穿过奥弗顿公园的公路部分的联邦资金拨付，要求交通运输部部长必须确认项目是否符合第 4（f）节的要求。I-40 项目的其余部分获得了联邦资金，并且该州获得了公园两侧的通行权。1968 年 4 月，交通运输部部长宣布他同意当地工作人员的判断，即 I-40 应该穿过公园。1969 年 9 月，田纳西州从孟菲斯市获得了奥弗顿公园内的通行权。该项目的最终批准直到 1969 年 11 月才公布。在批准路线和设计后，交通运输部部长并没有说明他认为没有可行和审慎的替代路线的原因，也没有说明为什么不能改变设计以减少对公园的损害。

一个月后，一个保护组织在联邦法院提起诉讼，要求停止 I-40 奥弗顿公园施工。诉讼方认为，如果没有进行正式的调查，交通运输部部长的行动是无效的。他们认为部长只是依靠孟菲斯市议会的判决，没有做出独立决定。应诉方认为部长没有必要做出正式的调查。他们认为，部长的确行使了自己的独立判断，并得到了事实的支持。应诉方提供了相应的证词，其中表明部长已做出决定并且该决定是可以支持的。但这些证词与诉讼方提出的证词互相矛盾。诉讼方还尽力联系前联邦公路管理员，以获取其证词，该管理员参与了通过奥弗顿公园路线 I-40 的决定。

但地方法院和上诉法院认为，要求部长做出正式调查是没有必要的。他们还拒绝了前联邦公路管理员的证词。此外，法院认为，这些证词信息不支持做出确认部长超出其权限的判断。

但最高法院撤销了地区法院对奥弗顿公园案的裁决（Citizens to Preserve Overton Park v. Volpe，401 U.S. 402 1971），最高法院裁定，对不可行和审慎的替代方案做出的决定必须查明，替代方案的使用是否存在特殊问题或不寻常因素，或者这些替代方案造成的成本、环境影响或社区破坏达到非常大的程度。

40 号州际公路成了烂尾工程。没有直接穿过孟菲斯市中心，而是绕行了孟菲斯市中心的 240 号州际公路则按原计划得以竣工。奥弗顿公园诉讼案成为类似案件的先例，案件很好地阐释了交通运输部法案第 4（f）节的"审慎和可行的替代"要求。该判决在过去 35 年中成为第 4（f）节的判例和惯例。

第八章
初期的多式联运城市交通规划

到 1970 年，美国有 273 个城市化地区积极参与了可持续的城市交通规划（图 8-1）。然而，当时城市交通规划过程在许多问题上受到了批评。交通规划经常因交通设施和服务对社会和环境的影响未能充分协调而饱受批评。规划过程仍然没有整合各种运输方式，也没有充分评估各种备选方案。几乎所有的规划都专注于远景描述，而忽略了更直接的近期交通问题。并且，规划的技术程序因过于烦琐、耗时且难以快速适应新问题而受到批评。人们也对他们的理论的有效性表示担忧。

在 20 世纪 70 年代早期，针对这些批评有关部门采取了行动。政府通过各种立法，增加了可用于公共交通的资本金，并为公共交通运营支出提供联邦援助。一些公路基金在使用上允许更大的灵活性，包括转移到公共交通项目中的使用。这些法规条款使公共交通在与道路的竞争上处于更加平等的地位，并大大加强了多种交通方式的协同规划和实施。

此外，联邦政府进一步采取措施，更好地整合地方层面的城市交通规划。同时制定固定设施短期改善计划和长期计划。规划重点放在非资本密集型措施上，作为主要建设项目的替代方案，以减少交通拥堵。同时，联邦政府要求各州公路机构制定相关程序，应对公路的社会、经济和环境影响。

1970 年《城市公共交通援助法案》

1970 年的《城市公共交通援助法案》是联邦公共交通投融资的另一个里程碑。法案第一次确定了联邦资金对公共交通的长期援助。在该法案通过之前,联邦的公共交通资金十分有限。由于未来资金的不确定性，很难规划和实施未来几年的公共交通项目。

1970 年《城市公共交通援助法案》中联邦承诺在未来 12 年期间支出至少 100 亿美元，以支持地方政府能确保持续进行地方规划，并扩大了项目管理的灵活性。从 1971 年财政年开始，该法案授权 31 亿美元用于城市公共交通。它允许使用"合同授权"，即交通运输部部长有权代表美国承担义务，国会承诺拨付清算义务所需的资金,这项条款允许政府做出长期资金援助承诺。

该法案还为老年人和残疾人交通制定了强有力的联邦政策:

"……老年人和残疾人应与其他人享有同等使用公共交通设施和服务的权利；在规划和设计公共交通设施和服务方面应做出特别努力，以确保老年人和残疾人能够有效利用的公共交通工具……"（U.S. Department of Transportation，1979b）

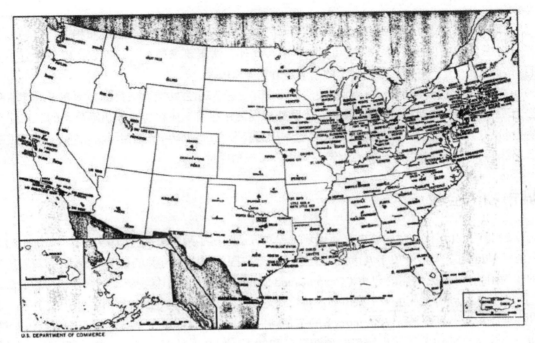

图 8-1　城市化区域（1970）

资料来源：U.S. Department of Cmmerce，Bureau of Public Roads，Directory of Urbanized Areas（1970）

　　该法案授权 2％ 的固定设施补助金和 1.5％ 的研究资金，用于资助相关项目，以帮助老年人和残疾人交通出行。

　　该法案还增加了关于拟议项目召开公开听证会的要求，讨论项目的社会、经济和环境影响以及与该地区综合规划的一致性。法案还要求对拟议项目进行环境影响评价，用于支撑交通运输部部长确认可能产生的任何不利影响，并判断是否具有其他可行和更审慎的备选方案。

1970 年《联邦援助公路法案》

　　1970 年的《联邦援助公路法案》建立了联邦城市公路系统。该系统旨在服务于每个城市地区的主要的活动中心，并为当地的目标服务。城市公路系统路线由当地工作人员和州相关部门合作确定。这一规定显著增加了当地司法管辖区对城市公路决策的影响。第 134 节关于城市交通规划的修正案进一步加强了城市地方工作人员对方案的影响：

　　　　"除非已就拟建公路项目征询项目影响地区当地负责的工作人员的意见，并考虑他们对该
　　　　项目的走向、位置和设计的看法，否则不得在任何人口超过 5 万人的城市地区建造公路项目。"

（U.S. Department of Transportation，1980a）

　　联邦援助城市公路系统的资金将根据州内的城市总人口分配给各州。该法案还授权公路基金可以援助公交专用车道或公共交通优先车道及相关设施。援助公共交通相关项目的前提条件是该公共交通项目减少了额外的公路建设需求，或者没有其他公路项目能够达到该公共交通项目的乘客运送能力。同时，援助项目还须保证公交运营商将利用该设施。法案还授权公共资金用于援助与城市公共交通服务一体化设计的联邦公路系统附近的城市外围和走廊停

车设施。

《联邦援助公路法案》同时纳入了与环境相关的众多要求。法案要求发布指南，指导地方充分考虑公路项目的社会、经济和环境影响。此外，法案要求颁布行动纲领，以确保公路项目符合根据《清洁空气法案》制定的州实施方案（SIPs）。

在 1970 年的公路和公共交通相关法案影响下，公路和公共交通项目都必须在影响评估和公众听证会方面达到相关的类似标准。《联邦援助公路法案》还将所有非州际公路的联邦配套资金份额提高至 70%，使其与公共交通资本项目三分之二的联邦份额相当。此外，《联邦援助公路法案》在法律上要求州实施方案与城市公路规划保持一致。

城市物流会议

20 世纪 60 年代创建的城市交通规划流程和方法强调了乘客流动，但很少关注城市地区的货物流动问题。大多数关于城市货物运输的研究仅限于与卡车有关的研究。因为追踪货物流动较为困难，并缺乏可用的方法（Chappell and Smith，1971），关于货物流动的数据很少被收集。

由于认识到需要更多关于城市地区货物流动的信息以进行更好的规划，1970 年 12 月 6 ~ 9 日在弗吉尼亚州沃伦顿（Warrenton）的艾尔利大厦（Airlie House）举行了城市物流会议。最初，会议重点关注关于城市物流的预测信息和技术。但是，随着会议筹备的进展，与会者发现需要对货物流动以及影响他们的经济、社会、政治和技术等因素有更基本的理解（Highway Research Board，1971a）。

会议揭示了缺乏有关城市物流的信息，需要收集相关信息以支撑投资和监管方面做出明智的政策决定。会议探讨了对城市物流问题的各种观点。规划师、托运人、政府机构、货运公司和公民对物流问题和后果的看法各不相同。由于有众多的参与者，人们认为体制问题太复杂，无法制定有效战略以妥善解决这些问题（Highway Research Board，1971a）。

与会者认为，城市交通规划过程中需要更加重视货物运输，并且需要开发预测货物运输的相关技术。联邦、州和地方机构的法规和规划需要互相协调，以避免货物运输行业产生冲突，不符合公众最佳利益。有关部门需要做出更大努力，探索降低城市地区货物运输的经济、社会和环境成本的方法（Highway Research Board，1971b）。

本次会议关注了城市交通规划过程中对货物流动的忽视，以及货物运输问题的复杂性。它引起了人们对这一主题的更多兴趣和研究，并关注制定应对城市货物运输发展战略的机会。

离散选择模型

20 世纪 50 年代和 60 年代的出行需求预测以相对集计的方式进行。虽然收集的数据是关于个人的特征和出行行为，但为了便于分析和预测，这些信息被汇总到交通小区（TAZ）。执行分析和预测的模型使用区域平均值或简单的特征分布。

到 20 世纪 60 年代中期，许多研究人员认识到聚合出行分析方法的局限性。他们认识到出行选择是离散的。出行者或者选择去，或者选择不去，或者选择开车，或者乘坐公共汽车，或者去 Safeway 超市，又或者是另一家杂货店。此外，人口在人口统计特征、品位和个人情况方面是异质的。并且，他们如果出行，则会面临不同交通方式不同的交通属性，例如时间和成本，这将决定他们的出行选择（McFadden，2002）。传统出行预测模型中使用的"平均"方法不能捕获这些个体差异。

　　基于观察到的个体出行者选择的出行需求模型首先在基于计量经济学和心理测量学领域工作的学术研究中得到发展。这些"非集计的行为需求模型"随后被人们所熟知，用于评估某些交通变量在出行决策中的相对重要性，或者用于获得成本效益分析的时间价值。交通方式划分是最常模拟的出行决策。直到 20 世纪 70 年代早期，交通规划人员才意识到这些模型及其在交通需求预测中的潜在用途（Spear，1977）。

　　离散行为需求模型预测个人将做出特定选择的概率。估计值是介于 0 和 1 之间的值。有许多数学函数可以用于表达这种分布。它们通常以 S 形曲线为特征，如图 8-2 所示。个人选择建模中最常用的两个函数是累积正态函数或概率函数，以及 logit 函数（Spear，1977）。最终，多项 logit 成为这些模型中最常用的函数。

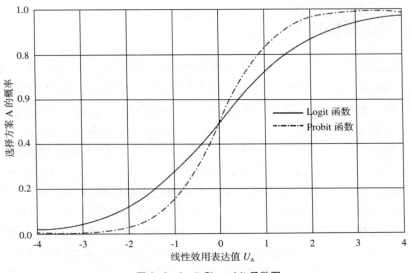

图 8-2　logit 和 probit 函数图
资料来源：Spear（1977）

　　自离散需求模型的早期发展以来，大量研究致力于使这些模型满足交通规划者的需求。具体而言，离散需求模型的研究重点包括：发展个人选择行为理论；简化模型构建的计算要求；识别新的和更强大的变量参数；解决一些限制个人需求选择模型应用于其他出行需求决策的问题；展示这些模型在解决实际规划问题方面的能力（Spear，1977）。

波科诺山城市交通规划会议

　　由于人们普遍认识到城市交通规划没有跟上不断变化的外部环境，因此 1971 年在宾夕法尼亚州波科诺山区（Mt. Pocono）举行了关于组织持续开展城市交通规划的会议。本次会议的重点是多式联运规划，这些规划是从早期重点关注公路规划以及规划与实施之间分离的会议中演变而来（Highway Research Board，1973a）。

会议建议密切协调规划工作，以此作为实现城市地区有序发展的手段，并将规划过程与各级政府的决策过程更紧密地联系起来。它敦促通过各州授权立法加强城市规划，并通过公平的地方代表予以强化。此外，公民参与应贯穿于整个规划过程中，但不应被视为当选官员决策的替代方案（Advisory Commission，1974）。

应整合所有的综合和专项规划，包括多式联运规划、环境影响评估程序。规划过程应不断重新改进分区范围内的长期区域交通规划，并将重点放在5～15年的时间范围内，以便规划与项目和项目实施更加相关。交通规划应考虑与当地目标一致的服务水平，并应评估各种替代方案，应监测运输系统变化的影响，以改进未来的决策和规划工作（Advisory Commission，1974）。

会议报告继续敦促联邦政府灵活资助这种更具包容性的规划，避免由于偏爱任何模式而导致不符合特定城市的交通决策，违背当地的目标和优先事项。会议还呼吁为规划、研究和培训提供额外资源。

交通运输部规划协同的倡议

美国交通运输部多年来一直致力于整合各种交通方式的规划方案。1971年，交通运输部在该领域开展了多式联运试验计划。该计划的总体目标是将不同交通方式规划方案纳入城市一级而不是联邦一级。随着试验计划的成功完成，交通运输部在10个交通运输部区域中的每个区域建立多式联运计划组（IPG）来永久实施该计划。多式联运计划组负责：获取和审查城市地区所有交通规划活动的年度统一工作计划；为每个城市地区单一受援机构就区域范围的交通规划拨款达成协议；并且，从每个受援机构获取每年更新的短期（3～5年）交通设施改善计划（U.S. Department of Transportation and U.S. Department of Housing and Urban Development，1974）。

与此同时，1971年，交通运输部还成立了交通运输规划委员会，以促进整个部门范围在城市区域和州交通规划方面的协调进程，并为这类规划提供统一的资金。在委员会的努力下，交通运输部在1973年发布了一项命令，要求所有城市化地区为所有交通规划活动提交年度统一工作计划，以作为接收交通运输部规划资金援助的条件。这些工作计划必须包括所有与交通相关的规划活动，确定负责每项活动的机构以及拟议的资金来源。工作计划使得交通运输部规划援助计划活动规划和联合资助行为更加合理（U.S. Department of Transportation and U.S. Department of Housing and Urban Development，1974）。

《公路项目开发指南》

1970年的《联邦援助公路法案》要求政府部门发布《公路项目开发指南》，以确保在项目开发时尽可能地考虑到不利于经济、社会和环境的影响，并确保这些项目的决策符合最佳整体公共利益。有关部门最初据此制定了指南，规定了项目影响区域的评估要求和程序。1971年7月在华盛顿特区的公路研究委员会研讨会上提出并讨论了这些指南。研讨会认为，广泛的技术标准无法确保充分考虑到不利影响和最佳公共利益的决策，这取决于负责项目开发的公路机构的态度、能力、组织方式和工作程序（U.S. Congress，1972a）。

根据研讨会的建议和意见，指南的重点转移到公路项目的开发进程指导。1972年9月，联邦公路管理署发布了 PPM 90-4《开发指南（公路项目的经济、社会和环境影响）》（U.S. Department of Transportation，1972a）。《开发指南》要求各州制定行动计划，明确组织安排，责任分工，确保项目发开建设过程符合法律规定的程序。各州行动计划必须明确如何确定拟建项目的社会、经济和环境影响，考虑其他备选方案，采用系统的多学科的方法，鼓励其他机构和公众的积极参与。进程指南允许各州根据其自身需要和条件灵活调整。

使用《开发指南》是公路项目开发建设方式的进一步改进。公路机构的工作人员受到其他机构和公众的监督，在社会和环境领域具有专业技能的人员也参与进来，项目开发过程逐渐变得更加开放，并且在达成决策时采纳了更广泛的标准。

城市公共交通管理署的《外部操作手册》

随着 1970 年《城市公共交通援助法案》的通过，联邦政府公共交通拨款计划从 1970 年以前的每年不到 1.5 亿美元大幅增加到 1972 年的超过 5 亿美元（U.S. Department of Transportation，1977b）。预计资金水平和管理项目数量将进一步增加。1972 年 8 月，城市公共交通管理署在其出版的《外部操作手册》（External Operating Manual）中发布了第一份项目管理综合指南（U.S. Department of Transportation，1972c）。

《外部操作手册》（以下简称《手册》）包含有关城市公共交通管理署机构和项目的一般信息。《手册》指导潜在申请人如何准备联邦援助申请的相关材料，同时提供了城市公共交通管理署用于评估申请的法定标准和项目分析指南。此外《手册》还包含项目管理的相关政策和程序。

《手册》指出，城市公共交通管理署通过联邦公共交通计划力图实现的近期目标是：提高无驾照人员的机动性，缓解交通拥堵，改善城市环境质量，并针对城市地区不同规模制定实现其相应的近期目标战略。手册按照人口规模将不同地区分为三类：人口不到 25 万人的小面积地区，人口为 25 万 ~ 100 万人的中等面积地区，以及人口超过 100 万人的大面积地区。对于小面积区域，主要目标是提高公共交通的机动性。对于中等面积地区，强调使用非资本密集型（即交通系统管理）战略来减少交通拥堵。对于大面积区域，强调了对使用非资本密集型战略和新技术的备选方案的分析，及其对土地开发模式的支撑（U.S. Department of Transportation，1972c）。

《手册》附录 2《城市公共交通规划要求指南》（Urban Mass Transportation Planning Requirements Guide）规定了公共交通规划的区域范围要求。这些要求由住房和城市发展部认证，旨在与联邦公路管理署的 3C 规划要求保持一致。一个城市化区域需要做到：具有代表当地政府的合法建立的规划机构；开展全面、持续的区域规划过程；制定作为出行需求预测基础的土地使用计划。

交通规划要求由城市公共交通管理署认证，包括：远期交通规划，5 ~ 10 年公共交通发展规划和近期计划。可能的话，执行规划的机构应是编制规划的机构。如果一个地区在 1972 年 7 月 1 日之前满足规划要求的中间阶段，那么其获得联邦援助的公共交通规划项目则能获得 50% 的联邦配套援助资金，而完全满足规划要求的地区的联邦援助公共交通项目则可获得三分之二的配套资金。

《外部操作手册》于 1974 年修订，但随后在城市公共交通管理署通函、通知和法规中进行了更新和补充（Kret and Mundle，1982）。《手册》中包含的规划要求后续被联邦公路管理署和城市公共交通管理署联合发布的城市交通规划法规条例取代（U.S. Department of Transportation，1975c）。

威廉斯堡城市出行预测会议

在 20 世纪 50 年代末和 60 年代初开发的传统城市出行预测程序到 20 世纪 60 年代后期，已经得到普遍使用，但对它们的批评也日益增加。批评者认为，传统程序操作耗时且昂贵，并且需要太多数据。这些程序是为主要设施的长期规划而设计的，不适合评估更广泛的方案，例如轻资本方案、需求响应系统、定价替代方案和车辆限制方案。政策问题和观念选择已经改变，但出行需求预测技术却没有与时俱进。

这些问题在 1972 年 12 月在弗吉尼亚州威廉斯堡举行的城市出行需求预测会议上进行了广泛的讨论，该会议由公路研究委员会和美国交通运输部赞助。会议认为需要制定对广泛的政策问题和替代方案更加敏感的出行预测程序。新程序需要比传统方法更快、成本更低，对决策者更有信息性和实用性，并且其形式应更容易让非技术人员理解。此外，会议认为迫切需要改进预测方法，并且基于现有研究的结果，预测方法可以在 3 年内实现显著改善（Brand and Manheim，1973）。

会议同时建议了多个方案来改善出行预测能力。第一，根据最近的研究结果升级现有方法。第二，选择几个城市地区开展新开发程序试点测试。第三，进一步提高对出行行为的理解，包括开展事前事后研究对比、消费者理论、心理理论和位置行为研究。第四，需要研究将出行行为研究的结果转化为实际的预测技术。第五，建立研究实践双向反馈机制，将新方法引入实践并及时将实践应用的结果反馈给研究人员以改进方法（Brand and Manheim，1973）。

与会者乐观地认为，很快就会出现改进的出行行为预测新方法。与会者认识到确实需要进行大量的研究，而实际上，威廉斯堡会议确实引发了城市出行需求预测非集计模型近十年的广泛研究和活动。

1973 年《联邦援助公路法案》

在波科诺会议的影响下，1973 年的《联邦援助公路法案》中两项条款提高了公路资金用于城市公共交通的灵活性。首先，联邦援助城市系统资金可用于城市公共交通项目的资本项目的支出。该条款逐步生效，从 1976 财政年度开始不受限制。其次，可以放弃州际公路项目的资金，并将等值的普通基金的金额用于特定州的公共交通项目。被放弃的州际公路项目资金被收回，归还给公路信托基金。

公路信托基金用于支持公共交通发展是公共交通支持者多年来寻求的重大突破。这些变化为联邦援助城市公共交通提供了全新的融资渠道。

1973 年的法案与城市公共交通相关的规定还包括如下条款：第一，法案将城市公共交通资本项目的联邦配套份额从 66%（三分之二）提高到 80%，城市系统替代方案除外，仍保持为 70%。第二，法案将城市公共交通管理署资本补助计划下的资金水平提高了 30 亿美元，达到 61 亿美元。第三，法案允许公路信托资金用于与公共交通相关的设施，包括所有联邦援助公路系统的外围路边停车场设施建设。

　　法案要求根据功能使用情况重新调整所有联邦援助系统。法案批准了新的联邦援助城市道路系统的支出，并修改了与之相关的若干条款。"城市"被定义为聚集人口达到 5000 人或以上的任何区域。城市道路系统的援助分配资金专门用于 20 万人或更多人口的城市地区。最重要的是，法案改变了州和当地工作人员在确定城市道路系统选线时的相互关系。它授权城市化地区的当地工作人员与州公路部门同时选择道路路线（Parker，1977）。

　　法案还有两项与规划直接相关的规定。城市交通规划首次获得联邦专门援助资金，所有联邦援助基金的 1% 中有二分之一被指定用于此目的，并根据城市化地区人口分配给各州。这些资金将提供给由各州指定负责城市地区综合交通规划的大都市规划组织（MPO）。

　　1973 年的《联邦援助公路法案》在整合和平衡公路与公共交通规划方面迈出了重要的一步。它还增加了当地工作人员在选择城市公路项目中的作用，并扩大了 MPO 的交通规划范围。

1973 年《濒危物种保护法案》

　　1973 年颁布了《濒危物种保护法案》，以防止任何动植物在美国灭绝。该法案保护了濒临灭绝和受威胁的物种，野生动物和植物以及它们居住的重要栖息地。该法案适用于会对濒危物种的生命保护系统造成丧失或伤害的直接或间接活动（Alan M. Voorhees & Association，1979）。

　　该法案的第 4 节要求根据美国内政部关于野生动物和植物的规定和商务部关于鱼类的规定确定受到威胁的物种。该法案第 7 节规定，任何寻求实施项目或行动的联邦机构与濒危物种保护相关部门（美国内政部或商务部）之间需要建立一个协商程序，以确定是否会对任何濒危物种产生不利影响。决策应根据现有的最佳科学和商业数据，以生物学意见的形式做出。如果生物学意见发现濒临灭绝的物种或其栖息地处于危险之中，则该法案要求美国商务部或内政部分别提出合理而审慎的替代方案。如果拟执行项目的联邦机构无法遵守提议的替代方案，则该项目或行动将不会获得通过（Ryan and Emerson，1986）。

　　该法案的 1978 年修正案设立了濒危物种委员会，该委员会被授权可以豁免该法案的相关要求。这项规定是对美国最高法院决定维持禁止田纳西河流域管理局继续修建接近竣工的特利科（Tellico）大坝的决定的回应，因为它危及了一个名为"螺镖鲈"的小型飞鱼（Salvesen，1990）。

　　1982 年，该法案再次修订，允许在某些条件下偶尔征用野生动物栖息地。例如，如果开发建设减轻了物种栖息地的不利影响，那么有机会获准在濒危物种的栖息地进行建设。这种减缓通常采取的形式是将开发区的一部分单独预留出来作为野生动物保护区，并且该开发建设经调查不会明显降低野生物种生存和恢复的可能性（Salvesen，1990）。

　　《濒危物种保护法案》被称为美国最强大的土地使用法。到 1990 年，美国大约有 500 种植物和动物被列为濒危或受威胁物种，每年都有更多的植物和动物物种被列入名单。将来，该法案将影响更多的开发活动。

AASHTO《城市公路设计政策》

　　到 1966 年，由于对城市交通系统的要求不断变化（American Association of State Highway

Officials，1957），1957 年的《城市地区主干道政策》（A Policy on Arterial Highways in Urban Areas）已经有些过时。美国国家公路工作者协会（AASHTO）（该名称于 1973 年更名）进行了为期 7 年的努力，从而更新并极大地扩展了这项政策。新版本重新发布为《1973 年城市公路和主干道设计政策》（A Policy on Design of Urban Highways and Arterial Streets-1973）（American Association of State Highway Officials，1973）。

除了有关公路设计的最新资料外，该政策还新增了两个关于交通规划和公路选线的章节，这些章节首次出现在 AASHTO 政策中。关于交通规划的材料包括对替代组织方法的简要回顾，规划过程的要素以及过程中的步骤。其中规划步骤包括数据收集、预测、评估、监督和重新评估。这些信息与联邦公路管理署在 PPM 50-9 和 IM 50-4-68 中提供的指导密切相关，并在其基于 3C 规划过程各种手册中记录了其技术指南。

公路选线部分涉及城市公路开发、社区参与以及经济和环境评估的社会和环境影响。公路设计的新内容包括公共交通的设计指南，特别是在主干道和高速公路上的公共交通车。《1973 年城市公路和主干道设计政策》试图表明，公路的规划、选线和设计不是三个独立的过程，而是规划者、选线者和设计者协调努力的结果。

1984 年，美国国家公路与运输工作者协会发布了《1984 年公路和街道设计政策》（A Policy on Geometric Design of Highways and Streets-1984）并对 1973 年的城市政策和 1965 年的乡村政策进行了整合更新（American Association of State Highway Officials，1984）。1984 年的版本没有包含 1973 年关于交通规划和公路选线的城市政策，而是进行了直接引用。

《公路和街道设计政策》于 1990 年和 2004 年更新。最新版本包括通用的最新设计实践作为公路几何设计的标准，并更新以反映超高和侧向摩擦系数的最新研究因素。该政策按照双重单位（公制和美国惯用计量单位）出版，并以光盘形式发布。

1972 年和 1974 年国家交通研究

虽然城市交通规划在十多年来一直是法定规划，但结果并没有用于制定国家交通政策。除此之外，并没有关于这些城市交通规划的全美综合统筹，即使它们是联邦政府资本支出决策的基础。在 20 世纪 70 年代早期，交通运输部进行了两项国家交通研究，以便对各州和城市地区当前和未来的交通系统进行盘点和评估。

这两项研究的重点不同。1972 年的国家运输研究以 1970 年为基年，获取了 1970 年交通系统信息，1970—1990 年的交通需求，以及联邦援助资金三个假设条件下的短期（1974—1978 年）和长期（1979—1990 年）设施改善计划的信息（U.S. Department of Transportation，1972b）。该研究表明，各州和城市地区的总运输需求超过了国家实施这些需求的财政资源。研究讨论了使用轻资本替代方案来提高现有交通系统的效率，特别是在城市地区。

1974 年的国家交通研究与正在进行的城市交通规划过程密切相关（U.S. Department of Transportation，1975b）。相较于 1972 年研究，1974 年研究更全面的方式获得了 1972 年的库存数据，长期计划（1972—1990 年）和近期计划（1972—1980 年）的信息。所有三个时期的交通系统都是根据设施、设备和服务的供给、出行需求、系统性能、社会和环境影响以及资本和运营成本来进行阐述的，研究还收集了包括有关轻资本替代方案和新技术系统的信息。1972—1980 年的计划是基于对合理预期的可用联邦资金的预计以及对该时期各州和地方资金的估计来进行的（Weiner，1974）。这项研究再次证明，就可能用于交通的财政资源而言，长期计划显得过于雄心勃勃。此外，研究表明即使花费大量资金用于城市交通之后，城市交通系统在可预见的未来也仅仅会有很小的差异（Weiner，1975b）。

国家交通研究过程引入了将州和城市交通规划纳入国家交通规划和政策制定的概念。强调了多式联运分析，对各种交通系统措施的评估，对规划和方案的现实预算限制，以及提高现有运输系统的效率。虽然这些概念并不新鲜，但国家交通研究标志着它们首次被纳入如此庞大的国家规划工作（Weiner，1976a）。

1974 年《国家公共交通援助法案》

1974 年的《国家公共交通援助法案》首次授权使用联邦资金援助公共交通运营。法案继续扩大了联邦城市交通基金的使用趋势，并为州和地方工作人员提供更多的灵活性。这一行为是公共交通行业和城市利益集团为寻求公共交通运输获得联邦运营援助而进行的游说努力的结果。

该法案在 6 年期间共计授权了 118 亿美元。其中近 40 亿美元利用第 5 节补助公式根据人口和人口密度分配给城市地区。这些资金可用于资本项目或运营援助。人口超过 20 万的地区的援助资金将分配给州长、当地民选官员和公有公共交通服务运营商共同商定的"指定接收者"。对于人口不到 20 万的地区，州长将直接分配这些资金。

剩余的 78 亿美元根据第 3 节"自由裁量补助金"计划，交通运输部部长可自行决定 73 亿美元的资本援助，剩余部分用于乡村公共交通。用于资本项目的资金将拥有 80% 的联邦匹配份额。运营项目的联邦政府援助配套份额为 50%。

该法案第 105（g）节要求公共交通项目申请人遵守与公路法第 134 节相同的规划法规。最后，公路和过境项目受到相同的长期规划要求。虽然许多城市化地区已经具有公路和公共交通联合规划过程，但本节正式明确了复合通道规划的要求。

法案还要求公共交通系统向非高峰出行的老年人和残疾人提供优惠票价，这些费用是常规费用的一半。这是接受联邦援助资金的另一个前提条件。

该法案增加了新的第 15 节，要求交通运输部建立财务和运营信息数据报告系统以及统一的账户和记录系统。1978 年 7 月之后，除非申请者在两个系统下报告数据，否则不能向其提供补助。

城市交通规划计算机程序包（PLANPAC）和 UMTA 交通规划系统计算机程序包（UPTS）

美国公共道路局（BPR）在 20 世纪 60 年代开发和维护的计算机程序对大多数城市交通规划研究至关重要，大多数城市交通研究通常没有时间和资源来开发自己的项目。该程序包大部分由美国标准署编写，由 60 个单用途计算机程序组成。在 20 世纪 60 年代末，开发了新的计算机程序包，适用于最近推出的第三代计算机 IBM 360（U.S. Department of Transportation，1977a）。

新的城市交通规划计算机程序包（称为 PLANPAC）是为了利用第三代计算机的新功能而

编写的。大多数公路机构都要求购置 IBM 360s 计算机。PLANPAC 包括：分析调查数据，开发和应用交通生成，校准交通分布模型及其应用，执行交通分配，评估道路网络，以及用于处理数据集的绘图和实用程序（U.S. Department of Transportation，1977a）。

有关部门持续开展新程序编写工作，并将其添加到 PLANPAC。1974 年，联邦公路管理署完成了一揽子方案的重新定位。PLANPAC 中与传统四阶段城市出行预测过程无关的许多程序都转移到了 BACKPAC。BACKPAC 是一个用于城市交通规划的附加计算机程序备份，其中包括用于交通信号优化、停车研究、公路通行能力分析、拼车匹配、交通微观分析以及土地利用预测和高速公路管理的计算机程序。调整的结果是在 PLANPAC 中保留了 59 个程序，并且在 BACKPAC 中包含了 244 个程序。

20 世纪 60 年代中期，美国住房和城市发展部制定了一套用于公共交通系统规划的计算机程序，负责管理联邦公共交通项目。该套程序首先是为 IBM 7090/94 计算机编写的，由 11 个多用途程序组成。大约 1973 年，城市公共交通管理署承担了住房和城市发展部公共交通项目的管理责任，并发布了适用于 IBM 360 的城市公共交通管理署"城市交通规划系统"（UTPS）的增强版本。该规划系统可用于网络分析、出行需求估计，草图规划和数据处理。这些规划项目通过使用共同的数据库达到兼容和协调。

1976 年，联邦公路管理署决定不对 PLANPAC 进行任何进一步的开发，而是与城市公共交通管理署一起支持名称改为城市交通规划系统的 UMTA 交通规划系统计算机程序包。联邦公路管理署承诺，只要用户需要，联邦公路管理署会持续维护和支持 PLANPAC。城市公共交通管理署 / 联邦公路管理署多方式交通规划系统的第一个版本是在 1976 年发布。1979/1980 版系统提供了额外的功能，包含 20 个程序。

联邦公路管理署和城市公共交通管理署开发和支持的计算机程序极大提高了城市交通规划研究能力，协助城市交通规划研究的开展，履行其各种分析和规划职能。计算机程序促进了传统规划技术的使用，并促进了计算机辅助开展城市交通规划的模式发展。

第九章
近期规划

随着州际公路系统的规划工作接近尾声，人们的注意力转向提高现有设施的能力和使用效率。在规划新区主要交通设施时，许多城市地区忽视了其他设施的维护和升级。然而，环境问题的关注、中心城区建设高速公路的困难、对城市公共交通的重新关注以及能源危机进一步推动了人们对更紧迫现实问题的关注。这个现象在交通规划中明显地体现在对近期规划和微观层面规划的日益关注。规划逐渐地转向最大限度地利用现有系统，同时最小化新的建设。此外，长期规划和项目规划之间的联系也进一步强化（Weiner，1982）。

紧急能源立法

1973 年 10 月，石油输出国组织（欧佩克）禁止向美国出口石油，而此过程开启了交通规划的新时代。石油对美国经济至关重要，尤其是交通运输部门，石油短缺和价格上涨逐渐成为交通规划的主要问题之一（图 9-1）。

对石油禁运的直接反应是解决具体的紧急情况。尼克松总统于 1973 年 11 月签署了《紧急石油分配法案》，该法案规定了汽油和家庭取暖燃料的政府分配计划。它通过冻结供应商—购买者关系，并指定一组优先用户来规范再生石油产品的分销。该法案还确立了对石油的价格控制。法案授权总统有权设定石油价格，不超过每桶 7.66 美元，该权力期限至 1981 年 9 月 30 日终止。

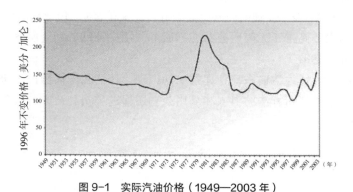

图 9-1　实际汽油价格（1949—2003 年）

资料来源：U.S. Department of Energy，Energy Information Agency

　　1974 年 1 月 2 日签署的《紧急公路节能法案》为减少汽油消耗量，规定了全美 55 英里 / 小时的限速，并于 1975 年 1 月 4 日宣布无限期延长（U.S. Department of Transportation，1979c）。法案还规定联邦援助公路基金可用于合乘示范项目。

　　随着此次石油危机的消退，人们的关注重点转向长期行动和政策，力图减少国家对石油，特别是进口石油的依赖。国会通过了 1975 年的《能源政策和节能法案》，以确保汽车汽油消耗量降至最低水平并大力促进节能计划。根据指示，美国交通运输部国家公路交通安全管理署（NHTSA）颁布法规，要求将公司平均燃油经济性（CAFE）从 1978 年的每加仑 18.0 英里提高到 1985 年及以后的每加仑 27.5 英里（U.S. Department of Transportation，1979c）。

　　逐渐出现的信息和分析工具显示，地方层面对 1973 年、1974 年能源危机的反应缓慢发酵。大多数地方规划机构对能源消耗和保护知之甚少，人们被迫开始了解这一新问题。直到 1979 年第二次能源危机爆发，燃料短缺和价格急剧上涨，能源问题才彻底融入城市交通规划。

服务和方法示范计划

　　在 20 世纪 70 年代早期，交通规划和建设的重点正转向近期、轻资本的改善。其中许多改善项目都归入"交通系统管理"（TSM）技术，但在美国和其他国家仅停留在概念阶段和一些有限应用中。在必要时，改善策略需要执行评估和开发，以纳入运营实践。

　　服务和方法示范（SMD）计划于 1974 年启动，旨在促进整个美国的创新公共交通服务和建立运输管理技术的开发、示范、评估和广泛采用。该计划重点关注使用现有技术进行改进，这些改进需要相对较低的资本投资水平，并且可以在短时间内实施。这些理念在现实运营环境中得到了验证，并进行评估，以确定其成本、影响和实施特征。评估结果被广泛传递给交通规划人员、政策制定者和公交运营商（Spear 1979）。

　　SMD 计划首先开展了六次示范项目，涉及老年人和残疾人专用交通工具，双层公共汽车以及公路公共交通优先道。到 1978 年，该计划赞助了 59 个示范项目，评估了 31 个特殊案例研究项目，并开始与联邦公路管理署合作，以评估全美合乘示范项目中的另外 17 个项目。

　　示范项目涉及四个方领域。第一，在传统的服务改进下，项目集中于提高效率、可靠性和有效性，采用公共交通优先和车均载客较高的车辆优先政策、路线重组、车辆限行区和铰接式公共交通车等技术。第二，定价和服务创新包括票价支付、票价整合、票价变更、服务变更和停车定价等策略。第三，辅助公共交通服务包含关于合乘、租赁和出租车的项目。第四，特殊用户群的运输服务侧重于无障碍公共交通服务、用户补贴、社会服务机构协调运输和乡村公共交通（Spear，1981）。

　　服务和方法示范计划为运输系统管理技术的识别、评估和传播做出了重大贡献。这项工作加速了公共交通服务创新方法的引入和采用。它还促进了州和地方各级其他机构对公共交通服务新概念的尝试。

出租汽车

　　随着人们对城市公共交通服务需求响应类型日益关注，人们对出租车交通产生了新的兴趣。多年来，虽然出租车运输一直是城市交通的一个重要部分，但交通规划者很少关注。出租车提供介于汽车和公共交通之间的特色服务。它们能够进入市区的任何一点，可以通过招手呼叫或电话响应，并提供个人运输服务。在这些方面，它们更像是私人车辆。另一方面，乘坐出租汽车需要支付车费，不需要车辆停放，乘车需要等待，出租汽车可以同时服务多名乘客。在这些方面，它们又类似于公共交通。由于出租车服务更能响应各种需求，所以其票价高于公共交通（Weiner，1975c）。

1974 年，美国出租车行业由 7200 个汽车运输公司组成，此外还有数千名个体经营者。这些车队获得 3300 个社区特许经营权。在许多情况下，这是该地区唯一的公共交通方式。出租车公司和运营商是根据政府法规运营的私营企业。他们在竞争激烈的环境中经营。大多数大型社区允许出租车进出或有限制地进出，有部分社区对社区出租汽车公司独家特许经营权进行竞标，在同一社区中拥有多个运营商也并不罕见。

1970 年，出租车行业的车辆是公共交通行业车辆数的 3 倍，车辆行驶里程数是公共交通行业的 2 倍，并且客运收入也比其多（Wells et al.，1972）。1967—1970 年出租车行业就业保持稳定，约有 111000 人。这个数字代表了行业年平均就业水平。但是，员工的离职率很高，出租车行业为许多失业、兼职人员和临时工提供了就业机会，这些工作因当时经济条件而异（Webster et al.，1974）。

出租车乘客具有不同的出行目的，具有不同的社会经济特征。它们通常分为两大类：没有其他出行方式的人和因其高水平服务而选择出租车的人。第一类包括：老年人、残疾人、低收入者、没有私人车辆或驾驶执照的人和家庭主妇。第二类包括：收入较高的个人、经理和高管（Weiner，1975c）。

与工作和工作相关的出行占出租车行程的 38%，而 1970 年工作出行的全方式出行比为 31%。大多数出租车工作出行发生在正常的高峰时段。但是，当公共交通服务很少或者在公共交通站点行走或等待可能不安全时，如夜间，使用出租车的工作出行比较集中。家庭出行占出租车行程的另外 45%，而家庭相关出行占全方式出行的比例为 30%。医疗和牙科诊疗出租车出行占家庭出行的 16%，在全方式出行中的这一比例为 2%。出租车所有出行中超过 10% 的比例是在晚上发生的，这可能是一些紧急情况的出行服务。

出租车服务一直是一种灵活的交通方式。因此，出租车非常适合于许多特殊用途出行。出租车运输对于低密度区域和非高峰出行具有较强的吸引力，特别是在只有极少的公共交通服务的情况下。在这方面，出租车已成为常规公共交通的补充。使用出租车对乘客和货物集运功能逐渐实现。多人同时乘坐出租车提高了出租车生产率，降低个人出行成本。

出租车仍然是城市交通系统的重要组成部分。人们正在努力减少出租车的监管和体制障碍，促进出租车吸引更多民众的广泛使用，以实现出租车更广泛的功能和提高生产力。

技术评估办公室关于自动导轨运输系统的报告

截至 1968 年《明日交通：城市未来新系统》（Tomorrow's Transportation：New System for the Urban Future）（Cole，1968）报告发布时，城市公共交通管理署新城市公共交通技术领域几乎没有研究项目。西屋公司（Westing House）的公共交通快速路开发项目获得了一笔小额捐款，并于 1967 年开始了几项新的系统可行性研究。到 1970 年，三项主要自动导轨运输

（AGT）示范项目——Transpo 72 和另外两个示范项目获得了持续资助（U.S. Congress，office of Technology Assessment，1975）。

1972 年春天，美国国际运输博览会（Transpo 72）在华盛顿特区附近的杜勒斯国际机场举行。四家公司为公众建造并运营了自动导轨运输系统原型。1971 年，城市公共交通管理署授权沃特（Vought）公司一笔经费，用于建立 Airtrans 快速交通（GRT）系统，作为达拉斯 - 沃思的内部交通系统。Airtrans 于 1974 年投入运营。第三个 GRT 示范项目连接了位于摩根敦（Morgantown）的西弗吉尼亚大学的三个独立校区。波音航空公司成为该项目的管理者，该项目主要基于奥尔登个人公共交通系统公司（Alden Self-Trasit Systems Corporation）的提议，公共服务始于 1975 年 10 月。该系统获得了城市公共交通管理署追加拨款，用于扩建新系统，新系统于 1979 年 7 月投入运营（U.S. Department of Transportation，1983b）。

截至 1975 年年底，另有 18 个系统投入运营或在建。系统全部集中在机场、游乐园和购物中心的简单穿梭环形公共交通（SLT）系统。这些系统均由私人资金资助（U.S. Department of Transportation，1983b）。

1974 年 9 月，美国参议院运输拨款委员会指示国会技术评估办公室（OTA）评估自动导轨运输系统的潜力。该报告发布于 1975 年 6 月，包含来自专家小组的五份报告，对自动导轨运输系统进行了全面评估。该报告得出结论：迄今为止，城市公共交通管理局在自动导轨运输研究和开发上投入的 9500 万美元以及在城市环境中已建成的系统来看，并没有产生预期的直接结果。技术评估办公室进一步指出，用于新系统研究的资金不足，而且该项目需要进行重组并澄清目标（U.S. Congress，office of Technology Assessment，1975）。

技术评估办公室发现环形穿梭公共交通系统有望解决专门的城市交通问题。关于更复杂的 GRT 系统，技术评估办公室发现许多城市已表现出兴趣，但存在严重的技术问题。至于小型车辆个人快速交通系统（PRT），仅建议进行初步研究。报告的一个主要结论是该计划强调硬件开发，但需要进一步研究社会、经济和环境影响。此外，城市公共交通管理署还没有建立新技术开发经费资助系统资格机制（U.S. Congress，office of Technology Assessment，1975）。

为响应这项研究，城市公共交通管理署于 1976 年启动了自动导轨运输社会经济研究计划。对现有自动导轨运输安装进行评估，研究设施和运营成本，分析出行需求市场，评估自动导轨运输技术与其他城市地区采用的替代方案（U.S. Department of Transportation，1983b）。

根据该计划对当地规划进行研究发现，已有 20 多个城市考虑过自动导轨运输系统，得出的结论是：在成本、公众接受度、可靠性、犯罪和土地使用影响方面存在相当大的不确定性（Lee et al.，1978），缺乏规划程序和数据来充分评估新技术系统作为传统城市技术的替代方案。

1976 年，城市公共交通管理署启动了中心城区居民捷运系统（Downtown People Mover，DPM）。项目旨在开展环形穿梭公共交通系统在城市环境中的示范应用。有关方面将进行影响研究，以评估系统在赞助、社区接受度、可靠性、可维护性、安全性和经济性方面的表现。这些示范活动选出了四个城市：克利夫兰、休斯敦、洛杉矶和圣保罗。底特律、迈阿密和巴尔的摩三个城市通过其已有的联邦资金获准参与（Mabee 和 Zumwalt 1977），其中，底特律和迈阿密已经开展了 DPM 项目。

第 13（c）节劳工保护协议范本

1964 年《城市公共交通法案》增加了第 13（c）节，以保护公共交通行业的员工免受联邦公共交通援助时的潜在不利影响。当时，联邦援助的形式是可用于公共机构收购私营业务的资本补助和贷款。这引发的一个主要问题是收购项目带来的员工进入公共部门时丧失集体谈判权。

第 13（c）节要求联邦援助申请人做出相应安排以保护雇员的利益。第 13（c）节规定的雇员保护措施包括：（1）保留现有合同下的权利；（2）继续拥有集体谈判权利；（3）保护员工免受其工作岗位恶化的影响；（4）保证现有员工的就业或再就业；（5）有偿培训或再培训课程。

美国劳工部部长负责确认这些安排是否公平合理。自颁布以来，第 13（c）节的管理发生了变化。最初，劳工部（DOL）只要求出具员工的利益不会受到联邦拨款的不利影响的声明。到 1966 年，形成了详细的经过赠款申请人和雇员代表之间集体谈判 13（c）节条款。13（c）节的这些条款都经过每一个新授权项目的反复协商和谈判。

随着 1974 年《国家公共交通援助法案》的通过，公共交通运营可依据第 5 节"公式补助"获得联邦资金运营援助。公共交通运营援助的补助金需符合第 13（c）节的规定。为便于处理这些运营援助申请，劳工组织、美国公共交通协会（APTA）和劳工部制定了国家 13（c）节条款范本。1975 年 7 月公共交通协会、公共交通联盟和美国运输工人联盟按照该范本签署了协议。美国公共交通协会根据该协议设立了相关程序，同意私营公共交通资产签署该协议从而有资格获得经营援助申请（Lieb，1976）。

第 13（c）节关于公共交通运营援助的条款范本减少了私营公交企业和劳工代表谈判协议的时间和精力，并加速了联邦资金用于运营援助的速度。

公路 / 公共交通联合规划条例

城市公共交通管理署和联邦公路管理署多年来一直致力于发布联合条例，以指导城市交通规划。联合条例于 1975 年 10 月正式发布生效（U.S. Department of Transportation，1975a）。联合法规取代了城市公共交通管理署和联邦公路管理署此前就城市交通规划发布的所有导则、政策和法规。

条例规定了大都市规划组织由州长和当地选举产生的官员指定，并在可行的最大范围内，根据州立法建立大都市规划组织。大都市规划组织将成为民选官员主要合作决策的论坛。当地管辖区的主要民选官员应在大都市规划组织上有足够的代表。大都市规划组织与州政府一起负责执行城市交通规划。条例还划分了大都市规划组织和 A-95 机构不同的责任分工。条例规定必须提交一份多年的展望报告和年度统一工作计划，具体说明城市地区所有与交通有关的规划活动，作为接收联邦规划资金的条件（图 9-2）。

条例要求规范城市交通规划过程来制定远期交通规划，必须每年对其进行一次审查，以确定其有效性。交通计划必须包含远期要素和近期"交通系统管理要素"（TSME），以改善现有交通系统的运行，而无须投入新的设施。条例附录包含了考虑纳入交通系统管理要素的主要出行指标（表 7-1）。附录指出，个别行动的可行性和需求因城市化地区的规模而异，但每

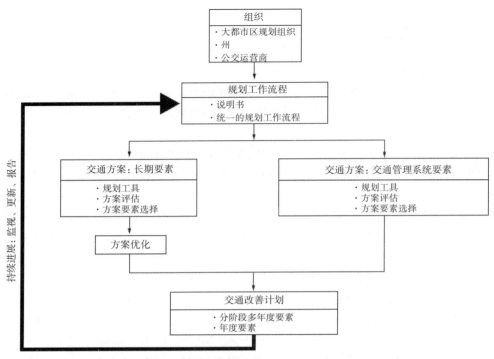

图 9-2　联邦公路管理署和城市公共交通管理署联合发布的城市交通规划过程

资料来源：U.S. Department of Transportation（1975a）

个类别的部分行动适合任何城市化地区。

　　有关部门还必须根据交通计划制定多年的交通改善规划（TIP）。交通改善规划必须包括将在未来 5 年内实施的所有公路和公共交通项目。因此，TIP 成为城市交通项目规划和计划之间的联系。它还将所有公路和交通项目汇集成一份文件，供决策者审查和批准。交通改善规划必须包含一个"年度要素"，这将成为联邦政府来年资助项目的决策基础。

　　该条例规定了联邦公路管理署、城市公共交通管理署联合年度规划过程的认证。该认证是获得项目联邦资金的条件。条例还将以前有关社会、经济和环境影响分析，空气质量规划以及老年人和残疾人的法律要求一并纳入。

　　联合条例适用于所有城市道路和公共交通项目，包括公共交通运营援助项目。条例代表了当时最重要的行动，即实现城市交通规划和项目计划中的多方式协同。计划将重点从长期规划转变为近期交通系统管理，并在规划和项目之间建立了更强的联系。条例是城市交通规划演变的另一个转折点，为未来几年奠定了基调。

交通稳静化

　　"交通稳静化"的概念始于 20 世纪 60 年代后期的草根运动，当时荷兰城市代尔夫特（Delft）愤怒的居民将他们的街道变成"共有的空间（Woonerven）"或"生活庭院"与横穿小区的车辆争夺道路空间。曾经的汽车通道变成了共享区域，配备了桌子、长凳、沙箱和伸入街道的停车位。这样做的效果是将街道变成机动车的障碍道，机动车空间变成居民共享空间，为居民提供了居住空间的延伸。"Woonerven"在 1976 年被荷兰政府正式批准。在接下来的十年中，这个想法传播到许多国家（Ewing，1999）。

　　加利福尼亚州伯克利市可能是美国第一个全面开展交通稳静化项目的城市。1975 年伯克利市开展了全市范围内的交通管理计划。华盛顿州西雅图在 20 世纪 70 年代早期进行邻里范围的示范可能是最先进行的社区规划。与美国其他社区相比，西雅图在实施更多交通稳静化措施方面拥有更多经验。如表 9-1 所示，部分其他城市也遵循伯克利和西雅图的例子开展了交通稳静化行动（Ewing，1999）。

　　交通稳静化旨在通过主要物理措施减少机动车使用负面影响，改变驾驶员行为，改善非机动车用户的街道体验。交通稳静化的直接目的是降低交通的速度和数量达到可接受水平（街道功能类别的"可接受水平"是指相对于街道功能类别和周边活动的性质）。减少交通速度和交通量只是达成其他目的的手段，例如交通安全和活跃的街道生活。不同的地方因不同的原因采取了交通稳静化措施。交通稳静化的目标包括：

- 提高生活质量；
- 纳入街道或交叉路口沿线使用该区域（如工作、游戏、居住）的人们的偏好和要求；
- 创造安全而有吸引力的街道；
- 帮助减少机动车辆对环境的负面影响（如空气污染、城市蔓延）；
- 促进步行、自行车和公共交通使用（Lockwood，1997）。

美国早期交通稳静化计划的大致开始日期　　　　　　　　　　　表 9-1

社区	年度
奥斯汀，得克萨斯州	1986
贝尔维尤，华盛顿州	1985
夏洛特，北卡罗来纳州	1978
尤金，俄勒冈州	1974
盖恩斯维尔，佛罗里达州	1984
蒙哥马利县，马里兰州	1978
波特兰，俄勒冈州	1984
圣何塞，加利福尼亚州	1978

资料来源：Ewing（1999）

153 个市县选定交通稳静化措施的执行情况　　　　　　　　　　表 9-2

措施	行政辖区数量
减速驼峰	79
分流 / 关闭	67
交通环岛	46
路面窄化	35
工程措施（任何类型）	110

资料来源：Ewing（1999）

交通稳静化实践随着时间的推移而发展。表 9-2 列举了在 153 个市县执行的一种或多种工程措施。其他教育和强制活动使得交通稳静化得到更广泛的定义。

交通稳静化受到部分交通专业人员的反对，部分交通专业人员在街道设计目标中过分强调车辆流量而忽视其他目标，同时认为实施交通稳静化项目的财务成本存在阻力。也有部分居民对交通稳静化有不同的声音，尽管这通常与特定的交通设备（如减速带）有关，而不是交通稳静化的整体概念。交通稳静化的批评者提出了以下问题：延误紧急车辆；侵犯民权（当交通限制进入某些社区）；增加空气污染（来自减速带）；残疾人的不适（来自减速带）；骑车人的问题；责任和诉讼；邻里冲突（Calongne，2003）。通常，在实施交通稳静化后的几个月内，反对派的声音会显著下降。

交通稳静化项目通常由当地工程部门实施。这些项目涉及教育规划人员和交通工程师关于交通稳静化策略，制定实施交通稳静化项目的政策和指导方针，以及建设资金来源。特定的交通稳静化项目源于邻里社区诉求，交通安全计划或社区重建的一部分。交通稳静化策略已演变为环境敏感的设计实践，允许规划人员和工程师使用可以适应社区价值和平衡目标的灵活标准。这些策略也融入了新发展和城市重建的设计。

主要城市公共交通投资政策

1970 年以来，城市公共交通的联邦资金水平急剧增加。然而，来自城市地区的联邦资金申请超过了这一增长。特别是，人们重新认识到，轨道交通系统可以在很大程度上解决拥堵和石油依赖问题，同时促进高效的开发模式。因此，需要确保有效和高效地使用这些资金变得显而易见。

城市公共交通管理署在相关文件初步指南和背景分析中就此问题提出了自己的看法（Transportation Research Board，1975a）。城市公共交通管理署准备在 1975 年 2 月在弗吉尼亚州艾尔利大厦举行的城市交通替代方案评估会议上提交审查。来自各级政府、公共交通行业、咨询行业、大学教师和公民代表广泛地参加了会议。会议报告指出了对指南的一些问题，并将这些问题转交给城市公共交通管理署（Transportation Research Board，1977）。

在会议结果的基础下，城市公共交通管理署制定了一份政策声明草案，以指导未来有关联邦援助在重大公共交通项目融资方面的决策。这项关于主要城市公共交通投资的拟议政策于 1975 年 8 月公布（U.S. Department of Transportation，1975c）。它包括如下原则：

第一，区域范围内的交通改善规划应该是多种方式的，包括区域范围和社区级公共交通服务。第二，主要的公共交通投资项目应分阶段进行规划和实施，以避免过度投资昂贵的固定设施，并保持最大的灵活性，以应对未来的未知因素。第三，应充分考虑改善现有交通系统的管理和运营。第四，对替代方案的分析应包括确定哪种替代方案能够以具有成本效益的方式满足当地的社会，环境和运输目标。并且，应该为公众和当地工作人员参与规划和评估过程的所有阶段提供充分的机会（Transportation Research Board，1977）。

城市公共交通管理署表示，联邦资金水平将基于一个具有成本效益的备选方案，该方案将在 5 ~ 15 年的时间范围内满足城市地区的需求和目标，并且符合远期交通规划。

1976 年 3 ~ 4 月，第二届城市交通替代方案分析会议于在马里兰州的亨特谷举行。这次会议也有广泛的专业人士参加。在几个问题上进行了深入的讨论，包括用于成本效益的衡量标准，总体规划过程中的成本效益分析以及公共交通和道路之间项目开发过程的差异（Transportation Research Board，1977）。

根据第二次会议的建议，城市公共交通管理署于 1976 年 9 月编写并发布了最终政策声明（U.S. Department of Transportation，1976b）。尽管拟议政策发生了变化，但原则基本保持不变。1978 年 2 月，城市公共交通管理署对轨道交通政策进行了进一步阐述（U.S. Department of Transportation，1978a）。它表示，在人口密度、出行量和增长模式有需要的地区新建或延伸轨道交通线路将获得联邦资金援助，优先考虑为人口稠密的城市中心提供服务的走廊。政策重申了替代方案分析的原则，包括交通系统管理措施、增量实施和成本效益（表 9-3）。该政策还要求当地必须致力于一项行动计划，旨在提高投资经济可行性的成本效益，赞助具有投资经济可行性的行动计划。这包括私人汽车辆管理政策、公共交通饲喂线服务、促进车站附近高密度开发计划、政策和激励措施，以及其他相关措施，以振兴附近的老街区和中央商务区。通过这一政策补充，轨道交通将成为城市重建的工具。

考虑纳入运输系统管理要素的行动	表 9-3
确保有效利用现有道路空间的行动	
-交通运营改进	
-对公共交通和合乘车辆的优先措施	
-保障行人和自行车提供服务空间	
-停车管理和控制	
-工作时间表、票价结构和汽车通行费的调控	
在拥挤地区减少车辆使用的行动	
-鼓励拼车和其他形式的合乘	
-转移，禁止汽车进入特定区域或限制进出车辆并征收费用	
-区域许可证，停车附加费和其他形式的拥堵定价	
-建立无车区和关闭选定的街道	
-高峰时段对市中心卡车货运的限制	
改善公共交通服务的行动	
-在低密度区域内提供更好的乘客接送和内部接送服务	
-在公共汽车的路线选择、行程安排和调度方面提供更高的响应能力和灵活性	
-提供快线服务	
-从外围停车区提供广泛的 P&R（停车换乘）服务	
-从 CBD 边缘停车区提供往返班车接送服务	
-鼓励灵活辅助客运服务并与其他运输系统整合	
-简化票价收集系统和政策	
-更好的乘客信息系统和服务	
提高交通管理效率的行动	
-改善营销	
-开发成本会计和其他管理工具，以改进决策	
-制定维护政策，确保更高的设备可靠性	
-利用监控和通信技术开发实时监控和控制能力	

资料来源：U.S. Department of Transportation（1975a）

《城市交通系统特征》

与 20 世纪 60 年代中期高度统一的规划过程相比，20 世纪 70 年代中期的城市交通规划是一个更加多样化和复杂的活动。这种变化是由于需要解决更多方面的问题，以及联邦公路管理署与城市公共交通管理署联合规划条例和城市公共交通管理署的主要城市公共交通投资政策的颁布而促成的（U.S. Department of Transportation，1975a，1976b）。替代方案范围扩大到包括更全面地考虑公共交通运营改善选项，交通系统管理措施和交通工程改善。有关部门需要对社会、经济、环境和能源影响进行更全面的评估。因此，城市地区正在进行交通系统评估的复杂程度越来越高，时间和资源消耗也越来越大。

尽管有城市交通系统特征信息的资源及其影响有助于开展这一评估过程，但这些资源难以定位，容易混淆，也经常过时，通常也仅限于本地范围。有关部门认识到有必要统合和整理这些数据和信息，以便更容易获取。由交通运输研究所在 20 世纪 60 年代对城市交通方式的能力和局限性方式所进行的早期努力，更加集中研究了当时的问题，并反映了一系列问题（Institute of Traffic Engineers，1965）。

为了弥补这一差距，有关部门编写并于 1974 年初出版了《城市交通系统特征》（Characterists of Urban Transportation System）（CUTS）一书（Sanders and Reynen，1974）。《城市交通系统特征》采用单一参考源，包含用于评估交通可替代方案的城市交通系统的性能特征信息。第一版包含以下数据：轨道交通、公共交通、汽车 / 道路系统和行人辅助系统。可供选择的七个供应参数是速度、通行能力、运行成本、能耗、空气污染和噪声、设施成本和事故频率。《城市交通系统特征》手册定期更新和扩展。后期版本包括活动中心系统的数据以及最初的四种方式，人工输入被添加到手册的后期版本的供给参数中。该手册的第七版于 1992 年出版（Cambridge Systematics et al.，1992）。

《城市交通系统特征》后续发布了两本补充手册，提供了有关城市交通系统需求特征的数据。第一本手册于 1977 年发布，描述了出行者对交通系统变化的反应（Pratt et al.，1977）。它总结和整理了现有文献中关于出行者行为变化的主要信息，描述了交通系统中的各种变化。最初版本对七种类型的交通变化进行了提炼和解释，包括：合乘车辆优先设施、可变工作时间、货车和公共交通车站、公共交通调度频率变化、路线变更、公共交通票价变更和公共交通市场营销。该手册第二版增加了停车和快速公交（Pratt and Copple，1981）。手册第三版是在公共交通合作研究计划下开发的。它涉及 17 个主题，包括 8 个新主题。其中前 7 个主题以临时手册的方式发布，剩余主题仍在研究中（Pratt et al.，2000）。

第二本手册是《城市交通需求特征》（Characteristics of Urban Transportation Demand）（CUTD）以及后来发布的附录（Levinson，1978，1979）。该手册包含有关铁路、公共汽车和道路系统的区域范围出行特征和典型使用信息的数据。这些数据可用于城市出行预测的输入和交叉检查。附录包含更详细的城市出行规模和出行地点的相关数据。《城市交通需求特征》的修订重新组织，整合和更新了早期版本中包含的信息（Charles River Associates，1988）。《城市交通需求特征》再次使用来自各种 MPO 的出行调查数据、联邦调查数据和其他出行活动调查数据进行了更新（Reno et al.，2002）。

这些努力旨在利用过去 20 年积累的大量城市交通系统数据和经验，使交通规划界更容易获取和使用。在此之前，交通系统评估所需的信息范围已经显著扩展，但收集新数据的资源却在缩减。

轻轨交通

在 20 世纪 60 年代末和 70 年代初期，许多城市地区正在寻找高速公路建设的替代方案。旧金山和华盛顿特区决定建造重轨铁路系统，但许多地区并没有足够高密度或潜在的出行需求以支撑重轨系统的建设。此外，重轨铁路系统的建造成本较高，而且在施工期间会破坏它们通过的区域。公交专用车道和公共汽车各种优先发展策略被认为是高成本轨道系统的替代方案，特别是在美国。而在欧洲，尤其是原联邦德国，轻轨交通则是首选。欧洲经验重新引起了人们对轻轨系统在美国应用的兴趣（Diamant，1976）。

1971 年，旧金山市政铁路（Muni）部门要求对 78 辆新型轻轨车辆进行投标，以取代逐步老化的 PCC 车辆。因为成本太高，旧金山市政铁路部门拒绝了收到的两个投标。而在此时，马萨诸塞州海湾运输管理局（MBTA）和宾夕法尼亚州东南交通局（SEPTA）决定保留并升级城市的轻轨系统。这些活动为编制通用标准设计提供了机会。城市公共交通管理署授权马萨诸塞州海湾运输管理局为新的美国标准轻轨车辆（SLRV）制定规范。第一批美国标准轻轨车辆由波音 Vertol 制造，并于 1974 年在位于科罗拉多州普韦布洛的城市公共交通管理署测试轨道上进行了测试（Silken and Mora，1975）。

1975 年 12 月，城市公共交通管理署表达了对城市地区应在公共交通政策声明中充分考虑轻轨（LRT）的关注。城市公共交通管理署表示，虽然没有模式的偏爱，但对公共交通资本援助的需求不断增加，加上运输建设成本不断上升，因此必须充分挖掘具有成本效益的方案。城市公共交通管理署认为轻轨是许多城市地区有潜在吸引力的选择方案，并将协助其部署在条件适宜的地区（Transportation Systems Center，1977）。

随着对轻轨的兴趣增加，有关部门组织了一系列会议，以交换信息和探索轻轨技术及其应用。第一次会议于 1975 年在费城举行，其目标是将轻轨重新引入政府、交通行业和学术界的众多决策者的视野中（Transportation Research Board，1975b）。1977 年，在波士顿召开的第二次会议更加详细地讨论了规划和技术主题（Transportation Research Board，1978）。几年后，在 1982 年，第三次会议在圣迭戈举行，会议主题是如何在现有城市环境中开展轻轨规划、设计和实施（Transportation Research Board，1982a）。1985 年在匹兹堡举行的第四次会议更关注研究如何提高轻轨系统成本效益的方法，这些方法充分显示了轻轨系统的灵活性（Transportation Research Board，1985a）。

到 20 世纪 90 年代，轻轨在美国开始明显复苏。波士顿、克利夫兰、纽瓦克、新奥尔良、费城、匹兹堡和旧金山已对现有线路进行了翻新或更换了现有的车辆（表 9-4）。巴尔的摩、布法罗、达拉斯、洛杉矶、波特兰、萨克拉门托、圣路易斯、圣迭戈和圣何塞都开通了新的轻轨线。巴约讷、新泽西州北部和盐湖城着手建设新的轻轨线路。

1976 年《联邦援助公路法案》

1976 年的《联邦援助公路法案》提高了对非必要州际公路路线的援助资金使用的灵活性。

美国轻轨系统   表 9-4

大都市地区	建成时间（年）	现代化时间（年）	运营线路里程（km）
马里兰州巴尔的摩市	1992		57.3
马萨诸塞州波士顿	1897	1975—1989	51.0
纽约州布法罗	1985		12.4
费城克利夫兰	1919	1980s	30.4
德克萨斯州达拉斯	1996		87.7
科罗拉多州丹佛市	1994		31.6
德克萨斯州休斯敦			15.0
加利福尼亚州洛杉矶	1990		82.4
田纳西州孟菲斯市			5.8
新泽西州新泽西公共交通	1935	1980s	99.9
路易斯安那州新奥尔良市	1893	1980s	16.0
宾夕法尼亚州费城	1892	1981	69.3
宾夕法尼亚州匹兹堡	1891	1985	34.8
俄勒冈州波特兰市	1986		81.3
加利福尼亚州萨克拉门托	1987		40.7
密苏里州圣路易斯	1993		75.8
犹他州盐湖城	1999		37.3
加利福尼亚州圣地亚哥	1981		96.6
加利福尼亚州旧金山	1897	1981	72.9
加利福尼亚州圣何塞	1988		58.4
佛罗里达州坦帕			4.8

提高州际资金使用灵活性的过程始于 1968 年《联邦援助公路法案》第 103（e）（2）节，称为《霍华德-克莱默修正案》。它允许撤回一个不必要的州际公路路线并用在该州另一条州际公路上。

在 1973 年的《联邦援助公路法案》中，第 103（e）（4）节允许城市化地区在当地民选官员和州长的联合请求下撤回该区域内的非必要州际段公路援助资金。相同金额的资金可按照地方一般收入和 80% 联邦配套金额用于公共交通设施。1976 年的法案允许撤回州际公路的资金，用于服务城市化地区的其他道路和公共交通车道（Bloch et al., 1982）。

认识到日益严重的公路恶化问题，1976 年的法案也改变了对建设的规定，允许联邦资金用于公路的罩面、修复和修缮（3R）。州际系统的完成日期延长至 1990 年 9 月 30 日。最后，该法案扩大了联邦资金在不同联邦政府系统之间的可转移性，从而提高了使用这些资金的灵活性。

交通工程师协会《交通出行生成报告》

1972 年，交通工程师协会（ITE）技术委员会成立了交通生成委员会，负责编写交通生成报告。委员会的目的是收集观测到的各种交通生成数据，并将这些数据按照统一格式汇编。

第一版《交通出行生成——信息报告》于 1976 年出版，其中包含了近 80 个不同渠道（Institute of Transportation Engineers，1976）收集的 1965—1973 年的数据。修订和更新的版本发表于 1979 年、1983 年、1987 年 和 1991 年（Institute of Transportation Engineers，1979，1982，1987，1991，1996）*。

第七版《交通出行生成报告》代表了基于可用出行率的最全面的数据库（Institute of Transportation Engineers，2003）。这些数据是通过志愿者的努力收集的，并不代表交通工程师协会关于个人出行率或数据首选应用的建议。第七版《交通出行生成报告》包括对前六版中发布的统计数据和图表的大量更新。第七版增加了大量新数据，并增加了多个土地用途的新数据。来自 500 多项研究的数据被添加到数据库中，数据库中包含总共超过 4250 条居民交通出行生成研究。新增加的土地用途数据包括：陪助型养老社区、老年日常护理社区、棒球练习场、成人歌舞表演、多厅电影院、足球场、运动俱乐部、私立学校（幼儿园到 8 年级）、婴儿用品超市、宠物用品超市、办公用品超市、书店、折扣家居超市、工艺品店、汽车零部件和服务中心、自动洗车店。然而，许多类别的研究数量有限。报告根据项目的不同变量（包括建筑面积、就业岗位和用地面积）以及不同时间段给出了相应的出行生成率。在本报告的早期版本中，出行率以一系列矩阵的单元格形式给出。从第四版开始，使用回归方程计算交通出行生成率。

交通工程师协会的《交通出行生成报告》成为交通工程师和交通规划人员规划和分析场所站点最为广泛引用参考的交通数据。但如果场所更加合适特殊分析，《交通出行生成报告》则会作为一个应急办法。

城市系统研究

公路 / 公共交通联合规划条例在准备期间和发布后都存在争议。各州认为，联邦要求建立负责计划资金的大都市规划组织（MPO）优先于各州的自决权。州政府认为，大都市规划组织实质上是另一级政府。而地方政府层面的人更加支持该条例，该条例使得地方层面在项目和计划资金上获得更大权力。但是，人们普遍担心规划和编程过程变得过于僵化和烦琐（U.S. Department of Transportation，1976a）。

因此，1976 年的《联邦援助公路法案》要求研究城市系统道路规划、计划和实施所涉及的各种因素。该研究由联邦公路管理署和城市公共交通管理署联合进行，并于 1977 年 1 月提交给国会（U.S. Department of Transportation，1976a）。这是一项重大工作，涉及代表州和地方利益的 12 个组织的联络小组，对 30 个城市化区域的实地考察对其余区域的现场数据。

该研究认为，尽管大都会规划组织的责任存在争议，但所有参与者都在负责任地执行规划要求。研究还发现，将城市系统资金用于公共交通的灵活性并未得到广泛推广。只有 6.4% 的资金用于公共交通项目。总体而言，联邦要求的复杂性阻碍了许多地方政府使用其联邦城市系统资金（Heanue，1977）。该研究建议此时无须进行任何改变，新规划程序即使存在一些混乱和争议，主要是因为参与者没有足够的时间进行调整，这个过程也是正常的（U.S. Department of Transportation，1976a）。

---

* 原书如此——译者注

道路收费示范计划

长期以来，正如许多其他行业用于管理服务需求一样，道路收费作为管理交通需求的措施被人们广泛地讨论。道路收费的基本方法是在需求最高时提高设施和服务的使用价格，使得这些用户在高峰期支付更高的成本，或者转向更低的需求期或选择其他替代出行方式（Vickrey，1959）。城市研究所开展了一项关于道路收费可行性的广泛研究项目（Kulash，1974）。

美国交通运输部于 1976 年启动了一个示范项目，以推动道路收费的应用。交通运输部部长威廉·科尔曼（William T. Coleman）写信给 11 个城市的市长，向他们介绍道路收费示范项目的可行性，并为行政执法和评估车辆许可计划提供联邦资金（Arrillaga，1978）。这种道路收费方法是基于新加坡的成功应用（Watson and Holland，1978）。

根据这些初步分析，威斯康星州的麦迪逊，加利福尼亚州的伯克利和夏威夷的檀香山是所有回应城市中最具可行性的三个城市。这些城市显示出致力于减少汽车使用并利用由此产生的收入来为扩大公共交通服务提供资金（Higgins，1986）。但后续这三个城市都拒绝了继续进行示范项目。拒绝示范项目的原因有很多，其中包括：对企业的损害，对出行权的强制干涉，对贫穷人群的负面影响以及信息传播和推广不足

在十多年之后，由于受到《清洁空气法案》的推动，且部分城市化地区很难满足国家环境空气质量标准，人们又重新开始道路收费的尝试。

联邦公共交通管理署公共交通援助项目接受者第六章计划指南

自 1972 年以来，联邦公共交通管理署要求联邦公共交通援助的申请人和接受者提供对 1964 年《民权法案》第 6 章的遵守情况的评估，作为拨款批准程序的一部分。1977 年 12 月，联邦公共交通管理署进一步发布了一份通函，通过规定要求和程序确保《民权法案》第 6 章的落实。通函提供进一步的指导和说明，以确保任何人不得以种族、肤色或国籍为由，将申请者或者受助者排除在联邦公共交通援助的任何计划或活动之外，包括剥夺其受益权利或受到歧视（U.S. Department of Transportation，Federal Transit Administration，1977f）。

该通函具有如下目标：

• 确保以符合 1964 年《民权法案》第 6 章的方式分配公共交通服务和公共交通相关福利，确保这些分配更能满足少数群体和社区的需求；

• 无论种族、肤色或国籍，确保联邦公共交通管理署公共交通援助项目的最终服务足以为任何人提供平等的通行和机动性；

• 无论种族、肤色或国籍，确保向人们提供参与公共交通规划和决策过程的机会；

• 无论种族、肤色或国籍，确保做出关于公共交服务和设施位置公平的决定；

• 确保联邦公共交通管理署援助的所有申请人和接受者采取纠正和补救措施，以防止基于种族、肤色或国籍的歧视性对待任何受助者。

联邦公共交通管理署要求联邦公共交通援助项目申请者和受助者提供对《民权法案》第 6 章的遵守情况的评估，作为拨款批准程序的一部分。该通知已多次修订（U.S. Department of

Transportation，Federal Transit Administration，2012c)。

《国家运输趋势与选择》

美国交通运输部成立十年后，部长威廉·科尔曼主持完成了第一次国家多式联运交通规划研究。该报告《国家运输的趋势与选择——2000 年愿景》(National Transportation Trends and Choices—To The Year 2000) 描述了交通运输部对交通运输未来发展的看法，提出了需要做出的决定，并描述了最能为国家目标服务的变化趋势（U.S. Department of Transportation，1977c)。

《国家运输的趋势与选择》基于科尔曼在关于国家运输政策声明中关键论述：

"潜在的综合运输政策应达成如下共识：保持交通运输系统的多样性和各种交通方式平等竞争的社会环境对于建立一个有效的交通运输系统至关重要。政府政策必须朝着增加运输方式之间的平等竞争机会的方向发展，最大限度地减少政府干预的不公平和扭曲，并使每种方式都能实现其自身固有的优势"（U.S. Department of Transportation，1977c)。

《国家运输的趋势与选择》旨在向国会和公众表明，交通运输部正在有效和持续地开展实体和资源分配决策，在长期范围内实现多种交通方式协同发展和建立更广泛的国家目的和目标。此外，规划工作旨在支持联邦政府内部的决策，并鼓励州和地方机构以及私营部门保持目标一致。本研究启动一个基于共同的时间基年和规划假设的持续的国家规划过程。

《国家运输的趋势与选择》中预测了 1976—1990 年共 15 年的运输需求。对于道路和公共交通其预测基础数据是基于《1974 年国家运输报告》(1974 National Transportation Report)（U.S. Department of Transportation，1975d) 的数据进行了更新，但这些数据只有 15 个州提交。报告基于 1976 年国家机场系统计划更新和其他分析，编制了航空需求估算。铁路和管道需求根据研究人员设定的假设进行了估算。

国会收到《国家运输的趋势与选择》后几乎悄无声息。然而，报告提出的促进广泛公平的竞争和减少联邦监管方面在政府后来几年采取的行动中得到了反映。但该研究并未成为国家长期规划工作的起点。

统一的公共交通账户和记录系统

自 1942 年以来，美国公共交通协会（APTA）及其前身美国运输协会收集了大量公共交通运营和财务数据（American Public Transit Association，1989)。这些数据是运营商、研究人员和政府机构研究对比公共交通信息的主要来源。然而，一段时间以来，人们已经认识到这些数据在数据定义的一致性，报告的一致性和准确性方面存在局限。随着联邦、州和地方政府的参与，增加了对城市公共交通特别是运营援助的资助，人们认识到需要统一的公共交通账户和记录系统（U.S. Department of Transportation，1977d)。

1972 年，美国运输协会（ATA）（美国公共交通协会的前身）和快速运输研究所（IRT）开始实施 FARE 项目，即统一公共交通财务会计和报告，为公共交通行业开发统一的行业数据报告系统。FARE 项目开发并试用了一套新的账户和记录系统，以满足行业和政府机构监管运营绩效的需求（Arthur Andersen & Co.，1973)。

此后不久，1974 年的《城市公共交通法案》中发布了新的第 15 节，要求交通运输部建立财务和运营信息数据报告系统以及统一的账户和记录系统。城市公共交通管理署继续与工业管理委员会合作修改和调整 FARE 系统以满足第 15 节的要求。修改完善的最终系统要求城市公共交通管理署第 15 节公式拨款基金的所有受助者必须使用该系统（U.S. Department of Transportation，1977e）。

第 15 节公共交通数据报告系统首次应用于 1979 年财政年度（U.S. Department of Transportation，1981d）。该系统报告了 400 多个公共交通系统。数据项包括收入、政府补贴、资本和运营成本、组织结构、车辆、员工、提供的服务、乘客、安全、能源消耗和运营绩效。经过一段时间，系统对其内容、结构和程序进行了进一步的修改，以适应不断变化的数据要求，其中扩大了系统数据库，通勤铁路、拼车和购买（签约）服务也相应地纳入系统。

1999 年开始，公共交通数据被纳入国家运输数据库（NTDB）。这个可搜索的计算机数据库使得联邦、州和地方工作人员以及私营部门可以对系统内公共交通运营和财务数据进行访问。

1977 年《清洁空气法案修正案》

1977 年的《清洁空气法案修正案》增加了《清洁空气法案》管理中的灵活性和地方责任。修正案要求州和地方政府对尚未达到国家环境空气质量标准的所有地区制定州实施方案（SIP）的修订。修订后的州实施方案将于 1979 年 1 月 1 日提交给 EPA，并于 1979 年 5 月 1 日批准。

修订后的实施计划要求必须在 1982 年之前达到国家环境空气质量标准，在严重光化学氧化剂或一氧化碳问题的情况下，不迟于 1987 年。在后一种情况下，州政府必须证明即使采纳各种合理的固定和移动的控制措施也不能满足环境空气质量标准。该计划还必须规定在“合理的进一步进展”条件下提交计划和达到期限之间逐步减少排放量。如果州政府没有提交实施计划或者如果 EPA 不同意州政府提交的实施计划，并且州政府未能以令人满意的方式修改它，则要求 EPA 必须在 1979 年 7 月 1 日之前颁布州实施方案。如果在 1979 年 7 月 1 日之后，EPA 确定一个州政府没有履行该法案的要求，就会实施相应的制裁，其中包括停止对道路的联邦援助（Cooper and Hidinger，1980）。

在许多主要城市化地区，经修订的州实施方案要求制定运输控制计划（TCP），其中包括通过运输系统的结构或运营变化减少交通运输相关排放源的战略。由于州和地方政府在交通运输系统上的变革，该法案鼓励大都市规划组织积极准备州实施方案的交通运输减排。这些地方规划组织负责制定州实施方案交通运输减排控制措施（Cooper and Hidinger，1980）。

1978—1980 年，经过长时间的谈判，交通运输部和环境保护署联合发布了数份政策文件，以实施《清洁空气法案》对交通运输的减排要求。1978 年 6 月签署的《谅解备忘录》（Memorandum of Understanding）建立了交通运输部和环保署确保运输和空气质量规划一体化的手段。1978 年 6 月发布的第二份文件《运输空气质量规划指南》（Transportation Air Quality Planning Guidelines）介绍了满足要求的可接受的规划过程。另一个是 1980 年 3 月的通知，其中包括根据法案第 175 节接受空气质量计划拨款的指申请指南（Cooper and Hidinger，1980）。

1981 年 1 月，交通运输部颁布了关于空气质量符合性和联邦公路和运输计划使用优先程序的条例。条例要求，在未达到环境空气质量标准的地区（称为“未达标区域”），交通规划、设计和项目应符合经核准的州实施方案。在这些地区，交通运输援助资金优先考虑"交通控制措施"（TCMs），即有助于减少交通运输产生的空气污染排放。如果一个地区的交通规划或项目不符合州实施方案，则应受到"制裁"，主要交通项目上的联邦援助资金会被中止（U.S. Department of Transportation，1981b）。

1977 年的《清洁空气法案修正案》切实推动了近期交通规划和交通运输系统管理战略的发展，还促进了规划过程的制度的完善，并为复杂的交通规划分析增加了新的维度。

第十章
城市经济振兴

在 20 世纪 70 年代中期，经济结构变化的影响逐渐显现，高失业率、通货膨胀和能源价格上涨。许多问题已经存在了很多年。美国经济正处于从基础制造业占主导地位向服务业、通信业和高科技产业占较大份额转变。制造业的就业人数正在下降，新经济部门的新增就业岗位正在增加。人们开始迁移到有新工作岗位的地方，特别是美国南部和西部。这些变化对东北和中西部老牌工业城市地区造成了最严重的影响。随着就业和人口首先迁移到郊区，然后迁移到经济增长的新城区，全美各地的老城区人口都在下降。

这些老旧社区和中心城市在经济上受到严重困扰，并且自身解决这些问题的能力十分有限。人们看到，联邦政府为解决上述问题采取了不同措施，并取得了意想不到后果。然而，许多影响城市地区变化的决策甚至超出了联邦政府和通常任何级别的政府的控制范围。因此，联邦、州和地方政府必须相互合作，并需要联合私营部门，以缓解这些问题。

1978 年《国家城市政策报告》

在 1970 年《住房和城市发展法案》第 7 章中，国会要求编写国家增长和发展的两年期报告。国会认识到需要系统地分析国家增长的多个方面，以制定国家城市增长政策。1972 年向国会提交的第一份报告讨论了国家增长的广泛话题，包括乡村和城市地区（Domestic Council，1972）。1974 年的报告重点关注私营部门在决定增长方面的主导作用以及公共和私营部门如何影响发展模式。1976 年的报告讨论了东北老城区的衰落、能源、环境资源的限制以及保护和恢复现有住房和公共设施的必要性（Domestic Council，1976）。

1977 年的《国家城市政策和新社区发展法案》修订了 1970 年法案，将报告被称为《国家城市政策报告》（National Urban Policy Report），而不是更为普通的《城市发展报告》（Report on Urban Growth）（Domestic Council，1976）。不到一年，1978 年 3 月 27 日，卡特总统向国会提交了关于国家城市政策的国情咨文。该政策旨在建立一个新的保护美国社区伙伴关系，涉及各级政府、私营部门、社区和志愿组织。它包含了一些改进现有计划和新举措的建议，目的是振兴陷入困境的中心城市和老郊区（U.S. Department of Housing and Urban Development，1978b）。

总统的国情咨文是在 1978 年 8 月发表的《国家城市政策报告》之后发布的。与其前身一样，该报告讨论了国家城市地区的人口、社会和经济趋势。但是，这是第一份推荐国家城市政策的报告。报告中的建议和总统国情咨文是由一个称为城市和区域政策小组的跨部门委员会制定的。该小组在广泛的公众参与下工作了一年，以分析识别问题，并提出相应的建议（U.S. Department of Housing and Urban Development，1978a）。

城市政策包括九个目标。第一个城市政策目标是："鼓励和支持通过协调联邦项目，简化规划要求，重新调整资源和减少文书工作来改善当地规划和管理能力以及现有联邦项目的有效性。"其他目标要求更多的州、私营部门和志愿者参与协助城市地区建设。政策还涉及多项为贫困社区提供财政救济和向弱势群体提供援助的目标。政策最后一个目标是改善硬件环境并减少城市扩张（U.S. Department of Housing and Urban Development，1978b）。

为实施国家城市政策，有关部门采取了广泛的立法和行政行动（U.S. Department of Housing and Urban Development，1980）。交通运输部、联邦公路管理署和城市公共交通管理署发布指南以评估主要交通项目和投资对城市中心的影响。该指南要求分析道路和交通改善对中心城市发展的影响，包括税基、就业、可达性和环境的影响。指南还要求分析对节约能源以及少数民族和社区的影响。此外，该指南要求首先考虑改进现有设施，包括交通运输设施的维修和修复以及提高这些设施效率的系统管理措施。通过这种方式，该指南旨在确保对运输设施的新投资具有成本效益（U.S. Department of Transportation，1979e）。

新的国家城市政策进一步推动了从建设新设施到管理、维护和更换现有设施的转变。新国家城市政策的根源在于，尽管存在能源、环境和财政限制，但仍需确保可移动性。关键是要更好地管理城市中汽车的使用。现在面临的挑战是城市交通规划过程在满足其他目标的同时保持和提高机动性（Heanue，1980）。

1978 年《地面运输援助法案》

1978 年的《地面运输援助法案》是将道路、公共交通和道路安全授权结合在一起的第一项法案。法案为 1979—1982 财政年度提供了总计 514 亿美元的援助资金，其中道路为 306 亿美元，公共交通为 136 亿美元，道路安全为 72 亿美元。这是第一次道路项目的授权期限调整为 4 年。法案将公路信托基金的用户费用延长了 5 年直至 1984 年，基金本身延长至 1985 年。

1978 年的《联邦援助公路法案》的第 1 章，明确提出加速国家州际和国防公路系统的完成。法案将州分摊联邦资金的时间从 4 年调整为 2 年，使得联邦援助资金更集中在准备建设的项目上。没有使用的联邦援助资金，可以通过重新分配调整给其他准备好项目的州。该法案撤回了州际公路援助资金使用于另一条州际公路的授权。法案规定了 1983 年 9 月 30 日是公共交通或其他公路项目使用撤销的州际公路资金的最后期限。道路和公共交通替代项目的联邦配套份额增加到 85%。该法案要求在 1983 年 9 月 30 日之前提交州际项目的环境影响报告，这些州际项目如果有足够的联邦资金，它们将在 1986 年 9 月 30 日之前签订合同或建设。如果在最后期限未能提交相应的环评报告，则将取消州际路线或替代项目。

该法案还将非州际公路的联邦份额从 70% 提高到 75%。它进一步增加了可以在联邦援助系统之间转移的允许资金数额，允许转移资金数额达到 50%。联邦资金用于合乘基础设施建设的时效是永久性的。1979—1982 财政年度每年 2000 万美元的资金被授权用于自行车项目。该法案将每年桥梁更换和修复的资金大幅增加到 10 亿美元。

法案第 3 章即 1978 年的联邦公共交通法案，扩大了第 5 节公式拨款计划。保留了与以前相同的人口和人口密度公式，运营和固定资本基本方案获得的援助授权水平较高。第二层级的授权计划，具有相同的项目资格和分配公式。然而，这些资金最初是分开的，因此85%的资金流入超过75万人口城市化地区，其余15%流向较小的地区。第三层级的授权包括为常规公共交通购买公共汽车及相关设施和设备。新的第四层授权取代了第17节和第18节通勤铁路计划。这些资金可用于通勤铁路或轨道交通设施或运营援助。该笔资金的三分之二分配基于通勤铁路车辆里程和路线里程，三分之一分配基于铁路公共交通路线里程。

该法案将公共交通联邦援助资金的可用期限从2年改为4年。它正式确定了"意向书"程序，即联邦政府为第3节"全权委托补助金"计划中的公共交通项目提供资金。所有票价的一般增加或服务的重大变化都需要举行公开听证会。该法案为设施和运营业务援助建立了非城市化地区的小型公式补助计划（第18节）。按照非城市化地区人口分配，它授权80%的联邦份额用于设施项目，50%用于运营援助。该法案还建立了城际公共交通总站发展计划、城际公共交通服务运营补贴计划以及城市交通系统人力资源计划。

城市交通规划要求在道路和公共交通相关章节进行了相应的改变。节能被列为规划过程中的新目标，需要同时评估作为替代方案的运输系统管理战略，以便更有效地利用现有设施。大都市规划组织的指定是通过地方政府的工作单位之间和州长们之间的合作协议。在颁布后的1年内，建立了代表所有地方政府单位以75%和该地区至少90%的人口同意可以与州长合作重新指定MPO。对于公共交通方案，还要求计划和方案最大限度鼓励私营企业参与。公共交通计划拨款的资金设定为第3节拨款的5.5%。

"支持购买美国货"条款适用于超过50万美元的所有合同。如果存在以下情况可以免除该条款：其申请与公共利益不一致；国内缺乏供应品或质量不令人满意；或者如果使用国内产品会使成本增加10%以上。

快速响应城市出行预测技术

大多数城市出行预测技术的开发是为了评估区域运输系统并得出交通设施的设计交通量。这些程序适用于长期规划研究，这些研究往往需要数年时间才能完成并具有广泛的数据要求。然而，城市交通规划正在向较短期的时间跨度转变，问题重新集中在低成本改善和环境影响上。鉴于这些变化趋势，需要简化的分析程序，这些程序易于理解，相对便宜且可在短期内投入应用，并且对当时的政策问题做出响应（Sousslau et al., 1978a）。

为了解决这个问题，国家合作公路研究计划（NCHRP）启动了一个关于快速响应城市出行预测技术的研究项目（Sousslau et al., 1978b）。该研究发现，现有的出行估算技术不足以应对决策者面临的许多新政策问题。

为填补这一空白，该项目开发了一套基于常规城市四阶段出行预测过程的手动出行估算技术。这些技术包括交通生成、交通分配、交通方式划分、机动车载客数估计、出行时间分布、交通分配、通行能力分析以及开发密度/道路空间分布关系。该方法通过提供可以使用"默认"参数值替换本地信息的表格和图形来最小化对数据的需求。作为项目的一部分，研究人员编写了用户指南以指导用户使用图表、表格和简算图估计出行需求（Sousslau et al., 1978c）。

最初的快速响应系统（QRS）主要用于支持规模较小而无法使用完整的区域规模城市出

行预测程序的地区规划。为了提高 QRS 的实用性和适用性，研究人员开发了微型计算机版本（COMSIS Corp.，1984）。微型计算机程序包含最初以出行预测表格所有功能和附加模式选择估算技术。

快速响应系统的微型计算机版本扩大了可以分析的交通规划的地区规模。但是，随着分析区域的规模扩大，分析变得越来越难以处理。技术人员开发了更复杂的快速响应系统版本以扩展其实用性。新的第二代快速响应系统与第一代快速响应系统不同的是要求在分析过程中绘制和分析交通网络。因此，第二代快速响应系统与第一代快速响应系统同样允许手动的常规计算技术，同时也允许执行与传统城市出行预测程序相当的详细分析（Horowitz，1989）。

第二代快速响应系统被广泛用于初步方案规划、小规模区域分析，并且在许多情况下可以替代交通规划系统中的传统城市出行预测过程。第二代快速响应系统报告及其默认参数数据被交通规划专业广泛使用了近 20 年。1998 年，根据 1990 年人口普查和全美个人居民出行调查等多个较新的数据来源，国家合作公路研究项目更新发布了《NCHR365 报告：城市规划的出行估算技术》（NCHR365 Report 365：Travel Estimation Techniques for Urban Planning）（Martin and McGurkin，1998）。

1978 年《国家能源法案》

1979 年，伊朗切断了向西方国家的原油运输，造成西方国家石油产品短缺，石油价格，特别是汽油价格飞速上涨。1973 年和 1974 年签署的大多数法规仍然有效，内容基本没有变化（1976 年柴油价格已经解除管制）。在此期间，有关部门通过了其他立法来刺激石油生产和促进保护（Schueftan and Ellis，1981）。1977 年的《能源组织法案》将大多数联邦政府能源职能汇集在一个内阁级别的部门。

1978 年 10 月，国会通过了由五项法案组成的《国家能源法案》。1978 年的《国家节能政策法案》延长了州的两项节能计划，要求各州采取具体的保护措施，包括推广合乘。1978 年的《发电厂和工业燃料使用法案》要求联邦机构在其管理的计划中保护天然气和石油项目（U.S. Department of Energy，1978）。为了实施该法案第 403（b）节，卡特总统于 1979 年 12 月签署了第 12185 号行政命令，扩大了现有联邦援助计划，持续努力促进能源节约。

根据行政命令，交通运输部于 1980 年 8 月颁布了最终法规。法规要求从规划到建设和运营的所有运输项目各阶段都应以节省燃料的方式开展。它将节能作为目标纳入城市交通规划过程，并需要对运输管理系统的替代方案交通系统管理措施改善进行分析评估，以降低能耗（U.S. Department of Transportation，1980c）。

以下列举影响了城市交通和规划的其他行为。卡特总统于 1979 年 4 月签署了一项行政命令，开始逐步取消对石油价格的控制。到 1981 年 9 月 30 日，石油价格将由自由市场决定。里根总统在 1981 年 1 月通过行政命令加速了这一过程，该行政命令立即终止了所有石油价格限制和分配控制（Cabot Consulting Group，1982）。

1979 年签署的《应急节能法案》要求总统制定国家和州的节能目标。各州应提交符合目标的州紧急节能计划。该法案于 1983 年 7 月到期，没有制定目标或制定计划。然而，许多州积极参与应对潜在未来能源紧急情况（Cabot Consulting Group，1982）。

由于联邦和州的立法和法规，节能已经融入城市交通规划过程。它进一步推动了减少汽车使用，并强调加强交通运输系统管理。规划组织、交通管理部门和公路部门的也普遍制定了能源应急计划。

环境质量委员会的相关法规

环境质量委员会（CEQ）于 1978 年 11 月 29 日颁布了最终法规，为实施 1969 年《国家环境政策法案》建立了统一程序。它们适用于所有联邦机构，并于 1979 年 7 月 30 日生效。法规的发布，是因为 1973 年环境质量委员会要求准备环境影响报告的指南（EISs）。由于机构解释上的差异，法规并未被所有机构一致地看待（Council on Environmental Quality，1978）。

该法规包括了多个新概念，旨在使环境影响报告指南对决策者和公众更有用，并减少文书工作和拖延。首先，法规创建了一个"范围界定"过程，以便尽早识别重大影响和问题。它还规定在牵头机构和合作机构之间分配环境影响报告指南的责任。范围界定过程需要与其他规划活动相整合统筹（Council on Environmental Quality，1978）。

其次，法规允许环境影响报告指南流程的"分层"。这使得无须为特定地点的项目重复进行大范围（如区域）完整的环境分析；更广泛的分析可以通过归纳引用纳入指南。"分层"的目的是消除重复，并允许在适当的详细程度上讨论问题（Council on Environmental Quality，1978）。

再次，原环境影响报告指南讨论了评估的替代方案，法规要求在 EIS 之外还需要一份"决策记录"文件。它必须确定"环境上更可取"的替代方案，其他被考虑的替代方案以及用于支撑决策的因素。在本法规发布之前，无法对可能对环境产生不利影响的方案采取措施，或限制替代方案（Council on Environmental Quality，1978）。

法规力图将文件长度限制在 150 页（复杂情况下为 300 页）。法规强调该环评报告过程应侧重于替代方案，允许通过引用合并材料、使用报告材料汇总而不是整个环境影响报告指南、规范标准格式等措施来减少环境影响报告指南过程中的文书工作。鼓励各机构为流程设定时间限制，并将其他法定和分析要求纳入完整的流程。

1980 年 10 月，联邦公路管理署和城市公共交通管理署发布了补充实施程序。他们为道路和城市公共交通项目建立了一套环境程序。他们还将城市公共交通管理署在其主要投资政策下的替代方案分析程序与新的环境影响报告指南程序相整合，以编制一个完整的环境影响报告指南 / 替代分析文件草案。这些法规是整合道路和公共交通规划以及减少重复文件的重要一步（U.S. Department of Transportation，1980b）。

旧金山湾区快速交通系统影响评价

旧金山湾区快速交通（BART）系统是第二次世界大战以来在美国建造的第一个区域轨道交通系统。它为研究这种系统对城市环境的影响提供了独特的机会。旧金山湾区快速交通影响项目旨在评估旧金山湾区快速交通对湾区经济、环境和对居民的影响。它始于 1972 年，随着旧金山湾区快速交通系统运行的开始，持续了 6 年。

该研究涉及广泛深入的潜在轨道交通影响，包括对交通系统和出行行为、土地使用和城市发展、环境、公共政策、区域经济以及社会机构和生活方式的影响。研究观测和分析了这

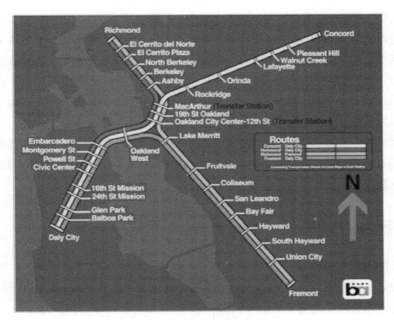

图 10-1　旧金山湾区快速系统

些影响对人口群体、当地和经济部门的影响（Metropolitan Transportation Commision，1979a，b）。

旧金山湾区快速交通系统包括 71 英里的轨道，共设有 34 个车站，其中 23 个设有机动车停车场（图 10-1）。在旧金山和奥克兰，四条线路的车站站间距从 1/3 英里到 1/2 英里不等，而在郊区则达到 2 ～ 4 英里。1975 年，旧金山湾区快速交通为居住在三个县的约 100 万人提供服务。票价从 0.25 美元到 1.45 美元不等，老年人、残障人士和儿童可以享受折扣。建造旧金山湾区快速交通的成本为 16 亿美元，其中 80% 为本地资助（Metropolitan Transportation Commision，1979a，b）。

该项目研究得到了大量有关旧金山湾区快速交通影响的信息。研究显示了铁路系统对城市地区的影响，其主要发现包括：

• 旧金山湾区快速交通系统大幅提升了区域主要交通走廊的通行能力，特别是接近旧金山和奥克兰的城市地区。然而，它没有为交通拥堵提供长期解决方案，因为新的诱增出行填补了系统新增的额外通行能力，这些出行以前受到交通拥堵的压制。旧金山湾区快速交通系统成为旧金山工作的郊区居民最有效的交通服务方式。

• 由于其精心的规划和设计，旧金山湾区快速交通系统已融入湾区，将交通系统对环境和社会造成的破坏降至最小。

• 迄今为止，旧金山湾区快速交通系未对湾区土地使用产生重大影响。虽然在旧金山湾区快速交通系统提供出行时间优势的情况下，一些土地利用变化较为显著，社区通过分区和开发项目来支持和增强系统的影响，以及市场对新开发项目的需求反应强劲，如旧金山市中心。但许多潜在的影响很可能还没来得及发展或显现出来。

• 在旧金山湾区快速交通系统建设的湾区花费的 12 亿美元在 12 年期间产生了总计 31 亿美元的地方支出。然而，从长远来看，旧金山湾区快速交通并未在湾区引发经济增长；也就是说，该系统没有显著增强该地区相对于该州其他大城市地区的竞争优势（Metropolitan

Transportation Commision，1979a，b）。

旧金山湾区快速交通系统影响评估的调查结果的一个重要发现是，预计轨道交通本身对城市环境的各个方面的影响有限。现有的当地条件和制定支持性政策在确定铁路系统对城市地区的影响方面更为重要。例如，除非实施强有力的区域协调土地使用控制，否则旧金山湾区快速交通系统或任何其他类似的铁路系统都不可能导致高密度住宅开发，也不会阻碍已建成城市区域的城市扩张。

在一定程度上，由于旧金山湾区快速交通系统的经验，城市公共交通管理署开始要求地方建设或计划在联邦政府的帮助下建设新的铁路线路，以致力于支持当地行动计划，以提高项目的成本效益和资助。

基于出行行为的交通需求国际会议

威廉斯堡城市出行预测会议对基于出行行为的交通需求离散模型给予了广泛的认可。这次会议产生的势头引起了基于行为的出行需求研究的激增。这项研究覆盖面广、影响范围大、需要更好地交流思想以便改进。

为填补这一空白，交通研究委员会关于出行者行为和价值观的委员会开始组织一系列关于基于行为出行需求的国际会议。1985 年 4 月成立的国际出行行为协会承担了会议组织的角色。这些会议汇集了许多国家参与出行需求研究的人员。首次会议于 1973 年的缅因州南贝里克（South Berwick）召开（Stopher and Meyburg，1974）。后来的会议包括：1975 年举行的北卡罗来纳州的阿什维尔会议（Asheville）（Stopher and Meyburg，1976）；1977 年举行的澳大利亚墨尔本会议（Hensher and Stopher，1979）；1979 年举行的德国格赖瑙（Grainau）会议（Stopher et al.，1981）；1982 年举行的马里兰州伊斯顿（Easton）会议（Transportation Research Board，1984b）；1985 年举行的荷兰诺德韦克（Noordwijk）会议（Dutch Ministry，1986）；1987 年举行的法国普罗旺斯艾克斯（Aix-En-Provence）会议（International Association for Travel Behavior，1989）；1991 年的加拿大魁北克省会议（Stopher and Lee-Gosselin，1996）；1994 年的智利圣地亚哥会议。

这些会议全面记录了基于行为的出行需求研究的进展以及研究中的重要问题。主题领域从多项 logit 模型和态度方法的发展扩展到包括非补偿模型、出行链、生命周期和适应、基于活动的分析模型以及出行行为研究数据收集的新方法（Kitamura，1987）。

表 10-1 梳理了前六次会议的研讨会主题。离散选择分析和态度方法是所有会议上反复出现的主题，是贯通会议的主要线索。它们的子主题也被选为研讨会主题，包括聚合问题、非补偿模型、市场细分、离散出行分布模型、试错和不确定性，以及可移植模型。1982 年伊斯顿会议讨论了各种规划申请。1985 年诺德韦克会议介绍了纵向分析和叙述性偏好方法的主题（Kitamura，1987）。

这些会议的研究建议经常成为今后几年研究进一步工作的主要内容，这些讨论的重点是更好地了解出行行为，并开发具有更强理论基础的出行需求模型。使用这种方法，出行预测将对相关政策问题变得更加敏感，需要更少的数据来估算，使用成本更低但相对较为耗时。

研究人员在实现这些目标方面取得了很大进展。但在这个进程中，产生了一类与传统预测技术截然不同的模型。而将这些技术推广到实践中的进展结果十分缓慢。应用和研究之间的这种差距随后成为出行预测领域的主要问题。这个问题成为 1982 年伊斯顿会议的讨论重点（Transportation Reseavch Board）。

全美合乘示范项目

1973—1974 年的石油禁运进一步促进了政府鼓励通勤合乘的推广。通勤合乘被认为是一种非常理想的方法，可以减少单独的通勤，从而减少拥堵、空气污染和能源消耗。此外，与建造或扩建公路设施相比，可以在很少或没有成本的情况下扩大合乘出行。

关于出行行为需求的国际会议						表 10-1
研讨会主题	1973 年	1975 年	1977 年	1979 年	1982 年	1985 年
离散模型数学方法	×	×	×	×	×	×
态度度量及模型	×	×	×	×		×
政策问题及政策相关性	×		×	×		
行程时间价值	×	×	×			
现有方法拓展	×					
聚合问题	×					
离散模型时间		×		×		
行为模型应用		×				
离散出行分布模型		×				
家庭结构		×		×	×	
供需平衡		×	×			
市场细分		×	×			
活动分析和出行链			×	×		×
可达性和机动性			×	×		
货物运输			×			
影响分析			×			
可移植性				×		×
调查方法及数据需求				×	×	
错误和不确定性				×		
非补偿型非连续型模型				×		
新交通技术				×		
战略规划					×	
城市系统长期规划					×	
项目规划					×	
微观设计					×	
系统运营					×	
出行行为特征及整合					×	
快速响应及概略性规划技术					×	

研讨会主题	1973 年	1975 年	1977 年	1979 年	1982 年	1985 年
投资与财务分析					×	
纵向分析						×
陈述性偏好分析						×

资料来源：Kitamura（1987）

　　1974 年通过的《紧急公路保护法案》，授权使用联邦援助公路基金推动合乘示范项目。联邦政府积极推动和支持合乘行为的发展（U.S. Department of Transportation，1980d）。从 1974 年到 1977 年，联邦公路管理署在 34 个州和 96 个城市化地区资助了 106 个拼车示范项目，总成本为 1620 万美元，其中绝大多数的联邦援助配套资金份额达到 90%（Wagner，1978）。

　　1977 年《能源部组织法案》中交通运输节能计划和合乘教育职能转移到交通运输部。在一定程度上，由于这些新职责，交通运输部设定了一个新目标，即将合乘增加 5%。为实现这一目标，交通运输部于 1979 年 3 月建立了全美合乘示范项目。这项为期两年的国家项目包括四个主要内容：以激发创新和全面的合乘方法的全美竞赛；对这些项目的评估；技术援助和培训；扩大的公共信息传播（U.S. Department of Transportation，1980d）。

　　全美合乘示范项目以 350 万美元资助了 17 个具体案例。示范要素包括基于雇主的营销、停车换乘、拼车、区域营销、穿梭巴士服务、弹性时间和立法举措。对这些项目评估发现，合乘的主要市场是拥有一辆车且距工厂较远的多个工人家庭。接受调查的 2%～5% 的车友表示，该项目影响了他们组建或维持拼车的决定。调查发现大多数通勤拼车是家庭成员或同事之间的非正式安排，员工乘车的比例和拼车的多少随着公司规模的增加而增加，弹性工作时间安排对合乘似乎并没有明显的影响（Booth and Waksman，1985）。

　　通勤合乘仍然是单独驾驶的主要替代方案。它逐渐与其他措施相结合，成为更全面的缓解拥堵的有效措施。

城市倡议计划

　　1974 年的《国家公共交通援助法案》通过《青年修正案》授权将联邦资金用于联合开发目的。《青年修正案》允许地方机构利用联邦资金改善受公共交通改善建设和运营影响的区域内的设施，这些设施同时需要与土地利用开发相适应。联邦政府为建立公共或准公共走廊联合开发提供援助以实现这一目标（Gortmaker，1980）。

　　然而，城市倡议计划直到 1978 年《地面运输援助法案》第 3（a）(1)（D）节获得批准才得以实施。该法案的这一部分授权联邦拨款用于征地和提供与公共交通相关的硬件上或功能上的设施，以促进经济发展。

　　城市倡议计划是实施卡特总统城市政策的交通运输部工作的一个组成部分。该计划的指导方针于 1979 年 4 月发布（U.S. Department of Transportation，1979g）。该计划允许开展前期活动的支出（例如，设计和工程研究、土地征用和登记以及房地产一揽子计划）的支出以及将交通与用地开发（例如，行人连接、停车和街道设施）衔接起来的项目，推进城市政策目标的项目将获得优先考虑。

在实施该计划的 3 年期间，联邦政府在 43 个城市地区资助了 47 个项目。他们将交通运输项目与经济发展活动相结合。其中许多项目是公共交通枢纽、商场或多式联运终端。该计划将传统资金从直接援助公共交通项目扩展到与公共交通服务相关的发展（Rice Center，1981）。

1981 年 3 月，为城市倡议项目提供联邦资金资助的做法被终止。但是，这些类型的活动仍然有资格在常规公共交通方案下获得资助。

残疾人无障碍条例第 504 节

1973 年《康复法案》第 504 节规定，在接受联邦财政援助的规划或活动中，任何人都不应因残疾而受到歧视。1976 年，城市公共交通管理署颁布了法规，要求"尽最大努力"规划可供老年人和残疾人使用的公共交通设施，包括提供残疾人可以使用新的运输车辆和设备。但残疾人团体认为这些规定过于模糊，难以执行（U.S. Department of Transportation，1976c）。

1979 年 5 月发布了更严格的法规。法规要求所有现有的公共汽车和铁路系统在 3 年内实现全部可供残疾人使用。这包括 50% 固定路线上服务的公共汽车可供轮椅使用者使用。对于非常昂贵的设施，公共交通设施实现为残疾人提供服务的时间限制可延长至 10 年，铁路设施的时限可延长至 30 年，铁路车辆的时限可延长至 5 年。各种公共交通设施要求稳步推进，为残疾人提供服务。新的设施和设备必须保障实现残疾人的服务才能获得联邦援助（U.S. Department of Transportation，1979f）。

公共交通管理当局抱怨实现公共交通设施为残疾人提供服务的代价太昂贵，并起诉交通运输部超出其权限。美国上诉法院在 1981 年的裁决中表示，1979 年的规定超出了交通运输部根据第 504 节规定的权限。在作出决定后，交通运输部发布了临时规定，并表示将通过新的立法活动制定最终规则。临时条例要求申请人提供证明，证实申请人正在特别努力提供残疾人可以使用的交通工具（U.S. Department of Transportation，1981a）。

1982 年《地面运输援助法案》第 317（c）节要求交通运输部公开拟议规则，该规则包括：（1）向残疾人和老年人提供运输服务的最低标准；（2）公众参与机制；（3）城市公共交通管理署监控运输当局绩效的程序。交通运输部 1983 年 9 月发布了拟议规则制定通知（NPRM）（U.S. Department of Transportation，1983f），并于 1986 年 5 月发布了最终法规（U.S. Department of Transportation，1986b）。

1986 年的最终法规确立了 6 项适用于残疾人的城市公共交通服务标准：（1）任何因身体原因无法使用常规公共汽车系统的公众必须保证获得专门公共交通服务的资格；（2）该服务必须具有与一般常规公共交通服务相同的日期和服务时间；（3）服务必须与常规公共交通在同一地理区域内提供；（4）两种服务的出行票价必须具有可比性；（5）必须在要求的 24 小时内提供满足残疾人出行需求的服务；（6）根据出行目的，不得附加各种服务限制或优先权。该法规并未要求现有的不适合残疾人出行的铁路系统提供相应的残疾人出行服务。

公共交通运营企业进行残疾人设施改造的花费金额需限于其经营支出的 3%，以避免对他们造成不必要的经济负担。公共交通运营管理机构可用 1 年的时间来规划服务，最多可按照 6 年的时间来分阶段进行达到服务目标的设施改善。规划改善过程需要让残疾人和其他感兴趣的人参与。

交通运输部的 504 条款一直存在争议。交通运输部面临着难以兼顾残疾人社区对充足公共交通的关注以及公共交通运营企业和地方政府对避免昂贵或严苛要求的担忧。这种法规制定过程是城市交通中最复杂和最持久的过程。它引起了人们的激烈辩论，部分民众认为残疾人应该有权被纳入社会主流权利，而也有民众认为可以使用有更具成本效益的手段，如特殊交通设备的辅助客运系统来服务具有特殊出行需求的人群。

国家交通政策研究委员会

国家交通政策研究委员会是根据 1976 年的《联邦援助公路法案》设立的，旨在研究到 2000 年时的交通需求，以及满足这些需求所需要的资源、要求和政策。委员会由 19 名成员组成，包括由总统任命的 6 名参议员、6 名代表和 7 名公职人员。

委员会及其技术人员用了超过 2 年的时间进行分析、开展咨询研究和召开公开听证会，并公布了其最终研究报告，即 2000 年的《国家运输政策》和 1979 年 6 月的《执行摘要》（National Transportation Policy Study Commission，1979a，b）。

该报告的结论是，现有的投资水平不足以满足持续增长的交通需求。从 1976—2000 年的 25 年期间需要超过 4 万亿美元的资本投资。研究报告进一步指出，政府的过度监管正在抑制资本投资，联邦机构、国会委员会和相互冲突的政策正在推高成本并阻碍创新。

该报告共提出了 80 多项具体建议，反映了若干主题：

（1）国家运输政策中针对各种方式的发展建议应统一；

（2）应大大减少联邦的参与（更多地依靠私营部门和州及地方政府）；

（3）应对联邦行为进行成本利益的经济分析；

（4）使用交通系统追求非交通目标应按照具有成本效益的方式开展；

（5）交通研究和交通安全需要联邦参与和财政援助；

（6）用户和受益于联邦行为的人应该为此付费。

由于国会的参与使得国家运输政策研究委员会与众不同。国会创立了委员会，为其配备人员，与国会成员一起主持工作，并一起确定政策结论（Allen-Schult and Hazard，1982）。

州际替代计划

州际公路系统的城市路段是最难建造的。这些城市州际公路项目的开发在一些城市地区引发了巨大争议。批评者抱怨说，为州际公路项目提供的 90% 援助资金扭曲了规划过程，使公共交通和当地公路项目处于不利地位。

国会 1968 年通过的《联邦援助公路法案》的第 103（e）（2）节来解决这些争议，即所谓的《霍华德-克莱默修正案》。如果最初的州际公路路线对于整合和连接州际公路不重要的，修正案允许以另一条州际公路线路取代现有州际公路路线，并且收费公路不会设置在这条公路上。在《霍华德-克莱默修正案》实施（1978 年 11 月结束）的 10 年期间，9 个州撤回了 16 条州际公路路段（Polytechnic Institute of New York，1982）。

《霍华德-克莱默修正案》的条款并不能满足那些希望州际公路资金用于公共交通项目的批评者。修正案导致了州际替代计划，该计划由 1973 年的《联邦援助公路法案》确立，并经后续立法修订。该法案第 103（e）（4）节允许州长和当地民选官员共同协商，撤销规划中的州际路线，或连接城市化区域或城市化区域内部的州际公路路段，并将等值资金用于公共交通或非州际公路替代项目。联邦运输管理署和联邦公路管理署共同审查和批准项目撤回申请。替代项目的资金来自一般收入而非公路信托基金，其联邦／地方匹配比率为 80/20，相当于公共交通资本补助比率（Polytechnic Institute of New York，1982）。

州际替代条款经过四次修订，扩大了可替代项目的资格和资金交易的使用。这些修订使更多类型的原援助项目有资格进行撤回并替换，增加了撤销原援助项目的价值，扩大了交易基金的使用，将联邦匹配份额增加到 85/15，并延长了替换资金的有效日期。该过程的详细规定于 1980 年 10 月发布（U.S. Department of Transportation，1980e）。

在该计划的整个生命周期中，大约 80% 的资金用于公共交通项目和其他各种非州际公路项目。替代资金用于各种公路和公共交通项目。公共交通项目的州际补助资金用于建设和改善公共交通设施，购买机车车辆和其他运输设备。随着州际公路系统的完工，公路或公共交通性质的替代项目基本完成，1995 年成为州际援助项目资金可以用于替代项目的最后一个财政年度。

阿斯彭未来城市交通会议

随着十年即将结束，对小汽车出行的抨击似乎从未如此普遍。节约能源和环境保护是国家的优先政策。财政资源受到限制，成本效益是城市交通评估的主要标准。扭转中心城市的衰退正成为一个关键问题。对于处境不利的交通工具而言，移动性仍然需要引起关注（Hassell，1982）。美国城市个人交通的未来是什么？汽车在美国经济和社会中的主导地位是否达到顶峰？

为解决这些问题，美国规划协会交通规划处于 1979 年 6 月主办了阿斯彭（Aspen）未来城市交通会议。会议得到了公共和私营部门代表的支持和参与。与会者无法就未来的形象达成共识，但同意了一系列有影响力的建议。增量规划被视为未来唯一可行和期望的方法（American Planning Association，1979）。

与会者得出结论："……减少城市出行没有'灵丹妙药'；由于新技术没有实质性增加流动性……没有快速或廉价的能源解决方案，没有解决重大环境风险和成本…… 突破环保技术的希望渺茫……通过改变生活方式或经济结构减少出行的解决方案也并不可行……简单的机制重组城市形态以减少城市出行在短期内也无法实现……"（American Planning Association，1979）与会者就能源、流动性和可达性、环境、社会、安全和经济问题的方法切实提出了一些常规建议。他们认为，至少在 20 世纪的剩余时间内，汽车将继续成为大多数美国人的主要和首选的城市交通方式。公共交通在提供交通方面将变得越来越重要。两者都需要增加各级政府的公共投资（American Planning Association，1979）。

环城公路对土地利用的影响

新的国家城市政策侧重于保护现有的城市中心，特别是中央商务区（CBD）。该政策引起了研究人员对城市环城公路对城市中心影响的关注。研究争论的问题是，环城公路是破坏中心城市的复兴努力，还是试图实现紧凑、节能和环保的土地利用模式。

美国当时在 35 ~ 40 个城市地区存在完整或部分完整的环城公路。它们大多是在 20 世纪 40 年代和 50 年代规划的，作为州际公路系统的一部分。到 1979 年，还有 30 个项目建议在美国城市地区修建环路。环城公路最初设计用于允许城际交通绕过发达的城市区域。但是，随着开发项目向外迁移到郊区，环形公路越来越多地被当地交通使用。很少有人想到环城公路如何在规划最初时如何影响发展。而一旦建成，人们开始关注它们对中心城市经济健康的影响（Payne-Maxie and Blayney-Dyett，1980；Dyett，1984）。

美国交通运输部和美国住房和城市发展部在 20 世纪 70 年代联合发起了一项关于环路的研究，以测试一般性假设，即环形公路建设正在破坏其他联邦政府部门支持中心城市的努力。环形公路的研究使用了 27 个有环形公路的城市和 27 个没有环形公路的城市的数据进行比较，并进行了 8 个环形区域的详细案例研究。该研究结果并不支持环形公路以牺牲中心城市为代价而对郊区产生收益的假设。该研究结果显示，在区域经济增长、郊区化率、CBD 零售销售和住宅开发地点方面，环路和非环路城市之间没有统计学上的显著差异。检测到两种区域之间存在一些差异，但差异很小。环路的影响包括：

- 对就业的影响很小，支持将就业岗位转移到郊区；
- 对办公地点产生"一次性"影响，将一些办公区从 CBD 中移出；
- 环形公路的确带来区域购物中心、办公园区和工业园区的位置和时间的变化，但并不能决定这些项目的可行性，项目的可行性更多地取决于市场条件、土地可用性和劳动力所在地。

该研究进一步发现，中心城市可以通过 CBD 振兴和经济发展计划来应对环城公路的负面影响。此外，在一些城市，环形公路支持了交汇处郊区中心的发展，从而减少了带状用地开发的数量（Payne-Maxie and Blayney-Dyett，1980；Dyett，1984）。

然而，其他研究人员认为，在多数州际公路建成后，环形公路的主要影响发生在 20 世纪 80 年代（Muller，1995）。在 20 世纪 80 年代，高速发展的计算机产业（优先选择郊区）和服务业的扩张推动了高层建筑和高科技的发展。因此建造了高层办公楼的郊区市中心。休斯和斯滕利布（Hughes and Sternlieb，1988）认为，开发商们在人们与州际公路共处整整一代人的时间后，才意识到环形公路和放射状州际公路的交叉口能够提供与 CBD 可达性类似的区位优势。这种情况削弱了 CBD 的经济地位，并鼓励在最易接近的地点建设郊区活动中心，通常是两条州际公路的交叉点。

关于环形公路对中心城市的土地开发影响及其 CBD 经济可行性的关注仍在继续。交通改善与土地开发模式之间的联系成为交通规划过程中更重要的焦点。

道路性能监测系统

在 20 世纪 70 年代中期，联邦公路管理署根据参议院第 81 号联合决议（P.L. 89-139）要求的两年一次的道路需求报告的关注发生了变化。早先关于道路需求的报告包含了取消全美所有道路病害的 20 年成本估算（U.S. Congress，1972b，c）。但是，显而易见的是，随着道路出行和需求的增加以及国家优先事项的变化，在可预见的未来，将没有足够的资金来消除所有道路病害。因此，后来的报告引入了这样一种观点，即用"绩效"来衡量过去道路投资的有效性，并分析未来的投资选择（U.S. Congress，1975）。

　　为了获得有关国家道路系统性能的连续信息，联邦公路管理署与各州合作开发了道路性能监测系统（HPMS）。该系统的首次使用于 1976 年国家道路明细清单和运行研究（U.S. Department of Transportation，1975e）。联邦援助道路系统按照 1973 年《联邦援助公路法案》要求于 1976 年 6 月 30 日完成，性能监测系统根据联邦援助道路系统重新调整确定的功能，在道路系统上按照不同的功能类别进行数据收集。

　　联邦公路管理署每年从各州收集道路路段样本的道路性能检测系统数据。在选择样本时，道路系统首先分为城市化区域、小城市和乡村三种不同类别。城市化区域数据可单独报告，也可以按照州汇总上报。在每个类别中，道路路段按功能等级和年均日交通量进行分组划分，确定了各组道路路段的采样率，对功能较高的道路路段采样率较高。对于每个采样的道路路段，收集的详细信息包括：长度、功能分类、几何特征、交通量和通行能力、路面铺装类型及状况、结构，交通信号和停车状况（U.S. Department of Transportation，1984e）。

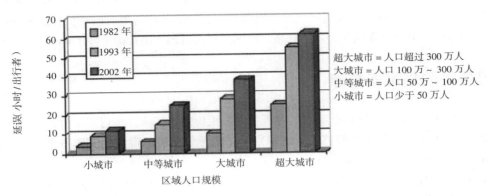

图 10-2　按城市规模变化的拥堵程度：1982—2002 年

资料来源：Schrank and Lomax（2007）

　　第一份国家道路需要报告使用公路性能检测系统数据来描述国家道路的状况和性能，于 1981 年提交给国会（U.S. Congress，1981）。报告显示了道路系统性能的恶化和拥堵的增加。随后的国家道路需求报告使用道路性能检测系统数据来监测道路系统的运行变化（U.S. Congress，1989）。

　　联邦公路管理署还开发了一种分析方法，该方法使用道路性能检测系统数据来测试国家道路政策的替代方案。使用这种方法，联邦公路管理署根据各种假设预测未来的道路投资要求，例如不同的道路出行增长率，各种公路条件和性能水平，以及道路高峰期间转移到公共交通的出行量，替代路线和非高峰期的转移量（U.S. Congress，1989）。此外，对分析方法进行了调整，以便各州可以使用各州的数据进行相同类型的道路性能检测系统数据分析（U.S. Department of Transportation，1987d）。

　　由于道路性能检测系统是国家和州一级唯一全面和连续的道路性能数据来源，它也用于监测城市道路拥堵的增长（Lindley，1987，1989；Lomax et al.，1988；Hanks and Lomax 1989；Schrank et al.，1993）。图 10-2 显示了 1982—2002 年城市人口拥挤程度的变化（Schrank and Lomax，2005）。

第十一章
去中心化决策

20 世纪 70 年代，城市交通规划需要解决的问题的范围和复杂性急剧增加，规章常常制约需求而适得其反。规划部门和规划技术难以迅速适应，分析权衡所有的需求越来越难以实现。这个问题并不局限于城市交通规划行业，也涉及大多数联邦政府参与的活动。这种情况使得分散控制和职权下沉逐渐成为民众的意愿，即减少联邦对地方决策的干涉（Weiner，1983）。

里根总统的规章备忘录

1981 年 1 月 29 日，里根总统向国内所有主要机构发送信函，推迟实施将在未来 60 天内生效的所有法规，为新任命的监管救济特别工作组提供时间以制定监管审查程序（Reagan，1981b）。

1981 年 2 月 17 日发布的联邦法规的第 12291 号行政命令，建立了现有法规审查程序和新法规的评估程序（Reagan，1981a）。该行政命令要求法规实施对社会的利益应大于成本，并且所采用的方法必须使这些利益最大化。所有监管行动都应基于对监管收益和成本评估的影响分析。

该命令有效促进了联邦政府努力减少和简化法规，并限制了新法规的颁布。

城市地区货物运输会议

1970 年 12 月的城市货运会议认为城市交通规划过程中应更加重视城市货物运输，城市地区的货物流通仍然是规划者、研究人员和决策者需要面对的一个重要问题。在随后的几年中，货物运输研究取得了巨大的进步，并在解决问题的方案上有了相当大的进展。

为促进城市货物运输行业人员交流经验和思想，工程基金会主办了一系列以"城市地区的货物运输"为主题的会议：1973 年 8 月的缅因州南贝里克会议（Fisher，1974），1975 年 9 月的加利福尼亚州圣巴巴拉市会议（Fisher，1976），1977 年 12 月的佐治亚州海岛会议（Fisher，1978），以及 1981 年 6 月的马里兰州伊斯顿会议（Fisher and Meyburg，1982）。

这些会议着重强调了在问题识别和分析技术方面取得的进展，并讨论了如何变革机构设置、法规和基础设施以促进货物流动。然而，即使付出这些努力后，大多数城市交通规划也很少关注货物的流通。城市货物运输规划仍然没有普遍被接受的方法论，没有城市地区收集必要的数据来分析货物（而不是车辆）流通，甚至在收集什么数据上也并未达成共识。这一阶段系统的货物运输模型和需求预测技术的尝试也并未取得成功（Hedges，1985）

第四次货物运输会议正值政府放松管制步伐加快的时候。在这种环境下，市场进入壁垒逐渐取消，费率和费率结构的限制开始减少，公共部门在市场中的角色逐步减弱。货物运输研究重点转向运输系统管理方法，旨在更有效地利用现有设施和设备。这些战略执行期短，处理具体的现场问题，可以分步实施，不需要广泛的机构协调。这种方法适用于放松管制的环境，公共部门和私人机构之间的互动极为有限。

在这些会议之后，仍然需要更深入地理解和全面评估货运问题，同时，更详尽地记录成功案例并加以广泛传播。积极倡导在人员之间建立货物运输问题研究机制，特别是公共部门和私营机构之间有效的合作以提高城市地区货物运输的生产效率（Fisher and Meyburg，1982）。

20 世纪 80 年代艾尔利城市交通规划会议

规划界对城市交通规划的未来越来越关注。一方面，对规划的要求越来越复杂，而新的规划技术尚未进入实践阶段，未来社会、人口、能源、环境和技术因素的变化也不明确；另一方面，由于财政紧缩，联邦政府将决策责任转移到州和地方政府以及私营部门上，规划的未来并不明朗。

为解决这些问题，于 1981 年 11 月 9 ~ 12 日在弗吉尼亚州的艾尔利大厦举行了一次关于 20 世纪 80 年代城市交通规划的会议。会议重申了城市交通规划系统化的必要性，特别是要最大限度地提高有限公共资金的效益。但是，规划过程需要根据地区的性质和规划的范围进行调整。对于成长或衰退地区，或者对于走廊或区域层面，规划所面临的问题和所采用的方法可能并不一样（Transportation Research Board，1982b）。

与会者认为联邦政府的法规过于严格，使得规划过程成本高昂、耗时过长且难以管理。应该简化规则、明确目标，并把如何实现目标的决策留给州和地方政府。与会者呼吁各种规模的城市化区域需要不同级别的 3C 规划。此外，建议大都市区规划组织（MPO）应享有更大的灵活性，对实施运输项目的机构给予更多责任。最后，会议建议减少频繁的联邦认证（Transportation Research Board，1982b）。

会议倡导更加关注系统管理和财政问题，但长期规划还需要识别影响城市未来长期发展的主要趋势，这种战略规划应该注重弹性以灵活适应当地关注的问题（Transportation Research Board，1982b）。

会议的建议从侧面反映了联邦政府过度监管而且要求过于具体。交通规划过程在这种监管压力下难以满足当地需求，必须减少过度监管和琐碎的要求，规划过程才可能得以平稳推进。

1981 年《联邦援助公路法案》

1981 年的《联邦援助公路法案》将州际公路系统建设和维护确定为最高优先级的公路项目。为了确保尽早完成州际公路系统建设，法案设定了施工项目的最低可接受服务水平，将系统建设成本从 530 亿美元降低到 390 亿美元，减少了近 140 亿美元。州际公路系统建设最低可接受服务水平应满足：出入口控制；路面设计满足 20 年预测交通量；满足基本环境要求；人口不足 40 万的区域最大设计车道数为 6 条，40 万人口以上地区最大设计车道数为 8 条；1981 年州际成本估算（ICE）中批准的 HOV 车道。

法案通过增加重建这一类别，将州际公路 3R 项目扩大为 4R 项目。4R 项目的重建类别包括增加行车道、建设或重建互通立交以及道路征用。从州际建设项目库中删除的建设项目有资格获得 4R 资金，联邦资金的份额也从 3R 项目的 75% 增加到到 4R 项目 90%。资金将根据州际公路里程的 55% 和车公里数的 45% 的权重分配给各州，各州按照州际公路里程至少获得该项目资金的 0.5%。

该法案标志着联邦公路项目的重点转向州际公路系统最后完善和翻新工作。

12372 号行政命令——联邦项目政府间审查

管理和预算办公室的 A-95 号通知（取代了预算局 A-95 通知）自 1969 年 7 月颁布以来一直管理与州和地方政府的联邦拨款项目的磋商程序。虽然 A-95 程序在确保政府间联邦拨款项目合作方面发挥了有效的作用，但人们担心这一过程已变得过于僵化和烦琐，造成了不必要的文书工作。为了回应这些担忧并将更多的责任和权力下放给州和地方政府，里根总统于 1982 年 7 月 14 日签署了第 12372 号行政命令"联邦项目的政府间审查"（Reagan，1982）。

该行政命令的目标是通过州和地方政府间协调程序、联邦财政援助审查程序以及联邦直接发展程序来促进政府间合作并加强联邦制度。行政命令有如下目的：第一，行政命令允许各州在与当地工作人员协商后，建立州审查程序，评论拟议的联邦财政援助和联邦直接建设项目；第二，行政命令通过要求联邦机构对州和地方提出的观点必须"接受"或给出相应的"解释"，提高了联邦政府对州和地方政府的响应能力；第三，行政命令允许各州以州计划简化、合并或替代联邦规划要求。该命令废止了管理与预算办公室（OMB）A-95 通知，预算办公室 A-95 通知执行有效期截止日期为 1983 年 9 月 30 日。

行政命令程序有三个主要要素，包括：建立州政府流程、指定政府联系部门和对州和地方政府提交的建议联邦机构通过"接受"或"解释"予以回应。

第一，在与地方政府协商后，州政府可以选择在该州的流程中纳入哪些项目和活动，该过程的要素由州政府决定。不要求所有州政府都建立该流程。如果州政府没有制定相应程序，则该行政命令的规定不适用，而其他法规或条例的现有磋商要求将继续有效，包括 1968 年《政府间合作法案》和 1966 年《示范城市和大都市发展法案》。

第二，州政府必须指定专门的联系部门来对接联邦政府。联系部门应是州和地方政府交换意见和接收回复的唯一官方途径。

第三，州政府指定联系部门提交对联邦政府的建议时，接收建议的联邦机构必须：（1）接受建议（"容纳"）；（2）与提交建议的各方达成大家都同意的解决方案；（3）由指定专门部门出具书面文件，解释不接受建议或未能达成各方共识的原因。如果联邦部门没有接受相关建议，该部门应向州政府指定部门提交书面解释并应于 15d 后再采取最终行动。

1983 年 6 月 24 日，美国交通运输部发布了针对交通项目实施 12372 号行政命令的条例（U.S.Department of Transportation，1983a）。该条例适用于所有联邦援助公路项目和城市公共交通项目。

伍兹霍尔城市公共交通未来发展方向会议

老城关注复兴，而新兴的城市则专注于扩张，未来经济基础、土地利用、能源和社会人口特征的变化尚不确定，公共交通服务不能适应人们日益变化的需求。联邦倡导公共交通优先而要求频繁变化，公共交通行业也难以适应。在过去十年中，公共交通行业赤字急剧上升，联邦政府宣布将计划逐步取消经营补贴，许多人呼吁提高更有效率的私营公共交通服务的市场份额。

1982 年 9 月 26 ~ 29 日，来自不同团体的与会者在马萨诸塞州的伍兹霍尔研究中心（Woods Hole Study Center）会面，讨论城市公共交通的未来方向（Transportation Research Board，1984a）。与会者包括公共交通行业从业人员、政府官员、学者、研究人员和咨询机构执业人员。会议讨论了公共交通在现在和未来社会中可能扮演的角色，公共交通运作的背景以及未来的战略。在会议结束时，与会者意见分歧仍然较大。

与会者一致认为"公共交通的战略规划应该在地方和国家层面进行"，公共交通行业应该更积极地与开发商和地方政府在大都市区新开发建设地区加强合作，最大程度地将公共交通设施整合到区域重大发展中。公共交通行业需要改善与道路和公共事业机构以及州和地方决策者的关系。公共交通行业投融资日益复杂和困难，但创造了新的机会（Transportation Research Board，1984a）。

与会者呼吁联邦政府减少管制，避免未来公共交通政策的快速转变。联邦政府应该制定一个更积极的联邦城市政策，而城市公共交通管理署（UMTA）应该是联邦政府内部的公共交通发展倡导者（Transportation Research Board，1984a）。

与会者对城市公共交通未来的作用无法达成共识。部分与会者认为，公共交通行业只应关注传统的铁路和公共汽车系统，而其他与会者则认为，公共交通运营机构应扩大所提供的服务范围，以包括各种形式的辅助客运和共乘系统，以获得更大的出行市场份额。尽管如此，此次会议仍被认为是公共交通行业在战略规划进程中迈出第一步。

伊斯顿 20 世纪 80 年代交通出行分析方法会议

20 世纪 80 年代，艾尔利城市交通规划会议强调了规划中正在发生并可能持续的趋势变化（Transportation Research Board，1982b）。随着联邦政府的放松管制，州和地方政府将发挥更大的作用，而财政将更加紧张，交通系统翻新将变得更加重要，交通量增长将放缓。

1982 年 11 月在马里兰州的伊斯顿举行了一次会议，讨论交通出行分析方法如何适应 20 世纪 80 年代的变化。此次交通出行分析方法会议关注交通出行分析技术与实践状态定义，描述了分析方法以及其如何应用。会议呼吁更广泛地传播现有知识、研究成果、实践范例，以弥补技术与实践之间的差距。会议扩展了国际交通出行需求会议的讨论，但仍主要聚焦于交通出行分析方法的应用和改善研究人员与从业人员之间的互动（Transportation Research Board，1984b）。

会议回顾了最新技术和实践以及它们如何应用于各个层面的规划，广泛讨论了交通出行分析在处理主要交通问题方面的作用，探讨了交通出行分析没有在实践中得到广泛应用的原因（Transportation Research Board，1984b）。

　　会议达成共识，在资源稀缺的时代，对替代方案的合理分析将继续发挥重要作用。目前可用的交通出行分析方法适用于 20 世纪 80 年代可预见的问题。这些在 20 世纪 70 年代开发的分类技术已经在小范围的应用中进行了测试，可以推广至大规模使用。但仍需注意的是小规模项目分析对分类技术的复杂性的测试并不一定完全合理（Transportation Research Board，1984b）。

　　然而，新的出行分类分析技术很明显地在实践中没有被广泛使用。研究与实践应用之间的差距更是日益扩大。计量经济学和心理测量学的新数学技术和理论基础对于从业者来说很难学习。此外，新技术与传统的规划实践的融合并不容易。研究人员和从业者都没有尽力来缩小研究与实践之间差距。研究人员不愿以从业者可使用的形式打包和宣讲新的出行分析方法，而从业者也不愿意接受再培训以便能够使用这些新技术。双方都没有对新技术方法进行严格的测试，以确定它们的实际成效以及它们最适用的问题（Transportation Research Board，1984b）。

　　会议认为，交通出行需求研究团体应该集中精力将新的出行分析方法转化为实践，提出了广泛的技术转让方法，会议建议联邦政府和美国交通研究委员会引导开展这项工作（Transportation Research Board，1984b）。

1982 年《地面运输援助法案》

　　在 20 世纪 70 年代的十年间，有越来越多的证据显示美国的道路和交通基础设施逐步老化。而在此期间，资金主要集中在新设施建设上，基础设施修缮资金转移支付缓慢，到问题爆发时，翻新道路、桥梁和公共交通系统的成本估算已经达到数百亿美元（Weiner，1983）。

　　1982 年通过的《地面运输援助法案》旨在解决这一基础设施问题。从 1983—1986 年，该法案将道路、安全和公共交通项目授权延长了 4 年（U.S. Department of Transportation，1983g）（表 11-1）。此外，该法案于 1983 年 4 月 1 日起将道路每加仑燃油税收费提高了 5 美分（在当时 4 美分收费的基础上）。法案还调整了其他税费，大幅增加了卡车使用费，由固定费率调整为按重量分级收费。法案规定燃油税新增加 5 美分收入（每年合计约 55 亿美元），其中 4 美分用于道路项目，剩余 1 美分用于公共交通项目（Weiner，1983）。

1982 年《地面交通援助法案》				表 11-1
每财政年度授权水平（百万美元）				
	1983	1984	1985	1986
公路建设				
州际公路建设	4000.0	4000.0	4000.0	4000.0
州际公路 4R 项目	1950.0	2400.0	2800.0	3150.0
州际公路替代方案	257.0	700.0	700.0	725.0
主干系统	1890.3	2147.2	2351.8	2505.1
次干系统	650.0	650.0	650.0	650.0
城市道路系统	800.0	800.0	800.0	800.0

续表

	每财政年度授权水平（百万美元）			
	1983	1984	1985	1986
其他道路项目	1178.2	1120.0	1154.0	1106.0
道路小计	10724.0	11817.2	12455.8	12936.1
道路安全				
桥梁替换及修缮	1600.0	1650.0	1750.0	2050.0
安全建设	390.0	390.0	390.0	390.0
其他安全项目	199.5	205.3	205.6	155.6
安全小计	2189.5	2245.3	2345.6	2595.6
城市公共交通				
自由裁量资本援助资金	779.0	1250.0	1100.0	1100.0
公式援助资金	—	2750.0	2950.0	3050.0
州际公共交通替代方案	365.0	380.0	390.0	400.0
研发、管理及杂项	86.3	91.0	100.0	100.0
公共交通小计	1230.3	4471.0	4540.0	4650.0
总计	14143.8	18533.5	19341.4	20181.7

资料来源：U.S. Department of Transportation，（1987c）

额外的公路基金用于加速完成州际公路系统建设（将于 1991 年完工），支撑 4R 项目（州际公路的罩面、修复、修缮和重建），大幅扩展的桥梁更换和修缮计划，以及为主干路、次干路和州际项目提供更多资金（Weiner，1983）。

该法案授权将道路规划和研究（HP & R）管理基金确定为单一基金（平层基金），并给各州提供 4 年期的资助。联邦政府对 HP & R 项目的标准配拨比例为 85%。桥梁资金的 1% ~ 0.5% 指定用于 HP & R 基金。由于建设计划的大规模扩张，HP & R 项目和城市交通规划（PL）的资金水平大幅增加。

该法案调整了联邦城市公共交通项目，第 5 节公式补助计划没有获得批准，法案创建了一个新的公式补助计划，对规划、资本和经营项目的支出进行补助。在联邦干预最小的情况下，州政府和地方政府被给予了实质性的自由裁量权以使用公式补助计划选择资助项目。但是，运营费用支出申请补助资金受到限制。法案按照不同的人口规模进行资金分配，人口按照超过 100 万人、20 万 ~ 100 万人、20 万人以下，乡村分成四个等级，在不同的人口群体中，资金将根据人口、密度、车公里数和公共交通网络里程等因素按照公式计算进行分配（Weiner，1983）。

燃油税收费增加 1 美分的收入将存入公路信托基金的公共交通账户。这些资金只能用于固定资产建设项目。它们将在 1983 财政年度按相应的公式进行分配，在后续几年中可以酌情分配。固定资产建设项目的定义拓展为包括基础设施维修相关项目。法案还规定，大量的联邦要求须由申请人自行认证，其他要求也应尽量合并以减少文书工作量（Weiner，1983）。

法案要求运营商提供公共交通业绩和需求的两年期报告，第一份报告于 1984 年 1 月提交。此外，法案还规定应公布规定残疾人和老年人交通服务最低标准的相关条例。

1982 年的《地面交通援助法案》因联邦政府在未来交通中的作用，特别是政府逐步取消联邦公共交通运营补贴的立场而备受争议，后续拨款法案的争论也延续了这个争议。

微型计算机的出现

20 世纪 80 年代初，人们对微型计算机在城市交通规划中产生了极大兴趣并得到迅速应用。联邦公路管理署（FHWA）和城市公共交通管理署（UMTA）越来越多地将计算机相关的研究和开发活动集中在小型计算机的应用上，这些技术研究旨在更好地了解微型计算机的潜力和适用性，促进信息和项目的开发和交流、以及评估和测试。这一阶段进行了一些软件开发，但大多数软件都是商业化的。

一种基于用户支持结构的系统得以开发以协助州和地方机构。该系统包括建立了两个用户支持中心：一个位于伦斯勒理工学院，面向公共交通行业；另一个位于交通运输部的交通运输系统中心（TSC），协助开展交通规划、交通系统管理（TSM）和交通工程应用。此外，在DOT 赞助下还成立了三个用户组：公共交通运营组、交通规划和交通系统管理组，以及交通工程组。三个用户组相互交换信息和软件，制定标准并予以推广，识别研究和开发需求。通过用户支持中心提供援助，定期发布简报 MicroScoop 促进交流。

FHWA 和 UMTA 召开了为期一天的研讨会，题为"交通运输中的微型计算机"，让用户熟悉微型计算机的功能和用途。他们还发布了有关可用软件和信息来源的报告（U.S. Department of Transportation，1983d，e）。随着微型计算机功能的增加，它们为更多的组织提供了更大分析能力，而随之其应用变得愈加普遍。

新城市交通规划条例

自 1975 年以来，FHWA/UMTA 联合城市交通规划条例一直是美国城市交通规划的重要指导文件（U.S. Department of Transportation，1975a）。进入 20 世纪 80 年代后，条例进行了大量修改以确保广泛的公众参与，重视城市复兴，以及将走廊规划纳入城市交通规划（Paparella，1982）。城市交通规划条例拟议修正案于 1980 年 10 月公布，最终修正案于 1981 年 1 月公布，计划于同年 2 月生效。

由于里根总统 1981 年 1 月的备忘录将所有待决条例的生效日延迟 60d，该修正案实施被推迟。在此期间，根据总统备忘录和第 12291 号行政命令中的准则对修正案进行了审查，修正案被撤销，而于 1981 年 8 月发布了临时最终条例。这些条例通过极小的修订对 20 万人口以下地区的规划流程进行了简化，明晰了交通系统管理，并纳入了立法改革（U.S. Department of Transportation，1983c）。

1981 年 12 月联邦公路管理署（FHWA）和城市公共交通管理署（UMTA）发布了一份题为"征求联邦政府在城市交通规划中的适当作用公众意见"的文件，以征集公众对修订条例的意见。反馈意见清楚地显示公众希望联邦政府减少管制提供更大灵活性。20 世纪 80 年代艾尔利城市交通规划会议（Transportation Research Board，1982b）也显示了这种趋势。

联邦公路管理署（FHWA）和城市公共交通管理署（UMTA）根据反馈意见进一步修改了联合城市交通规划条例，响应了减少联邦政府过多干预城市交通规划的呼吁，删除了实际工作中不需要的条款。1983 年 6 月 30 日重新发布新修订的条例包含了新的法定条件，并保留了交通规划、交通改善规划（TIP）（含年度改善计划或两年期改善计划）和联合规划工作计划（UPWP），联合规划工作计划仅适用于人口 20 万人或以上的地区。规划过程应由各州和 MPO 自行认证，以便在提交交通改善规划时符合所有要求（U.S. Department of Transportation，1983c）。

条例区分了联邦要求和良好的规划实践。条例明确了规划的成果或目的，但将流程的细节交由州和地方机构决定，法规不再包含过程的要素，也不再包含在执行过程中需要考虑的因素（U.S. Department of Transportation，1983c）。

大都市区规划组织（MPO）由地方政府长官和具有综合职能的地方政府机构指定。城市交通规划仍然是 MPO、州和公交运营商的共同责任。但城市交通规划过程的本质是州长和地方政府在没有任何联邦限定的情况下做出的决定，20 万人口以下城市地区的州长们还可以选择管理城市公共交通管理署的规划基金。

修订的条例标志着城市交通规划进程中的重大转变。在这之前，通常是通过增加联邦政府额外的要求以回应新问题，新的条例将责任和控制的重点转移到州和地方政府。联邦政府仍然致力于城市规划，要求项目需以 3C 规划流程为基础，并继续为规划活动提供资金，但它将不再干预具体的规划过程。

第十二章
促进私营部门参与

进入 20 世纪 80 年代，人们越来越意识到公共部门没有资源继续提供其所承诺的所有项目，在联邦政府层面尤其如此。此外，持续提供这些项目实际上只是政府机构争夺私营部门可以更好提供服务的领域。各州政府和公共机构开始创造机会，让私营部门更多地参与城市交通设施和服务的提供以及投融资。此外，联邦政府试图在运输服务行业引入竞争，以提高效率和降低成本。运输系统的变化应是市场竞争的结果，而不是公共监管的结果，这需要消除无补贴的私营运输服务提供商与享受政府补贴公共运营机构之间的不平等竞争（Weiner，1984）。

辅助公共交通政策

在美国城市研究所的一份报告中，一系列被称为"辅助公共交通"的公共交通服务方案引起了全美的关注（Kirby et al.，1975），辅助公共交通服务受到越来越多的关注（Highway Research Board，1971a，1973b；Transportation Research Board，1974a，b；Rosenbloom，1975；Scott，1975）。辅助公共交通被视为传统公共交通的补充，可以为特殊人群和市场提供服务。在某些情况下，它也被视为传统公共交通系统的替代方案。辅助公共交通非常适合时代的潮流，可以服务低密度、分散的出行，从而与汽车竞争，扩大公共交通出行市场份额，是汽车出行的低成本替代方式。

多年来，城市公共交通管理署（UMTA）一直在努力确立辅助公共交通的政策定位。公共交通行业对辅助公共交通替代传统公共交通方案表示担忧，而支持者则认为辅助公共交通是低密度市场上与汽车竞争的关键选择。辅助公共交通也是伍兹霍尔会议上关于城市公共交通未来方向争论的问题之一（Transportation Research Board，1984a）。

1982 年 10 月，UMTA 发布了辅助公共交通政策。政策认为辅助公共交通是传统公共交通服务的补充，可以以低成本增加运输能力，可以在不适合常规公共交通的市场中提供服务。推动辅助公共交通也可以服务于专业市场（例如老年人和残疾人），并且可以替代私人汽车，在乡村地区也具有一定发展的潜力（U.S. Department of Transportation，1982a）。

辅助公共交通政策鼓励地方政府充分考虑辅助公共交通方案的选择。政策支持私营运营商提供的辅助公共交通服务，特别是在没有补贴的地方。该政策有助于减少对私营运营商的监管障碍，及时与私营部门协商，匹配服务与出行需求，促进辅助公共交通和常规公共交通服务的整合（U.S. Department of Transportation，1982a）。

　　城市公共交通管理署（UMTA）提供资金可用于规划、设备购置、设施收购、基础设施建设、管理和研究支出。UMTA 更倾向于无须补贴的私人运营辅助公共交通，但在理由充分的情况下同样会提供财务支持（U.S. Department of Transportation，1982a）。

运输管理协会

　　1973 年和 1979 年两次能源危机，以及交通拥堵的加剧（特别是在郊区），促使许多企业开始关注通勤问题。企业采用了多种方法以缓解交通拥堵，包括补贴公共交通出行、鼓励私人汽车合乘服务、对合乘车辆给予优先，采用灵活的工作时间表以及对公共交通和合乘出行费用进行相应的工资税费和保险扣减（Schreffler，1986）。

　　这些行为导致从 20 世纪 80 年代初开始建立一些运输管理协会（TMA）。TMA 通常是由当地雇主，企业和开发商组成的非营利性协会，以合作解决社区交通问题（Orski，1982）。TMA 基于自愿，依靠会员费来运作。一些 TMA 是为了专门处理运输问题，而另一些则是大型多功能组织的一个组成部分。TMA 通常位于郊区，大多数 TMA 服务于就业中心，部分关注中心区交通服务，还有一些则致力于改善区域交通。

　　TMA 向员工、客户和租户提供不同类型的支持，包括合乘项目管理、停车管理策略、内部流通业务的运作、定制公共交通服务合同、灵活工时计划管理、当地交通改善管理以及技术援助和教育。TMA 作为企业利益与公共机构之间的协调机制，组织私营部门开展项目、资助专项研究。

　　20 世纪 80 年代 TMA 的数量增长缓慢，到 1989 年，大约有 70 个成立或开展运作。随着公共机构通过启动资金、技术援助和直接参与协会来促进 TMA 的发展，TMA 的支持范围日益扩大。TMA 被认为是让私营部门参与解决通勤问题和保持机动性的有效途径（Dunphy and Lin，1990）。

重大公共交通设施投资政策修订

　　20 世纪 80 年代初，人们对建设新的城市轨道交通系统和现有系统的扩展产生了巨大的兴趣。从 1972 年开始，新的城市轨道交通系统已在旧金山、华盛顿特区、亚特兰大、巴尔的摩、圣迭戈、迈阿密和布法罗开始收费服务。波特兰、俄勒冈、底特律、萨克拉门托和圣何塞的新系统也投入建设，共有 32 个城市对 46 个走廊的重大公共交通设施投资进行研究。据估计，如果所有这些项目都实施，联邦政府至少需要投入 190 亿美元（U.S. Department of Transportation，1984a）。

　　轨道项目的联邦资金大部分来自"自主拨款计划"第 3 节。该计划的资金来自 1982 年《地面运输援助法案》中机动车燃油税增加 5 美分中的 1 美分，每年达 11 亿美元。然而，城市公共交通管理署（UMTA）优先考虑修复现有轨道和公共交通系统的项目。每年只有 4 亿美元用于新的城市轨道交通项目。因此，重大公共交通项目的联邦资金需求与可用资金之间的差距实际上非常大。

　　为了管理对联邦资金的需求，UMTA 于 1984 年 5 月 18 日发布了修订后的城市公共交通重大设施投资政策（U.S. Department of Transportation，1984b）。这是对多年来不断发展的主要公共交通项目的评估过程的进一步完善。根据该政策，UMTA 将使用当地规划研究的结果来计算每个项目的成本效益和当地财政支持，这些标准将用于项目排序，UMTA 将只为这两个标准中排名靠前的项目提供不超过可用资金的资助，如果有额外资金，排名靠后的项目仍有资格获得资助。

　　项目开发过程涉及若干阶段时，城市公共交通管理署（UMTA）将决定是否着手进入下一阶段（图 12-1）。

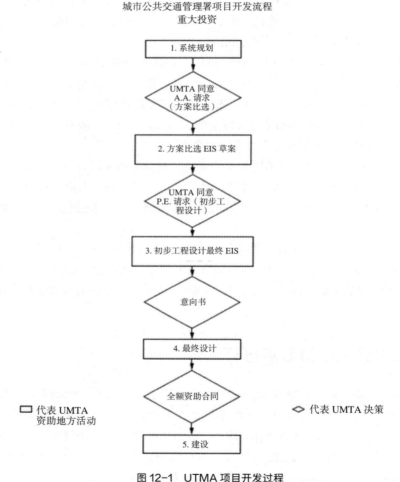

图 12-1　UTMA 项目开发过程

资料来源：U.S. Department of Transportation（1984b）

　　最关键的决策是在可替代性分析和环境影响评价草案（AA / DEIS）完成之后，在此阶段，新项目与"交通系统管理"基础替代方案进行成本效益比较。这种交通需求管理替代方案包括升级公共交通系统以及其他可以通过最小投资改善移动性的比选方案，例如停车管理技术、合乘和上下班交通车项目、交通改善和辅助公共交通服务。通常，建设和运营固定导轨项目对机动性的边际改善相对于交通需求管理方案并不占优。

备选方案分析／环境影响评价草案完成后，按照项目的成本效益和地方财政组织工作进行评级。地方财政组织工作包括来自州、地方和私人来源的资金水平。此外，项目必须符合如下门槛标准。第一，固定导轨交通项目必须保证比交通需求管理方案获得更多的资助。第二，固定导轨交通项目的每个新增乘客的边际成本不能超过城市公共交通管理署确定的预设值。第三，该项目必须满足所有法规和监管要求。

新的城市轨道交通项目建设使得联邦资金面临巨大的压力，以至于经常通过政治手段予以解决。从 1981 财政年度开始，国会开始为特定项目划拨自主拨款资金计划第 3 节经费，从而取代了城市公共交通管理署决策。城市公共交通管理署则继续对项目进行评级，并将信息提供给国会委员会。

1987 年，《地面运输和统一再分配援助法案》为城市公共交通管理署一直使用的新建固定导轨项目制定了补助标准。项目必须以替代性分析和初步工程为基础，具有成本效益，并得到当地财政承诺的可接受程度的财务支持。

交通需求管理

20 世纪 80 年代，郊区拥堵现象日益加剧。到 20 世纪 90 年代初，许多城市地区已经达到了严重交通拥堵的程度。服务于市区交通出行的方式不能照搬应用于出行更加多样化、以汽车为主的郊区出行模式（Higgins，1990）。此外，在预算紧张和环保意识提高的情况下，新建公路提高道路容量变得更加困难，在常规运输需求管理（TDM）类别下制定新策略来缓解郊区拥堵应运而生。

交通需求管理是一个旨在改变交通需求的过程。它与交通系统管理（TSM）的不同之处在于它侧重于出行需求而非交通设施供应，并且其实施战略通常涉及私营部门。TDM 旨在通过减少出行，将其转移到较不拥挤的目的地或路线，或将其转移到更高的占用模式或将其转移到一天中较不拥挤的时段来减少高峰期汽车出行。TDM 策略通常与 TSM 措施结合使用，TDM 因可以在成本很少甚至没有成本的情况下提高运输系统的效率而更具吸引力（Ferguson，1990）。

交通需求管理通常关注郊区活动中心，但也会涉及 CBD 和放射走廊（COMSIS，1990）。TDM 战略需要许多机构和组织的合作，包括开发商、土地所有者、雇主、商业协会以及州和地方政府，在某些情况下，政府以《减少出行条例》（TRO）的形式提供法律支持，以加强对 TDM 措施的遵守（Ferguson，1990）。

第一个全区域 TRO 于 1984 年在加利福尼亚州普莱森顿（Pleasanton）发布。TRO 对该地区所有企业采用一致的标准和要求，并为这些企业提供实施汽车减排战略的法律支持。虽然大多数 TRO 的主要目标是缓解交通拥堵，但改善空气质量也是另一个重要目标（Peat Marwick Main & Co.，1989）。

交通需求管理措施包括改进单人机动化出行的替代方案，例如鼓励合乘、骑自行车；通过补贴公共交通出行和合乘，促进出行方式转移；通过高额停车费和减少停车位供应限制机动化出行；通过工作时间管理，鼓励灵活的工作时间和压缩工作周（COMSIS，1990），削减高峰出行。TRO 要求企业和雇主制定 TDM 计划，实施 TDM 项目，监控进度，定期更新计划，拥有经过专业培训的协调员，减少规定的出行，对违规行为进行罚款和处罚。

城市通过扩建道路缓解交通拥堵难度越来越大，空气质量问题越来越普遍，这使得交通需求管理在解决郊区交通拥堵方面变得更加重要。

私营部门参与公共交通项目

里根政府致力于推动私营部门在解决社区需求方面发挥更大的作用。他们认为，各级政府不应提供私营部门愿意和能够提供的服务，而且在存在竞争的经营环境中私营部门会提高其效率。据此，交通运输部力图消除阻碍私营部门更多地提供城市交通服务和为这些服务融资的障碍。

私营和公私合营的城市公共交通服务的开始缓慢增加。公共交通机构难以认同私营公共交通业务。而私营公交运营商则表示尽管有法定要求，但他们并不能完全或公平地提供公共交通服务。由于巨大的经营赤字压力，政府需要寻求更廉价的服务方式，并且越来越多地考虑私营供应商。一些运输机构也开始外包他们认为太昂贵而无法提供的服务。

为促进更多地私营部门参与公共交通运营，城市公共交通管理署（UMTA）发布了"城市公共交通项目私营部门参与政策"（U.S. Department of Transportation，1984c）。它为实现遵守《城市公共交通法案》的若干条款提供了指导。第 3（e）节禁止公共补贴运营商与私营运营商进行不公平竞争。第 8（e）节要求私营部门最大限度地参与公共交通服务的规划。根据1982 年《地面运输援助法案》增加的第 9（f）节规定了私营部门参与制定交通改善规划的程序，并以此作为联邦资助的条件。

"私营部门参与城市公共交通项目政策"呼吁私营运营商尽早参与新的公共交通服务，并尽最大可能参与提供这些服务。该政策将是否遵守法规作为城市公共交通管理署（UMTA）在确定运营商时考虑的主要因素。政策指出在制定新的或重组服务计划时必须咨询私人承运。此外，在提供新的或重组公共交通服务的地方，必须考虑私人运输公司。在比较公共服务与私人承运服务时，要使用真正的完全成本比较。应建立独立的地方争议解决机制，以确保政策执行的公正。

该政策与过去的联邦公共交通运营政策上大不相同。在公共运营商实际上垄断了联邦运输设施、设备和服务基金的情况下，私人运输公司的加入将为这些服务引入竞争机制。

并发管理系统

1985 年，佛罗里达州立法机构通过了"增长管理法案"，为地方政府制定长期全面计划提供了一个框架。该法案的一项主要条款要求地方政府确保支持发展所需的公共设施和服务是必须的，并随时协调发展带来的影响。这意味着所有新开发项目必须位于现有服务可用的地方，或者有计划和资金提供这些服务的地方（University of South Florida，2006）。

佛罗里达州法律要求所有综合增长管理计划都包含固定设施改进要素，以解决公共设施的需求、布局、建设原则、未来能力扩展或增加，确保公共设施在可接受服务水平的范围之内。公共设施的数量及对服务要求决定服务标准等级的基础。佛罗里达州签署开发许可之前要求必须满足:（1）为以下公共设施预留了足够的设施和服务:道路（仅限主干路和集散道路）、公共交通、给水排水、垃圾处理、公园和学校;（2）开发与既有的合法利益一致。

　　同时，佛罗里达州交通通常采用《公路通行能力手册》（Highway Capacity Manual）中交通服务水平（LOS）标准的形式，如佛罗里达州交通局（FDOT）质量/服务水平手册中所解释。据此，使用等级 A-F 定义道路段或道路服务水平，LOS "A" 表示自由流道路畅通，没有拥堵问题，而 LOS "F" 表示强制流，交通严重拥堵，车辆时开时停。确定服务水平，交通规划者需要考虑三个因素，每个因素都是可观察的和可衡量的：平均行驶速度、交通密度和道路流量，通过这些量化指标转换为定性 LOS 评级。

　　但新的过程通常成本较高，结果有时反复无常，并可能产生低效和不良的发展成果。规划者、发展利益集团和环保游说组织都对这一管理过程表示了失望。最初的并发任务总目标是创造一种新增的开发建设不会导致交通拥堵的新发展模式，而这只有通过允许在大型主干道和高速公路网络中进行低密度开发才能实现这一目标。佛罗里达居民的偏好清楚地显示，其普遍渴望的城市发展模式将导致交通拥堵。当前的系统设计会产生与其他公共政策目标背道而驰的结果，例如促进更紧凑的发展（Chapin et al.，2007）。这使得这一过程一直处于审查和完善中。

《国家公共交通绩效报告》

　　多年来，国家公共交通系统进行评估并预测其未来需求，来改进系统工作的时断时续。作为多式联运国家运输研究的一部分，美国交通运输部曾开展若干预测（U.S. Department of Transportation，1972b，1975b，1977c）。国会偶尔会要求对公共交通设施进行预测（U.S. Department of Transportation，1972d，1974b；Weiner，1976b）。此外，APTA 和 AASHTO 多年来对公共交通需求进行了多次预测，并将其提交给了国会。

　　根据 1982 年的《地面交通援助法案》，国会定期提交相应报告。该法第 310 节要求在偶数年 1 月就公共交通系统的状况和性能提交两年期报告，并对立法进行必要的行政修订。该部分还要求对公共交通设施以及未来三个时间段（1 年、5 年和 10 年）的固定资产、运营和维护需求进行评估。

　　第一份公共交通绩效报告为后续报告提供了样本。它关注国家公共交通系统的现状和性能，但未包含对未来设施需求或成本的预测。该报告认为公共交通行业正处于转型期，传统市场正在发生变化。而公共交通行业继续以常规方式做出反应，应扩大服务、专注于高峰期需求。此外，运营成本急剧增加，而票价跟不上通胀。因此，经营赤字和政府补贴不断增加（U.S. Department of Transportation，1984d）。

　　报告指出，未来联邦在公共交通的作用需要考虑该项目的效率、与其他需求相比的交通基础设施需求、私营部门参与的机会以及州和地方的财务前景（U.S. Department of Transportation，1984d）。

　　第二份和第三份公共交通绩效报告继续关注国家公共交通系统的当前表现和状况。报告认为公共交通行业以公共补贴的形式获得了足够的资金，但它面临效率和生产率的问题。这些问题是由于企业管理和劳动力缺乏竞争造成的。报告呼吁地方政府重新审视公共交通服务水平、公共交通的服务方式和定价的方式（U.S. Department of Transportation，1987a，1988a）。

　　报告建议国家和地方决策者应承担更多的责任，以满足本地可移动性需求、提高公共交通行业竞争、促进财政资源更有效地利用、确保目标受益人的成本补偿、鼓励私人更多参与公共交通服务和投融资项目（U.S. Department of Transportation，1987a，1988a）。

公共交通租赁条例

1964 年的《城市公共交通法案》明确规定公共交通不包括公共汽车租赁服务。据此，联邦政府定义公共汽车租赁服务为公共交通的补充，联邦对公共交通的援助不包括此类服务。然而，在 1966 年的一个案件中，总审计长裁定，如果服务是偶然的，并且不会对常规运输服务产生影响，可以用联邦基金购买的公共汽车提供租赁服务。

作为从事公共汽车租赁运营服务的机构，私营公共交通运输公司普遍关注其与公共机构的竞争是否公平。争论的焦点是公共机构享受联邦补贴，这使得他们可以低估其服务价格，从而排挤私营的租赁服务市场。1973 年的《联邦援助公路法案》试图厘清公共汽车租赁服务禁令。它要求所有享有联邦公共交通基金或用于公共交通的公路基金补贴的运营机构与运输部长签署协议，承诺他们不会在公共运输服务区之外与私人运营商竞争公共汽车租赁服务（U.S. Department of Transportation，1982a）。

1974 年的《住房和社区发展法案》赋予交通运输部部长根据实际情况调整解决方案的灵活性。与受援公共机构谈判达成协议，提供公平公正的安排确保公共机构和私营运营商不得阻止其他私营运营商进入其愿意并且能够提供城际公共汽车租赁服务的市场。1974 年的《国家公共交通援助法案》将公共汽车租赁服务运营费用扩展为联邦财政援助项目，这成为该法案确定的联邦援助新类型（U.S. Department of Transportation，1982a）。

1976 年 4 月公布了《公共汽车租赁服务实施条款》（U.S. Department of Transportation，1976d）。根据规定，公交运营商不得提供城际或市内非偶然性公共汽车租赁服务。偶然性公共汽车租赁服务必须不包括如下特征：（1）在高峰时段发生；（2）需要前往运营机构服务区域外超过 50 英里的行程；（3）要求特定公共汽车超过 6 小时。如果公共运营机构提供城际公共汽车租赁服务，则租赁收入必须足以支付其总费用，并且所收取的费率不能排挤私人运营商的竞争，大约 79 个不同的成本必须在公共运营机构认证中予以核算。

公共和私营运营商都认为监管并不令人满意。公共运营机构支持放宽公共汽车租赁服务的限制，以此作为补充收入和改善财务状况的手段。而私人运营商则倾向于收紧限制并加强执法，他们认为这些限制措施不足。此外，很明显，对运营机构补贴费用的记录保存和认证要求被认为是不必要的负担。

在公共机构和私人运营商之间找到平衡是非常困难的，城市公共交通管理署（UMTA）多年来一直在努力解决这个问题。在 1976 年颁布该法规后不久，UMTA 发布了一份拟议规则制定的通知（ANRPM），要求就如何使该条例更有效等问题和建议发表意见。1977 年 1 月举行了一次公开听证会，征求更多意见。之后，UMTA 发布了两份拟议规则制定的预通知，试图获得有关各方关于若干问题的意见以及修改该法规的可能方案（U.S. Department of Transportation，1981c，1982b）。

最后，1986 年 3 月美国运输部发布了一项规范（U.S. Department of Transportation，1986a），1987 年 4 月公布了最终章程（U.S. Department of Transportation，1987b）。如果私人公交运营商愿意并且能够提供公共汽车租赁服务，则禁止所有享有城市公共交通管理署（UMTA）援助补贴的机构提供租赁服务。如果该私人公交运营商没有足够的车辆，或者缺少残疾人专用车辆，则享有 UMTA 援助补贴的机构可以向私人运营商提供车辆。对于特殊情况的受助人或困难的小城市地区，可以例外。

1987 年《地面交通和统一再分配援助法案》

1987 年的《地面交通和统一再分配援助法案》（STURAA）共有 5 章和 149 节，是迄今为止在地面交通问题上最复杂的立法。虽然里根总统行使了直接否决权，经过多方博弈，法案终于在 1987 年 4 月 2 日获得通过。《地面交通和统一再分配援助法案》在 1987—1991 财年的 5 年内，授权 876 亿美元用于联邦援助道路、安全和公共交通项目（表 12-1）。法案还更新了因联邦开发建设的人员和企业的安置补偿规则，并将公路信托基金延长至 1994 年 6 月 30 日（U.S. Department of Transportation，1987c）。

1987 年《地面交通和统一再分配援助法案》的第一章为《联邦援助公路法案》，确定了 5 年期 671 亿美元的道路和桥梁拨款计划。道路项目较 1982 年《地面交通援助法案》（STAA）低了 10% ~ 25% 的水平。

1987 年《地面交通和统一再分配援助法案》　　　　　　　　表 12-1

	每财年授权水平（亿美元）				
	1987	1988	1989	1990	1991
公路建设					
州际建设	30.00	31.50	31.50	31.50	31.50
州际 4R	28.15	28.15	28.15	28.15	28.15
州际公路					
替代方案	7.40	7.40	7.40	7.40	7.40
主干系统	23.73	23.73	23.73	23.73	23.73
次干系统	6.00	6.00	6.00	6.00	6.00
城市道路系统	7.50	7.50	7.50	7.50	7.50
桥梁替换及修复	16.30	16.30	16.30	16.30	16.30
安全建设	1.26	3.30	3.30	3.30	3.30
其他项目	13.157	13.295	13.290	13.290	13.290
道路小计	135.746	137.374	137.369	138.860	138.860
道路安全					
州 / 社区拨款	1.26	1.26	1.26	1.26	1.26
研发拨款	0.33	0.33	0.33	0.33	0.33
安全小计	1.59	1.59	1.59	1.59	1.59
城市公共交通					
自行裁量拨款	10.97	12.08	12.55	13.05	14.05
公式拨款	20.00	23.50	23.50	23.50	23.50
州际公共交通替代方案	2.00	2.00	2.00	2.00	2.00
研发、管理及其他杂项	—	0.50	0.50	0.50	0.50
公共交通小计	32.972	35.58	36.05	36.55	37.55
总计	171.616	175.045	175.610	177.600	178.60

资料来源：U.S. Department of Transportation，（1987c）

1993 年，约 170 亿美元联邦拨款用于完成州际公路系统剩余部分，州际公路建设的最低分摊比例为 0.5%。该法案在 5 年内批准了 17.8 亿美元用于资助常规联邦援助公路计划之外的 152 个特别项目，各州保证获得至少新授权资金 0.5%，这远超 1982 年《地面交通援助法案》中的 10 个特别项目。

该法案允许各州将城区以外的州际公路的速度限制由 55 英里 / 小时提高到 65 英里 / 小时。法案要求所有过桥费征收必须"公正合理"，并取消了各种形式的联邦审查和监管。法案为七个试点项目提供联邦资金援助。

法案规定新建或扩建收费公路援助资金不超过成本的 35%。在此之前，联邦援助公路基金不能援助任何有通行费的道路，并且收费道路必须在成本付清后取消收费站。

法案为公路建筑材料、路面和工序的新合作研究项目拨出了 0.25% 的经费，公路研究战略项目（SHARP）将与美国国家科学院和美国国家公路运输协（AASHTO）合作下执行。

在 1987 年《联邦援助公路法案》为安全建设项目拨款 17.5 亿美元之外，法案第 2 章，1987 年的《公路安全法案》，制定了 5 年期 7.95 亿美元安全项目拨款。法案第 402 节州和社区援助项目，要求必须最有效地减少事故、伤害和死亡的项目才有资格获得联邦援助资金。各州必须遵循重新定义的安全标准指南。

法案第 3 章，1987 年的联邦公共交通法案，授权 1987—1991 财政年度拨付 178 亿美元用于联邦公共交通援助。法案延续了第 3 节裁量性拨款项目，公路信托基金的公共交通账户提供资金由 1987 财年 10.97 亿美元逐渐增至 1991 财年的 12 亿美元。拨款的 40% 用于新建或扩建铁路，40% 用于铁路现代化，10% 用于重大公共汽车项目，10% 可自行决定。

法案建立了新建和扩建固定导轨系统的拨款标准。项目必须以替代分析和初步工程设计为基础，具有成本效益，并得到地方财政承诺的可接受程度的资金支持。第 3 节资金的支出计划必须每年提交国会。

法案授权 1987 财年拨款 20 亿美元，1988—1991 财年每年拨款 21 亿美元，用于第 9 和 18 节公式拨款项目。从 1987 财年开始，20 万人口以下的城市化地区的交通运营援助上限增加了 32.2%，额外的援助与消费物价指数的上升挂钩。1982 年《地面交通援助法案》以来对大城市地区的规定没有改变。新城市化地区（1980 年或以后人口普查）允许使用其第一年分摊额的三分之二作为第 9 节的运营援助。超过 1985 财年水平的广告和特许经营收入不再需要计入净项目成本。

第 9 节未指定用途的剩余资金在可用期限的最后 90 天内允许州长用于该州的任何地方。项目的提前施工许可根据第 3 节和第 9 节计划进行授权。允许以 3∶2 将设施援助资金折合为运营援助资金的规定被废除。符合设施援助的条件项目扩大到包括轮胎和电子管，这些项目的准入门槛从汽车车辆市场的公平价值的 1% 降至 0.5%。如果租赁方案比收购或建设更具成本效益，则允许安排使用第 9 节资金。

法案建立了新的第 9B 节公式拨款计划，该计划由公路信托基金公共交通账户的一部分收入资助。1988—1991 年 4 年期间拨款 5.75 亿美元资金，按照第 9 节拨款公式进行分摊，资金只能用于基建项目。该法案还为州际公共交通替代项目每年拨付 2 亿美元补贴。

法案授权建立了公共汽车测试设施以测试所有新型公共汽车。同时在每十个联邦地区依托大学建立了新的区域交通中心。1989 年 10 月 1 日，购置国内车辆的比例由 50% 增加到 55%，1991 年 10 月 1 日增加到 60%，项目成本差异从 10% 增加到 25%。

在规划方面，该法案要求制定区域城市公共交通改善的长期财务计划，以及支撑改善实施的现有和潜在收入的来源。

法案的第四章，1987 年统一再分配法修正案，修订并更新了 1970 年《统一再分配援助和不动产法案》的部分条款。该法案增加了因交通建设项目而需要重新安置的住宅和企业的赔付，并扩大了赔付的资格范围。FHWA 被指定为制定条例以实施该法案的主要联邦机构。

法案第五章，即 1987 年《公路收入法案》，将公路信托基金延长至 1993 年 6 月 30 日，并将税收和免税期延长至 1993 年 9 月 30 日。

全美交通规划应用会议

20 世纪 80 年代中期，城市交通规划者面临的问题比以往任何时候都要广泛。各州和地方规划机构必须有足够的资源来调整现有的规划程序，以满足居民的需要。通常，当规划方法或数据不足以充分支持规划和项目决策时，规划者在准确性、实用性、简化假设、快速响应和判断之间的折中常常导致创新的分析方法和应用。

为了分享经验，并强调规划技术创新和有效的应用，1987 年 4 月 20 ~ 24 日在佛罗里达州奥兰多举行了全美交通规划应用会议。会议由州和地方机构的规划执业人员主导，咨询团队介绍了规划技术在实际交通问题中的应用（Brown and Weiner，1987）

会议提出了若干重要问题。第一，城市交通规划领域不再仅仅是区域范围内的长期规划，除区域层面外，会议强调走廊规划和站点级别的规划。许多地方面临更精细的规划问题，规划者在这些详细规划上花费的努力比在区域范围内的要大得多，规划期限也已转变为短期，许多规划机构专注于基础设施修复和现有系统的交通管理。

第二，微型计算机革命已经到来。微型计算机不再是新奇的事物，而是规划者使用的基本工具。会议上有许多关于规划技术的微机应用的介绍。

第三，由于预算紧缩以及要求越来越高，交通规划机构发现大规模区域数据收集越来越困难，例如家庭访谈，起讫点调查。因此，会议对以最低成本获得新数据的方法进行了大量讨论。方法从扩大二级数据来源（如人口普查数据）的使用到小型分层抽样调查，以及扩大交通观测量的使用。然而，并没有有效更新土地利用数据库的低成本方法。

第四，与会者对人口和经济预测的精度及其对出行需求预测的影响表示了关注。据观察，人口统计和经济预测中的误差可能比出行需求模型的标定和校准中的误差更为显著。据此，与会者讨论了适合经济不确定时期人口预测技术。

第五，会议认为十分有必要开发的综合分析工具，以建立规划和项目开发之间的联系纽带。区域尺度预测所得到的结果不能直接用于项目开发的输入，但没有相关的标准程序或理论以实施该判断。由于过程标准的缺失，每个机构都不得不针对这个问题制定自己的方法。

这次会议表明，在州和地方一级进行了大量的规划活动。而这些规划机构在时间和费用的限制下创新性解决当地交通问题。

1987 年的全美交通规划应用会议是首届交通规划应用会议，后来每两年召开一次。会议持续重点关注规划适用的新情况、创新技术和改进规划实践的研究需求（1989 年召开了第二次交通规划方法应用会议；1991 年举行了第三次全美交通规划应用会议；Faris 1993；Engelke 1995）。

走私者峡谷的公路财务会议

1982 年《地面运输援助法案》规定，联邦公路燃油税提高了 4 美分，许多州也相应提高了公路使用费，公路收入有所增加。然而，相对这些收入增加，公路费用预计支出增长的速度远快于收入增长。而相关法规中界定的联邦援助资金仅少量增加，使得建设和维护国家公路的财政负担将更多地由州和地方政府承担，迫使州和地方工作人员更多转向寻找额外的资金来源。

针对这一问题，美国国家公路运输协会于 1987 年 8 月 16 ~ 19 日在佛蒙特州走私者峡谷（Smuggler's Notch）举办了题为"公路融资演变和改革"的全美州际公路融资会议。会议旨在讨论如何应对日益增长的公路资金需求以及潜在资金来源的挖掘。会议讨论了五种主要的融资方式：用户付费、非用户费用、特殊福利费、私人融资和债务融资（美国国家公路和运输协会 1987a）。

与会者认为，公路工作者需要对公众的实际需求有一个清晰的认识，真正了解补贴条件以及执行计划项目需要的组织能力。用户付费仍然是最有希望的，也是最公平的公路资金来源之一，非传统资金来源是传统资源的补充，而不是替代。

此外，如果公路项目有合理财务规划与合理工程设计，那么这些公路项目可能会更加成功。如果这些规划支撑经济发展和旅游业等重大政策发展，那么这些规划也会更容易被公众接受（美国国家公路和运输协会 1987a）。

联邦公路署 / 城市公共交通管理署环境条例修订

经过 4 年多的工作，1987 年 8 月联邦公路署和城市公共交通管理署联合发布了环境修订条例，作为交通运输部简化联邦法规和缩减程序流程的总体努力的一部分，该条例为现场办事部门提供了更大的灵活性，可自行裁量项目是否需要全面的环境评估（U.S.Department of Transportion，1987e）。

新条例改变了对环境没有显著影响类别活动的分类排除处理方式。以前，项目必须属于指定的分类排除项之一，以便联邦公路管理署或城市公共交通管理署现场办公室在不需要进行综合环境评估的情况下对其进行处理。新法规允许当地办事处按照分类排除标准审查项目，并根据对项目文件的审查确定是否需要进行全面的环境评估。

新条例明确指出，只有在公路或公共交通项目发生变化时才需要补充环境影响报告（EIS），这些变化将导致未在最初 EIS 中评估的其他重大环境影响。

条例澄清并巩固了联邦公路管理署和城市公共交通管理署项目开发过程中公众参与的要求。联邦公路管理署早期法规规定了可接受的公众参与过程中的各种要素，包括公开听证程序、通知内容、听证时间安排和邀请公众听证会的事项。修订后的条例要求各州制定本州公众参与程序，并取消了联邦公路管理署对各州的相关要求。各州程序要将公众参与纳入项目开发过程，尽早开始公众参与并始终保持公众参与。公众参与程序必须与《国家环境政策法案》完全吻合，并应以公开听证会形式予以论证，在听证会上提交相关信息和进行听证会记录等。在环境影响报告草案（DEIS）完成并分发供审查后，至少需要一次公开听证会。这同样适用于城市公共交通管理署项目。各州要求在条例发布后 1 年内开始制定相关程序。

为了与其他领域的变化保持一致，条例还进行了其他修订，包括删除对 A-95 信息交换中心的引用，以符合 12372 号行政命令联邦项目的政府间审查，以及新的联邦公路署 / 城市公共交通管理署联合城市交通规划条例所涵盖的美国大都市区规划组织的引用。

洛杉矶第十五号条例

作为到 2010 年实现国家环境空气质量标准的长期计划的一部分，洛杉矶南加利福尼亚空气质量管理区（SCAQMD）颁布了第十五号条例。第十五号条例规定，雇员数超过 100 人的雇主必须确保其员工在上午 6：00 至上午 10：00 之间达到一定的"车辆平均载客人数"（AVR）。车辆平均载客人数的计算方法是将到达工作场所的员工数除以到达工作场所的汽车数。第十五号条例于 1988 年 7 月 1 日生效，适用于南加利福尼亚六个县的全部或部分区域。该法规影响了近 7000 家公司、机构和研究机构，雇员超过 380 万人（Giuliano and Wachs，1991）。

条例根据不同区位规定了不同的车均载客人数。中央商务区雇主必须达到每辆车 1.75 人的车均载客人数，而边远地区的雇主必须达到每辆车 1.3 人或 1.5 人的车均载客人数，所有的目标均要求高于每辆车 1.1 人的现有车均载客人数。雇主必须向 SCAQMD 提交计划，以实现在 1 年内通过补贴合乘、合乘小汽车和客运车免费或优惠停车、公共交通月票以及提供自行车停放等措施实现其指定的车均载客人数。年底没有实施该计划的公司则会被处以罚款。已实施该计划但未达到所要求车均载客人数的公司，则必须修改该计划并在次年实施。罚款未进行评估，但这一结果不被视为违规行为（Wachs，1990）。

该地区制定的车均载客人数增长目标超过 20%，目标非常雄心勃勃，而实际结果仅有些许的增长。在该计划的第一年，车均载客人数从 1.226 增加到 1.259，增长了 2.7%，开车上下班的工人比例从 75.8% 降至 70.9%，主要转向拼车出行。

第十三章
战略规划的需求

20 世纪 90 年代初期，一系列重大变化影响了城市交通和城市交通规划发展。大多数城市地区的新建干线道路的时代已经结束。基本的道路系统已经建设完成，部分待建道路项目有选择地被取消，同时会新建一些新的路线。然而，城市出行量有增无减。在有限的道路扩张前提下，需要寻找新的可行出行方式来满足居民出行需求。此外，交通拥堵的日益加剧已引起城市环境和城市生活的退化，迫切需要改善。先前已证明选定的交通系统管理（TSM）对拥堵的改善作用有限，需要更全面和综合的战略。另外，许多新技术已达到实践应用的阶段，包括智能化车路协同系统（IVHS）和磁悬浮列车。

为解决以上问题，许多交通运输机构开始战略管理和规划工作，力求确定这些变化影响的范围和性质，以指导该机构在新环境中更好地发挥作用。这些交通机构关注更远景的发展规划、更综合的交通管理战略、更广泛的地理应用，并对科技替代方案的应用重燃了兴趣。

财政资源短缺仍是一个严重问题。在关于 1991 年"多式联运地面运输效率法案"是否重新授权的辩论中，对资金水平、资金使用灵活性，以及当地机构在拟定项目资金方面的授权力度进行了大量讨论。

国家公共工程改进委员会

民众对国家不断恶化的基础设施的关注促使国会制定了 1984 年的《公共工程改进法案》。依据该法案设立了国家公共工程改进委员会，以便客观全面地了解全美各州的基础设施状况。委员会设立后随即开展了一项广泛的研究计划。

委员会的第一份报告总结了现有理论知识，探讨了交通需求的定义，并梳理了关键问题，包括交通对经济、管理和决策实践、技术创新、政府角色以及财务和消费趋势的重要性（National Council on Public Works Improvement，1986）。第二份报告包括一系列研究子报告，评估了九类关于公共工程设施和服务的主要问题，包括道路和桥梁（Pisarski，1987b），以及公共交通（Kirby and Reno，1987）。

委员会的最终报告指出，大多数类别的公共工程质量只能说是差强人意，这些基础设施不足以满足未来经济增长和发展的需求。道路的等级评定为 C+，委员会认为虽然路面状况不再持续恶化，但道路整体服务水平仍在下降。在高增长的郊区和城市地区，用于系统扩建的支出不足，许多道路和桥梁仍然需要更换。公共交通评定级别为 C−，委员会认为，是其在许多小城市的过度资本化，而在一些大尺度的老城的投资不足，而引发公共交通运输效率显著下降。公共交通在吸引汽车使用者上面临越来越大的困难，而它本身也很少与土地使用规划和长远的交通发展目标挂钩（National Council on Public Works Improvement，1988）。

委员会认为财政方面也存在部分问题，从 1960—1985 年，公共事业的工程投资在国民生产总值中所占的百分比持续下降了。该委员会建议各级政府将支出增加 100%。委员会认为用户和其他受益人应该支付更大份额的基础设施服务费用。委员会还建议对政府角色进行澄清，政府应关心系统服务改善，各级政府的资本预算，改善维护的激励措施，以及推动低成本技术的广泛应用（如需求管理和土地使用规划）。委员会呼吁为研究和开发提供额外支持，以推进技术创新和公共工程专业人员的培训。

2020 年交通运输展望

随着在 1987 年《地面运输和统一搬迁援助法案》中提出的国家州际和国防公路系统的完成，后州际时代的国家地面交通项目涌现很大需求。人们对 1982 年和 1987 年地面运输法案的争论表明，对未来的地面交通运输立法观点的不一致可能会潜在地造成联邦地面运输项目的减少。

为解决这一问题，AASHTO 于 1987 年 2 月成立了 2020 年交通运输展望共识项目工作组。该工作组的目的是：评估到 2020 年国家的地面运输需求；制定满足联邦、州和地方各级要求的方案；并就如何满足这些要求达成共识（American Association of State Highway and Transportation Officials，1987b）。工作组涵盖 100 多个州和地方政府部门，道路用户组织以及行业协会。

作为该项目现状调研阶段的一部分，道路用户安全和机动性联合会与国家交通研究机构合作，在美国各地主持召开了 65 个公共论坛，以获取有关交通需求和问题的信息（Highway Users Federation，1988）。

此外，1988 年 6 月在华盛顿特区举行了一次关于国家道路和公共交通系统长期发展趋势和需求的会议（Transportation Research Board，1988）。会议的目标是确定未来道路和公共交通服务的性质、需求等级及其未来的作用。会议讨论了经济增长、人口统计和生活方式、能源和环境、发展模式和个人流动性、商业货运、新技术和通信以及资源和制度安排。

会议认为，到 2020 年时，经济将继续保持适度增长；人口增长将集中在美国南部和西部；住宅和工作场所将进一步分散到郊区；汽车仍将是主要的交通方式；减少空气污染和能源使用将带来更大的挑战。与会者认为除非公共和私营部门齐心协力，否则新技术的实施将无法实现；各州和地方政府需要在融资和规划方面发挥更大的作用。

1988 年 9 月，2020 年交通小组出版了《底线》（The Bottom Line）一书，该书总结了他们对 2020 年地面交通投资需求的估算（American Association of State Highway and Transportation Officials，1988）。报告指出，道路项目预计每年需要花费 800 亿美元，公共交通相关项目预计每年需要 150 亿美元，包括联邦、州和地方政府等所有来源，这些钱只是用于维护交通基础设施。如需在未来出行量增加的情况下保持目前的交通服务水平，则需要增加投入超过 40% 的资金。

2020 年交通小组的 12 个主要协会商议形成了交通替代方案集（TAG），以分析到 2020 年发展进程中相关信息并制定国家战略。交通替代方案集的建议旨在增加用于保护和发展国家地面运输系统的资金，提高灵活性，增加对安全的重视，确保公平的成本分配，提高货运的监管一致性，改善空气质量，关注多式联运，支持城际和乡村公共交通，以及地面运输研究的更新，尤其是智能车辆公路系统（Transportation Alternatives Group，1990），以支持更全面多样的国家地面运输规划地面的发展和巩固。

威廉斯堡交通运输与经济发展会议

由于用于交通系统投资的公共资金越来越受到限制，证实交通投资对经济发展的好处越来越成为焦点。交通规划者和政策制定者力求证明交通投资不仅是财政支出的一种形式，而且更是提高经济生产力和国际竞争力的一个因素。宏观经济层面的一些研究表明，公共资本投资与私营部门生产率，盈利能力和投资之间存在着密切的关系（Aschauer，1989）。

交通规划者解决这个问题的主要困难是特殊化看待交通投资的经济后果，并将其与其他公共和私人投资的后果进行比较。另一个问题是在特定的交通投资和随后的经济事件之间建立因果关系。

为了解决这些问题，1989年11月5～8日在弗吉尼亚州威廉斯堡举行了一次关于"交通运输与经济发展"的国际会议。该会议的重点是评估这些将交通投资与经济发展联系起来的研究方法和建模技术。一系列案例研究经仔细审核后，用于评估州和地区层面的这种关系（Transportation Research Boand，1990a）。

会议指出，节省出行时间、降低成本和减少事故作为交通投资的主要优势将使得出行者不断受益。交通投资带来的次要受益表现在经济方面，经济影响衡量的是收入、就业、生产、资源消耗、污染产生和税收收入。研究发现现有的经济影响模型在还原动态经济的复杂性方面能力有限，缺乏经验数据，而且在实践中往往不可靠。

会议认为，良好的交通系统是发展的必要但不充分的条件。基础设施投资水平与先前研究中的收益之间并未显示为因果关系。会议强调，仍有必要开展研究，以建立交通投资与收益基于因果的相关方法。

普吉特海湾交通专题

普吉特（Puget）海湾交通专题（PSTP）是美国城市地区首次进行的普通目的出行调查专题，由普吉特海湾政府委员会于1989年发起，是基于城市道路断面交通出行量调查发展起来的。美国普吉特海湾交通专题的第一次调查是在1989年秋天进行的。它包括初次接触、电话采访和家庭成员的出行记录。在1990年2月该小组又加入了公共交通市场营销和高校研究人员对居民出行的态度和价值观的调查。

小组调查是一项跨时间的调查，调查对不同时间点的同一样本进行了类似的观测。相比之下，道路断面流量调查是一次或多次对总体进行观测，但没有系统地建立与之前或之后的调查的联系。该调查主要优点是比较直观地反映出样本值的变化，从而可以判断变量变化和行为影响之间的因果关系。

普吉特海湾交通专题小组调查涉及普吉特海湾四县中心的约1700户家庭。还特别调查了至少有一人乘坐普通公共汽车的家庭，以及至少有一人与其他人共乘私人汽车的家庭。而其他类型的家庭，其成员在大部分出行中独自开车。在一个调查周期内，被调查家庭的每个成员都被要求记录他们所有的出行情况，为期 2 天。其中，还要求一些家庭成员填写调查问卷，来回答他们对不同交通出行方式的看法和态度。

随后在 1992 年、1993 年、1994 年、1996 年、1997 年、1999 年、2000 年和 2002 年又开展了同样的调查，除了 1996 年和 1999 年的调查在春天进行，其余调查都选择在秋天开展。除了 1992 年和 1994 年外，每年的调查都涵盖了对交通出行方式态度和看法的内容。

这种调查方法具有如下优点：首先它提供了对个体变化的直接反馈，从而可以分析这种变化和居住地、工作地点、通勤模式的因果关系。其次就是保持统计可靠性的前提下，依托较小体量的调查样本，花费较低的运行成本。相应的缺点是初期成本较高，并且参与率可能不会太高，调查人员流失更换，以及调查的调度问题。

普吉特海湾交通专题调查小组获得的信息有助于长远的交通预测和分析，用于研究公路和城市道路建设、交通发展，以及拼车和停车相关政策。

国家交通战略规划研究

进入 20 世纪 90 年代，一个新的世纪将很快来临。人们对国家交通系统的未来普遍感到担忧。众议院在 1988 年交通运输部（DOT）拨款报告中提到了对此方面的关注。

随着 1992 年州际公路系统的计划完成，机场扩容压力也越来越大。预计到 2000 年，许多大城市地区的交通量将成倍增长。20 世纪 90 年代初，联邦政府将在自身角色、责任、对未来交通网络发展和改善这几方面面临重大决策。委员会认为，优先保障国家经济、社会发展和国防安全要求美国继续拥有世界上最好的交通网络。

为了解决这些问题，1988 年《交通运输拨款法案》要求对 2015 年的运输设施和服务进行远景多式联运研究，以保障未来人员和货物运输。《国家交通战略规划研究》（National Transportation Strategic Planning Study，简称 NTSPS）于 1990 年 3 月完成（U.S. Department of Transportation，1990a）。这是交通运输部在 15 年内进行的第一次全美交通评估，也是第一次以统一细节的标准分析所有交通方式。

《国家交通战略规划研究》报告概述了国家的交通体系，并确定了未来维护和发展基础设施所需的投资。该报告分析了未来 25 ~ 30 年内影响交通需求和供给的趋势和关键因素，包括人口、经济、能源和环境。该报告梳理总结了交通运输行业的重大问题，包括客运和货运趋势、基础设施的国际比较、使用和政策、放松经济管制、安全、保障和可达性，以及新技术的应用。

该报告包括对以下六种独立运输方式的分析：航空、道路、公共交通、铁路、管道水运，以及国防运输。根据设施现状条件和运行状况，报告预测未来出行需求、资金来源、关键问题和未来投资要求对不同交通方式进行了分析。最后，该报告综合了五大城市地区地方规划机构的研究结果。

《国家交通战略规划研究》为交通运输部秘书长塞缪尔·斯金纳（Samuel K. Skinner）于 1990 年 2 月发布的《国家运输政策声明》提供了背景和支持（U.S. Department of Transportation，1990b）。这是交通运输部十多年来发布的第一份综合政策声明。 在撰写该政策声明时，交通运输部开展了广泛的研究论证，包括公共听证会、重点小组系列会议以及与交通专家、非正式讨论和通信的研讨会。交通运输部通过发布国家交通体系概述和问题识别启动了该项目（U.S. Department of Transportation，1989a）。 1989 年 7 月在华盛顿特区，美国国家科学院举行了一次会议，启动了关于国家交通政策的公开讨论（U.S. Department of Transportation，1989b）。

一年后，该政策正式发布，为国家交通政策制定了新的方向，分为 6 个主题：

- 维护和扩大国家的交通运输系统；
- 为交通运输建立健全的财务基础；
- 保持交通运输业的强大和竞争力；
- 确保交通运输系统支持公共安全和国家安全；
- 保护环境和生活质量；
- 推进美国的交通运输技术和专业知识。

该政策还制定了实现 6 个主题所涵盖的各种目标的战略和行动。

智能车辆道路系统

随着道路拥堵情况的日益增加，空气污染加剧，交通事故频发和经济损失逐年增加，人们开始寻求新的方法来改善移动性并缓解这些问题。这些新方法中包括智能化车路协同系统（IVHS）的开发和应用，通常被称为"智慧车辆"和"智慧道路"。

智能化车路协同系统技术基于电子、通信和信息处理的进步发展的。系统采用先进的通信技术、计算机、电子显示器、警告系统和车辆/交通控制系统，并允许道路和驾驶员之间的双向通信。尽管美国早在 20 世纪 60 年代末和 70 年代初期通过电子引导系统（ERGS）和城市交通控制系统（UTCS）等开始研究这些技术，但是在 20 世纪 80 年代，在日本和欧洲科研技术人员积极开展了研究和开发计划，且投入充足的资金的时候，美国却没有进一步的发展。

由于担心美国领导层面的问题，国会指示交通运输部长：评估正在进行的欧洲、日本和美国 IVHS 研究计划；分析外国 IVHS 计划引进对美国道路用户和美国汽车制造商及相关行业的先进技术的潜在影响；提出适当的立法和计划建议。

该报告于 1990 年 3 月完成，描述了先进的交通管理系统，先进的驾驶员信息系统，货运和车队控制系统以及自动车辆控制系统方面的 IVHS 技术（U.S. Department of Transportation，1990c）。 该报告指出，IVHS 技术有可能减少拥堵，改善安全问题并提高个人移动性，但需要进一步的测试，以确定哪种 IVHS 技术最具成本效益。 美国工业界和公众必须更多地参与 IVHS，否则欧洲和日本制造商可以从其广泛的研究和开发计划中获得竞争优势。

该报告建议建立国家层面的合作努力，以促进 IVHS 技术的开发、示范和实施。联邦政府的作用将是协调和促进研究和开发、规划和示范评估，协调标准和协议，以及参与与交通运输部（DOT）的运营和监管职责相关的研究。开发和营销 IVHS 技术将是私营部门的责任，州和地方政府仍将负责道路运营和交通管理。道路基础设施和车辆的并行发展是这些技术取得成功的前提条件。

1990 年 4 月，在佛罗里达州奥兰多召开的全美"实施智能车辆道路系统"领导会议汇集了私营部门的众多高级管理人员。会议建议建立一个新的组织来指导 IVHS 活动的发展和协调（Highway Users Federation，1990）。据此，在 1990 年 7 月，成立美国 IVHS，由公路用户联合会、美国国家公路和交通运输工作者协会（AASHTO）组成，将私营公司、州和地方政府以及研究界聚集在一起。

　　IVHS 技术的出现为地面运输开辟了新的篇章。IVHS 很快成为一个公认的概念，随之而来的就是其广泛的研究和开发项目。1990 年 7 月在加利福尼亚州洛杉矶开始了 Pathfinder 项目，第二年在佛罗里达州奥兰多市举办了 TravTek 项目，两者都旨在评估先进交通信息系统的实用性。

大都会交通委员会出行模型的诉讼

　　1989 年 6 月，塞拉俱乐部法律辩护基金会和改善环境公民组织两个环保组织，在北加利福尼亚联邦地方法院提起诉讼，声称加利福尼亚州、旧金山大都会交通委员会（MTC）和其他区域机构违反了 1977 年《清洁空气法案修正案》的规定，没有采取足够的措施来达到清洁空气标准（Garrett and Wachs，1996）。

　　该诉讼的主题是湾区 1982 年州实施方案（SIP）中一个未达标的要素，该要素已纳入湾区 1982 年实施方案，目的是在 1987 年之前达到一氧化碳（CO）和臭氧（O_3）空气质量标准。该要素考虑推迟任何会加剧排放的公路项目。该案例关注增加道路通行能力，通过对减少公共交通、减少高密度交通流、提高道路行驶速度、诱导道路出行、促进人口增长和经济发展，以及实现城市扩张的影响的一般性问题，以上这些都是加剧空气污染物排放的因素（Harvey and Deakin，1991）。

　　人们通过空气质量和运输符合性分析评估了交通运输在州实施方案中的作用。交通运输计划必须配合空气质量改善行动，帮助在规定日期之前达到空气质量标准。旧金山大都会交通委员会（MTC）进行了传统的"实践状态"分析，以确定交通运输计划的排放影响。环保组织认为，传统的区域出行预测模型夸大了道路投资的排放效益，模型穿全面反映了速度提高在减少排放方面的作用，但很少或没有提到由于这种出行时间的缩短诱发额外交通出行量的增长（Harvey and Deakin，1992）。

　　表 13-1 显示了环境组织提出的对道路通行能力增加的可能响应（Stopher，1991）。环保组织认为，旧金山大都会交通委员会出行模型没有考虑所有的出行响应。因此，旧金山大都会交通委员会提出了一个分析程序，其中包括对出行生成、汽车所有权、住宅位置和就业地点的反馈。旧金山大都会交通委员会认为，尚未有可用的作为基础设施投资功能的区域增长实用模型。法院接受了拟议的符合性分析程序。然而，法官对该决定表示认可，并指出在其阅读 1990 年《清洁空气法案修正案》时，并无任何内容阻止环境保护机构在未来的指导中要求进行增长分析。1992 年 5 月，经过 3 年的努力，法院裁定旧金山大都会交通委员会在净化地区空气方面做出了合理的努力。各方都认为不存在任何技术问题（Harvey and Deakin，1992）。

　　这起诉讼掩盖了城市交通规划和分析的转折点。案件争议集中在双方在规划的作用和目的上的分歧。在整个 20 世纪 50 年代和 60 年代，交通规划被当作是一套通用指南，以协助决策者制定政策，但对大众而言却不适用。近来，交通规划被视为解决具体问题的指导。在广泛的公众参与下，规划被认为是一种行动计划，在某些情况下，也被解读为是相关机构与政府之间的"合同"。规划应对条件的不断变化，并对提出这些条件的人具有约束力（Garrett and Wachs，1996）。

道路通行能力增加影响下的出行	表 13-1

- 放弃出行。受困于交通拥堵，人们将会取消出行。交通基础设施的扩建将会诱发出行量剧增

- 高峰期延长。由于人们不再错峰出行来避免拥堵，高峰期时段将会缩短。这将导致传统非高峰时段的交通出行向高峰时段转移，原有的交通总量向高峰时段集中，可能引起高峰期更严重的拥堵

- 路线变化。如果道路通行能力增加，车辆行驶速度高于其他相似路径，那之前为了避免拥堵，选择平行或附近的替代路线的出行现在可能转移并占用新设施

- 出行链条。出行总量切实增加，出行链中一部分的交通出行现在变成了"非链条出现"。特别是，原来的家庭至工作地出行中，以家庭或工作地点作为一个出行起终点串联的购物、银行业务等其他个人事宜的出行链条现在可能被一些基于家庭或工作地点的多次"往返"出行取代

- 目的地更改。人们现在可以去更远、更理想的目的地来代替之前那些距离近但不太理想的目的地，这样会增加出行距离，从而要求基础设施的延伸扩张

- 方式更改。选择使用公共交通车或拼车的人现在将独立使用私人汽车往返。这也将导致扩建基础设施的机动车出行量实际的绝对增加

- 机动车拥有量。如果机动车使用增加，机动车拥有量最终也会增加，前提是公共交通车和拼车出行者向小汽车出行持续的转移

- 新的开发建设。从长远来看，如果拥堵程度在足够长的时间内得到缓解，开发商有望寻求在扩建后的设施附近进行更多的开发，以增加居民数量和就业机会

资料来源：Stopher（1991）

地理信息系统

经过多年的发展，规划机构开始使用地理信息系统（GIS）来支持分析和决策。 GIS 是一种计算机数据管理系统，旨在捕获、存储、检索、分析和显示空间参考数据。与其他情况相比，地理编码的数据库可以更快速、更便捷地访问。此外，GIS 系统允许使用来自不同数据库的信息，但如果相关系信息没有按地理位置编码，则这些信息很难与其他信息一起使用或使用成本极为昂贵。通过数据必须在不同区域系统和具有不同详细程度的网络之间进行汇总或分解，地理信息系统还促进了不同尺度规划之间的转变（Weiner，1989）。

许多交通规划机构广泛承诺投入时间和金钱为城市地区开发 GIS 功能。地理信息系统管理土地利用、人口和就业数据，并将这些信息输入到"城市交通规划系统"（UTPS）来估算出行率。 GIS 还用于生成输出文件图，包括流量、带宽、设施类型和其他链接属性。此外，人口普查署城市交通规划包(UTPP)中的数据也可以通过 GIS 的主题绘图功能分析和显示出来。GIS 功能允许各区域将现场调研的土地利用数据与现有数据库结合起来。

人口普查署开发了一个数字地图数据库，用于自动绘制地图和相关地理活动，以支持其调查研究。 该系统称为拓扑集成地理编码引用（TIGER），可用作本地 GIS 的基本地图。 在早期的演示中，TIGER 与 GIS 一起生成用于交通规划和分析的基本地图和数据文件。 它促进了人口普查 UTPP 与当地数据库的整合。TIGER 文件最终拓展为覆盖整个国家。

大多数州也同步在开发 GIS 的功能和应用（Vonderohe et al.，1991）。 计算机软件通常从私人供应商那里获得。应用于道路建设存档、路面管理、事故分析、桥梁管理、项目跟踪、环境影响分析和执行信息系统。

交通运输机构不断调整地理信息系统以执行其规划功能（Schweiger，1991）。 这些功能包括乘客预测、规划服务、地图设计和发布、设施管理、客户信息服务以及日程安排和减少

运行成本。大多数交通运输机构通过商业渠道获得软件。

　　GIS 功能和应用程序的开发需要整个组织的员工和资金的强大保障。 随着新应用和产品的持续更新面世（Moyer et al.，1991）。计算机和信息资源也在不断改进。 无论如何，GIS 系统已经扩展了各机构进行分析和支持决策者的能力。

国家磁悬浮系统研究和实践

　　在拥挤的城际交通走廊中扩建或新建机场和公路的费用和难度不断增加，人们考虑采用其他交通方式以缓解拥堵，同时提供更高效的出行服务。这些备选方案中，有一项是在美国发展高速铁路。高速客运铁路已经在欧洲和日本投入运营，德国人和日本人也在积极开展磁悬浮系统的相关研究。

　　美国最早涉足高速铁路（定义为时速 125 英里或更快）的时间早于交通运输部的建立。根据 1965 年的《地面高速运输法案》，联邦铁路署（FRA）在高速地面运输领域开展了一个研究项目，同时也开展了一项涉及 Metroliner 和 Turbo Train 的示范项目。研究表明，改善波士顿至华盛顿城际轨道出行时间将吸引部分出行者转而使用铁路出行。

　　同时，根据《地面高速运输法案》，联邦铁路署开展了一个规划项目，研究选择重点服务于东北方向交通走廊的旅客流动的最佳的交通方式。规划研究最终促成了 1976 年东北交通走廊改善项目，该项目投资用于改善铁路运输就超过 23 亿美元。通过对该规划的实施，华盛顿到纽约的城际轨道出行时间缩短为 2.5 小时，时速 125 英里。

　　在 20 世纪 70 年代，该部门的研究和开发计划资助了两种类型的磁悬浮列车，目的是选择最理想的测试系统。1971—1976 年期间，联邦铁路署的高速地面运输办公室在磁悬浮研究上花费了 230 多万美元。大部分研究都是通过与福特汽车公司、斯坦福研究所和米特公司的合作完成的。1974 年，由该研究制造的一辆线性感应电动机试验车型创造了时速 255 英里的世界纪录。到该计划于 1976 年终止时，此研究已经进行了比例模型论证演示（U.S. Department of Transportation，1990d）。

　　在美国政府资助的磁悬浮研究终止后，日本和德国的公司在政府的大力支持下继续开发研究磁悬浮系统。在美国，私营企业几乎放弃了对高速磁悬浮系统的兴趣和研究。城市公共交通管理署（UMTA）持续与波音公司合作研究低速城市磁悬浮系统，一直持续到 1986 年。

　　在 20 世纪 80 年代，基于交通走廊规划项目，联邦铁路署资助了在几条密集交通走廊开行高速铁路的市场可行性研究。根据该计划，对十条走廊研究项目的拨款总额为 380 万美元。在多年对磁悬浮技术的兴趣和活动的缺失后，国家磁悬浮研究所（NMI）于 1990 年 1 月正式启动，评估美国发展磁悬浮列车的潜力。联邦铁路署、美国陆军工程兵团、能源部与私营伙伴企业和州政府合作共同发起了国家磁悬浮系统研究倡议。目的是通过开发和实施具有商业可行性的先进磁悬浮系统，改善 21 世纪的城际交通出行状况。

　　国家磁悬浮系统研究实践项目包括对磁悬浮系统的安全性、工程、经济和环境方面的回顾评估。国家磁悬浮研究实践项目分析了磁悬浮各子系统和组件，以提高性能，降低成本和风险。 系统概念开发项目评估了磁悬浮的新方法，可用作先进磁悬浮系统的基础。

　　对美国磁悬浮列车实施潜力的初步评估得出结论，根据研究所使用的假设，建设 2600 英里的磁悬浮列车在经济上是可行的（U.S. Department of Transportation，1990d）（图 13-1）。

图 13-1　潜在的磁悬浮走廊

资料来源: U.S. Department of Transportation（1990d）

随着国家磁悬浮研究实践项目获取更多信息并且分析工作变得更加复杂，这种对财务可行性的评估将得到进一步改进。

1990 年 11 月，交通研究委员会（TRB）完成了对美国高密度走廊高速交通运输的研究（Transportation Research Board，1990b）。该研究评估了为美国主要高密度交通走廊提供中长期服务的一系列技术选择的适应性。该研究认为，有许多可用的高速铁路技术可以在高达每小时 200 英里的速度运行，而正在开发的系统将能够超过这个速度。然而，更高的速度将会带来额外的成本和能源损失。

这些系统的主要成本花费在获得路权和建设导轨、车站和支撑结构上。确定这些系统（无论是公共还是私人）的财务可行性的最重要因素是客流量。磁悬浮高速系统的主要服务半径在 150 ~ 500 英里的出行范围，并与航空出行竞争。美国任何一条交通走廊都不太可能支持高速铁路系统直到足以满足资本和运营成本需求。此外，美国没有制定任何制度来支持美国高速铁路系统的发展。

TRB 报告建议，磁悬浮提供了一个更好的研究机会，因为它具有比传统技术更高的速度和更低的成本。在国家磁悬浮研究实践项目下进行更深层的研究，并仔细审查研究结果，以确定是否需要进一步对磁悬浮系统进行研究和开发。

1990 年《清洁空气法案修正案》

在通过 1970 年《清洁空气法案修正案》之后的几年里，美国城市地区在减少空气污染方面取得了相当大的进展。尽管同期车辆行驶里程增加了 24%，但汽车的一氧化碳（CO）平均排放量从 1970 年的每英里 85g 下降至 1988 年的每英里 25g。1975—1988 年，汽油中铅的使用量下降了 99%。从 1978—1988 年，交通运输相关的一氧化碳（CO）排放量减少了 38%。

碳氢化合物排放量减少了 36%，氮氧化物（NO_x）排放量减少了 15%。然而，到 1988 年，仍有 101 个城市地区的臭氧含量、44 个地区的一氧化碳含量未能达到国家环境空气质量标准（NAAQS）（U.S. Department of Transportation，1990a）。

1989 年 6 月，布什总统提出了对《清洁空气法案》的重大修订。法案通过前，国会对其进行了广泛的辩论和修改。最终 1990 年 11 月 15 日，总统签署了 1990 年《清洁空气法案修正案》。

在该法案的 11 个章节中，有 2 章与交通运输直接相关。第 1 章论述了国家环境空气质量标准的实现和维护。根据空气污染问题的严重程度，将未达标区域分类为臭氧、一氧化碳和颗粒物。根据一个区域超出标准的程度，要求该区域采取各种控制手段并在规定的时间内达到国家环境大气质量标准。对污染问题最严重的地区给予更长时间来达到标准（表 13-2）。

按照 1990 年《清洁空气法案》进行的地区分类　　　　　　　表 13-2

类别	地区数量	达标期限	交通条款
臭氧（国家环境空气资料标准 = 百万分之 0.12）			
边缘	39	3 年	排放清单
中度	32	6 年	排放 6 年内减少 15%（每年 2.5%）
重度	16	9 年	6 年后每年减少 3%，降低 VMT
严重	7	15 年	2 年后交通管理措施抵消出行增长排放，并降低员工出行
极度严重	1	20 年	重载卡车的可能限制措施
一氧化碳（国家环境空气资料标准 = 百万分之 9）			
中度	38	1995.12.31	VMT 预测纳入 SIPs，自动应急措施
重度	3	2000.12.31	两年后交通管理措施抵消出行增长排放，推行含氧燃料和经济抑制措施

资料来源：U.S. Environmental Protection Agency（1990）

那些被归类为"非达标区"的城市地区必须采取一系列的交通行动，越严重的地区越需要考虑更多的方法来改善。被列为臭氧合规"边缘"的城市地区必须在颁布后 2 年内完成排放盘查清点，此后每 3 年完成一次。此外，这些区域必须纠正其现有的检查/维护（I/M）计划。"中度"不达标地区必须提交经修订的州实施方案（SIPs），在州实施方案颁布后的 6 年内，将挥发性有机化合物（VOC）排放量从 1990 年的基准排放量减少了 15%。除了 15% 的减排，还必须采取进一步的措施消除车辆行驶里程（VMT）增长产生的排放增长。其他联邦项目的减排，包括尾气管排放标准、燃油蒸发排放控制和燃料挥发性排放控制等，都不能计入 15% 的减排中。这些地区也必须采用基本的检查/维护（I/M）计划（Hawthorn 1991）。

"重度"不达标区域，除了满足中等区域的要求外，还必须有"合理的进一步进展"。这些区域必须在法案颁布后 4 年内就需要对州实施方案进行修订，其中包括所有可行措施，在颁布后 6 年内，每个连续 3 年期间，每年减少 3% 的挥发性有机化合物排放量。对于 1980 年人口超过 25 万人的地区，必须制定清洁燃料计划，要求 10 辆或以上的车队使用无污染燃料。人口超过 20 万人的地区必须在颁布后 2 年内通过一项加强的 I/M 计划。从第 7 年开始的每 3 年，各地区车辆排放，拥堵程度，车辆行驶里程和其他相关参数都必须与州实施方案中使用的参数一致。如果没有达到目标，则需要在 18 个月内进行包括交通控制措施（TCMs）州实施方案修订，以降低排放水平，与州实施方案中预测的水平保持一致（U.S. Environmental Protection Agency，1990）。

被列为"严重"不达标的城市区域必须满足对应的要求，并在颁布后 2 年内提交州实施方案修订，确定并采用交通控制措施来抵消排放增长和出行或车辆行驶里程的增长。这是对"中等"不达标地区每年所需减少 2.5% 的补充。州实施方案必须包括 100 多雇主的要求，使该地区平均工作乘客人数增加不低于该地区所有工作出行平均值的 25%。雇主必须在提交州实施方案后 2 年内提交符合规定的计划，证明在提交州实施方案后 4 年内符合规定。

"极度严重"区域，即超过标准 133% 的地区，必须满足"严重"区域的要求。此外，州实施方案还可以包含在高峰时段减少高污染或重型车辆的措施。

对两类一氧化碳排放未达标的地区也制定了类似的规定。被归类为"中等"的地区必须在立法后 2 年内提交一份排放盘查清单，此后每 3 年提交一次。对于某些地区，冬季需要使用 2.7% 含氧量的燃料。在立法颁布后的 2 年内，一氧化碳"中等"不达标的地区必须修改其州实施方案，直到达到使用环境保护署导则预测标准，其中包含车辆行驶里程预测，部分地区必须在立法颁布后的 2 年内通过一项加强的检测与维护（I/M）项目。对于 1980 年人口超过 25 万人以上的"中等"不达标地区中较严重的区域，必须制定一个清洁燃料计划，要求 10 辆以上的车队使用无污染燃料。所有州实施方案修订都必须包括应急措施，如果 VMT 水平超过预测或错过最后期限，则自动实施。

除了满足"中等"不达标地区的要求之外，一氧化碳"严重"不达标的地区必须在法案颁布后 2 年内提交州实施方案修订版，其中包括减少一氧化碳排放的交通管理措施，以及抵消车公里增长和季节性使用含氧燃料的排放增加。燃料的氧含量必须足够，并配合其他措施，以便在指定日期前达到一氧化碳排放标准。如果该地区达不到标准，则必须实施一项交通管理措施方案和经济刺激措施。

1990 年《清洁空气法案》中的"符合性"条款是从 1977 年的《清洁空气法案修正案》中扩展而来的。为了确保联邦政府批准或财务援助的项目（或行动）符合州实施方案，需要进行符合性判定。1990 年的条款将重点从符合州实施方案转变为符合州实施方案制定初衷，即从质和量上消除和减少违反国家环境大气质量标准的情况，并迅速达到标准。此外，任何活动都不能引发新的 NAAQS 违规行为，也不能增加任何现有违反任何标准活动的频率或严重程度，也不能延迟达标时间。新条款仍然要求交通运输部和大都市区规划机构（MPOs）做出符合性判定，但它们将更依赖于定量分析（Shrouds，1991）。

人们逐渐意识到，必须在全体系范围内分析与交通运输有关的空气质量问题，并通过区域战略加以控制，以使其有效。因此，必须对项目进行综合分析，而不是像以前所要求的那样以项目为基础进行分析。就项目层面而言，必须满足三个条件才能做出符合性判定。第一，项目来自符合空气质量标准要求的计划和程序。第二，满足计划和程序符合要求后，项目的设计理念和范围没有发生改变。第三，项目符合性确定时，项目的设计理念和范围足以确定排放情况。如果项目发生变化，则必须与符合计划和程序中的其他项目一起重新分析，以确定该项目不会增加排放量或影响空气质量按期达标（Shrouds，1991）。

1990 年的《清洁空气法案修正案》扩大了"制裁"的范围，即如果各州未能执行该法案的要求。以前，这种制裁仅适用于未提交州实施方案的情况。根据新条款，如果州实施方案未获得环境保护署批准，州或大都市区规划机构未能执行任何州实施方案条款时，就可能触发制裁。此外，可以对与交通运输或移动排放源无关的不达标情况实施制裁，例如，与固定来源相关的不达标情况同样可以触发制裁。

1990年《清洁空气法案修正案》条款规定了两项强制性制裁，包括拒绝批准联邦援助的公路项目，并对获得新排放源许可的新建或改建的固定排放源进行1:1的排放抵冲。在制裁生效之前，这些地区有18个月的时间来纠正这种不足。以前的制裁只适用于不达标地区。1990年《清洁空气法案修正案》条款规定了将制裁的适用范围扩大到美国环保署经合理和适当裁定出的任何地区。1990年法案还扩大了免于制裁的项目清单。这些项目类型包括：安全示范，公共交通固定资产，HOV车道和其他HOV奖励措施，减少排放，交通流量改善，外围停车，通过收费等措施抑制单人机动车出行和事故管理。

1990年法案的规划程序要求州和地方机构在必要时审查和更新州实施方案规划、实施、执行和融资责任。法案还要求通过认证的首席规划组织（LPO）进行州实施方案规划，首席规划组织包括当地民选的官员、州和地方航空机构代表，大都市区规划机构和州交通运输部门。1990年法案将非达标地区的范围扩展到大都市统计区（MSA），除非州长要求排除某些未受影响的地区。

1990年法案要求为该进程各个方面的制定实施指南。美国环保署与交通运输部协商后，将在法案颁布后的6个月内发布车辆行驶里程的预测指南。美国环保署与交通运输部以及州、地方工作人员协商，将在9个月内发布交通规划指南。美国环保署在得到交通运输部同意的情况下，将在法案颁布后12个月内发布符合性的判定标准和程序。此外，环保署还将在立法后12个月内，就16个交通控制措施的项目和减排力度发布指导意见，项目涉及包括公共交通、减少出行限制、HOV车道和交通流量改善。

1990年《清洁空气法案修正案》第2章相关条款明确了与移动排放源有关的规定。法案针对汽车和轻型卡车制定了更严格的排放标准，要求这些车辆将在1996—2003年达到标准；达标比例从1994年的40%开始，到1998年增加到100%。如果环保署认为有必要并且在技术上可行的话，那么在2003年之后排放标准需要再降低50%。车辆排放控制设备需要在10年和10万英里时检修保养。

加利福尼亚州启动了一个销售清洁燃料汽车示范项目。其他城市可以选择加入该项目。法案还要求排放污染地区的30%的政府和私人车辆为清洁燃料汽车。该法案要求在臭氧问题最严重的9个城市销售具有特定氧含量的"新配方汽油"。它还要求这些城市销售含氧量较高的汽油，以减少冬季一氧化碳污染。从1996年1月1日起，汽车燃油中禁止使用铅。

公共汽车的颗粒物质标准在1993年设定为每制动马力小时0.10g。环保署的目标是制定公共汽车排放标准，并且可以通过法规要求人口超过75万人的城市地区需要购买清洁替代燃料公共汽车。

1990年《清洁空气法案修正案》对交通规划者提出了一项重大挑战，要求在紧迫的时间期限内，保证城市交通出行的同时，还要改善空气质量。

战略规划与管理

20世纪70年代，许多交通运输机构的规划经历了一个漫长的发展过程，在这一发展过程中，交通运输规划机构制定实施项目中更多考虑未来可能发生的事件，并以战略性规划积极引导。1983 年对交通运输机构战略规划的审查发现，一些州交通运输部门和港务署组织编制了某种形式的战略规划（Meyer，1983）。但这些战略规划与该机构的日常运作之间几乎没有联系。因此，很少得到执行（Tyndall et al.，1990）。

1982 年，宾夕法尼亚州交通运输部门启动了一个项目，被称为"战略管理"。该项目标志着战略规划的根本性变革。该部门建立了一个循环持续的运行机制，将其战略规划与日常管理和运营联系起来，作为一种有效处理内外部环境不断变化的手段。

一个名为"交通战略规划和管理指南"的 NCHRP 项目审查了交通运输机构的战略规划状况，并制定了相应的制度化导则（Tyndall et al.，1990）。该项目认为，全美范围内有 25 家交通运输机构积极参与某种形式的战略规划和管理。项目还发现许多其他机构对战略管理不感兴趣或不了解，而是专注于他们认为更重要的日常运营上。

公众对战略管理的定义没有达成共识，该项目采纳了从运营角度对战略管理进行定义："战略管理是一个互动和持续的过程，其中包括以下基本组成部分：任务说明（包括目标和目的）、环境审查、战略发展、行动计划制定、资源分配和业绩评估"（Tyndall et al.，1990）。

该项目为交通运输机构制定了导则，将其现有的管理系统发展为战略管理系统。项目认识到有效的战略管理有多种方式。关键因素包括对未来的展望、管理人员的参与、最高层的承诺、现有管理系统和流程的一体化整合以及重点活动实施机制。

在此之后，越来越多的交通运输机构采用战略规划和管理来应对他们面临的许多变化并提高其组织的有效性。

1990 年《美国残疾人法案》

《美国残疾人法案》（ADA）是由布什总统在 1990 年 7 月以压倒性的支持投票通过后签署的。法案禁止公共和私营部门对残疾人员进行歧视对待。法案的主要目的是使残疾人更容易成为美国主流的组成部分。

1991 年 4 月，美国交通运输部发布了实施《美国残疾人法案》的条例草案。新法规纳入并修正了 1973 年《复兴法案》第 504 节的条文。新条款适用于所有交通运输服务供应商，无论他们是否接受联邦基金，而早期的规定仅适用于联邦基金接受者。交通运输部先前于 1990 年 10 月 4 日颁布了一项规定，仅要求公共交通运输部门购买或租赁无障碍公共汽车。在新法案颁布后，各部门实施新法规的计划必须在 1992 年 1 月 26 日之前提交，并于 1992 年 7 月 26 日，即《美国残疾人法案》签署成立后 1 年内实施（U.S. Department of Transportation，1991a）。

实施条例的一个主要特点是要求任何固定路线交通服务设施的运营商，均要向残疾人提供辅助客运或其他特殊服务。辅助客运服务水平必须与使用固定路线系统的无残疾人士提供的服务水平相当。

该条例规定任何固定公共交通线路起讫点两侧都要给定足够宽度的净空，来提供辅助客运服务。服务区范围宽度根据人口密度的不同而有所不同。该服务必须与公共交通线路服务在相同时间内运营。需要在出行前一天提供 24 小时预订服务。票价必须与公共交通线路服务的基本票价相当。每个交通方式都必须建立一个体系来确定新的辅助客运服务的合法性。如果证明提供全面的辅助客运服务会造成过度的经济负担，则可列入豁免。但即使如此，仍然需要尽可能地提供力所能及的辅助客运服务。

　　根据该条例，公共交通系统中不方便残疾人出行的通勤列车、快速列车和城际列车车站，经过公共参与过程，将甄别出"关键"车站，这些关键重点车站需在 3 年内完成改造以便残疾人使用这些站点。"关键"站点主要包括那些站点流量较大、换乘站点、线路起终点站和服务于主要活动中心的站点。如果其他站点的无障碍设施取得了一定进展，这些"关键"车站的无障碍设施改造可最多延长 20 ~ 30 年。

　　该条例还纳入了建筑和交通运输法规执行委员会于 1990 年 4 月发布的无障碍车辆和设施的标准草案。

　　交通运输部估算了辅助客运服务的年平均成本。投入费用最高的达到 2870 万美元，来自于其中最大的 10 个城市地区，其次是人口超过 100 万人的地区，达到 1000 万美元，对于 25 万人口及以下地区大致为 75 万美元不等。交通运输部表示将不会再有额外的联邦资金来推动实施这该条例。

1991 年《多式联运地面运输效率法案》

　　随着 1982 年《地面运输援助法案》中所支持的国家州际公路和国防公路系统的建成，关于地面运输立法重新授权的争论集中在后州际时代公路项目的性质和规模上。显然，财政资源的短缺仍然是一个严重的问题，联邦汽油税的增加，项目的联邦援助资金水平，资金用于非公路用途的灵活性，联邦匹配份额以及当地机构在编制资金援助计划时所享有的授权程度等问题也持续引发了人们更大的关注。其他存在争议问题还涉及联邦公共交通业务援助的持续，新的轨道交通系统的标准以及特殊公路和公共交通项目的指定资金等。

　　1991 年 12 月 18 日，布什总统签署通过该法案最终成为法律，开启了地面运输的新纪元。1991 年《多式联运地面运输效率法案》（ISTEA）中提到，在 6 年内为道路、公共交通和安全项目拨款 1510 亿美元（表 13-3）。该法案突破性地创建了一项具有灵活资金的地面运输项目规划项目，为解决全州和城市交通问题提供了新机遇（U.S. Department of Transportation，1991b）。

1991 年《多式联运地面运输效率法案》每财年授权水平（亿美元）							表 13-3
	1992 年	1993 年	1994 年	1995 年	1996 年	1997 年	总计
地面交通							
国家公路系统	30.03	35.99	35.99	35.99	36.00	36.00	210.00
建设	18.00	18.00	18.00	18.00	0	0	72.00
维护	24.31	29.13	29.14	29.14	29.14	29.14	170.00
替换	2.40	2.40	2.40	2.40	0	0	9.60
地面运输项目	34.18	40.96	40.96	40.96	40.97	40.97	239.00
桥梁替换与修复	22.88	27.62	27.62	27.62	27.63	27.63	161.00
示范项目	5.43	12.25	11.59	11.01	11.01	11.01	62.30
拥堵与空气质量	8.58	10.28	10.28	10.28	10.29	10.29	60.00
其他项目	18.75	7.61	8.16	8.01	8.28	8.28	59.10
公平调整	22.36	20.55	20.55	20.55	40.55	40.55	165.12

	1992 年	1993 年	1994 年	1995 年	1996 年	1997 年	总计
小计	186.92	204.79	204.69	203.96	203.87	203.89	1208.12
道路安全							
州 / 社区	1.26	1.71	1.71	1.71	1.71	1.71	9.81
安全研发	0.44	0.44	0.44	0.44	0.44	0.44	2.64
交通与车辆安全	0.69	0.71	0.74	0.77	0	0	2.91
其他项目	0.39	0.11	0.11	0.11	0.04	0.04	0.80
小计	2.78	2.97	3.00	3.03	2.19	2.19	16.16
公共交通							
自行裁量	13.42	20.30	20.50	20.50	20.50	20.50	124.22
公式	18.23	26.04	26.43	26.43	26.43	37.41	160.96
乡村	1.06	1.52	1.54	1.54	1.54	2.18	9.37
替代方案	1.60	1.65	0	0	0	0	3.25
老年人与残疾人	0.55	0.70	0.69	0.69	0.69	0.97	4.28
方案与研究	1.20	1.64	1.61	1.61	1.61	2.24	9.87
管理	0.37	0.50	0.49	0.49	0.49	0.70	3.04
小计	36.43	52.35	51.25	51.25	51.25	72.50	314.99
汽车运输公司安全							
安全拨款	0.65	0.76	0.80	0.83	0.85	0.90	4.79
安全功能	0.49	0	0	0	0	0	0.49
其他	0.07	0.01	0.01	0	0	0	0.09
小计	1.21	0.77	0.81	0.83	0.85	0.90	5.37
研究							
交通统计局	0.05	0.10	0.15	0.15	0.20	0.25	0.90
公共汽车测试	0.04	0	0	0	0	0	0.04
大学中心	0.05	0.06	0.06	0.06	0.06	0.06	0.35
研究机构	0.11	0.09	0.09	0.06	0.06	0.06	0.47
智能化车路协同系统	0.94	1.13	1.13	1.13	1.13	1.13	6.59
小计	1.19	1.38	1.43	1.40	1.45	1.50	8.36
总计	228.50	262.26	261.18	260.47	259.61	280.98	1553.00

资料来源：U.S. Department of Transportation（1991b）

该法案的目的发布于其政策声明中：

发展高效经济、环保的国家多式联运系统，以环保节能的方式开展客货运输是美国的国策。为美国在全球经济中的竞争奠定基础，并采用节能的客货运方式。

法案的第一章地面运输提出，美国已经建立了一个新的国家公路系统（NHS），包括155000 英里（±15%）的州际公路，城市和乡村主干道以及其他战略公路。最终国家公路系统由交通运输部在与各州协商后提出，并在 1995 年 9 月 30 日之前由法律指定。在此期间，国家公路系统将由主要公路组成。国家公路系统在 6 年的时间内得到了 210 亿美元的资助，联邦政府相应配套份额为 80%。在美国交通运输部批准的情况下，各州可以将最多 50% 的资金转移到地面运输项目，在非达标地区，这一比例可以高达 100%。

州际公路系统即使成为国家公路系统的一部分，也保留了其特征。它被重新命名为"艾森豪威尔国家公路和国防公路系统"。联邦援助资金用于完成剩余的通道连接，并继续进行州际系统维护和州际系统联结计划。《多式联运地面运输效率法案》创建了一个新的整体拨款项目，即地面交通计划（STP），该项目为各种道路、公共交通、安全保障环保提供资金。地面运输项目资金可用于道路建设和 4R 项目；桥梁工程；交通运输资本项目；拼车、停车自行车和步行设施；道路和交通安全改善；交通监控、管理和控制设施；交通控制措施以及湿地重建工作。

地面运输项目在 6 年内获得了 239 亿美元的授权，联邦政府配套份额为 80%。额外的资金可以通过"公平调整"的方式转移到该项目。每个州都需要拨出 10% 的资金用于安全建设活动，另外 10% 用于交通改善，其中包括自行车和步行设施；获得风景、风景名胜区、名胜古迹地役权；绿化和美化；保护或修复历史遗址；保护废弃的铁路走廊，包括将其改建为自行车道或人行道；控制户外广告；考古研究以及减少公路径流造成的水污染。剩余的 80% 必须在全州范围内分配，如图 13-2 所示（U.S. Department of Transportation，1992a）。

大桥改造和修复计划持续开展，只进行了微小的调整。一个州高达 40% 的资金可以转移到国家公路系统或地面运输项目。此外，国会指定了 539 个特别项目，总费用为 62 亿美元。

在臭氧和一氧化碳未达标区域，政府通过自主相关交通项目建立了一项新的缓堵和空气质量改善计划，联邦援助资金匹配率为 80%。这些项目必须能帮助该地区满足国家环境大气质量标准。这些资金将根据各州在未达标地区人口所占的比例，按空气污染程度加权分配。保证每个州最低分摊比例为 0.5%。如果一个州不涉及这些领域，它可以如同使用地面交通计划（STP）资金一样使用这些资金。

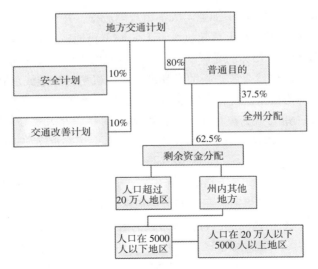

图 13-2　地面运输资金分配情况

资料来源：U.S. Department of Transportation（1992a）

　　《多式联运地面运输效率法案》中有一些旨在实现各州援助水平公平的资金调整条款。"最低分配额和州捐助金"的90%用于解决公路信托基金捐款与主要类别项目的拨款之间的公平性。每年拨款20亿美元用于偿还各州以州资金支持的公路路段修建费用。这些路段后来纳入州际公路系统。各州同时建立了一个公平账户，以确保每年州股权不会比上一年度减少。90%的付款担保保证各州将收到它们对公路信托基金90%的贡献，用于除特殊项目外的所有公路项目。

　　法案分别在不同的多个领域制定了特别的项目和方案。国家磁悬浮开发计划获得7.25亿美元的支持，在全美范围申请人中选择示范性磁悬浮系统。磁悬浮项目办公室将由交通运输部和军方工程部联合设立。另外，为了展示和推广在建或正在运营的新型高速交通技术，政府已经单独出资2500万美元建立高速交通技术开发计划。该法案的另一项规定允许在有足够土地或空间且不会对汽车安全造成不利影响的情况下，使用联邦资助的公路路权，为通勤或高速铁路、磁悬浮列车和公共交通设施提供通道。

　　联邦援助公路设施允许征收通行费的范围较过去大幅扩大。收费交通设施的初步建设收费设施、4R工程、重建或替换免费公路（州际公路设施除外）、桥梁和隧道等收费项目均有资格获得联邦政府援助资金。根据工程性质，联邦政府对公路项目的配套份额为50%，桥梁和隧道的配套份额为50%或80%。

　　《多式联运地面运输效率法案》开展了一个拥堵收费示范计划，选择了五个拥堵收费项目进行试点，其中最多三个项目在州际公路上。该项目每年的资金为2500万美元，联邦政府出资比例为50%。此外，《多式联运地面运输效率法案》还制定了一项计划，为国家风景道的规划、设计和开发活动提供资金。

　　1991年颁布的《西姆斯国家休闲道法案》（第IB章）在6年期间提供了1.8亿美元，用于建造和维护机动车和非机动车的休闲道。依据第8章中设立了一个新的信托基金，为该项目提供资金，将公路信托基金收入的0.3%用于支持此项目。资金将根据所使用的非公路休闲娱乐燃油的使用量分配给各州，这些资金可用于征地、建设、维护、修复和教育。

　　《多式联运地面运输效率法案》加强了大都市规划流程，并扩大了大都市区规划机构在项目选择和交通决策中的作用。在人口超过5万人的城市化地区仍然需要大都市区规划机构。除非州长和代表大都会地区75%的受影响人口的地方政府单位对程序另有规定，否则现有的大都市区规划机构的指定仍然有效。新的大都市区规划机构的指定或重新指定可以通过州长和当地政府单位之间的协议来实现，政府部门代表大都市地区75%的受影响人口，或者根据适用的州或地方法律。州长认为该城市化地区的规模和复杂性需要多个大都市区规划组织，则可以为该地区指定多个MPO。如果在城市地区存在多个大都市区规划机构，他们将相互协商并与州协调计划和方案（Highway Users Federation，1991）。

　　划定大都市区边界是为了执行大都市交通规划，并以此分配给人口超过20万人的地区的地面交通项目资金支出。边界将通过州长和大都市区规划机构之间的协议来确定，边界需包括当前城市化区域和在20年预测期内将被城市化的区域，甚至可以扩展到大都市统计区或综合大都市统计区的边界。除非大都市区规划组织和州长决定排除特定区域，否则边界必须包含这些非建成区。

　　将人口超过20万人的大型城市化地区划定为交通管理区（TMA）。这些区域划分将与拥堵管理，项目选择和认证相关的其他要求挂钩。州政府和大都市区规划机构可以额外要求的其他地区指定为交通管理区。

每个大都市区必须制定一个长期规划，并定期更新。长期规划应将各种交通设施作为一个整合的交通系统，包括财务计划、资本投资评估和其他措施，以保护现有的交通系统，并最有效地使用现有的交通设施，以缓解拥堵，并预计会有适当的改进。在批准长期规划之前，需要一个合适的机会征求公众意见。在非达标领域，长期规划的制定必须与《清洁空气法案》要求的州实施计划的交通运输控制措施相协调。

《多式联运地面运输效率法案》要求大都市区规划组织在制定 20 年都市交通规划时考虑如下 15 个相互关联的因素（表 13-4）。

大都市交通规划要素	表 13-4
1. 保存现有的交通设施，并在可行的情况下，更有效地利用现有的交通设施，满足交通需求	
2. 交通规划与联邦、州和地方节能计划、目标和目的的一致性	
3. 需要缓解拥堵并防止未来可能但尚未发生的交通拥堵	
4. 交通政策对土地使用和开发的可能影响以及交通规划方案与所有适用的短、长期土地利用开发计划的一致性	
5. 法案第 133 节要求的交通改善活动支出计划	
6. 所有交通项目在大都会地区的影响，无论这些项目是否由公共资金支持	
7. 国际过境点和出入港口、机场、多式联运设施、主要货运配送路线、国家公园、娱乐场所、纪念碑、历史遗址和军事设施	
8. 大都市区内外道路连通的必要性	
9. 通过使用法案第 303 节要求的管理体系确定交通需求	
10. 保护未来交通项目的走廊，包括未来交通走廊的识别，并确定最需要采取行动为未来预留交通走廊	
11. 提高货运效率的方法	
12. 在桥梁、隧道或路面的设计和工程中使用生命周期成本	
13. 交通决策对社会、经济、能源和环境的总体影响	
14. 扩大和改善公共交通服务以及增加此类服务使用的方法	
15. 增加公共交通体系的安全性的资本投资	

资料来源：U.S. Department of Transportation（1992a）

交通决策需要考虑项目对土地使用和开发的影响，同时也要与土地使用开发计划的保持一致。根据交通问题的复杂性，可以为未指定为交通管理区域制定地区简化的规划程序，但不适用于臭氧和一氧化碳未达标的区域。

在交通改善规划中，交通运输规划过程必须包括拥堵管理系统（CMS），以通过出行需求管理和运营策略来有效管理新建和现有的交通设施。

大都市区规划组织需要与国家和公交运营商合作制定交通改善规划（TIP）。交通改善规划必须至少每两年更新一次，并由大都市区规划组织和州长共同批准。交通改善规划在获批前需要进行合适的公众意见征询。交通改善规划必须包括优先项目清单和合理的符合预期的可用资金财务计划。

在交通管理区域中，除了国家公路系统的项目以及桥梁和 I 号维护计划下的项目，都将由大都市区规划组织将根据交通改善规划中确定的优先级，与州政府协商后，从已批准的交通改善规划中进行选择。其他项目将由州与经批准的交通改善规划的大都市区规划组织合作选出。

在所有其他都市地区，项目将由州与大都市区规划组织合作，从核准的交通改善规划中选择项目。

交通管理区域至少每 3 年需要联邦交通规划流程认证。交通管理区域未被认证将受到资金制裁。除了州际建设和替代资金外，1% 的公路资金被授权用于城市交通规划（PL）。额外资金可以从国家公路系统和地面交通项目中获得。各州必须根据人口、规划状况、大都市交通需求、空气质量标准达标情况以及其他因素按照适用联邦法律所需，制定交通规划资金的分配公式。

《多式联运地面运输效率法案》制定了一项新的要求，要求各州以大都市交通规划流程为基础，进行全州范围的持续交通规划。各州必须制定涵盖所有交通方式的长期规划，与大都市区的交通规划相协调，并征询公众意见。州规划和项目旨在为发展作为多式联运的交通体系提供支持。在该过程中需考虑如下 20 个因素（表 13-5）。

各州要求至少每两年制定一次全州交通改善规划（STIP）并获得联邦政府批准。全州交通改善规划将与州和大都市的长期交通规划和预计资金保持一致，并且必须征询公众意见。在非达标地区，全州交通改善规划必须符合州实施方案。 2% 的联邦援助公路基金可用于规划和研究。除非州相关部门证明规划支出将超过资金的 75%，否则这些资金中至少有 25% 必须用于研究、开发和技术转让活动。 全州规划活动也符合纳入国家公路系统和地面交通项目。

全州交通改善规划要素   表 13-5

1. 通过管理系统识别交通需求
2. 联邦、州或地方的任何能源使用目标、计划或要求
3. 在全州范围通过合适的项目将自行车和人行道相关规划纳入发展战略
4. 国际过境点和进出港口、机场、多式联运设施、主要货运配送路线、国家公园、娱乐和风景区、纪念碑和历史遗址以及军事设施
5. 通过与具有交通管辖权的地方民选官员协商，确定非都市区的交通需求
6. 根据《联邦交通法案》第 23 章第 134 节和第 8 节、第 49 章制定的任何大都市地区规划
7. 大都市规划区域州内与州外的互联互通
8. 休闲旅游和旅游业
9. 根据《联邦水污染控制法案》制定的各州规划
10. 交通体系管理和投资策略的设计，旨在最有效地利用现有交通设施
11. 交通决策的整体社会、经济、能源和环境影响（包括住房和社区发展的影响以及对人类、自然和人为环境的影响）
12. 减少交通拥堵的方法，包括减少机动车出行的方法，尤其是单人驾驶机动车出行
13. 扩大和改善适宜的公共交通服务以及增加此类服务使用的方法
14. 交通决策对土地使用和开发的影响，包括交通决策与所有适用的短、长期土地利用和开发计划的规定之间的一致性
15. 在全州范围内识别并酌情实施交通改善的战略
16. 用于融资项目的创新机制，包括价值定价，通行费和拥堵定价
17. 预留未来交通项目修建可能性
18. 客货运输对国家交通体系的长期需求
19. 提高商用机动车运输有效性
20. 在桥梁、隧道或人行道的设计和建设中使用生命周期成本

资料来源：U.S. Department of Transportation（1992a）

在大都市和全州规划过程中必须考虑的因素之一是管理系统。这是指要求各州和大都市区开发、建立和实施公路路面、桥梁、公路安全、交通拥堵、公共交通设施和设备、多式联运设施和系统六项管理系统。这些管理系统的设计是为了保障运输系统中获得最佳结果。

第 2 章，1991 年的《公路安全法案》继续实施了为期 6 年的 16 亿美元的非建设性公路安全项目。该法案扩大了州和社区公路安全补助计划的统一指南清单。该计划的资金可用于特定目的，以鼓励使用安全带、摩托车头盔、酒驾应对措施和国家驾驶员登记。该法案重新授权公路安全研发项目和美国国家公路交通安全管理署定期活动。它还允许对非州际公路的乡村地区实施 65 英里 / 小时的限速，使其达到适当的建设标准。

第 3 章，1991 年的《联邦交通法案修正案》在 6 年期间授权 315 亿美元资金。该法案将城市公共交通管理署更名为联邦运输管理署（FTA），反映出该机构更广泛的责任。第 3 节酌情拨款和固定资产公式补助计划经过重新修改后被重新授权。其中 40% 用于新建项目，40% 用于铁路现代化，20% 用于公共交通车和其他项目。联邦配套份额从 75% 增加到 80%。

新的固定导轨交通项目必须基于替代方案分析和初步工程可行性研究达到合格，并且预测项目带来的流动性改善，环境效益，项目需具有成本效益和运营效率，并获得当地可接受的财政承诺为支持。当项目处于如下情况，上述条件可豁免，如果项目处于极端或严重的非达标区域并且包含在州实施方案中，如果项目按照第 3 节公式所需援助金少于 2500 万美元，如果联邦配套份额少于三分之一，或者如果项目完全由联邦公路管理署（联邦公路署）资金资助。

该法案为铁路现代化援助资金拨款制定了三个层级方案。第一层级共有 4.55 亿美元将使用法定百分比分配给九个城市化地区。第二层级 4500 万美元将按照规约中的特定百分比分配给六个城市化地区。第三层级 7000 万美元的 50% 分配给前两个层次提到的城市化区域，50% 分配给其他城市化区域，其中按照第 9 节铁路公式为固定导轨系统运行超过 7 年或更长时间的地区进行分配。所有的剩余资金将根据第 9 节铁路公式进行分配。公共汽车和其他项目的授权总额为 250 万美元，其中至少 5.5% 将用于非城市化地区。

第 9 节计划在 6 年期间进行了 161 亿美元的授权。授权公式结构几乎没有变化。如果满足《美国残疾人法案》的要求，大都市区规划组织也得到了批准，且当地采用均衡的道路和公共交通交通资金分配方法，这些资金可用于交通管理区中的道路项目。经营援助上限根据年度通胀进行相应调整。

第 18 节小城市和乡村交通计划的资金在第 9 节计划里由以前的 2.93% 提高到 5.5%。资金可用于城际公共交通这样的新类别。法案第 16（b）（2）节规定了老年人和残疾人运输服务类项目可获得第 9 节项目的 1.34% 的授权。援助资金可用于服务合同，可以用于非营利组织。

法案建立了一个新的公共交通规划和研究计划，并从整个交通项目中拨出 3% 的经费。该项目取代了第 6 节研究、第 8 节规划、第 10 节管理培训、第 11 节（a）大学研究、第 8（h）节乡村交通援助计划（RTAP）和第 20 节人力资源计划。在这些资金中，45% 用于大都市交通规划的 MPO，5% 用于 RTAP，10% 用于规划、研究和培训，10% 用于由 TRB 管理的新的交通合作研究计划（TCRP），30% 用于国家规划和研究项目。大都市交通规划要求与法案第一章中的要求相同。大学中心项目可以申请额外的金额。

法案第 4 章，即 1991 年的《汽车运输公司法案》，重新授权了汽车运输安全援助计划（MCSAP），并要求各州在车辆登记和燃油税报告方面保持一致。汽车运输安全援助计划资金可用于各州执行联邦卡车和公共汽车安全要求、禁毒、车辆重量和交通执法，统一事故报告、研究和开发以及公共教育。该法案要求各州加入国际注册计划和国际燃油税协定。该法案 1991 年 6 月 1 日限制较长的拖挂车辆在原合法的州和路线上行驶。

法案第 5 章多式联运，制定了鼓励和促进国家多式联运体系发展的国家政策。它在秘书处下设立了一个多式联运咨询委员会和一个多式联运办公室，协调促进多式联运、维护和传播多式联运数据以及协调研究政策。该法案授权制定一项计划，向各州提供总计 300 万美元的援助，以开展州际多式联运示范项目，其中每个州可获得的费用不超过 50 万美元，项目包括多式联运系统数据采集平台。法案还设立了国家多式联运委员会，于 1993 年 9 月 3 日之前向国会提出报告。

法案第 6 章科学研究，主要增加了对研究和应用技术的资金投入。该法案授权 1.08 亿美元用于实施公路战略研究计划（SHRP）和长期路面运营评估。国家公路工作者协会的职责得到了扩展，允许他们收取费用以支付项目成本。该法案授权联邦政府与其他私人和公共组织进行合作研究和开发，其中联邦配套份额最高可达 50%。本章建立了一个新的国际公路运输拓展计划，以便向美国公路领域通报国外创新，并在国际上推广美国的专业知识和技术。

该法案设立了交通统计局，负责编制交通统计数据，实施长期数据收集，发布数据收集指南，使统计数据易于获取，并识别信息需求。

公共汽车测试项目扩大到包括排放和燃油经济性。法案成立了一个新的国家交通研究所，对联邦援助公共交通项目活动制定培训计划，并进行管理。由联邦公路管理署和联邦运输管理在原援助的 10 个大学交通中心的基础上新增加了 5 个。此外，还依托五所大学成立了研究所。

本章的 B 部分是智能车路系统（IVHS）法案。本部分建立了一个为期 6 年的 6.59 亿美元的资金计划，其中 5.01 亿美元是用于智能车路系统走廊项目，以促进其技术的广泛使用，发布指南进行智能车辆系统运营测试建立智能车路系统信息交换中心。

法案还要求开发一个完全自动化的道路和车辆系统，进行未来全自动智能车路系统的测试。全自动道路或试验跑道将于 1997 年底投入使用。智能车路系统走廊项目旨在提供真实条件下的运行试验。符合某些标准的走廊可以申请参与智能车路系统技术的开发和实践。

本章的 C 部分先进交通系统和电动汽车提出来建立一个先进的公共交通系统，促进公共交通系统采用先进的技术，实现运营清洁化和高效率，系统包括无轨电车、替代燃料客车或其他清洁高效的系统。联邦政府可以为至少三个财团支付 50% 的股份，用以收购工厂，转换工厂设施，并获得开发或制造这些系统的设备。

法案第 7 章涉及航空运输。第 8 章是关于 1991 年的《地面运输收入法案》，本章将公路信托基金延长至 1999 财政年度。该法案将 1995 年 9 月 30 日后的机动车燃油税率降低了 2.5 美分，汽油为 11.5 美分，柴油为 17.5 美分。其中，燃油税中每加仑税额 1.5 美分转入公共交通账户，剩余部分存入公路账户。

空气质量分析区域交通建模实践手册

1990 年《清洁空气法案修正案》和 1991 年《多式联运地面运输效率法案》的通过使人们更加关注对用于估算出行和空气质量的区域交通分析方法精度。针对这些问题，全美地区委员会（NARC）启动了清洁空气项目，目的是为大都市区规划机构提供制定导则，以指导大都市区规划机构审查并在必要时完善出行预测模型，从而满足上述两项法案的要求（Harvey and

Deakin，1991）。

全美地区委员会主办了一次会议，以确定当前出行预测实践中的问题，制定最佳实践指南，并建立模型研究以响应新的交通 / 空气质量分析过程（Hawthorn and Deakin，1991）。会议指出了当前做法的主要缺点包括：

- 政策决定的土地利用预测；
- 预测出行行为的关键变量的忽视（家庭收入，停车和汽车运营成本以及每户工人数量）；
- 除了汽车拥有量和收入之外，没有其他出行产生的变量，例如，家庭规模将是一个很好的预测因素；
- 出行目的地在模型中表示不充足；
- 在出行分配模型中忽略交通和步行可达性；
- 缺乏按出行类型和细分市场的高峰信息；
- 简化表示影响出行行为的社会经济变量；
- 非工作出行的简化表征和建模；
- 出行速度不准确。

1993 年出版了《空气质量分析区域交通模拟实践手册》（Manual of Regional Trarsportation Modeling Practice for Air Quality Analysis）（Harvey and Deakin，1993）。虽然该手册根据 1990 年《清洁空气法案修正案》对交通相关空气质量建模的方法和程序提出了建议，但没有为建模设定标准，也没有为大都市区规划机构提供一套建模方法，或推荐软件。相反，手册更关注大都市区规划组织在检验模型时应考虑的潜在问题，并对此类问题提出合理建议。该手册认为，有针对性地分析解决地区所面临的关键问题才是一个良好的措施。由于这些问题因地而异，并且随着时间的推移而变化，因而具体的模型也应该有所不同。此外，特定区域的建模构建应基于现有可用资源的利用，因此会随着区域的大小和空气质量问题的严重程度以及其他因素而变化，包括当地对交通及其对社会、经济和环境影响。

该手册编制目的包括：

- 在重点关注空气质量对交通规划的要求下，阐述未来十年区域出行模式可能的应用；
- 建立一套标准，以便在关键应用中判断模型性能；
- 列出确保在每种类型应用中都能获得可接受的模型性能所必需的主要技术和程序特征；
- 为建模过程的每个主要要素提供实例，认识到建模必须根据当地情况（如区域规模、资源可用性、空气污染严重程度）而有所不同；
- 提供先进的实例；
- 讨论未来最先进技术的变革方向，以帮助大都市区规划机构预测未来十年的分析要求。

哈维和迪金指出，当时实际使用的模型质量差异很大，只是将所有大都市区规划组织升级到当前的标准的实践将会是一个很大的改进。哈维和迪金还指出，许多大都市区规划组织并没有收集足以支持其开发和维护适当的出行模型所需的数据。他们建议定期开展土地使用登记、梳理土地使用相关法规、进行出行行为调查、收集网络和监测数据。哈维和迪金还建议增加人员来维护和操作模型。

第十四章
可持续发展进程

随着人们日益关注交通运输对生活质量和环境的影响，各地开始制定越来越全面的交通规划。这种关注不仅在美国，更是在世界范围都存在。"可持续发展"一词于 1987 年开始流行，当时世界环境委员会用它来描述经济增长过程，"能够满足当前的需求的同时而不损害子孙后代满足自身需求的能力"。 1992 年在巴西里约热内卢举行的以全球气候变化为重点的联合国环境会议重新强调了交通运输对全球环境的影响。

为了回应这些关注，行政当局制定了"全球气候行动计划"，该计划包含近 50 项倡议，旨在到 2000 年将美国温室气体排放量恢复到 1990 年水平（Clinton et al., 1993）。此外，克林顿总统还建立了一个可持续发展委员会，该委员会完成了《可持续发展：未来的繁荣、机遇和健康环境的新共识》（Sustainable Development: A New Consensus for Prosperity,Opportunity,and a Healthy Environment for the Future）（The President's Council on Sustainable Development, 1996）。

1991 年《多式联运地面运输效率法案》和 1990 年通过的《清洁空气法案修正案》显示了对机动车辆行驶增加造成的空气污染影响的关注。这些法案建立了整合机制，以确保交通规划和项目有助于国家环境大气质量标准。该过程对城市交通规划产生了重大影响，增加了城市交通规划复杂性，并对准确性和精确度有了更高要求。

对环境质量和可持续发展的关注使人们重新关注土地利用、发展模式与交通需求之间的关系。新传统城镇规划是推动高密度、混合用途开发，促进公共交通的使用，减少机动车出行，鼓励更多步行和骑自行车出行，旨在改善整体生活环境的项目。

环境符合性整合过程和交通对发展的潜在影响更多关注交通和空气质量模型的预测能力上，以准确判断出行需求和空气污染。为解决这些问题，联邦政府制定了出行方式改善计划，以开发更完善的出行预测技术，供各州和大都市区规划组织使用。

夏洛特美国城市移动性会议

1991 年《多式联运地面运输援助法案》和 1990 年《清洁空气法案修正案》的通过开启了城市交通项目规划和决策的新纪元。这些法案相比之前更灵活，在确定新的体制安排时制定了更严格的环境限制。 1992 年 5 月 6 ~ 9 日在北卡罗来纳州夏洛特举行了一次会议，根据这些法案制定了关于开发项目所需的适当规划和决策过程的导则草案，这些项目将改善城市流动性，并强调效率，关注环境，也认识到事权机构和受影响群体之间的共同责任（Transportation Research Board，1993）。

该会议的五个研讨会包括：州交通计划、州实施方案（SIPs）、管理系统、交通改善规划（TIP）和大都市区长期规划。会议中提到的问题涉及面很广。灵活筹资的成功与否取决于州和地方工作人员合作做出的决策。在不影响其监管职能的情况下纳入环境保护署，对于成功地将空气质量改善和交通规划融合为单一的综合职能至关重要。如果要使新的规划范围有意义，各州和MPO必须扩大参与，吸引全社会共同参与。联邦政府指导应该具有普遍性和灵活性；应支持在那些先行的地方举措并鼓励实验创新。联邦机构应该是及时交换意见的信息交换所，并提供技术援助，以改进规划专业所需的分析工具和技能培训。

采用州和区域交通规划成果时必须考虑更多因素，包括生活质量问题。交通用地衔接需要特别注意。必须简化多式联运和空气质量规划的复杂性。

与会者一致认为，ISTEA已将规划过程适当地转移到涉及更多利益相关者的更广泛的机构中，并增加了州和地方机构制定适合当地需求和优先事项的解决方案的灵活性。

出行模型改进

1991年通过的《多式联运地面运输效率法案》和1990年通过的《清洁空气法案修正案》的推动下，人们越来越觉察到满足这些法案要求而制定的出行预测软件存在局限性。

当时的出行预测软件已经使用了将近30年，尽管多年来已经取得了一些改进，但这些软件与最初在20世纪60年代初期开发的软件基本相同（Weiner，1993a，b）。

这些软件在分析上述两个法案涉及的项目类型，以及准确评估这些项目影响的能力方面存在局限性。此外，国家人口多样性和国家发展模式、交通运输和电信技术、计算机硬件和软件能力（如GIS技术）方面发生的许多变化，都需要在模型中予以考虑。

1991年秋季，交通运输部和环保署开展了出行模型改进项目（TMIP），以响应上述需求和变化。出行模型改进项目旨在改善出行分析和预测技术，满足各州和地方机构在客货运输研究方面的应用（Weiner和Ducca 1996）。项目包括五方面的行动。行动A，通过技术援助、培训、手册、新闻通信、会议和信息交换所来改善州和地方交通机构的实践状况。行动B，"近期改进"子项目设计以捕捉传统出行预测过程中使用的最佳新技术和方法，并在当地规划机构中推广和普及。行动B侧重于快速完善现有程序，以及时满足新的立法要求。

行动C，"长期改进"旨在开发新一代的出行预测软件。洛斯阿莫斯国家实验室（Los Alamos National Laboratory）开发了一种称为交通仿真和分析系统（TRANSIMS）的新方法。TRANSIMS对一个区域范围建立微观模型，是对整个预测过程的完全重新设计，模型可以建立家庭、个人的出行模型并仿真交通网络上的车辆运行情况。

行动D，"数据"，该行动关注支持现有方法改进和创建新技术的数据需求，该项行动最终形成了不断变化的数据收集指南。该行动期望这一新过程将改变数据要求和使用，某些数据元素将不再需要，转而需要其他新数据元素。

行动E，"土地利用"，旨在提高土地使用预测技术，包括区域预测模型和城市设计对出行影响。

出行模型改进项目从定义用户需求、产品开发和测试、到产品交付和实施进行了全方位的改善，项目为用户提供了有用的技术和帮助，提升了用户群体的出行分析技术。项目进一步激发了人们改善了以往出行分析软件的兴趣。

宜居社区倡议

宜居社区倡议（LCI）是由联邦交通管理署提出的，通过改善公共交通出行作为加强交通与社区之间联系的手段。宜居社区倡议的目的是以高密度城市的发展模式替代由机动车占主导低密度的城市蔓延发展模式，在进行混合用地开发的同时辅之以强化交通需求管理和停车管理政策（U.S. Department of Transportation，1996a，b）。宜居社区倡议旨在促进和支持以公共交通为主导的城市发展模式（TOD）或新传统城市设计（Beimborn et al.，1991；Rabinowitz et al.，1991）。

宜居社区倡议的目标是：（1）加强公共交通和社区规划之间的联系，包括支持土地使用政策和城市设计；（2）鼓励公众积极参与决策过程；（3）增加就业、教育和其他社区设施的服务；（4）利用联邦、其他州和地方项目的资源进行调剂。

在宜居社区倡议引导下，共有 16 个项目获得总额为 6890 万美元的资助，其中 3500 万美元由联邦运输管理署承担。这些项目广泛涉及公共交通项目的各种基础设施，如儿童中心、警察局、社区中心、公共汽车候车亭、信息亭、公共交通安全改善、公共汽车和自行车出入口、公共交通广场、公共交通优先设施、医疗保健诊所和图书馆。

1992 年《能源政策法案》

经过广泛论证，1992 年的《能源政策法案》获得通过。该法案范围广泛，涉及能源生产、保护、废物处理、替代燃料、税收和税收优惠等问题，其中有多项与交通运输直接相关。

该法案将公共交通费用免税限额提高到每月 60 美元，作为公共交通使用者的福利。法案同时规定，需要对每月停车福利超过 155 美元的汽车用户征税。这两项规定力图为私人小汽车和公共交通补贴创造公平的竞争环境。

法案为部分车队制定了替代燃料车辆的时间表。替代燃料包括压缩天然气、乙醇、甲醇、丙烷、电和氢。本阶段的目标是到 1999 年联邦购置公共汽车中替代燃料汽车需达到 75%，到 2000 年州购置将车辆占比达到 75%，到 1999 年达到部分公司车队购置比例的 90%。

法案授权每年为电动汽车示范项目提供 5000 万美元援助，为期 10 年。为电动车辆基础设施和系统开发项目提供 4000 万美元援助，为期 5 年。此外，法案连续三年每年授权 3500 万美元，用于展示替代燃料城市公共汽车。

远程办公对交通运输的影响

1992 年《交通运输部拨款法案》要求交通运输部开展远程办公潜力的研究，以此减少交通拥堵以及由此产生的空气污染、能源消耗、事故和交通设施的新建（U.S. Department of Transportation，1993a）。

该研究回顾了电信业的发展趋势以及影响远程办公的因素。远程办公被定义为替代雇员车辆实际出行的电子出行。远程办公可以来自家庭、远程工作中心或其他远程位置。它可能一周一次或者几次。

　　该研究认为，远程办公的规模正在迅速扩大。预计到 2002 年，远程办公人员的数量将从 1992 年的 200 万人增加到 750 万 ~ 1500 万人。这也表明，未来十年，远程办公有可能为减少拥堵、空气污染、交通事故和能源消耗做出巨大贡献。该研究提到，潜在远程办公出行需求的出现可能会减少拥堵和空气污染。现状的电信服务和设备足以支撑大多数现有的远程办公应用，宽带通信能力现在还是适用的，有可能在未来会需要进一步改善。

　　该研究提出了一些建议，其中部分已经得到实施。首先，交通运输部应积极推动远程办公作为一种交通需求管理措施来减少汽车使用。其次，根据《多式联运地面运输效率法案》，电信项目应该有资格获得联邦资助，用来开发远程办公项目，其中包括规划、管理、组织、推广、营销、培训和公众参与，但不包括远程工作中心等设施的购买和安装。这些远程办公项目必须纳入州和地方机构制定的交通规划项目。1991 年的《多式联运地面运输效率法案》根据《清洁空气法案》资助改善空气质量的交通项目，其中包括各种远程办公项目（Weiner，1994）。

　　交通运输部提议与州、地方政府以及私营部门合作，监测远程办公活动，并将远程办公的相关信息作为出行需求管理措施予以推广（COMSIS et al.，1993）。

大都市区和州域规划条例

　　1993 年 10 月发布了关于州域和大都市交通规划关于 1991 年的《多式联运地面运输效率法案》的实施条例（U.S. Department of Transportation，1993b），这些条例严格遵循了立法要求。

　　《大都市交通规划条例》解决了编制长期交通规划和短期交通改善规划（TIP）所需考虑的主要因素。条例强调了正式的、积极的、包容性的公众参与过程，为公众参与提供了充分的机会。条例要求规划中需要明确考虑《多式联运地面运输效率法案》中提到的 15 个规划因素。条例为重大投资研究（MIS）的实施提供了指导，用于分析新的交通设施或大幅度增加设施容量（U.S. Department of Transportation，1995）。

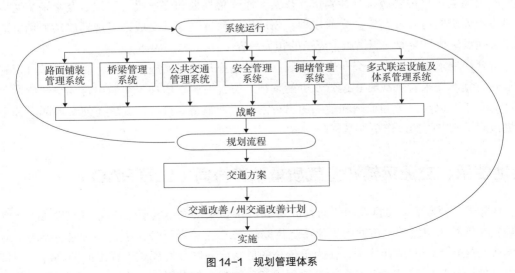

图 14-1　规划管理体系

资料来源：U.S. Department of Transportation（1993b）

该条例设法将管理体系纳入到总体规划中，并且在建立了交通规划和空气清洁化符合性之间的联系（图14-1）。条例提出了对财务规划的要求，以确保财务资源可合理地用于完成交通规划的全部内容。大都市交通规划过程需要由州和MPOs每年进行自我认证，联邦公路管理署和联邦运输管理署至少每3年审查一次，以确定该进程是否符合法规要求。

州域交通规划的要求与大都市规划要求基本一致。各州需要制定一项长期的州域多式联运规划，州域规划考虑了《多式联运地面运输效率法案》中提到的23个因素，且必须与大都市区规划组织制定的大都市规划相协调。州域交通规划过程必须保证用户、运输企业和公众有足够的机会来表达意见（U.S. Department of Transportation，1996c）。

条例要求各州制定短期的州域交通改善规划（STIP），其中包括由联邦政府资助的所有设施和运营项目。州域交通改善规划必须包括大都市交通改善规划条文，并与州级规划保持一致。对于可以确定资金来源的项目，州域交通改善规划必须按照财政限额制定年度支出计划。州域的交通规划过程中必须纳入侧重于改善和管理资产的系统（U.S. Department of Transportation，1996c）。

交通运输：空气质量符合性条例

在交通和环境组织进行了两年的激烈讨论之后1993年11月，美国环境保护署针对1990年《清洁空气法案修正案》（CAAA）的第176节关于交通运输符合性颁布了相关条例，对"符合性"给出了一个合理的定义，即保证交通规划项目与州实施方案完善空气质量的实施计划有着相同目标（U.S. Environmental Protection Agerey，1993）。1977年修订的《清洁空气法案》的修正案提出了交通运输的空气质量"符合性"，但没有给出明确定义，这一问题在《清洁空气法案修正案》中得到了解决。

该法案确定了交通规划、项目方案和符合性判定的程序和标准（图14-2）。法案要求必须在未达标区域和维护区域（先前未达到但现在达到的区域）进行符合性判定。为了实现符合性，必须对规划方案进行分析，以确保由此产生的气体排放在州实施方案要求之内。区域内所有重要的交通类项目都要做符合性判定。州域交通改善规划和交通改善规划以及个别交通运输项目也需要进行符合性判定。交通规划、州域交通改善规划和交通改善规划以及个别交通项目还必须设法执行交通控制措施中要求的相关内容（Shrouds，1995）。

符合性要求显著改变了交通规划编制、方案选择和项目实施的过程，并加强了对现有交通基础设施的需求管理战略和运营改进的重视。符合性要求增加了交通出行和空气质量预测软件的要求，以支持更加准确和敏感的出行需求管理策略。符合性要求还使交通部门和空气质量检测机构之间的合作更加紧密。

土地使用、交通运输和空气质量改善协同（LUTRAQ）

1990年，1000名来自俄勒冈州的人员创建了用地、交通和空气质量协同（LUTRAQ）项目，以响应在俄勒冈州波特兰市西南侧建造绕行路的建议。该项目分析了公共交通引导的土地使用模式与轻轨系统的结合使用，作为更传统的低密度郊区开发模式下提出的公路绕行的替代方案。使用新传统城镇规划原则的土地利用开发体现在鼓励更多的步行、自行车和公共交通出行，来替代小汽车出行（Bartholomew，1995；1,000 Friends of Oregon，1997）。

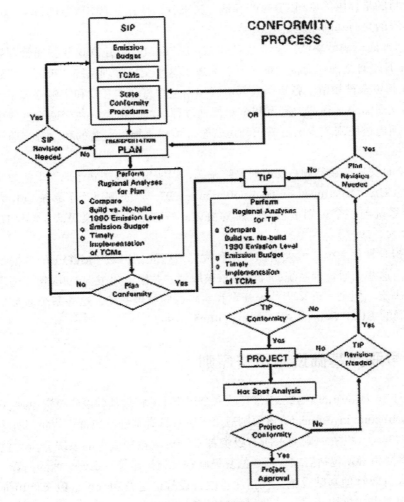

图 14-2　符合性判定

资料来源：U.S. Department of Transportation（1995）

　　用地、交通和空气质量协同项目回顾了当前基于土地利用的交通模型，改进了建模能力，分析公路绕行和轻轨替代方案，在轻轨沿线和 TOD 项目周围建立了用地—交通替代方案，制定了一系列围绕轻轨和 TOD 为导向的土地使用替代方案和一系列行动计划。

　　该研究的结论是，轻轨 / TOD 策略可以显著减少公路绕行路拥堵、汽车出行、车公里数和空气污染排放。这是满足《清洁空气法案》要求的唯一选择。波特兰地区政府批准了用地、交通和空气质量协同项目计划，并将其部分内容纳入该地区 50 年的土地使用和交通规划。

交通管理系统

　　1991 年的《多式联运地面运输效率法案》要求各州和大都市地区制定和实施六个管理系

统：道路路面管理系统（PMS）、桥梁管理系统（BMS）、道路安全管理系统（SMS）、交通拥堵管理系统（CMS）、公共交通设施和设备管理系统（PTMS）、多式联运设施和系统（IMS）。这些管理系统目的是提供信息，以支撑州和地方决策者选择具有成本效益的政策、规划和项目，保护和改善国家的交通基础设施。

《多式联运地面运输效率法案》要求各州在 1995 财政年度建立这些交通管理系统，并需要在 1995 年 1 月 1 日之前提交证明证实其已完成了这些交通管理系统。否则会导致分配给该州的 10% 的联邦资金被扣留。各州和大都市区规划组织将合作开发和实施管理系统。通过管理系统确定的交通需求必须在大都市和全州规划过程中加以考虑。在交通管理区中，交通拥堵管理系统必须通过使用减少出行需求和运营管理策略来提供对新的和现有交通设施的有效管理。

1993 年 12 月交通运输部颁布了临时最终条例，以实施《多式联运地面运输效率法案》的管理体系规定（U.S. Department of Transportation，1993c）。条例讨论了系统地收集和分析信息以及将管理系统与整个规划过程进行统筹协调。管理系统的定义见表 14-1（U.S. General Accounting Office，1997）。

部分人员担心管理系统会大大增加各州和大都市区规划组织（MPO）的数据收集和报告的负担。因此，这些交通管理系统的强制要求被取消，并由各州根据 1995 年《国家公路系统指定法》自行决定。但是，许多州持续开发和实施这些管理系统，这些系统通常是根据各州的实际需要定制的（U.S. General Accounting Office，1997）。

第 12893 号联邦基础设施投资原则

1994 年 1 月 26 日颁布的第 12893 号行政命令提出了《联邦基础设施投资原则》（Principles for Federal Infrastructure Investment），该原则适用于所有具有基础设施责任的联邦机构（Clinton and William，1994a）。投资原则要求所有投资都基于对收益和成本的系统分析，包括定性和定量分析。这些分析必须包括需求管理、修复设施和设施扩建等一系列全面的内容。

该原则要求有效管理基础设施，包括注重改善设施的运营和维护，以及使用价格杠杆来管理需求。原则要求各机构要寻求私营部门积极参与基础设施的投资和管理。联邦机构鼓励州和地方受助机构实施支持投资原则的规划和管理系统。

	管理系统的定义	表 14-1
管理系统	**定义**	
路面管理系统	该系统为实施有效经济的重建、修复和预防性维护项目提供信息，并以安全、耐用、经济的方式设计承载当前和未来预测交通流量的路面	
桥梁管理系统	除常规内容外，该系统还包括收集、处理和更新桥梁库存数据的软件；桥梁耐用性预测；改善桥梁使用条件、安全性和可维护性；估算成本；确定桥梁维护，修理和修复的最低成本策略	
安全管理系统	该系统通过在道路规划、设计、施工和维护的各个阶段过程中系统化改善道路安全，减少交通事故的数量和严重程度。它包括收集和分析道路安全数据；传播公共信息和提供教育活动；确保负责不同安全要素（如车辆、道路和人为因素）的机构之间的协调配合	
拥堵管理系统	系统化提供有关交通系统性能和替代方案的信息，缓解拥堵且提高客货运的流动性。系统包括监测和评估交通系统，制定缓解拥堵的策略，评估和实施具有成本效益的战略，以及评估已实施的行动	

管理系统	定义
公共交通管理系统	系统化收集和分析公共交通信息条件和固定资产成本（例如，维护设施、车站、码头、设备和车辆）不断地确定需求，并使决策者能够选择具有成本效益的战略来提供和维护在可使用状态下的公共交通资产
多式联运管理系统	系统化识别交通方式之间的联系、确定改进各种方式之间相互作用有效性的战略，以及评估和实施这些战略

资料来源：U.S. General Accounting Office（1997）

第 12898 号环境正义原则

克林顿总统于 1994 年 2 月 11 日发布了第 12898 号行政命令，开展了以解决少数族裔和低收入人群的环境正义问题的联邦行动（Clinton，1994b，c），该命令关注少数族裔和低收入人群所处的环境和人类健康状况，以确保所有联邦计划和活动不基于种族、肤色或国籍而产生歧视。

行政命令要求将《国家环境政策法案》下的环境影响程序用于解决环境正义问题。在此过程中，应分析联邦政府出台的行动和项目，包括对少数群体和低收入人类健康、经济和社会影响。减缓措施必须解决对少数群体和低收入人群所处环境的不利影响。必须保证受影响地区有机会在确定影响和缓解措施方面提供意见。

1995 年 5 月，交通运输部主办了一次环境正义与交通会议：建立模范合作伙伴关系以制定发展战略，解决与环境正义有关的问题。会议提出了一些主要建议：（1）确保更多的利益相关者参与交通决策；（2）指导资源分配，识别和解决歧视性结果、不成比例的影响、以及交通投资的不公平分配及其对民权的影响；（3）改进研究、数据收集和评估技术；（4）促进交通规划、开发和规划实施中的机构间合作，以实现宜居、健康和可持续的生活环境（Environmental Justice Resource Center，1996）。1997 年 4 月，交通运输部发布命令，建立机制实现环境正义作为其部分使命（U.S. Department of Transportation，1997a）。

自行车和步行研究

1990 年，自行车和步行被描述为"被遗忘的交通方式"。在过去几十年的大部分时间里，这两种慢行交通方式在很大程度上被联邦、州和地方的交通运输机构所忽视。一些调查证实，自行车和步行是各年龄段美国人的热门活动。经估计，有 1.31 亿美国人经常骑自行车或步行，出于运动、娱乐或仅仅是放松和享受户外活动的目的。然而，人们没有意识到自行车和步行作为交通方式的潜力。每年平均只有 200 万美元的联邦交通资金用于自行车和步行项目，自行车和步行的通勤出行百分比从 1960 年的 10.6% 下降到 1990 年的 3.9%。1991 年，美国国会要求美国交通运输部报告如何提高自行车和步行出行比例，同时提高两种出行方式的安全性。

为响应这一要求，交通运输部委托进行了一系列 24 个案例研究，以调查自行车和步行不同方面的问题。与其他报告不同的是，这些报告还收集了大量有关自行车和步行的信息，并提供了美国自行车和步行的简要说明。研究还强调了信息差距，识别了为慢行出行者提供良好的非机动环境的障碍和挑战，并给相关部门一些可能的活动和领导角色提出建议。

国家自行车和步行研究的最终报告包含两个总体目标（U.S. Department of Transportation，1994 ）：

- 美国自行车和步行的总出行比例从 7.9% 提升到 15.8%，达到原来的两倍；
- 同时将交通事故中死亡或受伤的自行车、步行人数减少 10%。

除了这些目标之外，该研究还确定了一项联邦行动计划以及一项州和地方行动计划，行动计划包括 9 点联邦行动和 5 点州和地方行动，以及针对州和地方机构展开的一系列活动建议。

10 年后，一份报告更新了行动计划目标和要素的进展（U.S. Department of Transportation，2004a ）。最重要的是，随着 1991 年《多式联运地面运输效率法案》（ISTEA ）和 1998 年 TEA-21 的颁布，自行车和步行项目的资金也随之增加。联邦援助资金在一些道路项目下提供自行车和步行项目援助。为州和大都市规划组织制定了自行车和步行的规划要求。其他规定包括各州为其交通运输部门中设立负责自行车和行人的人员，并把自行车和行人安全继续作为道路安全计划资金的优先领域。此外，美国交通运输部发起相关行动，例如 2000 年发布的"设计指导"，也推动了自行车和步行项目支出持续创纪录。此外，随着更多关于步行和自行车项目的信息和技术资源的可用，各州和地方政府越来越多地将自己的资金用于有慢行优先的项目。到 2003 年，全美已有 4.22 亿美元用于改善步行和自行车出行。

为响应联邦行动计划而采取的行动，以及全美范围内出现的倡导步行的组织的推动下，国家、州和地方机构对慢行问题的关注程度有了大幅度提高。通过开展行人安全路演、设立学校安全路线和步行上学日活动、与健康促进和伤害预防社区的合作等一系列活动，人们对行人问题的重视程度达到历史新高。此外，人们越来越重视残疾人交通出行的问题。到 2004 年，所有州交通运输部门都指定了一名慢行协调员，50 个州中有 29 个州制定了全州慢行规划。大约一半的州所发布报告指出州内一些或大多数道路项目都包括自行车和步行设施；其余的州通常将自行车和步行设施作为独立项目。大多数州都有一个长期综合交通规划，其中包括自行车和步行；其中，三分之一的州有单独的慢行专项规划。

自 1994 年以来，一些州和地方修改了车辆编码和（或）驾驶员手册，以便更好地解决自行车和步行问题，其他州和地方则通过了针对自行车的儿童佩戴头盔法律。截至 2004 年 3 月，已有 20 个州制定了针对具体年龄的自行车头盔法，超过 131 个地方颁布了特定类型的自行车头盔法。

1993 年，自行车者和行人死亡人数占所有交通事故的 16% 以上，然后在 2003 年下降到 12.3%。与此同时，交通事故死亡人总数却增加了 7% 以上。 1993—2003 年，行人死亡人数（17.3% ），行人受伤人数（27.7% ），自行车死亡人数（23.3% ）和自行车受伤人数（35.3% ）的下降超过了国家自行车和步行研究设定的目标。

在成功实施自行车和步行规划各州和地区在各种政府机构的规划、政策和程序中，骑车者和行人需求的整合程度更高。这种整合，也称为制度化，可以营造具有稳定资金的慢行综合性项目的社会氛围。

国家自行车和步行研究的目标是将自行车和步行的出行比例从 7.9% 增加到 15.8%。据报道，在 1990 年，共计有 180 亿次步行和 17 亿次自行车，分别占该研究所统计出行比例的 7.2% 和 0.7%。2001 年，步行和自行车出行援助资产总额几乎翻了一番，达到 386 亿美元，尽管步行和自行车只占所有出行量的 9.5%。

遏制僵局：高峰收费以缓解交通拥堵

多年来，交通拥堵问题不断加剧。据估计，交通堵塞造成的延误和浪费，每年损失超过400亿美元。交通拥堵也加重了空气污染。由于出行需求远远超过提供道路承载能力，因此都市地区很难彻底治理拥堵问题。交通政策越来越注重管理交通需求，以减轻新建道路上单独驾驶的交通量。经济学家长期以来一直认为，通过将一些道路使用者转移到非高峰时段和其他交通方式，以及一些道路使用的直接收费机制将有助于更有效地分配对现有设施的需求。政策的这种转变，加上清洁空气的指标要求，以及电子收费的快速发展，拥堵收费的老概念重新引起了人们的兴趣。为了评估拥堵收费作为拥堵管理工具的潜力，国家研究委员会对这种方法进行了研究（National Research Council，1994）。

国家研究委员会得出结论认为，拥堵收费有望在帮助实现空气质量和节能目标的同时，还可以显著减少拥堵。此外，通过依靠市场机制，可实现这些目标，为社会提供净收益。然而，拥堵收费长期以来一直不是出行需求管理的首选方式。经济学家几十年来一直承诺，如果政府只关注拥堵问题，那么拥堵收费就会奏效。政府机构交通雇员一直认为这项政策不切实际。政治家们担心驾驶员会因为支付费用而不再支持他们，对通过这项政策的交通官员进行报复。

该研究发现，在私营部门，需求高峰是通过收费来管理的。然而，过去由于难以有效地向用户收费，因此关于道路使用的高峰期收费的建议被认为是不切实际的。但是随着电子收费系统的开发使得用户可以在不被侵犯隐私的情况下以相当高的效率缴费。该研究发现，通过技术改良，道路使用者可以很方便地缴纳费用，大众对这个问题的争议已转移到其有效性和政治可接受度上。

经济理论和分析模型预测各种收费措施会减少拥堵。在交通出行中驾驶员数量仅减少几个百分点交通就可回归流畅。但是，经验信息不足以反映出一些重要的潜在行为反应。对交通服务收费的经验充分表明，拥堵收费会降低出行需求，但这种变化的幅度尚不清楚。此外，关于驾驶员具体如何改变出行时间也知之甚少。选择备用路线；选择独自驾驶、拼车和公共交通选择；或者干脆放弃旅行。对驾驶员能否接受拥堵收费缺乏了解也使得很难估计某些驾驶人员的潜在困难。不同收入水平的通勤者的经济影响表明，如果收集的一些资金是按照特别设计的目标再一次用到服务于这些通勤者出行的项目上，可以使所有收入水平的群体都可以从拥堵收费中受益。但是如果依然保持单独驾驶出行，即使这些上缴的资金重新分配，通勤时间远远超过平均水平的驾驶员也可能会受到损害。那些没有更好选择的人会单独开车并且情况会变得更糟。而部分驾驶人员确实有比单独驾驶更好的出行方案（转向拼车或公共交通以较低的自付费用和时间损失的可接受的折中方式）可能会因为车速更快，公共交通服务频次更密而使拼车或公共交通出行服务变得更好、更快、更具吸引力。

在许多州和地区的金融紧缩时代，可以筹集到很可观的收入，这点很诱人。过去通过提高基础设施承载能力来解决拥堵的方式没有奏效，因为人口或就业增长带来的诱增需求填补了扩大的设施承载能力。技术的进步使得向用户收费的成本降低，并且使这种不便或侵犯隐私的可能性降到最低。拥堵收费似乎对人们更具吸引力，并不意味着这一政策的政治障碍已经消失。拥堵收费所面临的政治挑战与以往一样。在美国现有管理机构中缺乏相应部门管理，实施拥堵收费仍然具有较大障碍。

由于关于拥堵收费存在一定争议，因此，要让公众知晓相关政策信息并可以审慎考虑，就必须仔细分析政策如何在地方层面发挥作用，哪些群体会受益，以及如何补偿政策中的处于不利地位的人群。假设这些早期的拥堵收费项目已经实施，那么必须进行仔细全面的评估。即使如此，这些项目仍将存在争议。关于这些问题讨论的质量将大大提高，因为可以得到实施拥堵收费前后交通流量变化的可靠依据，可以对受益者和受损者仔细分析，可以进行关于交通流量变化的前后驾驶员感受的研究。

拥堵收费是否会在一两个以上的地区具有政治可行性还有待观察。公众和政治上关于拥堵收费公平性和驾驶员接受度上的担心仍然是重大障碍。拥堵收费可以产生大量收入，这些资金的利用为提高交通出行效率、减轻对受到不利影响的群体的负面影响、为社会带来了净收益等提供了机会。然而，有些人仍然会因此损失，他们是否会比大多数受益的人更有动力抵制拥堵收费，只有在实际操作中才能证明。

都市区交通规划体制研讨会议

根据《多式联运地面运输效率法案》的规定，美国交通运输部和 TRB 在数年后主办了一次会议，评估法案中都市区交通规划相关条款实施的进展情况，以及大都市区规划组织执行该法案的能力（Transportation Research Board，1995a）。会议聚集了来自联邦和各州的相关机构、大都市区规划组织、大学、咨询公司和社区活动组织的工作人员，讨论有关都市区交通规划的问题。

作为这次会议的背景，美国政府关系咨询委员会（ACIR）编写了一份报告，题目为《MPO能力：提高都市区规划组织协助实施国家交通政策的能力》（MPO Capacity：Improving the Capacity of Metropolitan Planning Orgarizations to Help Implement National Transportation Policies）（Advisory Commission on Intergovermental Relations，1995）。本研究回顾了许多大都市区交通规划的进展情况。该研究发现，大都市区规划组织在《多式联运地面运输效率法案》影响下经历了一些变化，包括：增加公众参与，改进空气质量分析程序，加强政府间协调以及考虑多式联运问题。另一方面，大都市区规划组织提出了以下方面的担忧：监管负担和工作量的增加，最后期限不合理，期望无法实现，大都市区规划组织内部关系混乱，以及与国家交通运输部门关系紧张。该报告建议采取若干行动，开展大都市区规划组织能力建设计划并支持放松监管。

与会者讨论了以下相关的问题：角色和责任、公众参与、财政现状、技术联系、决策以及将相关活动纳入流程。会议参与者的普遍共识是，ISTEA 提供了为改善大都市交通规划带来了诸多机遇。虽然还有需要注意的问题，也需要进一步研究可能发生变化的项目，但会议整体的声音是支持《多式联运地面运输效率法案》的。会议的建议与 ACIR 报告中的建议一致并相辅相成。两份报告的重点均关注改进技术援助、程序制定、培训计划的制定、良好的案例研究、参与都市区交通规划的人员之间交流的加强。会议还呼吁将规划进程的各方面事务予以简化。

州际 95 号公路联盟

州际 95 号公路联盟是由各州交通运输部门、地区和地方交通机构、收费机构以及相关组织组成的公路联盟，包括从缅因州到佛罗里达州公路段的执法和交通、港口和铁路组织，以及加拿大一些机构组织。该联盟为主要决策者提供了共同解决交通管理和运营问题的平台（I-95 Corridor Coalition，2012）。

该联盟始于 20 世纪 90 年代初，是一个由交通专业人员组成的非正式组织，致力于更有效地管理跨越行政边界出行的重大公路事故。该联盟于 1993 年正式成立，旨在提高 13 个州和地区的交通机动性、安全性和效率。

I-95 公路全长 1917 英里，穿过市区的路段有大约 1040 英里。在这 1040 英里中，超过 60% 的路段处于严重拥堵的状态。整条公路平均日交通流量超过 7.2 万辆，每日最大流量高达 30 万辆。平均每日卡车交通量超过 1 万辆，每日最大卡车交通量高达 3.1 万辆以上。

该联盟开展的项目和活动包括提供可靠和及时的出行信息、协调管理交通事件、通过改善机动性实现节能、不同方式下客货运的有效流动、通行费和公共交通费便捷电子支付系统等。除出行预警外，该联盟的活动还包括改善 511 综合走廊范围的信息，通过协调出行信息、运营网站来促进实时信息的快速传播。当重大事故发生时，交通管理、执法、消防、安全、紧急和其他事件处理人员会协同工作。该联盟支持通过使用技术努力改善商业车辆安全和简化管理手段。

该联盟已成为传播有关该地区其他安全举措和经验教训的媒介，并协助成员机构确定其安全需求的解决方案。该联盟提供了一些培训、应急措施研讨会、报告和信息交流会等，帮助人们改善交通管理和运营。

扩大城市道路通行能力的意义

1990 年的《清洁空气法案修正案》和 1991 年的《多式联运地面运输效率法案》重点关注了扩大大都市区道路通行能力的出行诱增效应问题以及对空气质量和能源消耗的潜在影响。这个关于道路扩建对诱增出行影响的问题多年来一直存在争议，导致了很多猜想而没有达成共识。交通研究委员会进行了一项研究，以评估有关道路容量增加对交通流量、出行需求、土地使用、车辆排放、空气质量和能源使用的影响的证据（Transportation Research Board，1995b）。特别令人关注的是当前预测技术能够准确估计扩大的道路容量对改善交通流量和由此产生的空气污染影响的影响。

该研究对已有研究和经验进行了全面回顾。研究认为，目前的分析方法不足以解决联邦监管要求，以估算排放和环境空气质量。由于交通流量特征，出行生成和交通投资引起的土地使用的变化，模型估计数不准确且有限。环境保护署符合性法规中隐含的准确性要求超出当前建模能力的分析精度水平。道路容量增加，空气质量和能源使用之间的复杂和间接关系严重依赖于当地条件，因此即使使用改进的模型，也无法概括归纳出增加容量对空气质量和能源使用的影响。

最后，该研究得出如下结论：抑制机动车辆增长的政策对空气质量的影响相对较小。主要的道路容量增加可能会产生更大的影响，但可能需要更长的时间来影响空间模式和诱增出行，最终影响空气质量。与专注于抑制出行增长相比，车辆技术的改进将产生更大的空气质量效益。

南加利福尼亚 91 号州际公路快速车道

　　南加利福尼亚的 91 号公路快速车道是美国 50 多年来第一条私人融资的收费公路，是世界上第一个全自动收费公路，也是美国首次实现基于价值定价的公路收费。

　　91 号公路快速车道是一条双向四车道公路，有 10 英里的收费路段，位于加利福尼亚州的里弗塞德（Riverside）高速公路（91 号州际公路）的中间位置，奥兰治（Orange）/ 里弗塞德（Riverside）线和科斯塔梅萨（Costa Mesa）高速公路（55 号州际公路）之间（Orange County Transportation Authority，2012a）。

　　91 号公路快速车道的建造是为了在没有公共资金的前提下来解决交通拥堵这一关键问题的。这是一个特别的概念，即私营部门将承担风险，国家将在不使用纳税人分文费用的前提条件下实现减缓拥堵。该项目于 1989 年被加利福尼亚州立法机构授权为收费公路。它的建造成本为 1.35 亿美元，于 1995 年开通。

　　91 号公路快速车道客户使用应答器（一种安装在车辆挡风玻璃内侧的袖珍无线电传输设备）可以从预付费账户中支付通行费。使用电子收费和交通管理消除了在传统收费站停车和支付通行费的需要，从而确保 91 号公路快速车道的自由通畅。91 号公路快速车道根据拥堵程度对通行费进行调整，通过设定价格调控优化收费公路上安全行驶的车辆数量，以保证车辆按自由流车速行驶，并保持通行费收入水平以支付运营和资本支出、道路维护和完善。

　　2003 年，奥兰治（Orange County）交通管理局（OCTA）购买了 91 号公路快速车道所有权，并将私人盈利企业转变为公共资产。截至购买之日，该快速车道已经记录了 1 亿次出行。2011 年的一项调查显示，97% 的用户认为 91 号公路快速车道帮助他们节省出行时间。在早高峰期间节省的平均时间为 27.58min，在晚高峰期间节省 34.24min。

　　奥兰治交通管理局致力于不断提高该设施的运营效率，并为收费客户提供可靠一致的服务。SR-241 和 SR-71 之间的 SR-91 的新东行车道于 2011 年开通。91 号公路快速车道的收入为该项目提供了一部分资金，并有助于缓解 SR-91 公路上的交通拥堵（Orange County Transportation Authority，2012b）。2012 年，加利福尼亚州政府 SR91 公路位于奥兰治和里弗塞德县之间的延伸段项目获得了《交通基础设施融资和创新法案》的贷款支持。

1995 年《国家公路系统专项法案》

　　1991 年的《多式联运地面运输效率法案》要求交通运输部提交拟议的国家公路系统，该系统以提供主要干道的相互连接，将服务于主要人口中心、国际出入境点、港口、机场、公共交通站点、交通枢纽和其他主要出行游目的地，在符合国防要求的同时提供州际和区域间出行服务。

　　拟议的国家公路系统（NHS）由交通运输部与各州、地方工作人员和都市区规划组织共同提出，并于 1993 年 12 月 9 日提交给国会。1995 年 11 月 28 日，当克林顿总统签署《国家公路系统指定法案》时，国家公路系统获得法律效力（图 14-3）。该系统包括 16 万英里，其中包括州际系统。国家公路系统占全美道路的 4%，承载交通量占所有公路交通量的 40%，卡车占所有的交通量 70%。大约 90% 的人口居住在距离 NHS 道路 5 英里的范围内。

图 14-3　国家公路网
资料来源：Bennett，1996

除了指定国家公路系统（NHS）之外，1995 年法案还废除了 55 英里 / 小时的汽车和卡车限速，并取消了未能制定摩托车头盔法的州进行资金处罚的决定（Bennett，1996）。

该法案创建了一个州立基础设施银行（SIB）试点计划，最多可覆盖 10 个州。该计划没有新的联邦资金，但由各州出资提供最多 10% 的几个类别的资金。这些资金在非联邦基金中配套份额必须达到 25%。

法案取消了《多式联运地面运输效率法案》对管理系统的要求，各州可以自行选择。法案增加了第 16 个因素，休闲出行和旅游，大都市区规划组织（MPO）将在制定交通规划时予以考虑。法案还澄清了《多式联运地面运输效率法案》和《清洁空气法案》的交通符合性要求仅适用于未达标区域或受维护计划约束的区域。

主要投资研究

在 1991 年的《多式联运地面运输效率法案》颁布之前，联邦公路管理署（FHWA）和联邦运输管理署（FTA）对重大项目有不同的开发程序，特别是联邦运输管理署的替代分析要求和联邦公路署的公路走廊规划（Cook et al.，1996）。这些程序在重大投资研究（MIS）的要求下有所调整，这些要求被纳入实施《多式联运地面运输效率法案》交通运输部大都市规划中（U.S. Department of Transportation，1993b）。

重大投资研究条例要求对任何重大交通投资项目，都要研究评估所有合理的多式联运改善策略，以解决分区走廊内的问题。重大投资研究将成为各机构和利益相关方之间建立协作的平台，重大投资研究还评估替代方案在实现地方、州和国家目标方面的有效性和成本效益。该过程包括考虑替代方案的直接和间接成本等因素，比如交通改善、社会经济和环境成本、安全、运营效率、土地使用、经济发展、融资和能源消耗等。重大投资研究要求公众参与过程必须积极主动，为各种利益集团提供参与的机会。该分析与联邦基础设施投资原则第 12893 号行政命令保持一致。

1996 年 2 月 25 ~ 28 日在加利福尼亚州旧金山举行了一次会议，以检验两年多的实施情况。会议的重点是：政策问题、管理信息系统与总体规划和项目开发过程的关系、影响管理信息系统的管理和体制问题，以及管理信息系统的决策过程。会议认为，重大投资研究是一种有用的技术，它专注于识别问题，然后建立一套处理流程，以便就适当的解决方案达成共识。它反映了《多式联运地面运输效率法案》的目的，即改善交通、多式联运、创新性、灵活性、改善空气质量、使用新技术、让公众参与决策、协调交通投资与土地使用、环境和其他社区利益。

管理信息系统的指南有足够的灵活性来适应当地条件。但是，各级政府之间以及跨交通方式之间的协作关系以及重大投资研究流程与 NEPA 程序之间的分工需要进一步改进。管理信息系统需要更全面地融入大都市规划，财务规划应配合多方案分析比选。重大投资研究的经验需要更广泛地传播，并与决策者、公众和其他利益相关者开展持续的教育，以有效地实施重大投资研究。

《出行调查手册》

1996 年，美国交通运输部和环保署联合发布了一份新版《出行调查手册》（Travel Survey Manual）。它取代了之前由交通运输部于 1973 年发布的《城市起讫点调查手册》（Urban Origin-destination Surreys）（Cambridge Systematic，Inc.，1996）。自早期手册发布后，随着商业营销研究领域（及其在交通问题上的应用）的改进，交通规划环境发生了许多变化，1973 年手册中描述的许多数据收集技术已被更有效和更具成本效益的方法所取代。

最新一代出行调查技术中，调查人员需要准确衡量新背景下交通问题的影响，包括：非机动车出行、智能交通系统、客货运系统的性能；与机动车出行相关的空气排放分析，例如热 / 冷启动和热浸；交通需求管理（TDM）、交通系统管理和交通控制措施等。

有了这些额外的分析需求，新的出行调查必须提供以前调查未涵盖的若干主题的数据。最初的出行调查采集人们的出行数据，包括出行次数，目的地选择和方式选择，新的建模要求出行调查不仅需要提供有关人们出行方式的更多细节，而且还提供某些条件下是否选择出行、何时选择出行以及出行方式的选择等信息。新的建模要求使得调查员收集更多的数据，包括：

- 车辆特性和使用数据；
- 非机动车出行；
- 基于活动的出行日志；
- 出行时间；
- 陈述性响应（陈述性偏好）问卷调查。

新版《出行调查手册》的第 582 页为交通规划者提供了制定和实施最常见出行调查的指导，包括：

- 家庭出行和活动调查；
- 车辆出入口调查；

- 公共交通跟车调查；
- 商用车辆调查；
- 工作场所和机构调查；
- 特殊节点，酒店和游客调查；
- 停车调查。

新手册认识到，除了不断变化的交通规划要求外，出行调查还受到市场研究和调查领域变化的影响。出行调查存在于更广泛的市场研究领域，为了正确设计出行调查工作，分析人员必须同时考虑调查的交通规划产出和实际调查相关问题。过去几年美国数据收集时，受访合作率下降，对调查数据的分析要求越来越高，并要求使用新的调查技术来提高调查效率，如计算机辅助访谈和地理信息系统（GIS）。这些趋势的直接影响就是出行调查工作变得比过去复杂得多。

该手册记录了出行调查的许多非常详细的方面。但是，它认识到在设计和执行每一个调查时，都要针对每项调查工作和每个区域的特征加以处理。在开始调查工作之前，分析人员需要考虑他们的具体数据需求和调查限制。

杜勒斯绿道

杜勒斯绿道是一条私有收费公路，全长 14 英里，连接华盛顿杜勒斯（Dulles）国际机场和弗吉尼亚州利斯堡（Leesburg）。这条绿色公路是美国最早的公路之一，也是自 1816 年以来弗吉尼亚州的第一条私人收费公路。杜勒斯绿道是公共设施私有化趋势的一个例子。它展示了公共和私营部门如何协作，在不增加税收的情况下新建现有的交通基础设施。该项目代表了公私合营的新方法。

绿道的提案促使政府 1988 年颁布了《弗吉尼亚州公路合作法案》，该法案授权建造新的收费公路。杜勒斯绿道是由弗吉尼亚州公司委员会（SCC）管理，不像公用事业那样受到监管。该绿道为非专属服务领域，也没有垄断的一面。如果驾驶人员想要避免支付通行费，可以使用其他替代的免费路线。1988 年《弗吉尼亚州公路法案》规定，任何项目的运营商都不具有征用权；运营商必须通过私人方式获得必要的不动产，这对绿道的投资者来说是一项昂贵且耗时的工作。最后，SCC 设置回报方式，就像使用公共设施一样；然而，与公共设施不同是其期限是有限的。在指定期限之后，投资者可能会寻求获得收益，那么这条绿道就要交付给弗吉尼亚联邦，而不需要联邦政府支付任何费用。一旦交给联邦政府，投资者将不再进一步参与管理该条绿道，也不可能从绿道中获得潜在回报。

自 1995 年 9 月 29 日绿道投入使用以来，绿道成为通勤者在 7 号和 28 号公路之外的一条直达路线。此前，在高峰时段从利斯堡到杜勒斯的旅程大约需要 30min。同样的行程，在限速 65 英里 / 小时且没有信号灯的绿道行驶，只需要不到 15min。

绿道还通过弗吉尼亚交通运输部的 Smart-Tag / EZ Pass 系统提供电子收费服务，从而最大限度地提高了交通流量。

1988 年法规授权允许私人收费公路收取通行费，并允许私人收费公路在三个阶段测试后，道路收费增幅可高于社会通胀率：（1）新费用不得"严重阻碍"驾驶员使用公路；（2）公司不得增加收费来获得超过"合理回报率"的利润；（3）道路的利益必须与其成本相匹配。私人收费公路没有收到任何公共资金，没有补贴，而是作为一个完全私营企业自费管理，与国有公路竞争。计算通行费是为了确保所有者能够收回原始投资以及从中获得回报。根据弗吉尼亚交通运输部的记录，该绿道被认为是 VA 267 的一部分。

第十五章
扩大民主参与

在 20 世纪的大部分时间里，交通决策都是由政府组织的工程师和规划人员做出的。随着 1962 年《联邦援助公路法案》及相关附属文件的通过，参与大都市区规划的公职人员在城市地区获得了一些交通决策的控制权。随着《多式联运地面运输效率法案》的通过，其他利益相关者和公民有权利对长期交通规划和近期交通改善规划提出意见。实施该立法条例需要一个正式的、积极的、包容性的公众参与过程，为社区参与提供充分的机会。

为加强公众参与，克林顿总统发布了一项行政命令，题为"解决少数族裔和低收入人群环境正义问题的联邦行动"。该命令旨在将注意力集中在少数族裔和低收入人群的环境和健康状况上，确保所有联邦项目和活动不带有种族、肤色或国籍歧视的标准、方法或做法。

行政命令要求将《国家环境政策法案》下的环境影响程序用于解决环境正义问题。在这一过程中，必须分析联邦行动和项目，保证考虑到对少数族裔和低收入人群的健康、经济和社会影响。必须制定缓解措施，以解决对少数群体和低收入人群的重大和不利影响。受影响社区必须有机会发声，参与问题识别和缓解措施的制定。

随着公众对受影响地区交通决策的影响力越来越大，公共利益团体在参与交通规划过程中变得更加游刃有余。他们建立了一个全美通信网络，提供技术援助，并组成了一个综合游说小组。甚至还有一些开发了一些工具进行自己的独立分析。

此外，政府还继续努力扩大融资范围，并朝向体制改革和新方法的趋势迈进，来解决日益扩大的各种问题，这些问题需要交通规划机构加以处理。这是新世纪来临之际交通规划和政策基调。

部署智能交通系统

1991 年的《多式联运地面运输效率法案》（ISTEA）建立了智能交通系统（ITS）研究、开发和操作测试，并促进其实施。该计划旨在促进智能交通系统技术的部署，以提高地面运输的效率、安全性和便利性，从而改善可达性，节省时间，提高生产效率（U.S. Department of Transportation，2000b）。

在 1996 年的一次演讲中，美国交通运输部长费德里科·佩尼亚（Federico Peña）提出了发展 ITS 的广阔愿景，即在美国建立智能交通基础设施，从而节省时间，提高美国人的生活质量。作为演讲的一部分，部长明确阐述了 ITS 的部署目标，即在 10 年内在美国 75 个最大的都市区实现完整的 ITS 基础设施建设。此外，部长还强调了一体化的重要性，以便可以将不同的技术结合。他描述了在 75 个大都市区构成 ITS 的九个组成部分，包括以下系统：

- 交通控制系统；
- 高速公路管理系统；
- 交通管理系统；
- 交通事件管理计划；
- 道路和桥梁的电子收费；
- 公共汽车、火车和收费车道等电子票价支付系统；
- 铁路公路平交口；
- 应急响应提供者；
- 出行信息系统。

部长认为，联邦政府在这个目标实现过程中所扮演的角色是：为 ITS 技术制定国家性架构和标准以确保本地 ITS 投资能共同使用，保证投资试点来作为其他地区的样板，以及通过投资培训来扩展部署 ITS 的技术服务能力。部长还强调了对 ITS 技术的战略投资，以及提高基础设施能力和减少美国人至少 15% 的出行时间的重要性。他强调了 ITS 的成本效益，称在未来 10 年内为满足 50 个城市所需的公路设施建设将耗资 1500 亿美元，而为这 50 个城市实施智能交通基础设施将耗资 100 亿美元并获得因道路设施建设带来的三分之二的交通能力。他还承诺在 450 个其他社区以及乡村道路和州际公路上升级技术应用。

在该计划实施的 10 年时间里，美国审计总署（GAO）对已取得的进展进行了评估（U.S. General Accountability Office，2005）。该研究的重点目标是 75 个大都市区。美国审计总署发现美国交通运输部已经承担了多个角色来促进各州的 ITS 部署，例如通过其网站上提供的成果数据库展示 ITS 的好处。交通运输部还制定了跟踪 ITS 部署目标进展的措施，每两年对 75 个大都市区的交通相关机构进行调查，并根据其措施对该地区的部署水平进行评级。该计划在实现其部署目标方面取得了进展，75 个大都市区中有 62 个达到了 2004 年部署综合 ITS 基础设施的目标。但交通运输部制定的目标和措施存在局限性，未能实现 ITS 对拥堵有效的缓解。

交通运输部将智能交通基础设施的目标定义为包括两个要素。首先是布设，即某些技术在高速公路等特定区域上的安装程度，这其实也是指布设 ITS 技术的不同机构之间的协调程度。但是，根据标准，ITS 基础设施门槛相对较低的大都市区仍然可以达到目标。抛开其他事情不说，部署的 ITS 技术到何种程度上系统可以有效运作并没有得到充分说明，而在一些大城市地区，ITS 技术的运营受到限制。在高度拥挤的大城市地区，ITS 基础设施往往更加复杂，因为它通常由多个机构部署的一套系统组成。国家运输部门、城市交通运输部门、交通运输机构和收费机构可以各自部署不同的 ITS 技术，以满足其交通需求。交通运输机构可以通过协调 ITS 信息共享和其他操作来整合 ITS 技术。

许多针对 ITS 的研究表明 ITS 部署可以缓解拥堵，提高交通流量，提高安全性和改善空气质量。一些研究的结果表明，ITS 的好处取决于是否满足当地条件并有效运行 ITS 技术。但是，很少有研究提供有关 ITS 部署的成本效益信息，这对于公共投资最大化至关重要。公众对 ITS 影响的认识有限，运营资金困难，技术专业知识有限，再加上缺乏技术标准，都会成为部署和使用 ITS 的障碍。

基于活动的出行预测会议

基于活动的行为模型分析方法源于对基于出行模型预测方法的不尽如人意。对拥堵、排放和土地使用模式等总体现象的担忧导致规划者考虑出台政策来控制。这些措施包括以雇主为基础的通勤计划、出行需求管理措施、高峰期道路收费、交通控制措施、智能交通系统和公共交通导向土地开发。这些政策并未直接影响总体现象，而是通过对个人的行为间接地影响改变了出行。此外，个人以实现其活动目标为动机，以复杂的方式调整他们的行为。

基于活动的行为模型出行需求分析方法是在近20年的时间里发展起来的，它建立在长期以来的观念之上，即出行通常不是为了自身而进行，而是参与某个与当前位置分开的地方的活动。出行需求建模人员已经接受了出行是衍生需求的想法。因此，传统的出行需求模型是按行程目的划分并分别为不同目的出行建模。

基于活动的行为模型出行需求分析方法的发展的特点是希望了解城市出行现象，而不仅仅是开发似乎产生可接受的预测模型。这种方法的支持者认为，为了开发合理的预测模型，需要对建模的行为现象有一个很好的理解。早期基于活动的出行需求分析方法的大部分工作都使用了小样本的深度调查，试图对城市出行行为有一个很好的理解。

基于活动的出行需求分析方法具有以下特点：（1）将出行视为一种需求，这种需求来自于参与其他非出行活动的欲望和要求；（2）关注行为的序列或模式，而不是离散行程；（3）以家庭作为分析决策单元；（4）检查活动和出行的详细时间和持续时间；（5）纳入空间、时间和人际约束；（6）认识到空间和时间分离事件之间的相互依赖性；（7）根据活动需求，承诺和约束的差异使用家庭和个人分类分析；（8）认识到动态分析的重要性，仔细研究活动以适应不断变化的条件。

美国交通运输部和环保署主办了一个会议来探讨基于活动的出行分析的进展情况。会议的主要目标是促进使用基于活动的出行预测方法。由此衍生目的是确定可以付诸实践的基于活动的预测技术，并建议采取行动推进最新技术发展。会议的结论表明这些实践是有益的，它们汇集了研究人员和从业人员，介绍和讨论新程序的必要性和潜力。这些实践者接触到一些可能改善他们未来出行预测的新发展。然而，令人失望的是，最先进的技术还没有达到提供从业者可以立即使用的测试技术的程度。会议使得研究人员了解了从业者的需求，并以此作为他们未来发展努力的方向（Texas Transportation Institute，1997）。

公众参与

多年来，公众参与逐渐普遍，公民个人能够在影响他们及其社区的政策决策中发表意见。公众参与交通规划吸取了20世纪70年代和80年代的经验教训，这是许多交通机构在项目拖延、诉讼以及没有公民意见调查情况下公众对交通决策的强烈抗议之后所学到的经验教训（O'Connor et al.，2000）。

1991年的《多式联运地面运输效率法案》（ISTEA）强调大众对交通决策早期积极主动和持续的投入，并针对传统上服务不足的人群进行特殊的外展工作。21世纪交通公平法案（《冰茶法案》）（TEA-21）的通过加强了《多式联运地面运输效率法案》的指导意义。这些法案将

1969 年《国家环境政策法案》（NEPA）的意图集中并应用于交通规划和发展过程，执行机构鼓励并促进公众参与影响人类环境质量的决策。环境质量委员会（CEQ）规定实施 1969 年《国家环境政策法案》的条文要求各机构努力让公众参与准备和实施 1969 年《国家环境政策法案》程序，还要求各机构公开通知《国家环境政策法案》（NEPA）相关的听证会，公开会议内容以及相关可用文件，以便知会可能感兴趣或受影响的民众和机构（Council on Environmental Quality，1978）。

联邦公路署和联邦运输管理署制定了实施公众参与过程指南。作为负责协调区域交通规划过程的机构，要求大都市区规划机构（MPOs）建立开放、协调、合作的过程，促进所有受影响的各方积极参与，为影响交通决策提供有意义的机会。决策者必须充分考虑其行为的社会、经济和环境后果，并向公众保证交通项目与获批的土地使用规划和社区价值观一致。联邦公路署和联邦运输管理署发布了《交通决策公共参与技术指南》（Public Involvement Techniques for Transportation Decision-making），为机构提供各种工具，让公众通过公众参与制定具体的计划、方案或项目。大都市区规划机构必须开发适合当地条件的有效参与流程（Howard/Stein-Hudson Associates，Inc.，1996）。

联邦公路管理署和联邦运输管理署的政策没有建立一套统一的规则，而是建立了执行标准，包括：

- 早期和持续参与；
- 合理向公众提供技术和其他信息；
- 关于替代方案，评估标准和减缓需求的协作投入；
- 公开交通政策、规划和拟议项目有关的会议；
- 在结束之前公开决策过程（U.S. Department of Transportation，2004b）。

各州和大都市区规划机构（MPOs）根据当地情况调整了公众参与指南。这些机构以不同的方式组织公众参与。许多州和大城市的大都市区规划机构（MPOs）定期根据员工经验和公众的意见更新其公众参与计划和程序。

公众参与的要求使交通规划和发展过程更加民主。他们要求所有可能受交通决策影响的各方都有机会了解问题，考虑各种方案以及最终决定。此外，该指南力求使这些受影响的各方积极参与确定交通问题，提供待考虑的替代方案，并就最终决定发表意见。

国家交通体系

1993 年底，佩尼亚部长公布了拟议的国家公路系统（NHS），并表示打算启动国家交通运输系统（NTS）的工作。在此过程中，他启动了一项计划，利用国家绩效评估（NPR）指导和影响部门提出的重新授权地面交通财务援助计划的提案，并开始部署该部门从使用者的角度进行评估和分析交通系统的性能。NTS 倡议体现在佩尼亚部长战略计划的第一个目标中，即"将美国各地区联结起来"。

部长指示举行大量的公开听证会，让在交通领域和感兴趣的公民参与制定全面的国家交通运输系统。人们普遍关注并反对制定 NTS 地图的初步想法。因此，该部门搁置了开发特定国家交通运输系统（NTS）地图的想法。NTS 计划重新着重于开发评估国家交通系统的过程。NTS 的演变体现了许多概念：

- 一个概念：认识到国家发展目标与交通体系发展的之间相互作用的概念。
- 一种方法：审视整个交通系统的方法，关注社会和经济影响，这些结果最终是消费者使用交通方式来实现的。
- 一个框架：联邦政府、州和地方机构，公私合作的体制框架。
- 一个流程：通过分析和测量工具将用户视角置于最前沿，以建立评估表现，识别议题和问题，评估政策选择和制定战略的能力的技术流程。
- 一种结构：国家交通系统未来发展的战略规划结构。

一份关于国家交通系统启动的进度报告描述了一系列国家交通运输业绩指标和国家运输网络分析能力。这些工具将用于评估国家的交通体系，识别和分析影响交通的关键问题、政策、项目管理和监管选择。这些努力的结果旨在提交关于国家交通系统状况的两年期报告（U.S. Department of Transportation，1996d）。

国家基础设施银行

1995 年《国家公路系统命名法案》第 350 节授权美国交通运输部建立州立基础设施银行（SIB）试点项目。州立基础设施银行是一种循环基金机制，通过贷款和信贷增强各种公路和交通项目融资能力。SIB 旨在补充传统的联邦援助道路和公共交通费用，为各州提供更大的融资基础设施投资灵活性，支持某些可以全部或部分贷款融资的项目，或者可以通过提高信贷受益。SIB 通过贷款偿还，或信用增级所隐含的财务风险到期，使得 SIB 的初始资本得到补充，可以循环支持新的项目周期。通过这种方式，SIB 代表了一种重要的新策略，可以最大限度地提高联邦地面运输基金的购买力。从广义上讲，这种与公共设施战略性贡献相关的扩大投资水平可以称为"杠杆效应"（U.S. Department of Transportation，1997b）。

根据最初的州立基础设施银行（SIB）试点计划，有 10 个州被授权建立 SIB。1996 年，国会通过了补充性的州立基础设施银行（SIB）立法，作为 1997 年交通运输部年度财政拨款法案的一部分，该法案允许其他通过资格筛选州参与州立基础设施银行（SIB）试点计划。该立法包括为 1.5 亿美元州立基础设施银行（SIB）资本化拨款基金。《21 世纪交通公平法案》拓展了四个州的试点计划，分别是加利福尼亚州、佛罗里达州、密苏里州和罗得岛州。法案允许这几个州与美国交通运输部签订合作协议，利用 1998—2003 年度财政提供的联邦援助资金实现其银行资本化。州立基础设施银行（SIB）为各州显著提高了融资灵活性，以满足运输需求。

州立基础设施银行（SIB）可以动用联邦和州的资金来增加交通基础设施投资，这使得原本可能因预算限制而被推迟或没有资金的项目得以建设。虽然授权联邦立法确立了州立基础设施银行（SIB）的基本要求和总体运作框架，但各州仍然可以灵活地调整银行运作以满足各州特定的运输需求。截至 2001 年 9 月，已有 32 个州（包括波多黎各）签订了 245 项贷款协议，其贷款总值超过 28 亿美元（U.S. Department of Transportation，2002 年）。

《出行模型校验合理性检查手册》

《出行模型校验合理性检查手册》（Travel Model Validation and Reasonableness Checking Manual）是由联邦公路管理署（FHWA）于 1997 年出版的。该手册的编制是为了解决许多交通规划机构在模型开发校验阶段缺乏关注和努力的问题。本手册更新了联邦公路署早期的报告（Ismart，1990）。出行模型需要能够在合理范围内重现观测到的情况，然后才能用于生成未来的年度预测。模型校验需要与决策者确认出行预测过程的可信度（Barton-Aschman and Cambridge Systematics，1997）。

该手册指出，为了评估更复杂的政策行动，出行建模过程在过去几年中经历了许多变化。这些模型的开发人员需要权衡提高模型精确性的可置信度与数据收集成本和检验模型所需的工作。模型可靠性的测试或检查可以包括简单评估模型输出的合理性，也可以覆盖复杂的统计技术。

该手册指出，由于开发和校准出行模型而产生的误差有几个来源，包括：在基准年测量数据过程中存在的测量误差；抽样误差，例如在从总体中选择一组观测的过程中引入的偏差；由于模型结构不合理导致的规格误差，如遗漏相关变量；当为一个区域开发的模型或参数应用于不同的模型或参数时的传递错误；还有就是在需要对个体（或家庭）群体进行预测时需要在个体层面建模产生的聚合错误。

该手册对建模过程中错误传播可能性提出了担忧，在建模过程中，分配结果往往包含比过程中早先步骤（如行程分布）更多的错误（图 15-1）。

该手册还讨论检验技术和模型参数合理性检查，以及对每种出行模型要素的输出，包括：土地使用和社会经济数据、交通网络定义、出行产生、行程分配、方式选择、时间/方向划分参数和交通分配。该手册建立在路段流量最大化、最理想的条件之上（图 15-2）。

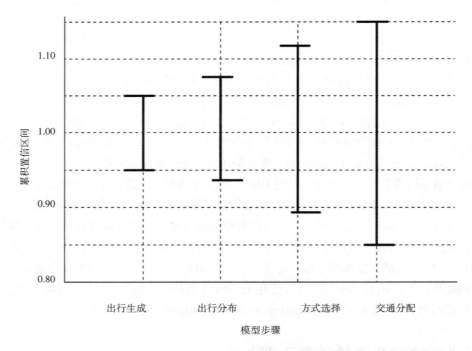

图 15-1　模型检验中复合误差的影响

资料来源：Barton-Aschman and Cambridge Systematics（1997）

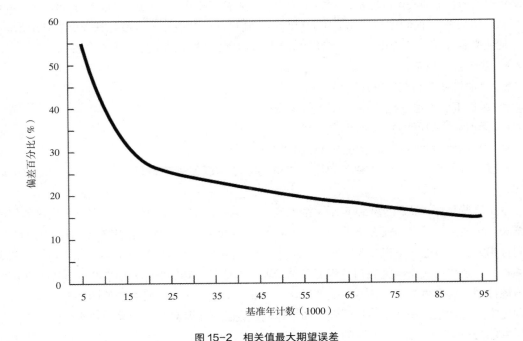

图 15-2　相关值最大期望误差

资料来源：Barton-Aschman and Cambridge Systematics（1997）

2010 年对该手册进行了更新。修订后的手册更新了影响出行模型的潜在误差来源，包括：模型赋值误差，模型聚合误差，模型估计数据误差，数据输入误差和数据验证误差。验证出行模型的主要问题是输入收集数据或用于验证的历史数据中固有的错误（Cambridge Systematics，2010）。

更新的手册涉及四大类检验内容：基准年模型结果与观察结果的比较；模型波动验证，将模型结果与模型估计中未使用的数据进行比较，进行模型灵敏度测试；以及合理性和逻辑检查。文中还讨论了模型参数的检测技术和对每个出行模型输出元素的合理性检查。更新手册包含比早期手册更全面的合理性检查以及显示结果的新技术。最后一章讨论了模型检验存档在整体模型验证过程中的重要性。

犹他愿景

盐湖城地区的人口增长率以每年 2% ~ 4% 的速度增长，车辆行驶里程数增加了 2 ~ 3 倍。为了适应这种增长，必须花费大量资金用于交通基础设施建设和维护，以满足需求。犹他州没有区域政府，土地使用规划被公众投票否决，地方控制和私有财产权的文化已经深深植根于其政治文化中。为了填补长期土地利用规划的空白，犹他愿景成立于 1997 年，是一家评估犹他州增长问题的非营利性公司。犹他愿景启动了一个项目，为该地区的交通和增长树立了明确的公民观点。犹他州交通局和犹他州交通运输管理局都和他们有合作关系，该公司资金的 85% 来自私人机构。

犹他愿景认识到土地使用决策是由当地承担的，针对这种增长现状，犹他愿景建立了一种制定战略方法；即制定战略的过程自下而上，强调广泛的公众参与，通过教育和游说，调动所有利益相关者。他们还与当地工作人员合作，让广泛的利益相关者参与到发展规划中来。

犹他愿景在其公共调查收到了 17000 份回复，其公共调查结果形成了 6 个目标：

- 改善空气质量；
- 增加机动性和交通方式选择；
- 保护重要土地，包括农业和敏感的战略开放土地；
- 保护和维护可用的水资源；
- 为各等级和收入类型家庭提供住房机会；
- 最大限度地提高公共和基础设施投资的效率，以促进其他目标……（Envision Utah，2000）

基于这些目标，犹他愿景制定了一系列流程，以确定增长可能发生的地点以及应该如何适应增长。犹他愿景的"沟通金字塔"（图 15-3）包括四个群体，这些群体应该参与规划过程：区域利益相关者、当地利益相关者（如市长、议员）、活跃公民（有时候参加会议并始终投票和参加调查）以及普通大众。区域利益相关者包括类似土地所有者等群体，他们会受到影响并可能实施该计划。这个群体也应该尽可能多样化。商业领袖被认为是非常有价值的，因为他们希望看到更宏大的远景——生活质量问题，如果他们被说认可了某种发展愿景，那么政治家们通常会同意他们的看法。为了让活跃的公民和普通公众参与，来自公民家乡的市长发送亲自签署的邀请函给居民，邀请他们参加情景规划研讨会是非常有效的，甚至比普通广告更有效。

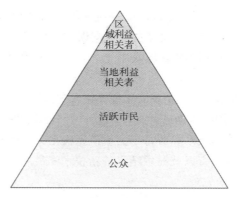

图 15-3 犹他愿景联系金字塔
资料来源：Envision Utah，2000

犹他愿景制定的规划侧重于瓦萨奇河谷内的次区域，每个地方政府都将该规划作为其总体规划的补充。超过 2000 人参加了在 10 个县范围内举办的研讨会。工作研讨会采用了代表各种密度可能性的片区组（紧凑型和步行式组团，高密度的混合组团，代表当前趋势的部分地区紧凑型开发组团，以及低密度组团，犹他愿景以图像形式向参与者展示每种类型的片区将会是什么样子），以适应该地区未来几十年的增长的多种可能情景。然后将每种类型的地图放入 GIS 中，为该地区的地图创建密度层。并将这些地图分组，以代表该地区四种不同的增长愿景。最后生成这些增长愿景的图像和地图，并通过视频、邮件、报纸插页和民意调查将其反馈给公众。

有了这些信息，大多数人更喜欢将充分开发、再度开发、新开发的土地上的增长表述为步行友好的、公共交通导向的社区。一旦这种公民观点变得清晰，地方工作人员就能够看到他们的公民想要什么。因为情景规划方法相当于是从基层的角度收集了愿景并对其进行了改进，所以没有必要为其辩护，因为它已经有了广泛的支持。参与投票的支持者很多，以决定性的优势压倒了声音很大但是数量很少的反对者。

《快速响应货运手册》

运输管理规划的联邦法律和条例要求各州和大都市区规划机构（MPOs）在其长期规划、交通改善规划和年度工作内容中加入货运的内容。然而，大多数这些机构更多地考虑客运而不是货运方面。此外，这些机构难以获得货运数据，特别是关于卡车的数据。从历史上看，解决货运生成和货流的模型很复杂，难以获取数据。为了填补这一空白并提高规划机构货运规划的能力，需要制定《货运规划手册》（Cambridge Systematics Inc.，1996）。

《快速响应货运手册》旨在提供货运系统的背景信息和影响货运需求的因素。它提供了有关当地和其他数据来源和预测的信息。该手册提供了从简单到复杂的不同方法来预测特定设施的货运需求。它包括可用于开发货运车辆行程表的可转移参数。它涵盖了区域仓库、卡车码头、多式联运设施等出行产生技术和可移植参数。

该手册协助制定各种交通分析区生成的出行预测并进行交通分配。手册中包含的分析方法特别强调包含可移植参数，当可用于特定的州或都市区的数据时，可移植参数可用作模型输入的默认值。在开发这些方法时，应考虑产生这些参数的情况，例如地理位置或工业功能。本手册还确定了替代方案分析方法和数据收集技术，以提高货运分析和规划过程的准确性。

附录包含有关影响货运需求因素的有用信息；货运需求预测研究；货运数据来源；调查程序的描述；统计预测技术；运输成本估算；方式转移和相关模型的描述；实例探究；和公共机构的信息需求。本手册旨在支持一系列规划，包括战略和政策规划，全州或区域系统规划以及更详细的项目级分析。

该手册由联邦公路管理署再版（Cambridge Systematics，Inc.，1996）和更新（Beagan et al.，2007）。

环境敏感性设计

到 20 世纪 90 年代中期，美国各地的大量公路项目都被大幅推迟或停止，不是因为缺乏资金，也不是因为交通需求不迫切，而是对拟议的解决方案无法满足社区和其他非交通需求而感到不满。公众和地方工作人员不仅开始质疑项目的设计或硬件特征，而且还开始质疑许多机构提出的基本前提或假设。出于这种担忧，出现了一种开发传统公路项目的新方法，称为"环境敏感设计"。

这种方法建立在国家环境政策制定 30 年的历史基础上，这段历史表明了对公众关心和对交通项目影响的响应。从 1969 年开始，1969 年《国家环境政策法案》（NEPA）要求执行联邦资助项目的机构全面分析他们对自然和人类环境资源的影响。1991 年，国会强调联邦承诺保护历史、风景和文化资源，作为 ISTEA 的一部分。该法第 1016（a）节规定，只有在项目按照适当的标准设计或者允许采取缓解措施来保护这些资源时，才能批准这些影响历史文化景区或风景名胜景区的交通运输项目（Neumanet al.，2002）。

1995 年，《国家公路系统设计法案》强调了公路设计的灵活性，以进一步促进历史、风景和美学资源的保护。该法案为交通改善提供援助资金，并支持申请修改设计标准，以保护重要的历史和风景资源。此外，该法案将这些考虑因素扩展到非国家公路系统上的联邦政府资助的交通项目（Neumanet al.，2002）。

1997 年 7 月，联邦公路署与美国国家公路和交通运输工作者协会等几个相关的利益集团合作，发布了《公路设计的灵活性》（Flexibility in Highway Design）（U.S. Department of Transportation，1997c）。本设计指南描述了如何在保持和增强邻近土地利用或社区环境的同时改善公路。指南示范了公路设计师如何能够设计出充分考虑美学、历史和风景价值的道路项目，同时满足安全性和机动性的考虑，指南完全超越了保守地使用《公路和街道几何设计原则》（A Policy on the Geometric Design of Highways and Streets）一书（美国国家公路和交通运输工作者协会绿皮书）。

1998 年 5 月，马里兰州交通运输部门举办了一次名为"路面铺装之外的思考"的研讨会，汇集了州和联邦工作人员、学术界人士和公众，讨论如何在保持安全的同时将道路发展与社区和环境融为一体。会议还重点讨论了将环境敏感设计实践转变为交通设计主流的方法（Maryland Department of Transportation，1998）。

环境敏感设计强调了四个关键要素。它从一开始就积极寻求公众参与。它创建了满足特定站点需求的设计，而不是尝试使用集中的、标准化解决方案，环境敏感设计认识到不同的社区可能有不同的价值观和优先级。通过聘请景观设计师、规划师和建筑师，集合不同行业的专业人员贡献自己的技能来开发创意设计解决方案。环境敏感设计利用当前设计指南中包含的灵活性来平衡安全和容量与环境、文化和历史问题（Moler，2002）。

康涅狄格州、肯塔基州、马里兰州、明尼苏达州和犹他州五个州被选中与联邦公路管理署合作进行试点。联邦公路管理署和五个试点州一起定义环境敏感设计原则和实践，并将此制度化。试点活动进行了政策回顾、培训和其他活动，并在国家会议和大会上与其他美国国家公路和交通运输工作者协会成员分享了结果。

《21 世纪交通公平法案》（《冰茶法案》）

1998 年 6 月 9 日克林顿总统签署的《21 世纪交通公平法案》（TEA-21）是在 1991 年《多式联运地面运输效率法案》（ISTEA）政策和项目成功建立的基础上发展起来的。TEA-21 在 1998—2003 财政年度财政批准了 1980 亿美元的地面运输投资，用于道路、道路安全、公共交通和其他地面运输项目。法案继续了所有主要的 ISTEA 计划，并增加了一些新项目，以应对具体的安全、经济、环境和社区挑战。

在匆忙将法案提交国会的过程中，出现了一些技术错误，一些关键的安全条款也在无意中被删除了。与 ISTEA 从未颁布技术修正法案的经验不同，国会于 1998 年 7 月 22 日迅速通过了《21 世纪交通公平法案》的技术修正法案，即《TEA-21 修正法案》，该法案成为 TEA-21 的一部分。

虽然《21 世纪交通公平法案》保留了 ISTEA 建立的基本结构，但确实包含了一些重要的变化。TEA-21 的两个最重要的成就是：一是保证资金以及 ISTEA 创建的环境规划的继续和扩展；二是《21 世纪交通公平法案》还加强了规划要求，扩大了灵活的资金供应，并更加注重安全问题。它包括一些新的方案措施，例如为过境和贸易走廊活动提供资金，以应对具体挑战。《21 世纪交通公平法案》条文继续倡议雇用妇女和少数民族、支持残疾人企业，以及开展劳动保护，如戴维斯-培根（Davis-Bacon）主导的工资保障等劳工保护进行特别规定。

法案第一章联邦援助道路，通过增强联邦援助资金的灵活性，推动广泛的地面交通发展，项目类型包括城市公共交通和城际公共交通，以及基于基础设施的智能交通系统设施改善，继续并加强了《多式联运地面运输效率法案》的多式联运。推动了都市地区和各州的规划进程，货运客运在这些规划过程中开始占有一席之地。法案延续了《多式联运地面运输效率法案》创建的环境计划，例如预留的交通改进措施以及拥堵减缓和空气质量改善计划，使一些额外的项目有资格获得资助，例如减轻对自然栖息地的影响，并为维护现有系统提供了大量资金（U.S. Department of Transportation，1998）。

《21 世纪交通公平法案》（TEA-21）大幅增加了对若干核心计划的投资。国家公路系统（NHS）是为主要人口中心服务的 163000 英里的乡村和城市道路，1998—2003 财政年度的授权额为 286 亿美元。资金拨付将根据每个州的主要干道（不包括在州际公路）上行驶的车辆里程，在州公路上使用的柴油燃料以及人均主干道里程。一旦项目可行性研究完成，TEA-21 要求将国会要求的高优先级走廊纳入其中。项目资格扩大到包括减轻自然栖息地的影响，城市公共交通和城际公共交通终点站，以及改善基于基础设施的智能交通系统的固定设施。46000 英里的州际系统在国家公路系统内保留了其独立的标识。

在 1998—2003 财政年度，法案保留并批准了州际维护计划，金额为 238 亿美元。重建工作开始恢复并有资格获得联邦援助，但单乘车辆（SOV）车道仍然没有纳入计划。资金将根据每个州开放的州际公路的车道英里数，州际公路交通量，在州际公路上行驶的车公里数以及商业车辆对公路信托基金的公路账户的贡献来分配。

地面交通计划（STP）授权 333 亿美元，提供灵活的资金，可供各州和地方用于任何联邦援助道路上的项目，包括国家公路系统，任何公共道路上的桥梁项目，公共交通资本项目和公共交通总站和设施。《冰茶法案》扩大和澄清了符合条件的项目，包括一些环境条款，如减轻自然栖息地影响的项目，减少极端寒冷的项目，环境恢复和减少污染项目，以及满足《美国残疾人法案》的人行道改建项目，基于智能交通系统的资本改善的基础设施项目，以及私人城际公共交通终点站和设施项目。

地面运输项目资金将根据每个州的联邦援助道路的车道里程数，在这些联邦援助道路上行驶的车辆总里程数以及对公路信托基金（HTF）账户的预估分摊额在各州之间分配。《冰茶法案》为人口超过 20 万人的城市化地区的预留了专门经费，这些资金必须分两次以 3 年期的增量进行提供，而不是像 ISTEA 那样规定的一个 6 年期进行拨付。在各州可用的金额中，州政府必须在人口少于 5000 的地区使用一定数额（基于 1991 财政年度的联邦援助中等计划资金）。这一数额每年约为 5.9 亿美元，并且 15% 的金额可以用于乡村低等级集散道路项目。

地面运输项目资金中的 10% 用于安全相关的建筑活动。由于地面运输项目计划的大幅增加，这一专项资金将在 6 年期间接近 37 亿美元。这些资金可用于铁路—公路平交口项目和灾害消除项目。此外，灾害消除计划资金可用于州际公路、公共交通设施、公共自行车道或步道，以及交通稳静化项目。项目资助资格范围广泛，包括改善自行车道和自行车安全项目。

地面交通计划（STP）资金的另外 10% 继续用于改善交通状况，所得资金（包括公路股票基金）近 37 亿美元，用于改善社区的文化、美学和环境质量。

公路大桥新建和修复计划（HBRRP）在 6 年期间获得 204 亿美元的拨款，以帮助各州更新或修复有缺陷的公路桥梁和位于任何公共道路上的桥梁进行抗震改造。分配公式和方案要求基本没有变化，除了资格扩大到涵盖防冰和除冰的应用以及冲刷对策设施的安装，这两者都将延长桥梁的使用寿命。在提供的总数中，预留了 5.25 亿美元用于高成本桥梁项目，其中一部分用于抗震改造。关于木桥和印第安保护道路桥梁要求继续不少于 15% 或超过 35% 的州资金在系统外使用。该法案继续允许将高达 50% 的拨款分配转移到其他主要地面运输项目，但增加了一项新规定，转移的金额将从未来的拨款中扣除。

缓解交通拥堵和空气质量改善项目作为一个单独的计划继续执行，在 6 年期间，资金增加了约 35%，达到 81 亿美元。该计划帮助社区达到健康空气的国家标准。

由于自然灾害，每年向州和地方政府提供的紧急救济金额为 1 亿美元，用于道路损坏修复。TEA-21 授权 41 亿美元用于联邦土地公路，1.48 亿美元用于改善风景或历史文化地区的道路，2.7 亿美元用于建造和维护休闲小径。《冰茶法案》还提供了 2.2 亿美元用于建造渡轮和渡轮码头，其中大部分拨付给阿拉斯加、新泽西和华盛顿。

《冰茶法案》扩大了规定，使骑自行车和步行成为更安全，更可行的出行方式。建设自行车基础设施和人行道以及与安全自行车使用相关的非建设项目的资金来源包括国家公路系统（NHS）、地面交通计划（STP）基金、改善交通运输行动（每个州年度 STP 资金的 10%）、减缓拥堵和改善空气质量（CMAQ）计划资金、消除危害、休闲步道、风景小道和联邦土地公路基金。

《冰茶法案》建立了两个新计划，有助于确保国家持续的交通运输优势，并使美国在世界市场上保持有效竞争力。边境口岸和贸易走廊方案将提供 7 亿美元用于支持贸易和改善边境安全，并设计和建造具有国家意义的走廊。

法案保留了大都市区和州的规划过程的总体结构，以及制定交通改善规划（大都市区的 TIP 和州一级的 STIP）以及大都市和州级的长期规划要求。但是，《冰茶法案》简化了大都市区和全州的运输规划流程，特别关注了货运汽车运输公司的利益。

《冰茶法案》将《多式联运地面运输效率法案》要求的远期规划因素列表整合成 7 个广泛的领域，这些领域必须在大都市和全州的交通规划过程中加以考虑：

- 支持大都市区的经济活力（对于全州范围的计划关注美国、州和大都市区的活力），特别是增强全球竞争力，生产力和效率；
- 提高机动和非机动用户的交通安全性；
- 增加客货运的可达性和移动性；
- 保护和改善环境，促进节约能源，提高生活质量；
- 加强全州客货运系统的多模式整合和连通性；
- 促进有效的系统管理和运营；
- 强调现有的交通系统的保护。

规划条款的另一个变化是，规划忽视遗漏了任何考虑因素，法院都将不能审查。尽管存在激烈争议，但仍保留了财政限制条款。

法案第 1210 节，先进的出行预测程序，为交通仿真和分析系统（TRANSIMS）的核心开发提供资金，以用户友好的界面包装，为用户提供培训和技术支持。从 2000 年开始，该法案还为有限数量的城市地区提供了成本分摊的财政支持，以便将现有的预测程序转变为 TRANSIMS。《冰茶法案》为这项工作拨款 2500 万美元。

新近制定的磁悬浮运输技术部署计划获得近 10 亿美元的授权，旨在鼓励建造采用磁悬浮运营的交通系统。

《冰茶法案》创建了一个新项目——交通社区和系统保护试点项目，以帮助州和地方政府规划环保发展。该计划的创建是为了响应对"精明增长"政策日益增长的兴趣，这些政策鼓励投资维护现有基础设施而不是支持新建。该试点计划的关键目的是制定创新的社区，通过地方、大都市、州或地区战略，来提高交通运输系统的效率，最大限度地减少对环境的影响，并减少对昂贵的公共基础设施投资的需求。

为应对与环境要求相关的各种拖延，《冰茶法案》创建了一项环境简化试点计划，旨在减少项目审查中的繁文缛节和多余的文书工作，同时不影响环境保护。 TEA-21 还取消了单独的重大投资研究要求，并要求部长与其他机构合作，以简化环境审查程序。

《冰茶法案》为 1800 多个高优先级公路和地面运输项目提供了资金，授权超过 90 亿美元，另外还有与这个数值接近的公共交通授权项目。

法案建立了一个新的州立基础设施银行（SIB）试点计划，根据该计划，四个州——加利福尼亚州、佛罗里达州、密苏里州和罗得岛州被授权与部长签订合作协议，设立基础设施周转资金。

法案第 E 章，《1998 年交通基础设施融资和创新法案》，创建了一项新的 5.3 亿美元信贷援助计划，用 106 亿美元帮助建设具有国家重要性的项目，如多式联运设施、交通基础设施和扩大多州公路贸易走廊。

第 2 章为道路安全，该章增加了安全资金授权，为各种安全相关工作提供更大的资金使用灵活性，并直接创建有关消除不良行为的新计划，如醉酒驾驶和未使用安全带，消除这些不良行为是众所周知拯救生命的行动。道路安全计划侧重于三个关键领域：驾驶员行为、道路设计和车辆标准。

《冰茶法案》巩固了行为和道路及社区道路安全授权公式项目，并在 6 年期间提供了 9.325 亿美元。各州和社区至少有 40% 的资金用于解决当地的交通安全问题。

《冰茶法案》授权 5.83 亿美元用于促进安全带和儿童安全座椅的使用。 TEA-21 还包括一个紧凑的时间表，用于开发和实施先进的气囊技术，保护儿童和矮小成人，同时保护其他人的利益。

《冰茶法案》还制定了一项耗资 5 亿美元的激励计划，鼓励各州采取严格的血液酒精浓度为 0.08 作为酒驾标准。另有 2.19 亿美元的赠款用于鼓励分级许可和其他替代战略。还制定了针对重复性醉酒驾驶员和禁止在车内存放开敞酒精容器的新措施。

此外，该法还为一项鼓励各州改善道路安全数据的新计划提供了 3200 万美元的援助。

法案第 3 章，联邦交通管理项目，授权 410 亿美元用于公共交通。它继续并增加对新的公共交通系统和现有系统扩展的资金，以及城市化区域公式赠款项目，公式补助金还用于城市化区域以外的以及老年人和残疾人的公式补助金。

《冰茶法案》授权 199.7 亿美元通过公式授权乡村交通无障碍计划、提供资金帮助公有和私人公交运营商遵守可达性要求、推动清洁燃料计划和专项援助阿拉斯加铁路。其中 180 亿美元用于城市公式补助计划，该数额的 1% 必须用于新创建的交通改善活动。乡村公式补助计划的授权额为 12 亿美元。尽管对较大的城市化地区（超过 20 万个）的运营援助不再纳入联邦援助的活动范围，但是资本项目的定义已扩大到包括预防性维护项目，其中包括以前属于运营援助类别的许多项目。针对老年人和残疾人的特殊需求的公共补助计划获得 6 年期 4.56 亿美元的授权。

《冰茶法案》延续了三大资本投资计划的现有计划结构：新建项目、固定导轨现代化以及公共汽车和公共汽车相关设施。新的固定导轨交通系统获得了 80 多亿美元的授权；65.9 亿美元用于轨道交通现代化，总计 35.5 亿美元用于公共汽车和公共汽车相关设施。

公共交通项目受到与道路相同的大都市和全州规划要求的约束。雇主支付的免税公共交通费用福利从每月 65 美元增加到 100 美元，促进了公共交通乘客的增长，并使其与私人汽车驾驶人员的福利更加平等。

根据清洁燃料公式拨款计划，《冰茶法案》授权 5 亿美元帮助运输运营商购买低排放公共交通车和相关设备，并改建车库设施以容纳清洁燃料车辆。TEA 21 还提供 2.5 亿美元拨款，与私人资金相配套使用，用于开发清洁、省油的卡车和其他重型车辆。

《冰茶法案》提出了 7.5 亿美元的就业准入和反向通勤计划，以帮助低收入工人和那些从领取福利转向工作的人。

第 4 章，汽车运输公司安全，该章重组了国家汽车运输公司安全计划，使各州能够根据自己的需求量身定制解决方案，并继续以 5.79 亿美元授权的汽车运输公司安全援助计划，以支持国家强化对商用汽车安全的强制要求。

第 5 章，交通研究，建立了一个战略规划过程，以确定地面运输的国家研究和技术发展优先事项，并为交通研究、开发和技术转让活动提供了 5.92 亿美元。

《冰茶法案》还为技术创新部署计划和伙伴关系计划授权 2.5 亿美元，旨在加速采用创新技术。其中近一半的目标是创新桥梁研究和建设计划，该计划旨在展示创新材料技术在桥梁建设中的应用。

运输统计署获得 1.86 亿美元援助资金，用于在运输统计署的新职责中，支持诸如商品流研究和交通在支持贸易中的作用等活动。援助将持续并扩大。

大学交通中心继续扩大，10 个有竞争力新区域中心入选成为该法案中，大学区域中心达到 23 个。

法案除了澄清主要计划资金可用于智能交通系统（ITS）资本改进外，还授权 12.8 亿美元用于开发和部署先进的 ITS 技术，以改善安全性、移动性和货运。

第 6 章为臭氧和颗粒物质标准，全额资助美国环保署根据 1997 年《清洁空气法案》颁布的臭氧和颗粒物修订标准开展的细颗粒网络监测，并建立新的细颗粒物标准。

第 7 章为其他相关内容，包括根据 1994 年的《斯威夫特铁路发展法案》中制定方案，重新授权现有的高速铁路发展计划，总计 4000 万美元用于走廊规划，1 亿美元用于技术改进。

新的轻轨线试点计划获得 1.05 亿美元的授权。此外，还建立了新的铁路修复和改善融资计划，通过直接贷款和贷款担保向铁路资本改善的多式联运和铁路项目的公共或私人赞助商提供信贷援助。融资计划没有直接授权联邦资金，但部长承诺有权接受非联邦来源资金，为所需的信用风险提供担保。直接贷款和贷款担保的未偿还本金总额在任何时候都不得超过 35 亿美元，其中不少于 10 亿美元必须仅为第一类汽车运输公司提供。

第 8 章，交通可自行裁量的支出保证和预算补偿，为道路和公共交通可自行裁量的支出建立了新的预算类别，有效地在道路和公共交通计划与所有其他国内自行裁量项目之间创建了预算"防火墙"。现在，如果要道路或公共交通支出减少，其他国内项目的支出也无法相应增加，从而消除了限制交通支出的主要动力。道路的"防火墙"数量与公路信托基金公路账户的预计收入密切相关，估计 6 年期间的总额为 1575 亿美元，另有 44.3 亿美元的道路资金免征税收，使道路的保证金总额达到 1619.5 亿美元。公共交通保证资金只有一个组成部分，即防火墙金额，在 6 年期间设定的金额略高于 360 亿美元。《冰茶法案》授权另外 50 亿美元用于公共交通，150 亿美元用于超出保证资金水平的道路。

第 9 章，1986 年国内税收法修正案，在 2005 财政年度将现有的每加仑汽油税增加 18.3 美分，公路信托基金公共交通账户的税收份额设定为 2.86 美分。之前为减少赤字而预留的每加仑 4.3 美分可用于交通相关项目。

新泽西州的公共交通城镇倡议

1999 年，新泽西公共交通（NJ Transit）与多家机构，包括区域计划协会、公共空间项目、新泽西州未来、新泽西市中心、罗格斯大学和新泽西州规划办公室开展合作，为新泽西州社区规划援助试点计划创建了公共交通友好社区。这些组织协助 NJ Transit 以竞争性的方式选择市政当局，在火车站及其周边地区发展以社区为基础的实现对公共交通交通友好型开发（具有大量住宅部分的紧凑型混合用地开发项目）。11 个城市参与了这一初步计划，包括贝永（Bayonne）、哈肯萨克（Hackensack）、希尔斯代尔（Hillsdale）、霍博肯（Hoboken）、马塔万（Matawan）、帕尔迈拉（Palmyra）、普兰菲尔德（Plainfield）、雷德班克（Red Bank）、里弗顿（Riverton）、拉瑟福德（Rutherford）和特伦顿（Trenton）（New Jersey Department of Transportation，2012）。

2002 年 3 月，新泽西公共交通（NJ Transit）举办了第一次全州会议"用公共交通建设更好的社区——精明增长设计和规划策略"，重点讨论公共交通友好型土地利用的愿景、规划和发展。NJ Transit 发布了主题为建设更好的公共交通社区的项目摘要报告，该报告指出了公共交通社区在 11 个试点城市中普遍适用，并总结了对公共交通友好的土地利用最佳做法和经验教训。

新泽西州交通运输部和新泽西州交通局决定作为公共交通城镇计划，继续推行这项计划。公共交通城镇倡议以公共交通为导向的开发模式（TOD）的设计标准，为市政当局重建或振兴交通站周边地区创造了激励机制。TOD 帮助市政当局创造了有吸引力的、适合行人的社区，人们可以在这里居住、购物、工作和娱乐，而不依赖汽车。除了社区振兴之外，公共交通城镇倡议还试图通过增加公共交通乘客量来减少交通拥堵并改善空气质量。该计划的重点是在交通设施的步行距离内增加住宅选择；通常半径半英里，比其他任何类型的开发都更有效地增加了公共交通乘客量。公共交通城镇倡议的目标是将更多的住房、企业和人员集中在公共交通站周围的社区。公共交通城镇倡议鼓励在基础设施和公共交通已经存在的地区实现增长。到 2012 年，政府命名了 24 个公共交通城镇。

市政当局必须采取一系列措施才能获得公共交通城镇的名称，包括：确定现有的公共交通；表明市政增长的意愿；采用以公共交通为导向的开发和再开发计划，或进行 TOD 分区条例，其中包括支持公共交通发展的场地设计指南，支持公共交通发展的建筑设计指南和停车规定；识别特定的 TOD 站点和项目，包括公共交通城镇的经济适用房；确定自行车和行人设施的改善；确定在公共交通车站站附近"场所营造"的努力，并建立相应的管理组织。

公共交通城镇的范围由位于公共交通站点周围半英里半径内区域组成。为了被命名为公共交通城镇，市政当局必须明确记载该区域内有多个 TOD 项目。

混合用途开发的特点是在单一建筑或邻近社区中存在多种用途的开发。混合用途开发的目标是在商店、办公、餐馆、娱乐和文化中心的步行范围内增加住房机会。通过增加行人活动的机会，减少对汽车的依赖，减少交通拥堵和污染，促进当地经济，改善安全感。

任何获得公共交通城镇命名的城市都有资格申请资助。符合申请条件的项目包括自行车 / 人行道和车道、自行车路线标志、自行车停放和存储、公共交通车站的改善、历史火车站的改造、交通流量改善 / 信号联动和交通稳静化措施（New Jersey Department of Transportation，2010）。

从领取福利到就业：工作可达性和反向通勤项目

1996 年 8 月，克林顿总统签署了《个人责任工作机会协调法案》，开创了社会福利政策的新纪元。改革的主要内容是取消对有子女家庭的援助计划，取而代之的是对贫困家庭的临时援助。该法案为各州提供年度整笔拨款，并在计划制定和实施方面拥有广泛的自由度。就业是该法案要求福利受益人作为接受公共援助的条件。而寻找和维持就业的最重要障碍之一是缺乏交通（U.S. Department of Transportation，2000c）。

工作可达性和反向通勤项目（JARC）由《冰茶法案》的第 3037 节创建，其目的是开发新的交通服务，旨在将福利接受者和低收入者运送到就业、培训和儿童保育地点，并为城市中心和乡村及郊区居民提供公共交通服务，以提高郊区就业机会。项目的重点放在使用大规模公共交通服务上。

工作可达性和反向通勤项目（JARC）拨款可用于资助与提供就业机会相关的设备、设施和相关设施维护的资本项目和运营支出项目；提高非传统工作时间工人对公共交通的使用；推动适当的企业向福利接受者和符合条件的低收入者提供公共交通代金券；促进使用雇主提供的交通，包括公共交通通行证福利计划。JARC 资金按照以下方式分配：人口超过 20 万人的地区比例为 60%；20 万人口以下地区占 20%；非城市化地区占 20%。联邦与当地的资金份额各占 50%。

符合条件的工作可达性和反向通勤项目受助人包括当地政府部门和机构以及非营利实体。大都市区规划组织作为交通规划和其他服务的区域机构，可以改善当地公共和私营机构之间的协调，是大都市区制定区域性的从福利到工作的交通方案的机构。

交通运输部预计工作可达性和反向通勤项目拨款计划将成为扩大交通规划流程的催化剂，可以更好地整合就业和社会公平因素。

佐治亚地区交通局

佐治亚地区交通管理局（GRTA）是由州议会于 1999 年设立的，旨在解决亚特兰大地区爆炸式增长所带来的问题。随着亚特兰大的扩张，越来越难以绕过该地区。在全美大部分主要城市中,亚特兰大人均每天行驶近 32 英里。亚特兰大地区的开发每天消耗约 50 英亩的绿地。1990—1996 年,该地区的人口增加了约 16%,而建成区的土地数量增加了 47%。

由于未能达到国家环境空气质量标准,在亚特兰大 13 县城区内被限制使用联邦资金用于新公路项目,这使得亚特兰大本已严重的问题达到了危机的程度。1998 年,由于国家对亚特兰大空气污染和交通问题的限制的公示,亚特兰大地铁商会建议州建立一个拥有广泛权力的新权力机构来应对地方政府面临的困境(Geogia Regional Transportation Authority,2003)。

该机构负责治理亚特兰大大都会地区的空气污染、交通拥堵和发展规划的缺失。由于该州的其他地区均未达到国家环境空气质量标准,它们也属于佐治亚地区交通管理局的管理范围。佐治亚地区交通管理局的成立是为了确保亚特兰大都市能够维持其经济增长,同时保持生活质量,使该地区对企业和工人具有吸引力。

意识到交通和其他与增长相关的问题必须在区域基础上解决,立法机构授予佐治亚地区交通管理局广泛的权力,这使佐治亚地区交通管理局能够在与地方政府的交往中使用"软硬兼施"的策略。佐治亚地区交通管理局可以发行 10 亿美元的收益债券和 10 亿美元的一般债务债券,后者必须经大会特别会议批准。管理局可以协助地方政府为公共交通或其他项目提供资金,以减轻空气污染。该地区的陆地运输计划也需要佐治亚地区交通管理局董事会批准,并且联邦或州政府资金用于与主要开发项目相关的交通项目,如大型社区或商业建筑,这些项目影响着亚特兰大地区的交通系统。地方政府可以以 3/4 "绝对多数"推翻佐治亚地区交通管理局对建设项目使用运输资金的否决权,15 名佐治亚地区交通管理局董事会成员也担任州长发展委员会成员,并以此身份负责确保地方政府满足州土地利用规划要求(Geogia Regional Transportation Authority,2003)。

1999 年 6 月,州交通运输部审理了一项诉讼,该诉讼由佐治亚水利局、塞拉俱乐部(Sierra Club)和佐治亚公民提出,对佐治亚区域交通管理局 13 个县的 61 条道路替代项目提出质疑。根据和解协议的条款,只有 17 个项目可以推进,直到该地区的运输计划符合空气质量标准。ARC 于 2000 年 3 月采纳了这一计划,佐治亚地区交通管理局董事会随后批准了该计划,该计划的失效时间是 2000 年 7 月 25 日。

交通拥堵管理系统

交通量的增长使国家和地方政府通过提升道路能力加快缓解交通堵塞。为了管理大都市区域内的拥堵,创建了交通拥堵管理系统(CMS)作为解决交通流量和人员出行增长的方法。交通拥堵管理系统是《多式联运地面运输效率法案》(ISTEA)要求的管理系统之一。尽管其他管理系统是被《NHS 指定法案》确定为选择性的,但一个拥有超过 20 万人口且被归类为交通管理区域(TMA)的大都市区规划机构(MPOs)仍然要求建立拥堵管理系统。

拥堵管理系统是一个系统的过程,用于定义社区可接受的拥塞程度;制定拥堵的绩效指标;确定管理拥堵的替代战略;优先为这些战略提供资金并评估这些行动的有效性。交通拥堵管理系统包括监测和评估绩效,确定替代行动,评估和实施具有成本效益的行动以及评估已实施行动的有效性的方法。交通拥堵管理系统的核心是拥堵管理,包括用于数据收集和性能监控的系统,用于确定何时需要采取行动的性能指标或标准,用于解决拥堵的一系列策略,以及用于确定哪些拥堵管理策略最有效地缓解系统拥堵和增强流动性。

在臭氧或一氧化碳不达标区域的交通管理区域中，联邦指南禁止增加单乘车辆（SOV）道路设施的项目，除非该项目来自交通拥堵管理系统。交通拥堵管理系统对走廊的所有合理（包括多式联运）出行需求减少和运营管理策略提供了适当的分析，其中提出了一个可以显著提高单乘车辆车均载客人数的项目（表 15-1）。如果分析表明减少出行需求和运营管理策略无法完全满足走廊中额外容量的需求，那么交通拥堵管理系统将确定所有合理的策略来有效管理单乘车辆设施。作为交通拥堵管理系统的一部分的单乘车辆项目必须包括运营管理和减少出行需求策略，以有效地管理这些设施，以便在设施建成后系统性能不恶化（U.S. Department of Transportation，1995）。

从广泛的角度来看，大城市地区的交通拥堵管理系统关键是监控和分析整个运输系统的性能，而不是狭义衡量的一种或另一种特定模式的性能。绩效是根据拥堵减缓和其他国家和地方选择的绩效指标来衡量的。交通拥堵管理系统产生的策略被纳入长期运输计划和交通改善规划（TIP）。尽管交通拥堵管理系统是大都市规划机构的责任，但运输运营管理人员的专业知识对于制定和评估拥堵缓解策略至关重要。由于交通拥堵管理系统通常被认为是一系列不同的策略，因此通常可供各种利益相关者使用。

各州和大都市规划机构在实施其交通拥堵管理系统方面采用了各种做法。自交通拥堵管理系统要求提出以来，实践活动不断发展。从基于量的措施转向基于出行时间的措施。通过使用 GPS 和 GIS 应用程序等技术进步以及协调使用智能交通系统基础设施收集交通运营数据的各州交通运输部门和交通管理中心创造了收集更多数据并更具成本效益的机会。收集的数据和为交通拥堵管理系统确定的战略有助于实现其他区域目标，例如改进非机动出行方式的计划、货运、安全和应急管理。交通拥堵问题的严重程度和大都市规划机构的规模也影响了可用于交通拥堵管理系统活动的资源水平（Grant and Fung，2005）。

但是，由于多种原因，交通拥堵管理系统流程在某些地区被边缘化。大量的数据收集活动使一些利益相关者远离交通拥堵管理系统流程。交通拥堵管理系统主要用作常规分析和数据收集过程，与大多数规划和计划以及持续的管理和运营工作相对独立。

拥塞管理策略	表 15-1
·出行需求管理策略	
·交通运行改善	
·鼓励使用 HOV 车道	
·HOV 车道	
·公共交通固定资产和运营改善	
·鼓励非机动化出行方式	
·拥堵费	
·增长管理	
·出入口管理技术	
·事故管理技术	
·智能交通系统应用	
·增加普通用途的车道	

资料来源：U.S. Department of Transportation（1995）

价值定价试点计划

《21世纪交通运输公平法案》（TEA-21）创立了价值定价试点计划。该计划取代了与多达15个州或地方政府或其他公共机构签订合作协议的拥堵定价试点计划，以建立、维护和监控基于当地价值定价试点计划。此外，如果车辆是本地价值定价试点计划的一部分，项目允许在HOV车道的州际系统上收取通行费（U.S. Department of Transportation，2000d）。

国会要求将该计划作为一项实验计划，旨在了解不同价值定价方法在减少拥堵方面的潜力。价值定价，也称为拥堵定价或高峰期定价，需要根据拥堵程度而变化的道路使用费或通行费。通常通过电子方式对费用进行评估，以消除与人工收费设施相关的延误。

价值定价试点计划及其前身"拥堵定价试点计划"为各州、地方政府和其他公共机构提供了80％的联邦配套资金，用于建立、维护和监控定价项目。截至2004年，已向15个州援助了约2900万美元的36个项目。这些资金是在拥堵定价试点计划下承担的3000万美元的补充。

在该方案下实施或计划了四大类定价战略：对现有免费设施征收新的通行费；加入现有公路的车道收费；现有或新建道路、桥梁和隧道的可变通行费；不涉及通行费的定价策略（例如基于使用的车辆费用，雇主提供的停车位的市场定价以及向家庭支付以减少汽车使用的费用）（U.S. Department of Transportation，2004c）。

该计划中的项目的实施表明某些定价策略可以在政治上和公众上接受，可以防止在定价车道上发生拥堵，可能改变出行行为，可以改善现有公路运力的使用，并可以为运输提供额外资金改进（U.S. Department of Transportation，2004c）。

21世纪交通规划再聚焦会议

《冰茶法案》的通过保留了ISTEA的大部分核心运输计划以及联邦、州和大都市区之间的关系。但是，它更加强调以下领域：使用新兴的规划工具和方法精简和改进运输规划过程；运营和管理（包括智能交通系统）；服务提供者的协调（包括工作福利和社会公平考虑）；包含货运计划；尽早考虑环境影响（包括可持续性和环境正义）。

由于这些新出现的问题，联邦公路管理署和联邦运输管理署要求TRB举办两次关于重新调整21世纪交通规划的会议。这些会议旨在吸引广泛的利益相关者，回顾在ISTEA下所吸取的教训，并确定《冰茶法案》下如何开展研究、分析和计划问题。这些会议代表了可追溯到1957年的一系列类似会议的延续，重点是澄清和规范运输规划过程的体制和计划结构（Transportation Research Board，2000）。

第一次会议将确定关键趋势、问题和一般研究领域。从第一次会议中浮现出来的首要问题是需要更强大的运输规划流程来解决与会者发现的新问题。交叉问题领域包括：开发基于客户和用户的计划流程；将计划与政治进程联系起来；为社区创建愿景并确定交通在实现愿景方面的作用；了解货运的当前和未来运动；包括模型在内的技术过程并不令人满意；技术对运输的作用和影响；土地使用和运输；确定制度问题；专业发展；建立与其他问题领域的联系；鼓励某些运输解决方案或规划过程的结果。

第一次会议还预测了未来10年每个学科领域的愿景以及实现该愿景所需的行动以及这些

领域的研究需求。第二次会议考虑了第一次会议确定的研究需求，并制定了具体的研究建议，以形成国家交通规划研究解决这些问题的日程。

与会者还提出了一些关于运输规划过程未来的担忧。规划流程的不断增长的需求和复杂性是否会与能够迅速扭转问题和分析的需求相冲突？技术是否有助于解决复杂的运输问题？现有的机构是否有适当的结构来应对快速变化的步伐？与会者担心，体制问题的数量增长速度超过了解决问题的速度。这些会议显示了世纪之交交通规划过程的复杂性和广泛性。

面向 21 世纪的国家交通政策体系

随着新世纪的临近，美国交通运输部对国家的交通决策过程及其应对 21 世纪交通运输问题的能力进行了回顾。这项回顾是在交通运输部部长威廉·科尔曼（U.S. Department of Transportation，1977）编制的国家运输趋势和选择报告发布 25 年后进行的。

据此，美国交通运输部发布了《变化的交通领域》的报告（The Changing Face of Transportation），回顾了过去 25 年来国家交通系统的发展情况，并展望了未来 25 年（U.S. Department of Transportation，2000e）。该报告评估了国家运输政策和计划，回顾了最近的运输趋势，确定了重要的运输问题，并评估了改善不同交通方式出行市场出行服务的行动，包括城际客运、城际货运、城市交通、乡村运输和国际运输。

此外，该部还与各利益相关方团体组织了一系列"2025 年愿景会议"，以了解他们未来的问题，关注点和选择。与运输领导人举行了决策论坛，讨论未来的需求和可能性。此外，还举办了一次国际运输会议，以突出美国交通运输部的成就，并获得其国际合作伙伴的反馈。

这一过程的最终报告《运输决策：21 世纪的政策架构》（Transportation Decision Making：Policy Architecture For The 21st Century）认识到，在新世纪和新千年即将来临之际，全球化进程拓宽了视野，改变了世界增长、发展、沟通的方式，人们学习着关爱地球，也开始逐渐形成人类命运共同体（U.S. Department of Transportation，2000f）。报告还影响政府精简计划，鼓励许多职能和责任的私有化，并认识到通过管辖权和机构间合作，公众参与和整体方法最好地解决问题。对于交通运输而言，这个新的变革世界需要一种新的思维方式来考虑交通的地位以及对其所服务的更大目的的贡献。它需要新的工具，新的联盟和新的架构来确定运输所带来的复杂选择。

制定政策架构的动机是在未来几十年内加强美国交通运输部的管理职责。确定公共和私营部门的决策角色、新出现的问题和关注点，为建立该部门的管理职责奠定了基础。该报告建立了一个框架，专门针对未来的结果以及对 2025 年美国运输系统的人员、组织和服务的影响做出决策。

未来的政策架构必须包括整个运输企业，包括联邦、州和地方机构，运输提供商，利益集团，工会和公众，以改善决策并解决问题和顾虑。所有这些实体必须共同努力，为未来的投资、运营和资金做出决策，以确保国家继续拥有世界上最好的运输系统。过去 20 年的运输决策已经演变为更多交通模式，更多地包含利益相关者，更灵活地使用运输资金，更加分散以允许更接近问题的人做出决策，并且更依赖私人提供者。

决策的五项核心原则构成了未来有效决策的关键方面：

- 全面性——交通决策应识别并促进各个交通方式选择，行业力量和社会目标之间需要适当权衡；

- 协作和共识建设——交通决策过程应更开放和包容，为所有各方和利益相关者提供机会参与问题并切实参与决策。
- 灵活和适应性——运输决策过程应能够快速有效地响应不断变化的条件和不可预测的，不可预见的事件。
- 知情透明交通决策应根据现有的最佳信息和分析公开进行。
- 创新的交通决策应该促进持续的创新氛围，反映愿景并加速新想法和产品投入服务。

该报告的结论是，未来的交通决策需要通过以下方式发展：自始至终都使所有利益相关者积极参与；更加重视建立共识和解决冲突；建立全球合作和新的伙伴关系；加强地方和区域交通规划与商业问题的整合；环境和公平问题，以及其他社会需求和国家优先事项；改变结构体系、组织和流程，使他们更能响应消费者，更适合新的操作方法。

第十六章
迈向基于绩效的规划

新世纪开启了维持和高效经营交通系统的动力，确保支出取得可靠的成果，并获得足够的资源来满足不断增长的需求。但交通资金的需求增长速度仍快于可提供的资源。而为通过《安全、负责、灵活和高效的交通公平法案》（SAFETEA-LU）进行了长达 22 个月的争论——更象征着对额外资源需求和新资金的限制。

利用绩效指标来指导决策制度，从联邦立法和资源有限的现实中获得了新的动力。为有效指导交通投资和运营决策，基于绩效的交通规划和决策获得了拥趸。同时，相关方面对确保现有系统得到充分维护和更新也有了更多的关注。资产管理不仅用于将资金分配给计划领域、项目和活动，还用于部署其他资源，如员工、设备、材料、信息和房地产。

为了寻找更多的资金来源，人们对吸引私营部门的资金用于交通项目和公私伙伴关系再次产生了兴趣。SAFETEA-LU 也创建了新的扩大获取私营部门资金的机制。此外，政府部门利用定价机制管理交通拥堵为交通投资筹集额外收入的动力很大。许多城市地区启动了高占用率（HOT）车道和其他定价策略。

这一时期随着庆祝艾森豪威尔（Dwight D. Eisenhower）州际和国防公路系统法案颁布 50 周年纪念日的到来而结束。在这 50 年期间美国发生了重大变化，而州际和国防道路系统的规划和建设促进了其中一些变革。未来的研究人员和分析人员将继续为该系统对美国的影响画上圆满句号。

资产管理

到 2000 年，超过一半的公路资金支出用于系统维护。国家公路项目的关注点正在从扩建走向保护和运营。而这种关注点的改变是由用户需求高、预算捉襟见肘、工作人员紧缩及运输系统老化等大环境所决定的。因此以注重结果和成本效益的方式管理道路系统就显得非常迫切。而"资产管理"的概念是为了满足这一需要而产生的（U.S. Department of Transportation，1999a）。

交通资产管理包括一系列指导原则及最佳的实践方法，从而用于制定交通资源配置决策，并提高这些决策的可靠性。"资源配置"一词不仅包括对计划领域、项目和相关行动的资金分配，还包括对其他附加价值资源（人员、设备、材料、信息、房地产等）的部署。人们通过资产管理将投资与交通系统绩效挂钩。而在此之前，资产系统一直是被单独考虑的。如路面工程师只负责铺路；桥梁工程师只负责桥梁等工程，每个小组只使用自己的数据库。而显而易见的是只有在系统一起管理时才能实现资产管理的全部潜力（Cambridge Systematics，2004）。

　　资产管理关注的是交通决策的整个生命周期，包括规划、计划、施工、维护和运营等。它强调功能的集成，强化在整个生命周期中所采取的行动是相互关联的。它还明确，交通资产的投资必须考虑到一系列广泛的目标，包括物理防护、缓解拥堵、安全、保障、经济效益和环境管理（图 16-1）。为适应资产管理的实践，联邦公路管理署与 AASHTO 合作开发了针对各州和大都市区地区的指南和培训课程。

　　有些州将其资产管理职能外包出去。在 1997 年，弗吉尼亚交通运输部在全美建立了第一个公共 / 私人州际公路资产管理项目。华盛顿特区建立了首个基于绩效的城市道路资产管理合同，其合同突出的特点是包括对项目的年度评估。而从那时起，其他一些州和直辖市也陆续将其公路资产管理部分工作承包出去。

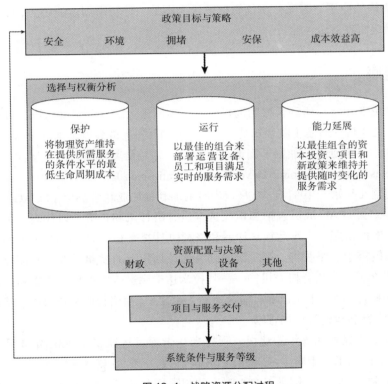

图 16-1　战略资源分配过程

来源：Cambridge Systematics（2004）

规划和运营的绩效措施会议

　　近十年来，人们越来越关注绩效指标的制定和使用，以指导各级政府的投资决策。有几个因素促使在交通规划和项目中使用绩效指标，尤其是《多式联运地面运输效率法案》和《冰茶法案》，其通过明晰规划相关因素，鼓励使用（有时需要）管理系统，并在财政上约束改进项目的资金，并将规划与这些均挂钩起来，从而将重点放在绩效指标上，并且许多州的立法机构也转向了基于绩效的预算。与此同时，许多交通专业人员强烈反对，与那些并不是直接承担责任的绩效控制负责人进行对话。因此，为响应人们对该主题愈发感兴趣的趋势，TRB和运输机构主办了一次关于交通系统改善和机构运营绩效措施的会议（Transportation Research Board，2001）。

与会者认为，绩效衡量标准应基于决策者的信息需求，并应解决机构和更大社区的目标。必须将绩效衡量纳入整个决策过程；否则，其仅仅是一项不影响机构业务的简单附加工作。实际经验表明，首先必须确定绩效衡量所要解决的目标和目的。来自客户、利益相关者、决策者、高层管理人员和一线员工的支持对于绩效衡量的初步接受和持续成功至关重要。

当然，任何一套或多项绩效衡量指标并不适合所有机构。因此，使用多模式或中立的指标就显得非常重要。其中，绩效衡量的内容和报告周期必须符合决策者的需要；必须精细设计绩效衡量数据的表述；信息必须易于理解，数据分析和表述应提供必要信息支持改进决策。

由于交通需求快速增长，目标更宽泛，但可利用资源却愈发受限，从而刺激了绩效衡量工作的在运输机构的应用。因此，绩效衡量被认为不是一种转瞬即逝的趋势，而是一种永久的运营方式，最终将在各级运输机构使用。

阿拉米达走廊

位于加利福尼亚州洛杉矶和长滩的港口组成了美国最大的国际贸易门户，每年处理2000亿美元的货物（占美国所有水上集装箱的35%）。但国际贸易的急剧增加导致这些港口严重的货运拥堵，货物中转被延误，加剧了当地交通拥堵，并对全美各地的汽车运输公司产生连锁反应（Los Angeles County Economic Development Commission）。

解决这些问题几乎始于1981年10月，当时南加利福尼亚政府协会（SCAG）设立了港口咨询委员会（PAC）。PAC成员包括当地民选官员、洛杉矶和长滩港口代表、美国海军及陆军工程部、受影响的铁路、卡车运输从业者和洛杉矶县交通委员会（LACTC）的代表。他们工作的第一阶段侧重于公路改善，第二阶段则考虑计划建设的铁路对港口北部社区的影响。1989年8月，成立了一个联合权力机构——阿拉米达走廊运输管理局，负责阿拉米达货运铁路走廊的设计和施工。阿拉米达走廊运输管理局（ACTA）由洛杉矶和长滩市、洛杉矶和长滩港以及洛杉矶县大都会运输管理局管辖。

经过二十多年的规划和5年的建设，阿拉米达走廊货运铁路于2002年4月15日按时、按预算建成通车。阿拉米达走廊（Alameda Corridor）是一条20英里长的货运铁路通道，连接洛杉矶和长滩的港口，以及洛杉矶市中心附近的州际铁路货场和铁路干线。最引人注目的是中部的Mid-Corridor-Trench，它是一条地下铁路，长10英里，深30英尺，宽50英尺。通过将90英里长的铁路支线合并成一条高速通道，阿拉梅达走廊消除了200多个铁路平交道口的冲突，汽车和卡车以前不得不等待长长的货运列车慢慢通过。火车在港口和洛杉矶市中心之间运输货物集装箱所需的时间还减少了一半以上，大约45min。阿拉米达走廊由一个特殊关系的合作伙伴来运营，包括洛杉矶和长滩、圣达菲铁路以及联合太平洋铁路等。

该项目的建造成本为24亿美元。资金来源于公共和私人资金多方共同投资，其中包括ACTA出售债券的11.6亿美元收益；美国交通运输部提供的4亿美元贷款；来自港口的3.94亿美元；洛杉矶县大都会运输管理局管理的3.47亿美元拨款和其他州和联邦自身以及利息收入的 1.3 亿美元。债务是通过铁路运输货物的 TEU 为计价来偿还的，包括即使不用阿拉米达走廊而只是通过铁路进出该区域的货物。

自开始运营以来，阿拉米达走廊每天平均处理 35 次列车运行，这一数字与此前运营阶段的预测一致。随着通过港口的国际贸易量的增长，使用量预计将稳步增加。这些港口预计到 2020 年每天需要超过 100 次列车运行。阿拉米达走廊每天可以容纳大约 150 次列车运行。阿拉米达走廊主要用于运输抵达港口并运往南加利福尼亚五县以外的目的地（进口）或来自该地区以外并通过港口（出口）运往海外的货物，约占港口处理货物的一半。港口处理的另一半货物则是运往该地区内或源自该地区，此类货物运输主要由卡车转运完成。

货运分析框架

美国的货物运输主要是州际活动。 1993 年货物流量调查显示，跨越州界的货物运输占总吨里程的 73%，其中卡车货物运输的价值占到 55%。虽然货运在提高生产率方面一直处于领先地位，但人们越来越关注货运系统是否有能力支撑今后货物运输和国民经济增长。

货运规划技术，尤其是区域层面的货运规划技术，不像客运规划那样发达。在某种程度上，这可以归因于货运运输系统的复杂性，因为货运活动和运输的空间和时间的多样性，以及私营部门占货运系统的很大一部分。各州虽然对跨境运输感兴趣，但既没有关于当前流量的信息来源，也没有关于未来流量的预测（Fekpe et al., 2002）。

为了填补这一空白，联邦公路管理署制定了货运分析框架（FAF）。 FAF 是一个全面的国家数据和分析工具，用于卡车、铁路、水路和航空模式的货运。 FAF 还分别预测了这些模式中的每一种运输方式 2010 年和 2020 年的货运活动。

FAF 项目涉及三个主要技术步骤：开发 FAF 网络实体，构建国内和国际货运流量并将其与 FAF 网络连接，以及制定 2010 年和 2020 年的预测。FAF 公路网络利用了国家特定的数据库以及公路性能监测系统（HPMS）中联邦公路清单的数据。 FAF 关于货运流量的信息是基于公共和私人来源的货运数据，特别是 1993 年的 CFS 和专有私人数据。由于数据缺口，一些 FAF 货运流量是通过使用模型生成的。 FAF 对 2010 年和 2020 年货物数量和价值的估计则基于专有经济预测（Meyburg，2004）。

FAF 描述了 1998 年、2010 年和 2020 年 FAF 运输设施网络上按货物和模式在美国境内统计的国内和国际货运数据，数据库包含县到县层面的货运信息，并汇总到州与州之间。 FAF 数据库用于生成各种货运流量图，可供州和地方机构使用。按需要，它们可显示卡车、铁路和水路的货物运输量等。每个港口或过境点的 FAF 地图显示了 1998 年国际货运卡车在内陆运输情况。

FAF 的分析显示，1998 年美国的交通系统运送了超过 150 亿吨货物，价值超过 9 万亿美元（表 16-1）。国内货运量占总货值的近 8 万亿美元。预计到 2020 年，美国的运输系统将处理价值近 30 万亿美元的货物。 1998 年，美国的公路系统承担货量占总吨位的 71%，占美国货物总价值的 80%。1998 年，航空货运量占比不到总吨位的 1%，但货运总价值的占比已经达到 12%。FAF 预测国内货运量的增长将达到 65% 以上，从 1998 年的 135 亿吨增加到 2020 年的 225 亿吨，航空和卡车货运方式将增长最快。 1998 年，国际贸易占美国货运总吨位的 12%，预计增长速度快于国内贸易，1998—2020 年间国际货运量几乎翻了一番（U.S.

Department of Transportation，2002a）。

　　FAF 是了解和分析国家货物运输系统的宝贵工具。然而，由于其估算的推导缺乏透明度，其可用性受到限制，因而对于国家层面规模分析最为有用（Meyburg，2004）。

美国物流运输方式概况（按照吨数和价值核算）   表 16-1

模式	亿吨			价值（亿美元）		
	1998	2010	2020	1998	2010	2020
总计	152.71	213.76	258.48	93120	183390	299540
国内						
航空	0.09	0.18	0.26	5450	13080	22460
公路	104.39	149.30	181.30	66560	127460	202410
铁路	19.54	25.28	28.94	5300	8480	12300
水运	10.82	13.45	14.87	1460	2500	3580
国内总计	134.84	188.20	225.37	78760	151520	240750
国际						
航空	0.09	0.16	0.24	5300	11820	22590
公路	4.19	7.33	10.69	7720	17240	31310
铁路	3.58	5.18	6.99	1160	2480	4320
水运	1.36	1.99	2.60	170	340	570
其他	8.64	10.90	12.59	NA	NA	NA
国际总计	17.87	25.56	33.11	14360	31870	58790

注：1. 分类数值之和可能受四舍五入影响与总和不相等。
　　2. NA 指无效数值。
　　3. "其他" 类别包含国际管线或未指定方式运输。

资料来源：U.S. Department of Transportation（2002a）

得克萨斯中部地区移动性管理局

　　与许多州一样，得克萨斯州的公路的拥挤程度日益加剧，而区域不断增长的人口将进一步加剧这一问题。国家资源用传统的筹资方法只能筹集到建设三分之一的必要运输项目的资金。州汽油税收入和联邦基金收入预计不能足够快速的增加，来支持公路建设以满足未来的需求。得克萨斯州立法机构采取了一系列战略以解决这一不足，其中包括得克萨斯州立法机构于 2001 年授权设立区域移动性管理局（RMAs）。

　　区域移动性管理局是当地的交通管理部门，可以建设、运营和维护收费公路。RMAs 提供了一种新的、更灵活的方式，通过允许使用当地资金来杠杆化收益债券，还支持关键的移动性改善项目建设。

　　与传统方法相比，单个或多个县可以组成一个 RMA 以更快地满足当地运输需求，并且可以将超额收入用于该地区的其他交通项目。RMA 可以发行收益债券，设定通行费率，并与税收实体合作，建立一个税收区，以协助交通融资。立法机关授权得克萨斯州交通委员会（TTC）将部分州公路系统转换为收费公路，并将其转移给 RMA 管理。RMA 还拥有较强的权力——

将私有财产用于交通项目。RMA 的形成是在地方层面开始的。当地工作人员可以要求 TTC 授权建立区域移动性机构，以建设、维护和运营当地的收费公路项目。

得克萨斯州中部地区移动性管理局（CTRMA）是在这个新授权下创建的第一个 RMA。它由特拉维斯（Travis）和威廉姆森县（Williamson）组成，包括奥斯汀的大都市区，并获得了 TTC 的批准。CTRMA 于 2003 年 1 月成立为独立的政府机构。他们的使命是实施创新的多式联运解决方案，减少拥堵并创造交通选择，提高生活质量和经济活力。移动性管理局由一个由 7 名成员组成的董事会进行监督，董事会由州长任命。特拉维斯县和威廉姆森县的县委员会各自任命了 3 名董事会成员。CTRMA 开发的项目必须包括在该地区采用的长期交通规划和由首府大都市地区城市规划组织（CAMPO）编制的交通改善规划中。该组织是得克萨斯州中部的官方交通规划机构。

由于 CTRMA 是得克萨斯州第一个区域移动性机构，它是一个重要的尝试，标志着该州创造性融资建设道路项目新时代的开始。它颠覆了公路项目传统"按需付费"的融资方式。它代表了政府与私营部门互动的一种新方法（Strayhorn，2005）。

RMA 的创建并非没有争议。RMA 不直接向得克萨斯州民众负责。他们的成立既不需要选民批准，也不能选择董事会成员，更不能确定选择和资助他们的收费项目。任何通过传统方式（如汽油税）资助的公路改造成收费设施可能都被认为是双重征税。相比区域已经建立的 MPO，人们也密切关注 RMA 对城市地区交通发展的影响。

快速公交系统

随着建设轨道交通系统的成本不断增加以及对更具成本效益的交通系统的需求，人们开始关注使用公共交通车来提供高质量的交通服务。快速公交（BRT）系统结合了轨道交通的运量和公共汽车的灵活性。BRT 的一个核心理念是优先考虑使用专用道路的公共汽车，包括公共交通专用路（如快速路、公交专用车道和公共交通专用街道）或非专用路（如通过物理隔离的车道，普通公路上的专用公共交通车道，甚至是包路侧站台和信号优先等功能的混合车道）。减少停靠次数，提供限制停站服务，或将停靠点重新安置到拥堵较少的区域来提高速度，尽管可能有增加步行时间的缺点。所有这些措施不仅减少了车内时间，而且通过提高服务可靠性，减少了等待时间。

自动车辆定位系统用于管理公共交通车服务，以规范公共交通车之间的间隔，从而最大限度地减少乘客等待时间。BRT 系统采用了车辆跟踪系统，使用卫星或路边传感器，允许在车站显示"下一车"信息，为乘客提供到站通知，交通信号优先，改善系统安全性。新的收费政策减少或取消了车上购票以加快乘车速度。车外收费系统包括通行证、预购票或依靠微芯片技术的"智能卡"。

改进的车辆采用低地板、宽通道和独特的设计，如颜色或图形。低地板公共汽车保证轻松乘降，并符合 1990 年美国残疾人法案（ADA）的要求，减少了使用辅助工具的人的乘降时间。越来越宽的入口设计也促进了乘客的快速进出，设计精良的内部空间也是如此。除了独特的设计外，这些功能还旨在帮助克服对公共交通车的负面看法。运用营销手段也使公众意识到服务的改善，有助于提高公共汽车的公众形象。

BRT 系统旨在促进以交通为导向的土地开发模式。通过使土地使用政策更加侧重发展和维护行人友好区域来改善公共交通的吸引力。从长远来看，与公共交通投资相协调的土地使用政策旨在使公共交通出行更为便利，尤其对公共交通走廊和站点附近的乘客。

各个城市的 BRT 项目在其应用中使用了各要素的不同组合。1999 年，FTA 成立了 BRT 联盟，由有兴趣实施快速公交系统的社区组成。18 个成员中有 7 个拥有某种形式的 BRT：洛杉矶、迈阿密、檀香山、波士顿、匹兹堡、芝加哥和夏洛特。其余的成员都希望在接下来的 4 年内启动 BRT 正式的商业运营。FTA 为对快速公交有兴趣的社区和公共交通运营者提供技术援助和指导，来改善其常规公共交通服务或快速响应那些需要投入大量资本进行公共交通走廊的建设的公共交通需求。FTA 与 TRB 联合发布了《TCRP 报告 90：快速公交系统》（TCRP Report 90: Bus Rapid Transit），共分两卷，通过 26 个案例研究确定了快速公交（BRT）应用的潜在范围，并为 BRT 提供了规划和实施指南（Levinson et al.，2003）。

《出入口管理手册》

在过去的几十年中，大量的研究推动了出入口管理实践。该研究与新的机构政策、规划和项目相结合，提供了影响有关出入口管理的相关信息，识别了最佳实践，并进一步编制了管理指南。但这些信息分散在各种来源中，使从业者难以发现、评估和应用。TRB 出入口管理委员会启动了一个项目，将关于该主题的最佳信息汇编成一个统一、全面的资源，以记录该技术现状（Williams，2003）。

出入口管理策略涉及系统控制车道中央分隔带开口、交叉口和街道连接的位置、间距、设计和运营，以及中间和辅助车道处理方式和交通信号的间隔。出入口管理策略的目标是：

- 保护或改善公共安全；
- 延长主要道路的寿命；
- 减少交通拥堵和延误；
- 支持可选择交通方式，改善建筑环境的外观和质量（TRB，2003b）。

该手册提供了帮助利益相关者理解和评估建议的出入口管理行动和潜在替代方案。信息涵盖了出入口管理的原则、出入口管理技术的影响、管理最佳实践、路权和法律相关因素以及有效的出入口设计。

出入口管理有许多方面跨越司法管辖区、组织界限和专业。本手册的主要用户是州运输机构、当地政府、MPO、规划、工程或城市设计顾问等出入口管理的实践者。该手册涵盖了有关开发和实施的实用信息。包括交通走廊出入口管理规划、准则和出入口设计。此外，用户还包括开发人员、选举和任命的工作人员、律师以及参与或受出入口管理行动影响的社区团体。

失败的出入口管理与许多社会、经济和环境影响相关，包括：车辆碰撞的数量增加；行人和骑自行车者事故的增加；缺乏设计的商业地带开发和景观的退化；通勤时间的增加、燃料消耗和车辆排放。

该手册提供了详细信息：出入口管理的原则和影响；与土地开发的相互关系以及如何在综合规划和土地开发规则的背景下解决出入口管理问题；考虑法律约束下的出入口设置间隔的基本原理，来指导项目的开发和实施；各州、MPOs 和地方政府的作用与角色。

该手册成为 TRB 出入口管理委员会持续进行努力的一部分工作成果，以便传播关于新技术的有用、高质量的信息。TRB 出入口管理委员会制定计划，以促进出入口管理的研究并确定最佳做法；鼓励进行案例研究和实地调研。该委员会计划定期更新手册，以纳入最新的研究成果和机构经验。

交通安全

2003 年 9 月 11 日，恐怖分子将两架客机撞向纽约世界贸易中心，造成 3500 人死亡。该恐怖活动引发了一系列广泛的项目，以提高国家及其交通系统的安全性。涉及交通系统的袭击既不是新事件，也没有针对任何特定目标。表 16-2 所示的世界范围内对交通运输的袭击表明，这些袭击范围很广，而且常常是致命的（U.S. Department of Transportation，1999b）。

2003 年 2 月，为了重点保护国家的交通系统，白宫发布了《国家关键基础设施和关键资产实物保护战略》（The National Strategy for the Physical Protection of Critical Infrastructures and Key Assets）。该文件为制定和实施国家战略提供了战略基础，以保护和保障国家的基础设施资产，包括交通设施免受物理攻击。该报告包括近期安全优先事项：

- 规划和资源分配——其中包括涉及公共和私营部门利益相关者的协作规划。
- 确保关键基础设施的安全——包括交通运输作为 11 个关键基础设施部分。

该文件还描述了保护国家关键基础设施在保护国家经济和生活方式方面的重要性（Dornan and Maier，2005）。

随着《安全、可靠、灵活、高效的交通公平法案》（SAFETEA-LV）的通过，安全和保障被确定为在大城市和全州规划过程中需要考虑的独立因素。规划因素的变化要求州和地方各级的交通规划者解决交通规划过程中的安全问题，并在项目早期和规划发展过程中更全面地考虑和促进安全改进。大多数州和 MPO 只是刚刚开始考虑各方面的安全问题。

在交通安全纳入规划过程的初始阶段，有 6 个要素需要解决：

- 预防——防止潜在的攻击者进行成功的攻击。
- 缓解——减少攻击发生时及之后的有害影响。
- 监控——识别攻击正在进行，对其进行鉴别，并监控事态发展。
- 恢复——促进攻击后快速重建服务。
- 调查——确定攻击中发生的事情，如何发生以及由谁负责。
- 评估——在事件发生之前、期间和之后对组织行为进行自我评估（Meyer，2002）。

各州和 MPO 表示要努力担负长远影响和资源集中的责任。继续在联邦、州和地方一级开展工作，以更好地准备、协调和制定有效应对国家交通系统安全威胁的措施。

1998 年世界范围内交通运输的暴力袭击统计（按照交通方式分类）			表 16-2
方式	事故数（%）	死亡数（%）	受伤数（%）
公共交通	205（20）	647（39）	1029（47）
公路	242（24）	579（34）	336（15）
铁路	105（10）	161（10）	607（28）
航运	220（21）	105（6）	37（1）

续表

方式	事故数（%）	死亡数（%）	受伤数（%）
航空	75（7）	77（5）	13（1）
管线	124（12）	74（5）	154（7）
桥梁	22（2）	11（1）	14（1）
地铁/其他	40（4）	3（-）	4（-）
总计	1033（100）	1657（100）	2194（100）

资料来源：U.S. Department of Transportation（1999b）

《公共交通客运能力和服务质量手册》

在 TCRP 文件 6——《公共交通客运能力和服务质量手册（第一版）》（Transit Capacity and Quality of Service Manual,First Edition）（TCQSM）出版之前，交通行业缺乏一套完整的公共交通通行能力和服务质量的规程定义、原则、实践，以及规划、设计和车辆设施管理。对比《公共交通客运能力和服务质量手册》与《公路通行能力手册》（HCM），后者定义了服务质量，并提供了与服务质量和公路设施能力相关的基本信息和计算技术。HCM 还为提升知识水平提供了一个系统结构。预计 TCQSM 将提供类似的益处。"公共交通客运能力"是一个涉及人员和车辆移动的多方面概念，取决于运输车辆的大小及其运行频率，并反映了客流量和车流量之间的相互作用。"服务质量"是一个更复杂的概念，必须反映公共交通乘客的观点，并且必须衡量运输路线、服务、设施或系统在各种需求、供应和控制条件下的运作方式（Kittelson & Associates，Inc.，1999）。

第一版 TCQSM 包括：（1）市场研究，了解潜在用户希望在 TCQSM 中看到什么；（2）汇编和编辑关于公共交通通行能力的现有信息；（3）提供关于考核服务质量的原始研究结果。1999 年发布的第一版引入了"A"到"F"分类框架，用于衡量公共交通站点、公共交通路线和整个公共交通系统的可用性、舒适性/便利性。

《公共交通客运能力和服务质量手册》旨在成为公共交通从业人员和决策者的基本参考文件。该手册包含各种公共交通方式的背景、统计数据和图表，并提供了一个从乘客的角度衡量交通可用性和服务质量的框架。该手册包含用于计算公共汽车、铁路和渡轮运输服务以及公共交通站点、车站和首末站容量的定量技术。图 16-2 显示了各种交通方式的可实现系统客运能力范围以及北美最高观测值。

手册第二版扩大了第一版的内容，增加了运输机构、都市规划组织和其他组织在它们自己的环境中应用和评价服务质量的概念和标准，并补充了关于残疾人服务和服务能力所涉问题的材料。"规划应用"章节被添加到公共汽车和轨道客运能力章节中，并增加了对渡轮客运能力的全新部分。其他主要变化包括关于公共交通优先策略，快速公交和通勤铁路运力问题等；关于索道（例如空中缆车，索道缆车和缆车牵引人员）的客运能力。此外，还扩展了公共交通站点、车站和首末站容量部分，以解决不同站点元素的系统交互和站点设施的规模，以适应某些特定"事件"条件。需求响应的运输服务质量已经成为其中的一个章节，其措施完全独立于固定路线运输（Kittelson & Associates，Inc.，2003）。

TRB 成立了公共交通客运能力和服务质量委员会，负责指导本手册的长期完善和更新。

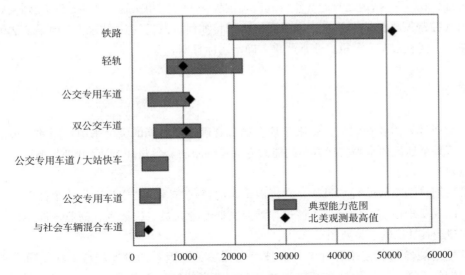

图 16-2 可实现的高峰小时运载能力（乘客数 / 小时）

来源：Kittelson& Associates,Inc.（1999）

2004 年《清洁空气条例》

从 1970 年到 2003 年，尽管车辆行驶里程（VMT）和能源消耗显著增加，但导致地面臭氧形成的 VOC 和 NO_x 排放分别减少了 54％ 和 25％。2003 年，全美臭氧水平是自 1980 年以来的最低水平。仅 221 个县的 51 个地区仍处于未达标状态。自 1980 年以来，全美各地的臭氧水平都有显著改善。一小时的臭氧水平降低了 29％。然而，臭氧仍然是一个普遍的空气污染问题，影响到全美许多地区，并伤害了数百万人，造成敏感的植被和生态系统。

2004 年，美国环保署颁布了五项清洁空气条例，以进一步改善空气质量。其中三项专门针对跨越州界的污染物运输（《清洁空气州际条例》、《清洁空气汞条例》和《清洁空气非公路柴油条例》）。2004 年 4 月，美国环保署根据《清洁空气臭氧条例》发布了那些 8h 臭氧健康标准未达标的地区。根据 8h 臭氧标准，美国环保署将 31 个州的 474 个县确定为未达标。这些标准和分类于 2004 年 6 月 15 日在大多数地区生效。州、部落和地方政府必须制定一项计划，说明他们为减少地面臭氧所做的努力。2005 年 6 月 15 日，大多数地区实施交通运输 8h 标准。

《清洁空气条例》还确立了 8h 标准的实现日期和所需的减排时间，从实施臭氧的 1h 标准转变为实施更具保护性的 8h 臭氧标准。2005 年 11 月，美国环保署颁布了实施规则的第二阶段，说明了在 8h 臭氧未达标地区，如何进行达标示范和建模、进一步采纳合理的措施、可行的控制手段、适宜的控制技术、新的污染源审查和更新汽油配方等。

2005 年 1 月，美国环保署根据第五项条例公布了 PM2.5 未达到健康标准的区域。州、部落和地方政府必须制定一份计划，说明他们在减少 PM2.5 方面的努力。 PM2.5 标准的运输要求将于 2006 年 4 月 5 日实施生效。2005 年 11 月，美国环保署提议了实施 PM2.5 标准的条例。该提案解释了环境保护局如何提出解决达标问题的建议，包括达标指标和建模、可行的控制手段、适宜的控制技术、对未达标地区先前政策以及 PM2.5 新污染源的审查。

各州自 2007 年（指定之日起 3 年）起向美国环保署提交州实施方案（SIPs）。州实施方案必须列出其控制策略和技术信息，以说明该区域将如何以及何时达到标准。根据未达标的分类（边缘、中度、重度、严重，非常严重）确定达标日期。

情景规划

长期交通计划需要在财务上受限于现有的和合理预期可能的资金来源。因此，长期规划过程在分析某个地区的未来替代方案的能力方面受到限制。各州和 MPO 开展长期规划时转向了情景规划。

情景规划是一个战略规划过程，它提出未来的替代方案，其作为确定一个社区未来想要的愿景，以及实现该蓝图的计划。该过程涉及交通专业人员、决策者、商业领袖和公民来共同谋划和塑造其社区的远景蓝图。

情景规划的参与者使用各种工具和技术以评估关键因素的发展趋势，如交通、土地使用、人口统计、健康、经济发展和环境。参与者在未来的替代方案中将这些因素结合在一起，每个方案都反映了不同的趋势假设和权衡偏好。最后，社区的所有成员就首选方案达成了协议。这种情景成为社区发展的长期政策框架，用于指导决策，并将体现在长期交通规划当中。

因此，情景规划为分析复杂问题和应对变化提供了分析框架和流程。它允许参与者评估交通对其社区的影响以及适应不同方式增长的潜在影响。通过改善社区内的沟通和理解，情景规划赋予社区积极参与规划的能力，促进了共识的建立，并确保更好地管理日益有限的资源（Ways and Burbank，2005）。

一般而言，情景规划过程中的步骤始于识别该区域面临的首要问题或决策需求。其次是确定"驱动力"，即影响未来的主要变化来源。然后，参与者需要考虑驱动力如何结合起来以确定未来。基于这些信息，创建了关于未来情况的不同情景，这些情景传达了一系列可能的结果，包括不同战略在不同未来环境中的影响。然后，情景规划过程分析了各种情景的含义，通过与土地利用、运输人口统计、环境、经济和技术相关等指标关联，相互权衡不同情景。最后，选择了一个优选的备选方案。

情景规划的使用在 20 世纪 90 年代到 2003 年逐渐增加。在全美范围内开展了大约 80 个土地利用——交通情景规划。进行情景规划项目的动机围绕在增长有关的问题及其对各种生活质量的影响。情景规划项目倾向于使用三到四个场景，这些场景使用中心或聚类作为共同原型，密度和活动位置作为主要变量。这些项目利用了传统的出现预测模型，并在最近几年转向基于 GIS 工具的评估。在这些项目中，27 个项目被当作交通专项规划采纳，另外 20 项项目被当作一般 / 综合规划（Bartholomew，2005）。

公私合作伙伴关系

交通基础设施需求与传统公共收入来源之间的差距日益扩大，导致许多州纷纷考虑为交通项目提供额外资金。此外，联邦政府在公路建设资金中所占的比例从 1976 年的 28.6% 下降到 1998 年的 22.4%，而在此期间，州和地方政府所占的比例从 71.4% 上升到 77.6%。

　　寻找新的收入来源导致需要强调"公私伙伴关系"。公私伙伴关系并不是交通基础设施发展的新概念。对于公路建设，私营部门历来在公路建设运营和融资方面发挥着重要作用。美国许多最早的道路都是私人收费公路。在早期，国家对公路支撑向西扩展和贸易增长的重要性得到了认可，并开始了公路建设的时代。这一时期显著的特点是私营收费公路公司的发展，其承担了重要公路建设并按收费公路投入运营。

　　在 20 世纪 90 年代的 10 年期间，政府部门开发了一些新的筹资办法，以补充传统的筹资机制并促进公私伙伴关系。 1994 年，名为 TE-045 的"测试和评估"计划为各州提供了更灵活的方式来融合联邦和非联邦公路基金并最大限度利用现有联邦资金，从而为创新铺平了道路。1995 年的《国家公路系统指定法案》和 TEA-21 扩大了这一工具箱，增加了多个创新机制，包括州立基础设施银行（SIBs）、拨款预期收益工具（GARVEEs）和《交通基础设施融资和创新法案》（TIFIA）（Cambridge Systematics, Inc., 2002b）。

　　这些创新融资举措旨在通过减少各州对联邦公路基金管理的低效和不必要限制来加速项目实施，并通过以下方式扩大投资：（1）消除地面交通基础设施私人投资的障碍；（2）鼓励引入新的收入来源，特别是为了偿还债务的目的；（3）减少融资和相关成本，从而将节省下的资金投资到交通系统本身。表 16-3 显示了为解决每个创新融资目的而设计的融资工具（Cambridge Systematics，Inc.，2002b）。

　　这些创新的金融项目为传统的税收和收费资金增加了新的收入来源。图 16-3 中金字塔的底部代表了大多数公路项目，这些项目继续主要依靠基于联邦拨款的资金，因为它们没有产生收入。各种联邦基金管理技术，例如预先建设，逐步配套和资助支持的债务偿还，有助于更快地将这些项目推向建设。当情况支持债务融资时（与现收现付补助资金相反），这些项目就可以使用拨款预期收益（GARVEE 式）债务工具，未来的联邦公路拨款将用于支付偿债和其他债务相关成本（U.S. Department of Transportation，2004d）。

　　金字塔的中间部分代表由项目相关收入资助的项目，但也可能需要某种形式的公众信贷援助才能在经济上可行。国家基础设施银行可以提供各种类型的援助，包括低息贷款，贷款担保以及增强对州、地区和地方项目的其他信贷。对联邦补助基金的贷款，即第 129 节贷款，是另一种可能性。新的《交通基础设施融资和创新法案》（TIFIA）联邦信贷计划旨在协助具有区域或国家重要性的大型项目，否则这些项目可能因其风险、复杂性或成本而延迟或根本无法开展建设。

　　金字塔的顶部反映了在没有任何政府援助的情况下能够获得私人资本融资的极少数项目。这些相对较少的项目是在大运量走廊上开发的，通过用户支付的费用收入足以支付设施和运营成本。

　　随着对资金问题的担忧加剧和使用经验的扩大，这些创新的融资举措越来越受欢迎。从 1995—2004 年，超过了 300 亿美元的交通投资用于这类项目（U.S. Department of Transportation，2004e）。

《诺曼·米内塔研究和特别项目改进法案》

　　2004 年 11 月 30 日，布什总统签署了《诺曼·米内塔研究和特别计划改进法案》。该法案的目的为美国交通运输部提供了一个更有针对性的研究组织，并为管道和危险材料运输安全

创新财政的目标   表 16-3

目的	方法	工具
项目提速	识别并减少不充分/不必要的财政补贴资金管理障碍	先进的建设方式
		部分转换为先进的建设方式
		减少支出
		支出信用
		灵活的匹配方式
	创造并实践新借款模式以提升新的和现存的收益流	按照交通量发放预期收益
		州立基础设施银行
		《交通基础设施融资和创新法案》联邦信用项目
扩大投资	降低障碍以吸引私人对于联邦补贴项目的贡献，包含投资处于风险中的股权资本	灵活匹配
		《交通基础设施融资和创新法案》
	鼓励识别新的收入来源，部分是通过创建新的借款选项，以促进使用基于项目的收入来偿还债务	《交通基础设施融资和创新法案》
		第 129 节贷款
		州立基础设施银行
	降低支出或者使用更灵活的借款选项	第 129 节贷款
		州立基础设施银行
		《交通基础设施融资和创新法案》

来源：Cambridge Systematics, Inc.（2002b）

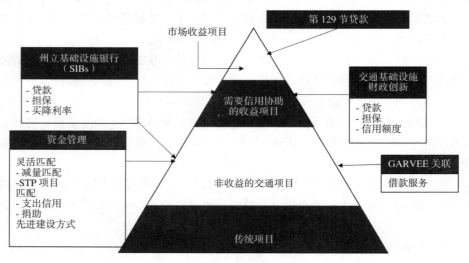

图 16-3　地面交通项目的创新财政工具
来源：美国交通运输部

建立单独的运营管理机构。该法案使美国交通运输部能够更有效地协调和管理该部门的研究，并加快实施跨领域的创新技术。该法案还反映了该部门对国家管道基础设施安全的责任，并继续加强危险材料运输在整个交通网络中的安全性和可靠性。

该法案建立了研究和创新技术管理署（RITA）和管道与危险材料安全管理署（PHMSA），

交通运输统计署（BTS）并入 RITA，成为 RITA 的一部分。RITA 作为交通运输部研究和开发能力的中枢，负责交通运输统计署内的统计和研究运作，确保研究经费得到最有效的利用，并与交通运输部的战略目标紧密联系起来。与交通运输日益多元化对应，研究和创新技术管理署更像是一个跨领域机构，将各部门分散的研究分析能力整合起来。

研究和创新技术管理署在该法案下的职责是：协调和推进交通运输部内的交通研究工作；通过拨款、咨询、专业培训中心等形式支持交通专业人员的研究工作；通过互联网、出版物和会议等发布统计数据，研究报告和各种信息，为交通决策者提供综合运输和多式联运等主题的信息。

交通—空气质量符合性

《清洁空气法案修正案》和地面交通立法将交通运输和空气质量联系起来，以确保满足国家环境空气质量标准（NAAQS）。将它们联系起来的流程是交通—空气质量符合性确定。各州必须制定实施计划（SIPs），详细说明其在法定期限内如何满足州环境空气质量标准的计划。做出符合性决定以确保联邦援助的项目或行动符合州实施方案。任何项目都不能出现违反国家环境空气质量标准的行为，不能增加现有项目违规的频率或严重程度，不能延迟达到国家环境空气质量标准的时间。该流程认识到，必须在全系统范围内分析与交通运输有关的空气质量问题，并通过区域战略加以控制，使其有效。1990 年的《清洁空气法案修正案》扩大了各州未能履行该法要求的"制裁"范围，其中包括停止为公路项目提供联邦资金。

长期交通规划、短期交通改善规划（TIP）以及单个交通项目均需进行符合性判定。除非可以合理地预期实施该项目的可用资金，否则任何项目不能包括在规划或 TIP 中。因此，1990 年的《清洁空气法案修正案》对交通规划者提出了一项重大挑战，即继续保证城市移动性，但同时满足在紧迫期限内改善空气质量的要求。因此，交通—空气质量符合性成为大都市区和全州交通规划过程的推动力和主要关注点。交通界的许多人对符合性决定将延迟或改变新公路项目的潜在影响表示担忧（Weiner，2005）。

一旦采用了州实施方案，符合性确定是实施州实施计划以达到空气质量标准的手段。如果没有做出符合性确定，州实施方案可能无法按预期实施，从而大大削弱了《清洁空气法案修正案》的有效性。虽然符合性判定重点放在未达标的区域所引起的问题，但是进行符合性判定的确影响了所有未达标和达标区域的交通运输决策。从某些方面，符合性判定是运输和空气质量的工作人员进行规划和协调的一个重要工具，也是执行该法案的一个手段。1997—2004 年间，美国 29 个州的 63 个地区和波多黎各出现了符合性判定缺失。这些地区中的大多数迅速恢复了符合性判定，对其交通规划没有重大影响：只有五个地区必须改变交通规划，以解决符合性判定的缺失（Mc Carthy，2004）。

关于提议的符合性变更的争论往往受其所属阵营（空气质量或交通运输）的影响。那些把重点放在修改流程需要的人通常结论是，符合性判定会干扰或延迟所需的交通改善。然而，那些主要关注空气质量的人倾向于在将大笔公共资金用于具体公路或交通项目之前，需要对空气质量影响进行必要的分析（McCarthy，2004）。

2005 年《能源政策法案》

经过四年半的辩论，国会终于于 2005 年 8 月 8 日通过并签署了《能源政策法案》。该法案是一项全面的能源计划，旨在鼓励节约和提高能源效率；扩大替代能源和可再生能源的使用；提高国内常规燃料产量；并投资于国家能源基础设施的现代化建设。其中有些规定涉及交通运输部门。

该法案授权为总统的氢燃料计划提供全部资金。该计划旨在到 2015 年开发出氢动力汽车，并在 2020 年实现大规模量产。氢气的生产来源多样，价格低廉。与此类似，该计划将于 2015 年之前批准在 2020 年前建成氢基础设施。

虽然不需要新的燃油效率标准，但美国国家公路交通安全管理署仍被要求对截至 2014 年的车型如何减少汽车燃料使用量的可行性和影响进行为期 1 年的研究。该研究报告将考虑现行法律的替代方案（例如 CAFE），考虑燃料电池的影响，并考虑汽车制造商如何做有助于提高燃料经济性（Rypinski，2005）。

该法案授权为消费者购买混合动力、清洁柴油和燃料电池汽车提供税收优惠。它要求美国交通运输部制定一项新的规则，来提高乘用车、轻型卡车和 SUV 的燃油经济性标准。此外，它还建立了一个新的可再生燃料标准，要求到 2012 年全美燃料供应中每年使用 75 亿加仑的乙醇和生物柴油。该标准还将夏令时延长了大约 4 周。

该法案授权在不超过 30 个的"清洁城市"建立一个有竞争力的资助计划，为购买替代燃料或燃料电池汽车提供补助金，包括公共汽车或校车、机场地面设备、社区电动车辆、轻便摩托车、超低硫车辆或替代燃料基础设施。该法案还授权了资助燃料电池公共汽车运输示范项目、清洁柴油校车、清洁柴油卡车和车队现代化改造、燃料电池校车、节油机车技术和自行车保护计划。此外，该法案还要求研究能源安全与车辆行驶里程之间联系。这同样也是研究土地使用模式与能源消耗之间的联系（如果存在的话），以及交通和土地利用规划在限制燃料消耗方面的潜在优点（Rypinski，2005）。

2005 年的《能源政策法案》证明了美国致力于寻找汽油的替代方案作为运输主要燃料，并加快了向氢经济迈进所需的研究工作。

《安全、可靠、灵活、高效的交通公平法案》：留给用户的财产

《21 世纪交通公平法案》（TEA-21）于 2003 年 9 月 30 日到期。国会就其接续法案进行了近 2 年的争论。最终在 2005 年 7 月通过《安全、可靠、灵活、高效的交通公平法案》（SAFETEA-LU）之前，进行了 14 次 TEA-21 延期。布什总统于 2005 年 8 月 10 日签署了该法案。法案争议的主要观点是资金总额和在各州之间的资金分配，特别是捐助州与受赠州之间的资金分配。许多人认为，资金总额应该更高，这将提供足够的资金来容纳捐助州和受赠州。但是，在授权期内进入公路信托基金的可用收入预测不足以支持这一较高数额。由于政府不愿意增加汽油税，也不愿为公路计划提供额外的一般收入，最终在较低的资金总额上达成妥协。

尽管如此，SAFETEA-LU 在 6 年内为国家公路、公共交通和安全计划提供了 2864 亿美元，比 TEA-21 水平提高了 30%。 SAFETEA-LU 延续了 TEA-21 的核心交通计划，同时强调了包

括货运、融资和安全在内的多个领域的目标。

截至 2009 年，国家公路系统（NHS）项目共获得授权的资金为 305 亿美元。法案继续执行原分配资金的公式，根据主要干道（不包括州际公路）的里程，干道上行驶的车辆里程，和人均干道里程。该法案扩大了 NHS 资金的资格，包括环境恢复和减轻污染，以尽量减少交通项目对环境的影响，控制有毒杂草和水生有害杂草，以及建立本地物种。

46000 英里的艾森豪威尔州际和国防公路系统在 NHS 内部继续保留，成为独立的子系统。1991 年《多式联运地面运输效率法案》（ISTEA）批准建立的州际公路养护（IM）计划。在本法案中仍保留了为保护和改善州际公路所需的持续工作。截至 2009 年，法案批准总额为 252 亿美元，并将继续按照每个州的公路里程、行驶的车辆里程以及商业车辆对公路信托基金的贡献进行分配。经核准的资金总额为 5 亿美元，由部长酌情自行裁量用于高成本公路养护项目。

由《多式联运地面运输效率法案》（ISTEA）建立的地面交通计划（STP）提供了灵活的资金渠道，各州和地方可将这些资金用于任何联邦援助公路上的项目，包括 NHS、公共道路上的桥梁项目、公共交通资产项目、公共汽车站和设施。该法案扩大了 STP 的适用范围，包括先进的卡车停车电气化系统，高事故/高拥堵的交叉口改善，环境恢复和污染减少，有害杂草和水生有害杂草的控制，以及本地物种的建立。截至 2009 年，总共批准了 325 亿美元的 STP 基金，并将继续按照每个州的公路里程、行驶的车辆里程以及商业车辆对公路信托基金的贡献进行分配。

每个州都必须拨出一部分 STP 资金（总量的 10% 或 2005 年拨出的金额，以较大者为准）用于交通改善。从 2006 年开始，取消了安全建设活动（如消除危险和公路铁路交叉口改善）以前所需的 10% 的预留费用，在新公路安全改进计划下州政府将为这些项目单独提供资金。

桥梁项目的范围被扩大到包括系统的预防性维护，并且不再要求桥梁必须是"非常重要的"。到 2009 年为止，已经为该项目批准授权 216 亿美元，使各州能够改善他们满足条件的公路桥梁，包括水路桥梁、跨地形障碍桥梁，以及其他公路和铁路桥梁。同时，要求每个州至少将其桥梁拨款的 15% 用于非联邦援助公路上的桥梁（系统外桥梁），但取消了 35% 的上限。自行决定的桥梁项目到 2005 年开始得到资助；从 2006 年开始，每年拨出 1 亿美元资助指定项目。

SAFETEA-LU 提供了总计超过 28 亿美元的资金，用于资助与国家利益相关的交通项目，以改善国际边境、入境口岸和贸易走廊的交通状况。法案为一项新的"边境基础设施协调项目"提供了 8.33 亿美元的资金，将按公式分配，用于美国和加拿大之间以及美国和墨西哥之间的跨界运输，以提升车辆和货物安全、高效运输。为进一步促进经济增长和国际、区域间贸易，国家走廊基础设施改善计划获得 19.48 亿美元的可自由裁量资金，在具有国家意义的走廊公路建设项目。

新的"国家和区域重要项目"计划为国家及区域层面产生效益的项目提供资金。效益包括提高经济生产力、促进国际贸易、缓解拥堵和提高安全性。此外，在"优先项目及交通改善"一节内，亦列出超过 5000 个指定项目。SAFETEA-LU 授权一项新的货运能力建设计划，通过研究、培训和教育来提升货运规划，每年资助 87.5 万美元。

SAFETEA-LU 将继续进行大都市区和全州的交通规划，但也做了一些改变。安全和保障被确定为在大都市区和全州规划过程中需要考虑的单独项目。各州和 MPO 的磋商要求将大大增加。在制定长期交通计划时，MPO 和各州必须"酌情"与负责土地使用管理、自然资源、环境保护、历史文物保护等机构进行磋商。作为长期交通规划和交通改善规划（TIP）发展的一部分，MPO 必须采用可视化技术来改善与利益相关者的沟通。各州还必须在制定长期全州交通规划时采用可视化技术加强沟通。此外，法案还增加了解决环境恢复、改进绩效、多模式能力和行动改善的要求，并确保在此过程中地方部落、自行车骑行者、行人和残疾人的利益得到保障。

SAFETEA-LU 修订了与大都市区规划流程相关的环境规划因素，增加了"促进交通改善与州和地方计划增长和经济发展模式之间的相容性"。大都市区交通规划还必须包括运营和管理战略，改善现有交通设施的性能，以缓解交通拥堵，并最大限度地提高人和货物的安全和机动性。 MPO 必须制定和利用"参与计划"，为有关各方提供合理机会，对大都市区交通规划和大都市区 TIP 内容进行反馈。交通改善规划（TIP）至少每 4 年更新一次，在非达标和维持区域，至少每 5 年更新一次。核心公路项目中为大都市区规划预留的资金从 1% 增加到 1.25%，并且各州偿还 MPO 的时间限制为 30d。长期交通规划和 TIP 仍是相互独立文件。

全州规划流程将需与大都市区规划、全州贸易和经济发展规划相协调。此外，对于全州长期交通规划，各州必须与联邦认可的负责土地使用管理、自然资源、环境保护、历史文物保护等机构进行磋商。两个或两个以上的州可以合作及互助来制定规划协定。全州规划必须包括最有效地利用现有系统的措施。全州交通改善规划（STIP）至少每四年更新一次。

SAFETEA-LU 将基础设施投资需求报告（以前的公路、桥梁和公共交通情况及绩效报告）的截止日期改为 2006 年 7 月 31 日，之后每两年更新一次，并需要在报告中加入可与之前报告相比较的必要资料。

SAFETEA-LU 在 2005—2009 年为 ITS 研究授权 1.1 亿美元，仅在 2005 财年就授权 1.22 亿美元用于 ITS 部署。 SAFETEA-LU 还建立了一个新的实时信息系统管理项目，实时监控所有州主要公路的交通和出行状况，并共享该信息来提高交通系统的安全性，解决交通拥堵，改善应对天气事件和地面交通事故，推进国家和地区公路出行者便捷获取出行信息。各州可使用国家公路系统（NHS）、地面交通计划（STP）和减缓拥堵和改善空气质量（CMAQ）资金来规划和部署实时监测系统。

SAFETEA-LU 进一步阐明了有关 HOV 车道的规定。各州必须确定 HOV 车道的使用要求，除非造成安全隐患，否则必须豁免摩托车和自行车使用 HOV 车道。可选择性豁免公共交通车、低排放和节能车辆以及高载客收费车辆（不符合条件的车辆可以支付费用使用该设施）。

SAFETEA-LU 纳入了旨在改善和精简交通项目环境程序的改革。然而，这些改变对运输机构提出了一些额外的步骤和要求，包括对公路、公共交通和多模式项目新的环境审查程序，这增加了运输机构的权力，但也增加了责任（例如，与确定项目目的以及备选方案有关的评述意见）。诉讼增加了 180 天的时效，但它与联邦登记册中的环保行动挂钩，后者需要额外的通知。环境审查机构包括一些州的授权代表团，包括对所有州生态环境无条件排除的代表团，以及根据《国家环境政策法案》和其他环境法律的美国交通运输部环境审查机构的五州代表团。

法案对空气质量符合性程序进行了修改，以便在交通规划和空气质量符合性方面提供更大的灵活性，同时不降低对空气质量的保护，包括设立为期四年的符合性决定周期，以及在特定情况下，容许以十年为基准得出符合性结果。

持续交通拥堵减缓和改善空气质量（CMAQ）项目的总资金在 2009 年继续维持在 86 亿美元，为各州和地方政府提供灵活的资金来源用于交通项目和计划，以满足清洁空气法案。资助同样适用于不符合国家环境空气质量标准（NAAQS）标准但做出改善承诺的地区。

SAFETEA-LU 要求美国交通运输部评估 CMAQ 代表性样本项目的有效性，并维护这个数据库。

"交通、社区和系统保护计划"（TCSP）由 TEA-21 创建，旨在解决交通、社区和系统保护计划与实践之间的关系，并确定基于私营部门的创新来改善这些关系。根据 SAFETEA-LU 的规定，这项自行裁量拨款计划在 2009 年前获得 2.7 亿美元的授权，用于符合条件的项目，以整合交通、社区和系统保护计划和实践。SAFETEA-LU 还建立了一项新的非机动车交通试点计划，计划在 2009 年前获得总共授权 1 亿美元，用于资助试点项目，在四个指定社区建立非机动交通基础设施网络。证明步行和骑自行车在一定程度上可以成为某些社区交通解决方案的主要交通方式。

SAFETEA-LU 还创建了一个新的平等奖励计划，该计划有三个特点，其中一个与公路信托基金捐款相关，另外两个是独立的。第一，以 TEA-21 的最低保证为基础，确保每个州对公路信托基金（以天然气和其他公路赋税形式）的贡献份额在 2005 年至少达到 90.5% 的反馈。到 2008 年，相对回报率最低为 92%。第二，无论信托基金的贡献如何，每个州的平均年度 TEA-21 资金水平都保证一定增长。第三，保证选定州在分摊额和优先项目中所占份额不低于该州在 TEA-21 的年平均份额。

SAFETEA-LU 使私营部门更容易参与公路基础设施项目，以帮助缩小公路基础设施投资需求与传统可用资源之间的差距。SAFETEA-LU 建立了新的州立基础设施银行（SIBs）项目，允许所有州与美国交通运输部签订合作协议，允许符合条件基础设施利用联邦交通基金来周转。

《交通基础设施融资和创新法案》（TIFIA）经过修改，鼓励更广泛地使用 TIFIA 融资，将项目成本门槛降至 5000 万美元，并扩大应用范围，包括公共货运铁路或为用户提供公共利益的私人设施，多式联运货物中转设施，以及智能交通系统（ITS）的设施投资。SAFETEA-LU 扩大了私人债券的担保权限，将公路设施和地面货运转运设施加入了免税债券的清单。这些债券不受国家机构和其他发行机构一般年度数量上限的限制，但受 150 亿美元的国家总额限制。

SAFETEA-LU 为各州提供了更大的灵活性来收费，不仅可以缓解拥堵，还可以为基础设施的改善提供资金。价值定价试点继续进行，到 2009 年已获得 5900 万美元拨款，支持全美范围内实施 15 个可变价格试点项目的成本支出，拥堵管理、改善空气质量、提高能源使用效率。截至 2009 年，新预留了 1200 万美元用于不涉及收费的公路项目。新的快速车道示范计划允许 15 个收费项目以收费调节拥堵，减少非达标区域的排放，或为增加州际间公路提供资金。根据该计划，HOV 设施的收费必须根据当天的时间或交通状况而有所不同；对于非 HOV，可变定价不是必需的。

SAFETEA-LU 将"公路安全改进计划"（HSIP）作为一个核心项目，首次单独拨款，允许各州灵活地将资金用于最关键的安全需求。2006—2009 年共提供了 51 亿美元的拨款，其中 8.8 亿美元用于铁路、公路交叉口项目，剩余部分根据每个州的公路里程，车辆行驶里程和死亡人数分配。每年将拨出 9000 万美元用于高风险乡村道路的建设和改善。HSIP 要求各州制定和实施公路安全规划，并提交年度报告，包括报告至少 5% 的最危险地点，实施公路安全改善项目的进展以及减少死亡和伤害的有效性。

法案建立了一个新的学校安全路线项目，鼓励中小学生步行和骑自行车上学。基础设施相关项目旨在为步行和骑自行车者提供安全、有吸引力的环境。通过减少学校附近的机动化交通量、燃料消耗和空气污染来改善儿童生活质量并支持国家卫生计划目标。

2004—2009 年，SAFETEA-LU 总共批准了 526 亿美元用于公共交通项目，而 TEA-21 只批准了 360 亿美元。超过 80% 的资金来自公共交通账户，只有新开工项目、研究计划和 FTA 管理项目来自普通资金。现有的项目都继续使用该拨款，从 2006 年开始增加了两个新项目：新自由项目计划、国家公园和公共土地的交通替代项目。

FTA 的拨款结构和公式基本保持不变。而城市化地区的拨款公式则得到了扩充。 一个新的公共交通服务密集型小城市公式拨款项目于 2006 年启动。为 20 万人口以下但公共交通服务水平高于平均水平的城市提供 3500 万美元资金。此外，法案还创建了针对仍在增长的高人口密度州的项目，2006 年启动，年度援助金额达到 3.88 亿美元。根据 2015 年人口预测（允许受助方在人口增加之前改善公共交通）和超过州人口密度基准的城市化地区（解决过高客流走廊的超大公共交通需求）来分配资金。乡村资金大幅增加（几乎是 TEA-21 的 2 倍），其中一部分用于满足低密度乡村的公共交通需求。

新开工项目要求通常保持不变。法定的联邦政府配套份额仍为 80%；然而，FTA 将不能拒绝批准那些联邦资金份额占比低的工程初步设计或最终设计（FTA 曾建议为 60%）。项目分为五个级别（从 "高" 到 "低"）的评级，而不是之前的三个级别（"强烈推荐"、"推荐" 和 "不推荐"）。出行和成本预测的可靠性被作为新的考虑因素，同时还必须评估经济效益。年度新开工报告的仍然要求提供，但年中的补充报告要求被取消。替代方案分析将由一个单独的自行裁量资金方案提供经费。

从 2007 年开始，将为新开工项目创建一个新的资助类别，要求启动资金少于 7500 万美元，项目总投资低于 2.5 亿美元，其他联邦基金也可以用于这些项目。这些项目将遵循简化的项目开发过程和鉴定标准。该资助可用于非固定导轨的公共交通走廊提升（例如 BRT）。2500 万美元以下项目取消了评级过程。

SAFETEA-LU 建立了新的自由资助项目，用于改善未到达《美国残疾人法案》所要求的服务运营成本和设施改善的项目。资金根据残疾人数量分配给 20 万人口以上地区的指定受助人（60%），以及 20 万人口以下地区的州（20%）和非城市化地区（20%）。各州必须有条件地选择受助人，且项目必须列入当地人力服务运输协调计划。超过 10% 的资金可用于规划、管理和技术援助。就业可达性和反向通勤项目得以继续进行，但其框架须与新的自由资助计划大致相同。

项目采纳了一系列改革以加强与客运服务的协调。城市、乡村、老年人和残疾人、就业机会和反向通勤、新的自由资助项目等方面的匹配要求更加灵活，允许社会服务机构的资金与 FTA 资金相配套使用。

该灵活性被证明可以加强现有基金匹配的协调。此外，法案要求必须在 2007 年之前制定一项协调客运服务和 FTA 资助的公共交通系统方案，然后才能为老年人和残疾人、就业机会和逆向通勤以及新自由项目提供资助。

SAFETEA-LU 为国家公园和其他联邦公共土地的公共交通规划和建设成立了一个新的资助计划（2006 年为 2200 万美元）。该计划将由交通运输部与内政部 / 国家公园管理署合作管理。项目包括改善汽车的可达性的各种替代运输服务。

2005—2009 年，SAFETEA-LU 为国家公路交通安全管理署（National Highway Traffic Safety Administration）的驾驶员行为项目提供了 31 亿美元的资金。此外，SAFETEA-LU 在

2006—2009 年度为州和社区道路安全拨款 8.97 亿美元，用于支持州道路安全项目，减少交通事故以及由此造成的伤亡和财产损失。各州只能将资金用于道路安全目的项目，其中至少 40% 的资金将用于解决当地的交通安全问题。各州需要提交实施规划才有资格获得这些拨款，包括改善该州道路安全的目标和措施，以及一项道路安全规划，并介绍了实现这些目标的行动。SAFETEA-LU 要求各州保证，它们将开展支持国家公路安全目标的行动，包括动员国家执法力量，持续执行驾驶员、乘客保护和超速等违规的法规，每年安全带使用情况调查，开发及时有效的全州数据库系统。

SAFETEA-LU 援助了一项新的安全带性能项目，该项目在 2006—2009 年获得 4.98 亿美元资助，以鼓励颁布和执行要求在乘用车中使用安全带的法律。2006—2009 年，美国国家安全管理署拨款 5.15 亿美元，用于资助修订防范酒后驾驶的项目，以鼓励各州采取和实施有效的计划，减少个人酒后驾车所造成的交通安全问题。

SAFETEA-LU 开展了一系列研究计划，包括未来道路战略研究计划（FSHRP），两项缓解地面交通拥堵方案研究，地面运输–环境合作研究计划（STEP），国家货运研究项目，以及继续更高级的出行预测研究（TRANSIMS）。2005—2009 年，SAFETEA-LU 将大学交通中心项目的年度资金增加到了 6970 万美元。此外，它还每年提供 775 万美元，用于开发和测试商业遥感产品和空间信息技术。

SAFETEA-LU 认为需要进行大量的研究工作。它还设立了两个委员会，负责对未来地面运输方案提出建议。第一个是由交通运输部部长主持的国家地面运输政策和收入研究委员会，将对地面运输系统的现状和未来需求进行研究，并制定一个概念性规划从而确保地面运输系统可以持续应对国家需求。第二个是国家地面交通基础设施融资委员会，它将完成对公路信托基金收入及如何用于未来道路和公共交通需求的研究。

道路收费与出行需求建模的论坛

道路收费问题越来越突出，其不仅作为更新和扩展道路基础设施的收入来源，而且可以吸引私人资金向公共基础设施投资，并作为管理交通拥堵及其影响的一种有效机制。取消一些联邦禁令使收费更加有效。除了扩大试点项目，SAFETEA-LU 还允许各州将现有 HOV 车道改造成 HOT 车道，从而扩大了道路收费的机会。

无论定价或收费政策的动机是什么，交通规划人员都必须能够分析和模拟收费政策对出行需求的影响。规划人员必须依靠自己过去的经验、同城经验和/或出行模型预测，估计未来 20 年或更长时间的收入。

为回应上述问题，举办了一个道路收费和需求预测专家论坛，以评估各州在规划、预测和道路收费方案的实践情况。该论坛的目的是：（1）为出行需求建模者提供一个平台，以便在预测模型中分享道路收费的经验；（2）为该领域所需的研究提供思路（U.S. Department of Transportation，2006 年）。

预测出行者对收费的反应是一项具有挑战性的任务，因为与基础设施项目（尤其是交通设施）相关的需求和成本估计都存在很大误差。一旦私人资金投资于道路系统，对预测的准确性需求就超过了政府机构。由于存在资金损失风险，私营部门需要更准确的预测。当然，私人投资者似乎比政府更有能力应对和适应预测偏差。

　　论坛表明，出行者对现有的需求预测方法及其应用分析收费方案的能力缺乏信心。对私人投资者审查的严苛程度似乎还高于苛刻的公共项目。投资者和其咨询公司经常将收费设施的预估收入减少25%，以防止出行预测过度乐观。融资人只对少数咨询公司的预测有信心，但其专有技术并不公开或同行间互相检阅。

　　这些咨询公司使用的工具不仅关注如何使预测更准确，而且关心如何找到保护投资者免受预测误差影响的方法。这导致了大量的风险管理分析，以应对预测不确定性。基于主观可能性，对许多结果进行多元分析，以及通过蒙特卡罗方法，利用预测错误的历史信息来验证和改进需求预测和收入的准确性。一般的交通规划和决策也可以从这些风险管理方法的应用中获益。

　　许多人认为，在实践中，出行预测的状况远远落后于现有技术水平。总之，这些表明，对改进出行者对道路收费的反应和收费设施可行性方法的要求日益增长。但要满足这些需要更好的数据、更真实的模型和资深的建模者。

　　更好地识别、量化和模拟现有收费方案的影响对于理解各种行为间关系，构建下一代模型至关重要。数据必须刻画出与预测情况类似的反馈。数据必须反应出行选择的复杂性，例如，为了响应价格变化，出行者可能会改变出行方式、出行时间、路线、出行链、目的地、活动模式，更长远看，还可能影响汽车拥有和居住选址。当然，数据还应包括出行者对收费的态度和意愿。

　　要做出准确的预测，真实的模型是必不可少的。出行决策过程是复杂的、动态的、迭代的，因此寄望简单模型是不合逻辑的。不同时间是可变收费方案的关键变量。这些和决策过程的其他变量可能需要我们建立基于活动的出行模型、动态交通分配和微观仿真。而从长远来看，道路收费还可能会对土地利用产生影响，这还需要更先进的选址定位模型。

　　建模师也对预测质量至关重要。他们的经验和信誉为他们的工作带来了智慧和创造力，并影响了预测过程中的准确性。一个好的建模师对决策的影响比模型结果本身更大，因为建模师带来了经验、视野和对数字的判断。

　　会议提供了一个折中的预测工具的发展路径以平衡复杂性和易用性。短期内，应集中扩展现有工具的应用，例如，基于活动的建模和动态交通分配。还应该通过论坛和更频繁的同行交流来消除预测中有意或无心的偏见。中期则应该更多地使用动态集成模型，以更好反映出行决策的复杂性。从长远来看，应开发基于家庭活动的建模并实现快速的建模应用，包括使用通用的模型参数库，以及掌握模型参数的转换和网络自动编程。

州际公路 50 周年

　　2006年6月6日是艾森豪威尔州际和国防公路系统法案颁布50周年纪念日。46508英里的公路网络改变了国家和经济。这是美国有史以来最大的公共工程项目。州际公路系统促进了经济发展，并永远改变了人们和货物的运输方式，促进了国际贸易。无论如何它拉长了家庭和工作之间的距离，并重新定义了美国城市和乡村之间的关系。它改变了出行的意愿，让美国人在几天车程就能到达国内任何地方。它给人们的生活方式带来了巨大的变化，尽管其中一些变化一直存在争议。表16-4显示了自州际公路系统开始以来发生的一些出行特性的变化。

资料来源：U.S. Department of Transportation，Federal Highway Administration

1956—2004 年国家出行特征变化			表 16-4
	1956 年	2004 年	变化率（%）
人口（亿人）	1.65	2.88	75
国民产总值（亿美元）	4270	114460	2582
驾照（万人）	7770	19900	156
机动车（万辆）	6510	23700	264
车辆行驶里程（亿英里）	6310	19600	369
汽油消耗（亿加仑）	556	1790	222

　　州际公路系统中相对宽、直的设计为比之前的双车道公路更快、更安全。公路设计时速 75 ~ 80m/h。但是，速度限制是由各州设定的，并且因州的位置而异。几何设计标准由AASHTO 建立，除了支持汽车和卡车之外，州际公路还用于美国境内的军事和民防。

　　1956 年，《联邦援助公路法案》中最初成本估算为 270 亿美元。它是基于美国公共道路局（BPR）的一份报告，该报告仅涉及 1947 年所指定的 37700 英里。1991 年发布的州际公路费用最终估算为 1289 亿美元，其中联邦份额为 1143 亿美元。该估算仅涵盖了州际公路建设项目的里程（42795 英里）。由于里程限制，它排除了系统内的收费公路和一些联络线，这些项目没有州际建设资金。成本增加是由多种因素造成的。1955 年又多纳入了 2300 英里的城市内道路。此外，从 1956 年开始，设计标准更加严格，在 20 世纪 60 年代制定的必要环境要求增加了项目成本。正如预料的那样，通货膨胀也是一个主要因素。

　　2003 年该系统的总里程达到 46773 英里。州际公路大约有：14750 个立体交通枢纽，55512座桥梁，82 个隧道和 1214 个休息区。除了 5 个州的首府外，其他州的首府都直接由州际公路提供服务。不在这个系统上的是阿拉斯加的朱诺（Juneau）、特拉华州的多佛（Dover）、密苏里州的杰斐逊城（Jefferson）、内华达州的卡森城（Carson City）、南达科他州的皮埃尔（Pierre）。州际公路占比美国公路不到 1%，但却承担了 24% 以上的出行，卡车行驶里程的 41%。

　　艾森豪威尔州际和国防公路系统促进了以汽车为导向的战后郊区化发展模式，这种模式通常被称为"城市扩张"。该系统建设在第二次世界大战士兵回归的时候达到顶峰，同时由于国会还提供了低利率的新房贷款，这些因素共同作用对国家的发展模式产生了深远的影响。显然，州际公路对国家有重大的经济、社会和环境影响。这些影响一直在激烈争论中，并在未来仍将继续。

《美国通勤Ⅲ》

2006 年，交通研究委员会（Transportation Research Board）发表了由交通咨询师皮萨斯基（Alan Pisarski）撰写的报告《美国通勤Ⅲ》（Commuting in America Ⅲ）。这是美国通勤模式十年回顾系列的第三个报告。该报告使用了美国人口普查署的最新数据以及其他数据来源（Pisarski，2006）。

报告的结论是，随着婴儿潮一代长大接近退休年龄，大量移民加入美国劳动力大军，通勤趋势正在发生显著变化。虽然私人汽车仍然是最主要上班方式，但在许多地区，公共交通和拼车出行正在增加，越来越多的通勤者从郊区到郊区出行，而不是从郊区到中心城区。报告称"最重要的变化之一可能来自新移民，与大多数土生土长的美国人或在美国生活了五年以上的移民不同，新移民要么拼车、骑车、步行，或者每天乘坐公共交通上下班"。

在未来的几十年里，许多婴儿潮一代将在 2010 年满 65 岁而离开工作岗位，不再通勤。与此同时，人口普查署的最新预测显示，进入劳动力市场的年轻人数量将会增加，但这些新工人的数量不会超过退休工人。2000—2010 年，预计将有近 2000 万年龄在 18 ~ 65 岁之间的人进入劳动力市场，而在接下来的 20 年里，这一数字仅为 1200 万人左右。但预测可能低估了美国实际工作的人数，因为很难预测会有多少移民进入劳动力市场，又有多少婴儿潮时期出生的人在 65 岁之后还会继续工作。

在过去的十年里，移民人数的增长远超预期。最新的人口普查显示，美国的移民人数比 1990 年的人口普查预测的多 800 万。移民人口的大量涌入，美国 30 年代起下降的人口增长率在 20 世纪 90 年代急剧逆转，回到 20 世纪 70 年代的水平。这种"移民气泡"正在改变劳动力的本质和通勤模式。尽管移民在所有工人中所占比例不到 14%，但他们在拼车族中占比约为 40%，该比例在拉美裔移民中尤其高，是拼车出行经过 30 年下降后再次上升的主要贡献者。此外，新移民也喜欢步行或骑车上班，或使用公共交通。

另一个可能影响通勤的趋势是越来越多的人在家办公。最新的人口普查数据显示，有 400 万美国人在家工作——比步行上班的人还要多，而且 55 岁以上的人在家工作的人数也在不断增加。但拥堵的指标在所有观测中都变得更糟，包括强度、地理范围和持续时间。拥堵不仅在大城市有所增加，在较小城市也一样。

通勤的方向性也发生改变。从 1990—2000 年，大都市地区约 64% 的通勤增长来自郊区到郊区，而传统的郊区到中心的通勤增长仅为 14%。随着越来越多的雇主离开城市，搬到离熟练技工更近的郊区，郊区成为主要就业地。最新的人口普查数据还显示，与过去几十年相比，更多的美国人在早上 5：00 ~ 6：30 上班，而他们的通勤时间更长，即 60 ~ 90min，而且还需要到邻近的一个县工作。

全美平均出行距离从 1990 年 10.65 英里增加到 2000 年 12.11 英里，增幅为 14%。从 1990 年到 2000 年，全美平均出行时间从 22.4min 增长到 25.5min。与之对应的是 1980 年 21.7min 到 1990 年的 22.4min，增加了 40s。从 1990—2000 年，通勤时间超过 60min 的人数增长了近 50%。

虽然通勤经常占据着公众对交通的讨论，但要认识到，这只是我们对交通系统要求的一部分。工作出行只占总出行的 16%，但这不是由于工作出行减少了，而是因为其他活动的急剧增长。通勤仍是定义高峰出行容量和服务需求的最主要因素。

报告的结论是，美国人的出行需求变得更加个性化和多样化。出行者在他们想要的时间和地点生活和工作。新的生活模式伴随着新的挑战，因为由此产生的出行方式更加多样和个性化。

减少交通拥堵的国家战略

尽管联邦政府花费了数千亿美元用于交通基础设施维护，但在全美大都市区，拥堵的程度和强度却在持续恶化。卡车、货物在不堪重负的海港停滞，飞机在拥挤的机场上空盘旋。预计到 2006 年美国每年的拥堵成本为 2000 亿美元。道路拥堵尤其在过去 20 年中急剧增加，在未来 10 年内将成为中等城市的主要问题。

2006 年 5 月，米内塔部长在国家新闻办公室公布了减少美国交通拥堵的国家战略（U.S. Department of Transportation，2006）。这个战略由六个主要组成部分，不仅包括短期减少拥堵策略，而且奠定了长期减少拥堵的基础。

1. 缓解城市拥堵。交通运输部将寻求与示范城市签订城市伙伴关系协议，根据该协议，城市将采取以下行动：（1）实施广泛的拥堵定价或可变收费示范；（2）建立更有效的响应式公共交通系统，专门为高峰通勤服务；（3）与主要地区雇主合作，扩大远程办公和弹性工作制；（4）利用先进的技术和管理方法来提高交通系统性能，支持地区努力提供实时出行信息，改善交通事故响应，改善干路信号配时，减少道路的施工区障碍影响。交通运输部将提供可支配资源以支持这些行动的实施。

2. 释放私营部门投资来源。交通运输部将通过以下方式努力减少私营部门对交通基础设施投资的障碍：（1）鼓励各州制定法律，促进公私伙伴关系（PPPs）；（2）利用现有的联邦项目授权和 SAFETEA-LU，鼓励建立公私伙伴关系。

3. 促进运营和技术改进。交通运输部将努力推进低成本的运营和技术改进，并通过以下方式提高信息传播和事件响应能力：（1）鼓励各州利用其联邦援助资金改善运营服务，包括为用户提供更好的实时交通信息；（2）加强运用 ITS 来减少交通拥堵；（3）推广良好的实践案例，利用私营部门的合作和融资机会来改善事故和交叉口管理。

4. 开展"未来交通走廊"竞赛。交通运输部将加快发展多州、多用途的 SAFETEA-LU 联邦援助交通走廊：（1）快速追踪减少重大交通走廊拥堵项目；（2）挑选 3～5 个需要长期投资的增长型走廊；（3）开展多州间合作，促进这些走廊的发展。

5. 针对主要的货运瓶颈，扩大货运政策范围。交通运输部将通过以下措施来解决全美货运系统的拥堵问题：（1）与所有利益相关者合作，就增加南加利福尼亚货运能力达成共识；（2）组织托运人、货运汽车公司和物流公司参与的"CEO 峰会"，制定国家货运政策框架；（3）与国土安全部合作，改善美国最拥挤边境口岸的基础设施。

6. 加快大型航空运输能力计划，并提供未来的资助框架。交通运输部将透过以下措施，解决航空系统的拥堵问题：（1）设计和部署下一代航空运输系统——一个容量更大，拥堵更少的现代化航空体系；（2）提高效率并减少纽约市拉瓜迪亚机场延误；（3）优先处理提高航空系统能力的项目；（4）精简航空系统能力提升项目的环境审查。

关于该战略的第一部分，27 个城市地区申请加入"城市伙伴关系协定"。2007 年 8 月，部长宣布了五个最终的合作伙伴城市：迈阿密、明尼阿波利斯 / 圣保罗、纽约市、旧金山、西雅图。交通运输部还将制定"未来交通走廊"（CFP）计划的名单，为了实现 CFP 所有目标，即减少拥堵、提高货运可靠性、提高生活质量最终选择了六条走廊，包括：5 号州际公路（国家机动车走廊），10 号州际公路（国家货运走廊），15 号州际公路（无边界的走廊），69 号州际公路，70 号、95 号州际公路（卡车专用车道）。交通运输部对上述 6 条走廊项目进展开展了周密的监测。

满足未来道路和交通需求的融资选择

交通运输系统中一个关键的问题是从哪里找到收入来为今后的道路和公共交通运营提供资金。为解决这一问题。政府进行了一项评估各种增加收入的研究，如采用创新融资和公私合作伙伴关系的方法来增收；联邦、州和地方政府机构尽可能缩小可用资金和需求之间的预测差距。报告最后介绍了道路和公共交通融资的行动，并介绍了几个成功的案例（Cambridge Systematics, Inc. et al.，2006）。

燃油税和车辆税是联邦和州道路项目、公共交通融资的主要来源，并在可预见的未来继续发挥这些作用。除了传统方法外，各级政府其他新的战略的潜力也得到了证明。然而，关键问题是如何在未来十年成功地在各级政府实施这些战略，实现对交通系统的投资。需要就当前和未来交通投资需求的范围以及解决这些需求的意义达成共识。

为实现这些融资战略，有必要对需额外的资金资助的项目制定具体的融资计划和方案，并说明预期收益。此外，有必要明确融资计划中角色、责任和流程；然后详细描述拟议的收入来源，并提供合适的用途。为实现这一计划，还应开展公众教育和宣传活动，并持续领导和支持该活动，并且需要列出一个明确的行动时间表。

目前，根据 2004 年美国交通运输部向国会提交的环境与绩效报告（C&P）和当前年成本（考虑通胀因素），美国公路和公共交通系统的投资需求与可提供资金之间存在巨大差距（图 16-4）。

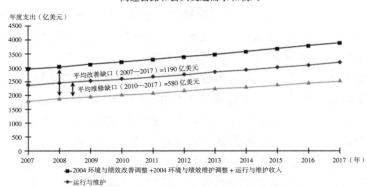

图 16-4　高速公路、公共交通需求、收入与年度支出[*]

同时，联邦、州和地方政府可以提供一长串当前和新兴的融资方案，以帮助缩小资金缺

[*] 译者注：原书如此，缺图例"▲"。

口（表 16-5）。

通过对这些融资方案的严格审查，至少在可预见的未来，燃油税和车辆税很可能继续成为联邦和州资助计划的支柱。道路收费，特别是在最拥挤的城市通道上，将成为越来越重要的工具。事实证明，销售税和受益费等地方税对于州和地方政府在道路和公共交通项目的使用非常有效，应考虑更广泛地应用。此外，州和地方政府应继续依靠通用基金拨款来支持地面运输需求。使用新兴的金融工具和公私合作伙伴关系（PPP）可以在筹集额外资本和推进项目交付方面发挥重要作用。

这项研究估计了每一种筹资方法的预期收入，以及筹资办法的一些设想。研究的结论是，缩小资金缺口是可能的，但需要各级政府共同努力。

候选收益来源　　　　　　　　　　　　　　　　　表 16-5

具体融资工具	方式					范围		产出	
	公路 / 桥梁		公共交通						
	保护 / 维护	新的能力	运行 / 维持	资本	系统	项目	潜在产出	使用的地点	
燃油税									
机动车燃油消费（每加仑）税	⑥	⑥		⑥	⑥		高	全州，联邦	
机动车燃油税指数（能按照通胀或其他指数核算）	⑥	⑥		⑥	⑥		高	佛罗里达、艾奥瓦、肯塔基、缅因、内布拉斯加、北卡罗来纳、宾夕法尼亚、西弗吉尼亚	
机动车燃油营业税	⑥	⑥		⑥	⑥		高	加利福尼亚、佐治亚、夏威夷、伊利诺伊、印第安纳、密歇根、纽约	
石油经营或商业税	⑥	⑥		⑥	⑥		高	纽约、宾夕法尼亚	
汽车注册和相关费用									
车辆注册和驾照费用	⑥	⑥			⑥		高	全州	
车辆个人财产税	⑥	⑥			⑥		中	加利福尼亚、堪萨斯、弗吉尼亚	
专门用于运输的车辆销售消费税	⑥	⑥			⑥		高	康涅狄格、艾奥瓦、堪萨斯、马里兰、密歇根、明尼苏达、密苏里、北卡罗来纳、内布拉斯加、俄克拉荷马、南达科他、弗吉尼亚；联邦范围重型卡车	
用户收费、价值定价和其他用户费用									
新建路 / 桥费			⑥	⑥	⑥		⑥	中	半数州
现有道路使用费	⑥	⑥	⑥	⑥		⑥	低	弗吉尼亚州提出，其他州正在考虑	
HOV 车道、快速收费车道、卡车收费车道			⑥	⑥	⑥		⑥	中	加利福尼亚、科罗拉多、佐治亚、明尼苏达、得克萨斯

***** 原书表中未标记⑥的含义——译者注。

续表

具体融资工具	方式				范围		产出	
	公路/桥梁		公共交通					
	保护/维护	新的能力	运行/维持	资本	系统	项目	潜在产出	使用的地点
车公里费	⑥	⑥	⑥	⑥	⑥		高	俄勒冈在测试中；15个州资助的研究推荐
公共交通费（票价、换乘公共交通的停车费、其他）			⑥		⑥		高	全公共交通机构
集装箱费、关税、其他		⑥			⑥	⑥	中	加利福尼亚
收益人费和地方的可选税费								
专用财产税	⑥	⑥	⑥	⑥	⑥		高	多地方政府
收益人费/价值捕获(影响费、税收增量融资、抵押记录费、租赁费等)		⑥		⑥		⑥	低	多州和地方
公路改善用途的许可地方税种								
地方可选汽车或注册费	⑥	⑥			⑥	⑥	中	阿拉斯加、加利福尼亚、康涅狄格、科罗拉多、夏威夷、爱达荷、印第安纳、密西西比、密苏里、内布拉斯加、内华达、新罕布什尔、纽约、俄亥俄、南卡罗来纳、南达科他、田纳西、得克萨斯、弗吉尼亚、华盛顿、威斯康星
地方可选销售税	⑥	⑥			⑥	⑥	高	阿拉巴马、亚利桑那、阿肯色、加利福尼亚、科罗拉多、佛罗里达州、佐治亚、艾奥瓦、堪萨斯、路易斯安那、明尼苏达、密苏里、内布拉斯加、内华达、新墨西哥、纽约、俄亥俄、俄克拉荷马、南卡罗来纳、田纳西、犹他、怀俄明
地方可选汽车燃油税	⑥	⑥			⑥	⑥	中	阿拉巴马、阿拉斯加、佛罗里达州、夏威夷、伊利诺伊、密西西比、内华达、俄勒冈、弗吉尼亚、华盛顿
许可地方可选公共交通税								
地方可选销售税			⑥	⑥	⑥	⑥	高	阿拉巴马、亚利桑那、加利福尼亚、科罗拉多、佛罗里达州、佐治亚、伊利诺伊、路易斯安那、密苏里、纽约、新墨西哥、北卡罗来纳、俄亥俄、俄克拉荷马、得克萨斯、犹他、华盛顿

具体融资工具	方式				范围		产出	
	公路/桥梁		公共交通					
	保护/维护	新的能力	运行/维持	资本	系统	项目	潜在产出	使用的地点
地方可选所得税或工资税			⑥	⑥	⑥	⑥	中	印第安纳、肯塔基、俄亥俄、俄勒冈、华盛顿
其他专项税								
专项部分的州级销售税	⑥	⑥	⑥	⑥	⑥		高	亚利桑那、加利福尼亚、印第安纳、堪萨斯、马萨诸塞、密西西比、纽约、宾夕法尼亚、犹他、弗吉尼亚
杂项公共交通税(彩票、烟草、房税、租车费等)			⑥	⑥	⑥	⑥	低	多州和地方
总体收入来源								
总体收入	⑥	⑥	⑥	⑥			高	全州和地方

第十七章
关注气候变化

随着人类发展对全球气候变化影响日益显著，和其他领域的活动一样，减少温室气体排放成为交通系统规划一个重要关注点。加利福尼亚州是第一个限制温室气体排放的州。其他州和大都市区试图通过减少车辆使用和转向步行和骑行等替代方式来限制温室气体排放。一些地区通过发展紧凑的混合土地利用，来减少机动车出行及土地蔓延。同时，联邦政府也发布了减少温室气体排放的指南。

气候变化的潜在后果可能对交通运输产生严重影响。交通基础设施昂贵且难以移动，无法避免未来海平面上升的负面影响。交通规划师需要减缓气候变化的影响，并适应这些变化。而这些行动将影响运输系统的设计、选址和运营。

在此期间，人们认识到联邦和州一级的交通资金正在变得越来越有限。联邦政府倾向于对交通融资采取有限可自由支配的拨款方式，并扩大用户付费的范围。

交通规划流程因为仍坚持落后的技术流程，而没有采用更适合的分析工具来解决政策制定者及居民的一些新问题而饱受批评。庆幸的是，一些具有创新性的 MPO 正在尝试实践更先进的技术方法。

加利福尼亚州《应对全球变暖法案》

2006 年，加利福尼亚州成为全美第一个通过限制温室气体排放而立法的州。2006 年的《应对全球变暖法案》将州 2020 年温室气体减排目标纳入法律。它指导加利福尼亚州空气资源委员会制定减少温室气体排放的早期行动方案，同时划定界定范围，以确定如何达到 2020年减排目标。为实现 2020 年目标而采取的减排措施于 2011 年初开始实施（California Air Resources Board，2012）。

作为回应，ARB 委员会于 2008 年 12 月 12 日批准了一项规划，该规划制定了加利福尼亚州减少温室气体排放行动的大纲。在界定的范围内，通过法规、市场机制和其他行动实现温室气体的减排。ARB 已于 2007 年 12 月批准了 2020 年温室气体二氧化碳当量（MMTCO2E）的排放限值为 4.27 亿吨。

2007 年 12 月，委员会通过了一项法规，要求大型工业企业报告并核实其温室气体排放。该法规成为温室气体排放和跟踪未来排放水平变化的坚实基础。委员会还确定了 9 项早期行动措施，包括影响垃圾填埋、汽车燃料、汽车制冷剂、轮胎压力、港口作业和其他的排放来源，包括港口船舶的电气化率和减少消费品中的导致全球变暖气体的产品。

空气资源委员会为整个加利福尼亚州制定与交通相关的温室气体排放目标，并采取政策和激励措施来实现这些目标。委员会实施了立竿见影的措施，减少排放和保护公众健康，包括加利福尼亚州的清洁汽车标准，货物运输措施和低碳燃料标准。加利福尼亚州采用的清洁汽车计划，包括更新主要车辆计划，即采用低排放车辆和零排放车辆。加利福尼亚州还推动"清洁燃料批发"计划，确保清洁汽车可使用必要的替代燃料。

2011年，委员会通过了总量限额与排放交易的规定。限额与交易计划覆盖了加利福尼亚州温室气体排放的主要来源，如炼油厂、发电厂、工业设施和运输燃料。限额与交易计划包括强制性的排放上限，且该上限将随着时间的推移而下降。加利福尼亚州将分配交易许可证的配额，总量等于允许的排放量上限。在每个承诺期，排放的总量必须与配额相一致。限额与排放交易的规定将于2013年1月1日生效。根据该规定，受污染企业在被要求减少排放之前，还将有一年过渡期。虽然遵守规定时间将推迟一年，但总减排量仍然相同。这一变化给了加利福尼亚州更多的时间来完善监管，确保了它能够带来持续的经济效益，并满足环境目标。总的来说，AB32政策是为了加利福尼亚州能够与国家和国际气候变化政策相协调并更好地将其补充完善（Environmental Defense Fund，2012）。

大都市区出行预测：当前实践和未来方向

2003年，TRB对华盛顿特区政府（MWCOG）交通规划委员会（TPB）及华盛顿特区MPO（TRB 2003）的出行需求模型进行了审查。在本次审查过程中，参与者可以获得的信息很少，无法帮助他们对模型开发和应用的实践技术做出判断。虽然进行审查的NRC委员会负责评估华盛顿特区政府交通规划委员会的模型实践技术，但委员会不得不依靠其自己的判断来进行评估，而不是依赖MPO同行在处理关键技术问题上的详细信息。

因此，美国交通运输部资助了TRB一项研究来收集现状MPO和州交通运输部门大都市区出行需求预测模型的相关信息。并成立了一个委员会来开展这项工作。该委员会的任务是评估出行需求预测模型的现状，找出模型的不足，并改进以适应更好的实践，同时确保使用适当技术方法。本报告提供了评估和改进的建议，为依赖出行预测结果的工作人员和政策制定者专门设计。委员会编写的另一份独立报告适用于对当前实践技术细节感兴趣的读者（TRB，2007）。

报告总结揭示，大多数机构仍延续使用交通出行三阶段或四阶段的建模，虽然在过去40年中得到了改进，但基本保持不变。这些模型在满足当前建模需求方面存在基础性的缺陷。目前实践中的缺陷，特别是数据缺口，通过转换到更高级的模型仍无法解决。尽管联邦政府对该领域保持着浓厚兴趣，但从制度上已经将出行模型的发展责任下放给各州和MPO。并且，已经开发出一些能够更好地满足MPO需求的高级模型，在一些大都市区的实践也令人满意。然而，模型根本性变革仍存在很大障碍，包括资源限制，从业者对新做法是否优于传统模型存在疑虑，各利益相关者之间也缺乏协调，对新技术的投资开发仍显不足。因此，出行预测领域的革新速度非常缓慢。

委员会建议制定和实施新的需求预测模型，该类模型更适合为多模式投资分析、运营分析、环境评估、政策选择评估、收费设施收入、货运预测等提供可靠的信息，以及满足联邦和州监管要求。此外，委员会建议：

- MPO 应建立与国家合作的研究计划；
- MPO 应对其模型进行正式的同行校验；
- 联邦政府应大幅增加模型开发和实施的资金；
- 联邦政府应在 MPO 认证过程中包含同行校验的结果；
- 应成立一个国家指导委员会，协调联邦和州政府及 MPO 之间出行模型的相关工作；
- 应编制全美出行预测手册，并随时更新；应进行研究来比较传统模型和先进模型的性能（TRB，2007）。

大都市区规划机构会议：现在和未来

2006 年，有超过 380 个 MPO 服务于 5 万个或更多的社区。相关部门在华盛顿特区召开的会议探讨了 MPO 相关问题，包括：MPO 的组织结构；MPO 目前的决策实践状况；将额外因素纳入 MPO 规划过程的方法；将综合规划的整合方法制度化；与当地决策机构的关系，以及 MPO 是否应有计划满足联邦要求或解决问题（Turnbull，2007）。

与会者指出，MPO 之间存在很大差异。即使在同一州内，不同的 MPO 在领导能力，以及满足基本要求的能力、融资、技术能力和其他要素的能力方面也存在很大差异。虽然一些 MPO 非常出色地完成了一些任务，但是由于资源、人员、权限和资金的限制，没有一个 MPO 能够把所有的事情都做得很好。对土地利用和安全机构几乎不存在影响力严重制约了 MPO 的效力。

在未来，MPO 需要灵活、快速地响应各种复杂问题，并适应不断变化的条件。在定义 MPO 的角色时，一个地区的交通问题的复杂性比该地区的规模更重要。许多与会者强调了 MPO 在运输规划过程中增加规划价值的重要性，及与联邦要求过程之外的关联。MPO 需要具有企业家精神，并且集中关注具有地方和区域意义的关键问题。为了满足 MPO 的这些需求，需要在联邦立法和法规方面具有灵活性。

会议指出，MPO 可以作为发挥讨论召集人的作用，召集相关人员讨论关键问题。在未来，MPO 的员工需要具备更广泛的能力，MPO 董事和高级职员还需要具备企业家的领导力。需要协作和建立共识的能力，以促进不同群体之间的讨论，并帮助这些群体就规划、政策、计划和项目达成共识，将出行需求预测模型的结果传达给利益相关者和公众也是一项必备的能力。MPO 员工还需要融资方面的专门知识，包括创新的融资方法、收费评估和公私伙伴关系，与私营部门合作将日益重要。MPO 需要有货运规划方面的专门工作人员，包括对物流和贸易全球化的了解。公众参与和媒体关系将变得更加必要。MPO 需要具备各种能力的复合人才，然而，在 MPO 和其他公共机构，留住这些员工可能会成为一个的问题。

MPO 需要在各方面进行能力建设。培训是一种联系专业组织和大学的方法。联邦公路管理署和联邦公共交通管理署的同行交流项目为 MPO 之间共享信息和经验提供了一种途径。出行模型改进计划在线交流是这种方法的一个例子。

与会者将未来的 MPO 描述为具备以下一些特点：

- MPO 具有与其职责相适应的法律权利，以及履行职责所需的充足资源。
- 区域交通系统规划，无论是谁，都须尊重并支持 MPO 制定的区域愿景和目标。
- 交通运输资金可以按照必要的灵活方式安排。

- MPO 的架构和职能是进一步支持和传递清晰的国家运输政策。
- MPO 在 2020 年可能负责的工作包括区域多方式交通规划、项目以及运营。
- MPO 将发展合作伙伴关系，促进该地区的企业领导力提升。
- MPO 在区域问题上发挥引领作用，根据已采纳的目标和政策支持变革。
- MPO 有助于就区域优先事项达成协议，并有权影响当地的决策，包括土地使用，增长和经济发展。
- MPO 拥有专业的技能和知识，可以追溯过去，监控现状，及预测区域交通系统的未来。
- MPO 已经超越了联邦授权立法和法规，并且不依赖于州或联邦的资金。
- 区域的复杂性以及人口规模有助于确定 MPO 的定位。
- MPO 提供一站式服务，简化交通供给，同时保持规划和计划的客观性。

许多参与者认为在 MPO 实践中有过多的问题需要他们解决。然而，有人认为，MPO 非常适合承担这些角色，与其他机构和团体合作，以满足全美大都市地区的关键交通需求。 总之，MPO 可以按计划满足联邦要求并解决实际问题。 即使联邦资金将减少，但 MPO 仍将履行其职能。

芝加哥地区环境和交通项目

近 150 年来，芝加哥一直是美国的铁路枢纽和世界铁路之都。19 世纪铁路的发展使这座城市成为美国的中心。现在，芝加哥仍然是美国最繁忙的铁路门户，占全美货运铁路流量的三分之一。每天约有 1300 列火车通过该地区，为该地区提供了 3.8 万个与铁路相关的就业岗位，年工资收入超过 17 亿美元，为制造商和企业创造了年 220 亿美元的经济价值。随着地区发展，交通堵塞也越发突出，大量汽车、卡车、火车等客货运输相互干扰，并导致通勤和货运运输延误。

芝加哥是美铁在东北走廊之外的主要铁路枢纽。美国铁路公司（Amtrak）在中西部地区几乎所有的长途和城际客运服务都终止于芝加哥市联合车站。在伊利诺伊州，美铁公司几乎完全在货运轨道上运营，由于运输量的增长，美铁公司与货运公司之间的冲突也越来越严重。区域客运铁路服务由 Metra 和北印第安纳通勤交通运输区（NICTD）经营。2009 年，Metra 公司运营了 700 多趟工作日列车，线路长达 488 英里，有 240 个车站，每天有 312700 人次出行经过芝加哥都市区。Metra 公司的放射状线路在几个地点跨越货运铁路，但经常造成其他客运和货运列车延误。对通勤铁路服务的需求，加上不断增加的货运量和拥堵，使得在共用轨道上运营可靠的通勤和货运铁路服务越来越具有挑战性。

预计芝加哥对货运铁路服务的需求将在未来 20 年翻一番。这一增长将为伊利诺伊州的工人提供更多的就业机会，并为伊利诺伊州的企业增加创收机遇。然而，为了支持经济的预期增长，芝加哥需要满足对铁路服务日益增长的需求，并解决基础设施问题。

为满足这些需求，芝加哥地区环境和交通项目（CREATE）于 2003 年启动。CREATE 是伊利诺伊州、芝加哥市、Metra 公司和全美货运铁路公司之间的第一个由联邦政府支持的伙伴关系项目。CREATE 计划投资超过 10 亿美元，用于提高该地区铁路基础设施的效率和芝加哥地区居民的生活质量。联邦资助于 2007 年开始。该计划的目标是减少铁路和汽车的拥堵，改善客运铁路服务，提高公共安全，促进经济发展，创造就业机会，改善空气质量，并减少火车怠速或低速行驶时的噪声。这项工作还将通过提高 5 条铁路走廊的通过效率，减少整个芝加哥地区火车的延误和拥堵。

这项工作涉及 70 个项目，包括：

- 25 个新的道路立交桥或地下通道，位于汽车、行人与铁路平交的位置；
- 37 个货运铁路项目，包括轨道、道岔和信号系统的广泛升级；
- 新建 6 条铁路立交桥或地下通道，分隔客运和货运列车；
- 铁路高架的改进；
- 加强铁道交叉口的安全；
- 广泛升级轨道、道岔和信号系统；
- 通用调度图（COP）——将该地区所有主要铁路调度信息集成并统一显示。

新的立交桥、地下通道和其他改进有望为芝加哥地区的驾车者节省平均每天 3000 小时的等待火车通过时间。Metra 通勤乘客的出行时间也会有所改善，行程计划会更加可靠。

私人和公共机构要求承诺为 CREATE 项目提供资金。6 家铁路合作伙伴和 Metra 计划提供 2.32 亿美元，这一数额相当于铁路改善的潜在经济效益。剩下的资金将来自联邦、州和地方政府。截至 2011 年 10 月，铁路公司出资 1.16 亿美元，伊利诺伊州出资 2.1 亿美元，芝加哥出资 420 万美元，还有 3.3 亿联邦资金。另有 2.865 亿美元用于 CREATE 计划之前的项目。

未来走廊

2007 年 9 月 10 日，美国交通运输部宣布，6 条州际公路将率先参与一项新的联邦计划，发展州际走廊，以帮助缓解交通拥堵。"未来走廊"计划旨在探求国家和地区创新方法以减少拥堵和提高货运效率。选定的州际公路承载了全美 22.7% 的日常州际出行（图 17-1）。走廊获选的原因是因为其有潜力利用公共和私人的资源来减少走廊内及全美各地的拥堵。方案包括建设新的道路和在现有道路上增加车道，建设卡车专用车道和辅路，以及集成化实时交通管理技术，如车道管理，使道路的通行能力与不断变化的交通需求相匹配。

6 个选定的走廊是：

- 5 号州际公路（I-5）。从华盛顿到加利福尼亚：该项目将解决从美国与加拿大边境起，经过华盛顿州、俄勒冈州和加利福尼亚州，到美国与墨西哥边境的 I-5 公路基础设施的改进。该提案由 3 份州报告组成，报告描述了各个州对该走廊发展的优先事项和改进 I-5 的方法。该提案还包括对波特兰市哥伦比亚河大桥（Columbia River Bridge）和华盛顿州与温哥华边境的改造。除了 I-5 号公路之外，区域货运 / 客运铁路走廊也部分纳入进来，另外，该项目也包括智能交通系统（ITS）和可替代燃料的改进。
- 10 号州际公路（I-10）。加利福尼亚州至佛罗里达货运走廊：该项目源于 I-10 国家货运走廊研究项目。项目包括建立一个 ITS 模板，作为解决 2600 英里走廊拥堵问题的第一步。该项目关注 I-10 走廊沿线的各种瓶颈，包括运营（ITS）和基础设施的改进，以实现海岸间高效运输。提议的改进措施包括埃尔帕索和凤凰城的城市外围绕行以及洛杉矶、凤凰城 / 图森、休斯敦和墨西哥湾沿岸地区的卡车和汽车客货分离的工作。
- 15 号州际公路（I-15）。加利福尼亚州至犹他州：该项目重点是改善从加利福尼亚州圣迭戈至犹他州盐湖城的 15 号州际公路的客货运输。2005 年，联合太平洋铁路公司（Union

Pacific Railway）在盐湖城（Salt Lake City）外围建设了美国第三大联运铁路堆场。提议的项目包括改善走廊内部分公路和铁路的能力和运营，包括运用 ITS 卡车停车；立交的改建；以及道路和桥梁的维护。走廊管理的首要目标为安全出行、可承受的交通流和可靠的出行时间。项目还包括两个子项目，即拉斯维加斯周围的商业走廊和沙漠快速通道（DesertXpress），它们可通过收费产生自己的收入资金流，因此将大大降低这些项目中公共部门资金的需求。

- 69 号州际公路（I-69）。得克萨斯州到密歇根州：这条长达 2680 英里的国际、州际贸易走廊连接墨西哥，并延伸到加拿大。从墨西哥边境到印第安纳州的印第安纳波利斯，项目提议新建设 1660 英里公路新线。解决走廊所沿线同时经历人口和货运增长的部分地区的客货运输。目前，从得克萨斯州到密歇根州的现有基础设施承担大量的货运，这条新走廊有可能改变货物运输模式，以缓解现有路线（如 I-40、I-65 和 I-81）上的拥堵。

- 70 号州际公路（I-70）。卡车专用车道——密苏里州至俄亥俄州：该项目计划沿着 I-70 修建卡车专用车道，从密苏里州堪萨斯城东部的 435 号州际公路起，至俄亥俄州 / 西弗吉尼亚州。项目建议在现有基础设施上增加四条卡车专用车道，每个方向两条，每个县至少有一个出入口连接卡车专用车道，同时提供卡车甩挂的作业区。这些车道为卡车服务设施提供了试点，测试了卡车尺寸、重量等增加下的服务能力。卡车专用车道被视为减少拥堵、提高安全性和减少日常车道维护成本的一种方式。

- 95 号州际公路（I-95）。该项目将扩建从佛罗里达州到华盛顿特区的 1054 英里长的 I-95 公路，以适应未来安全性和可靠性需求。这个项目是由 5 个州提出，用来缓解从华盛顿特区到佛罗里达州 I-95 沿线的拥堵。I-95 走廊提出了智能交通系统（ITS）改进措施，以优化走廊沿线运营。

图 17-1　未来走廊

汽车共享

汽车共享起源于 20 世纪 40 年代中期的瑞士，当时是一家住房合作社的小生意。直到

20 世纪 90 年代，瑞士和德国才开始实施小型车辆共享系统。美国汽车共享的经验始于两个实验：提供机动性的企业——普渡大学的研究项目（1983—1986 年）和旧金山的短期汽车租赁（STAR）示范项目（1983—1985 年）。波特兰汽车共享公司被公认为美国第一家官方汽车共享公司，成立于 1998 年，当时只有一辆车和几个邻居，后来业务发展到大约 20 辆车。2000 年，一对波士顿夫妇创办了 Zipcar。西雅图的 Flexcar 也于 2000 年成立，后来收购了波特兰的 Carshare，并于 2007 年底与 Zipcar 达成合并协议。

在汽车共享项目中，公司为其拥有的车辆提供保险，并将其停在城镇周边方便位置。旅行者通过汽车共享程序可以提取车辆；当他们使用完后，把它放在指定汽车共享的位置（有些汽车共享计划不允许会员进行单程旅行，因为下一个预定了那辆车的会员希望它能回到它的起始位置）。旅行者按小时付费。天然气、汽油和汽车维修费用由公司支付；他们向会员发放一张公司信用卡来支付这些费用。如果一辆车已经被预订了，会员们要么换一辆车，要么等到他们通常开的那辆车有空时再用。然而，可用的车辆有可能不符合旅客的时间要求。对于长途驾车或通宵驾车的旅行者来说，汽车共享服务可能会非常昂贵。但对于那些只需要去杂货店、预约医生或去外地看望朋友的出行者来说，汽车共享可能比租车更便宜（Car Sharing，2012）。

汽车共享项目有几个好处。第一是便利性——当需要的时候，有车可以用。有些项目有不同的方案来适应各种需求。第二是实用性——他们减少了城市的汽车数量，个人汽车使用量减少了 50%。第三是低成本——旅行者只按汽车的使用时间付费。这一费用只占拥有一辆汽车的小部分，如果每年行驶里程少于 7500 英里（12000 公里），这比拥有一辆汽车还要便宜。第四是使用便利——不用考虑自己保养、维修以及停车、清洁等问题。第五，在某些案例中，使用共享汽车将减少自己拥有汽车的数量。最后，或许也是最重要的是环保——这些项目通过减少旅行者的驾车频率而减少了空气污染的排放和能源使用（Car Sharing，2012）。

据估计，世界上有 600 个城市成功开展了汽车共享。仅在德国，汽车共享业务就在 150 多个城市开展，而一些欧洲业务，如瑞士的移动汽车共享，拥有 3 万多用户。大约有 30 家独立的汽车共享公司在美国经营。

国家地面运输政策和收入研究委员会

美国国会于 2005 年成立了国家地面交通政策和收入研究委员会，负责调查地面交通系统的状况和运行情况，并提出建议确保地面交通系统能够满足美国现在和未来的需要。经过密集的项目调查，包括在全美 10 个城市举行听证会，委员会于 2008 年发布了研究报告。

委员们一致认为，有效的地面运输系统对于未来的经济增长，国际竞争力和国家的社会福祉至关重要。他们还同意，对现有的联邦地面运输计划进行重大改革对于实现这一系统至关重要。但是，他们没有就改革和资助地面交通项目的所有建议达成一致。

委员会对于今后的交通发展提出了一些重要的建议。委员会建议，有必要大幅度增加地面运输的投资，今后 50 年，每年各种来源的（联邦、州、地方和私人）投资至少为 2250 亿美元，以维持适应经济强劲增长的先进地面运输系统；此外，有必要加快重大运输项目构思到实施的时间，以减少成本，并考虑环境问题。委员会认为仅仅缩短项目构思到实施的时间就可以节省数十亿美元，同时更快推进新设施的实施提上日程。

委员会建议在交通运输中保留联邦政府强有力的作用，同时将投资决策非政治化。必须通过成本/效益评估来投资，而不是政治"指定用途"。关于联邦项目构成，委员会建议用10个以国家利益为重点的项目取代100多个现有的运输项目。该项目构成将针对基础设施、严重的交通堵塞、潜在的安全问题、城际间缺少客运铁路、为充分利用的公共交通、环境，以及交通和能源政策间的协同等。

委员会建议设立一个新的国家地面交通委员会（NASTRAC），承担规划和财务职能。NASTRAC将作为规划过程的监督者，其目标是保障每类项目都符合国家战略的要求。NASTRAC将为该项目筹集资金，并建议联邦燃油税或类似的联邦机制来承担联邦政府份额的融资，但须经国会同意。

为了筹集必要的资金，委员会建议采用新的收入策略，包括将联邦汽油税从25美分提高到40美分（每年每加仑5～8美分），并逐步提高税率。燃油税将是短期内最主要的用户收费，因为它将在未来一段时间内继续成为地面运输的可行收入来源。最有希望的替代用户收费收入措施将是车辆行驶里程收费，前提是能够解决大量隐私和收缴问题。其他以用户为基础的收费也应有助于解决资金不足的问题，例如在主要城市地区的联邦政府投资的公路上实施高峰时段"拥堵收费"，为货运项目收取运费，以及为客运铁路改善所征收票税。税收政策也可以激励扩大多式联运网络。各级政府应鼓励公私伙伴关系，作为吸引更多私人投资地面运输系统的一种手段，但应确保公共利益和州际间商业贸易流通。

该报告呼吁用10个基于结果的（而非形式的）综合项目取代目前超过100个的联邦地面工程。州和地方绩效标准将成为州和都市区规划的基础。综合起来，这些将包括一项国家战略规划和为实施这些规划进行联邦资金分配的依据。10个新项目是：

1. 重建美国：国家资产管理项目。
2. 货物运输：提高美国全球竞争力项目。
3. 缓解拥堵：改善城市交通机动性项目。
4. 拯救生命：国家安全行动项目。
5. 连接美国：提高小城市和乡村的可达性。
6. 城际客运铁路：为高增长走廊提供铁路服务。
7. 环境管理：支持健康环境的交通投资。
8. 能源安全：加快发展环境友好的替代燃料。
9. 联邦土地：提高公众可达性。
10. 研究、发展和技术：国家连贯的交通研究项目。

加利福尼亚州《可持续社区规划法案》

2008年，加利福尼亚州通过了《可持续社区规划法案》（SB 375），成为全美第一部通过城市蔓延来控制温室气体排放的法律。加利福尼亚州成为第一个通过立法将温室气体（GHG）减排目标与大都市地区的物理增长联系起来的州。在此过程中，《可持续社区规划法案》还为加利福尼亚州建立了一个全州监督增长变量系统，类似最近几十年在马里兰州、佛罗里达州、新泽西州、俄勒冈州和华盛顿州采用的系统，以协调增长政策（Altmaier et al.，2009）。

该法案旨在帮助加利福尼亚应对全球变暖问题，解决加利福尼亚温室气体排放最多、增长最快的来源之一——家庭平均出行的车辆里程数。糟糕的土地使用和交通决策导致越来越多的加利福尼亚人采用长途汽车通勤以满足基本需求。通过将温室气体减排目标纳入现有的区域交通规划，《可持续社区规划法案》旨在减少车辆行驶里程，实施可持续发展模式和交通基础设施决策，将新增长重新导向到人们已经生活和工作的地方。

法案要求加利福尼亚空气资源委员会制定区域"目标"，通过减少车辆行驶里程来减少温室气体排放。区域被定义为 MPO 地区。当时加利福尼亚州共有 18 个 MPO。超过 90% 的加利福尼亚人居住在四大 MPO（萨克拉门托、旧金山湾区、南加利福尼亚和圣迭戈）的管辖范围内。

法案要求 MPO 每 4 年必须制定一次"可持续社区发展战略"（SCS），协调土地使用、交通和住房决策，以便在更新该地区的长期运输计划时实现空气资源委员会的目标。"可持续社区发展战略"是一项加强地区土地利用的研究，提出可预测的发展模式，通过可行的方法来减少汽车和卡车的温室气体排放。"可持续社区发展战略"须确定地区预期的土地利用和住宅密度，并识别在规划期间该地区内可容纳的人口规模及经济活动。"可持续社区发展战略"还必须与该地区的"长期运输投资计划"（RTP）保持一致。根据联邦法律，"长期运输投资计划"必须"在财务上受到约束"，即基于合理预期的资金来源。此外，"长期运输投资计划"必须反映土地使用的"当前规划设想"，这意味着 SCS 无法偏离政府现行的规划和政策。《可持续社区规划法案》中没有要求实际控制大部分土地使用决策的地方政府改变其地方规划和政策以符合"可持续社区发展战略"（Altmaier et al.，2009）。

如果一个地区无法通过 SCS 达到规定的减排目标，那么该地区还必须完成"替代规划战略"（APS）。与 SCS 不同，APS 并不局限于"当前的规划设想"。APS 可以像假设的发展计划一样运作，评估地区实现温室气体减排所需的资源和政策变化。

为了更好地协调编制"可持续社区发展战略"、APS 规划，《可持续社区规划法案》更加紧密地与该州三个长期规划流程相协调：

1. 区域运输计划（RTP）流程，由 MPO 控制，并由州和联邦政府进行监督。

2. 区域住房需求评估（RHNA），由州强制规定的流程，为满足各收入水平的适宜住房，分配地方政府"公平份额"的要求，适应各地区预计的人口增长。

3. 加利福尼亚州《环境质量法案》（CEQA）规定的环境审查程序，要求住宅小区开发的许可机构进行环境审查，并在可行的情况下减轻拟开发项目的负面影响。

这个修订后的规划过程预计每年将转移数百万美元的交通资金从支持不可持续和昂贵的扩张项目到鼓励高密度混合式的开发项目，以减少长时间的通勤。SB 375 还将解决就业地周边缺乏经济适用房的问题，并修改加利福尼亚州对特定项目的环境审查程序，这些项目符合新的区域计划并有助于推动该地区实现温室气体减排目标（Altmaier et al.，2009）。

气候变化对美国交通运输的潜在影响

越来越多的人认为，人类活动所产生的温室气体排放正在使地球变暖，其将对自然资源、能源使用、生态系统、经济活动以及潜在生活质量产生重大而令人不安的影响。地球的气候一直处于不断变化的状态，但现今令人担忧的是变化的速度之快和人类活动对其不间断的影响。许多研究已经审视了气候变化对农业、林业等广泛经济部门的潜在影响，但很少研究气候变化对交通运输的影响。为了解决这个问题，TRB 赞助了一项关于气候变化对美国交通基础设施和运营影响的研究（Transportation Research Board，2008）。

最终报告的结论是，气候变化将影响美国所有交通运输方式和每一个地区，基础设施提供者将面临新的挑战，而且往往是不熟悉的。报告指出，气候变化将主要通过极端天气的增加来影响交通运输，例如非常炎热的天气和热浪；变暖的北极温度；海平面上升、风暴潮和地面沉降；剧烈的降水事件、强烈的飓风。其影响将因交通运输方式和区域而异，但从人力和经济方面来说，影响将是广泛和昂贵的，需要交通运输专业人员开展专业的方式做出重大改变。

地区过去几十年的气候模式，通常被交通规划者用来指导运营和投资，而未来可能不再是一个可靠的指引。特别是，由于人类引起的环境变化叠加在气候的自然变化上，未来的气候将包括新的气候类别，并在强度和频率上达到极端，例如，创纪录的降雨和热浪。交通专业人员目前所做的决定，特别是交通基础设施的重新设计和改造，或新基础设施的选址和设计，将影响该系统适应气候变化的能力。

沿海公路、铁路、公共交通、机场跑道的洪水很可能是全球海平面上升、风暴潮和一些地区的地面沉降加剧的结果。这些洪水代表了气候变化对北美交通系统的最大的潜在影响。然而，交通基础设施应对气候变化的脆弱性将超出沿海地区，其可能影响远离海岸的设施，如港口、机场、私人铁路和管道。

每天都会就短期、长期的投资做出决策，这些决策对交通运输系统如何应对气候变化带来影响。因此，交通运输决策者应该为预计的气候变化做好准备。州和地方政府以及私营基础设施供应商应将应对气候变化纳入长期投资改善计划、设施设计、养护、运营和应急响应计划。

减少气候变化风险的最有效战略之一是避免将人员和基础设施置于易受攻击的地方。

目前，交通规划者尚未考虑气候变化及其对基础设施投资的影响。土地使用决策主要由地方政府制定，地方政府对于气候变化所带来风险的预判太有限。交通与土地利用规划的结合并不常见。联邦规划条例应该要求公共部门在长期交通运输规划时必须包括对气候变化的考虑。此外，条例应该消除人们认为这些计划只需要解决未来 20 ~ 30 年的看法。

该报告建议了一个解决气候变化对美国运输基础设施影响的决策框架，其中包括以下步骤：

1. 评估气候变化如何影响国家不同地区、不同交通方式。

2. 依据预期的气候变化，建立维持交通网络关键性能的基础设施清单，并确定是否受到影响，以及何时、何地可能产生后果。

3. 分析适应性，评估加固基础设施和所涉及成本之间的权衡。考虑将监测作为一种选择。

4. 确定投资优先次序，同时考虑基础设施组件的重要性，以及多重效益的机会。

5. 制定并实施适应短期和长期的战略计划。

6. 定期评估适应策略的有效性，并重复步骤 1 ~ 5。

重新设计和改造交通基础设施以适应气候变化的成本可能很高。需要采取更具战略性，基于风险的投资决策方法。交通规划人员和工程师应该采用更多的概率投资分析和设计方法，权衡加固基础设施与经济损失间的成本。此外，规划人员应该就权衡方法与负责投资决策和资金授权的政策制定者进行有效的沟通。

环境因素是交通基础设施设计的组成部分。然而，工程师们还没有解决现有设计标准在适应气候变化方面的问题。例如，气候变化预测表明，到 21 世纪末，现在 100 年的降水事件很可能每 50 年发生一次，甚至可能每 20 年发生一次。重新评估、发展和定期更新交通基础设施的设计标准，以适应气候变化的影响，未来将需要广泛的研究和测试，以及大量的实践工作。

根据这份报告，现在关注这个问题应该有助于避免未来昂贵的基础设施投资和交通运营中断。交通从业人员必须认识到应对气候变化带来的挑战，并将最新的科学知识纳入交通系统规划、设计、建设、运营和维护，这是最重要一步。

2008 年《客运铁路投资和改善法案》

2008 年的《客运铁路投资和改善法案》（PRIIA）重新批准国家铁路客运公司（Amtrak），并通过分配任务至 Amtrak、USDOT、各州和其他利益相关者，通过改善服务、运营和设施，来提升美国客运铁路网络。PRIIA 专注于城际客运铁路，包括 Amtrak 的长途线路和东北走廊（NEC），国家资助的州际走廊以及高速铁路的发展（US DOT 2009b）。

PRIIA 授权美国交通运输部在 2009—2013 财年向 Amtrak 提供资金，用于支付运营成本、资本投资，包括帮助 NEC 进入良好修复状态，以及偿还 Amtrak 的长期债务和资本租赁。Amtrak 必须实行现代化的财务会计和报告制度。此外，Amtrak 还必须向美国 DOT 提交一份 5 年财政计划和年度预算。5 年财政计划必须处理 16 类资料，包括预计的收入和支出、预计的客流量、长期和短期债务估计、劳动生产率统计数字和预期的安全需要。

PRIIA 要求各州设立或指定一个国家铁路运输管理署制定全州铁路规划、涉及货运和客运铁路运输政策，建立优先级和实施策略来提高铁路服务的公共利益，并作为联邦和州内铁路投资的基础。各州铁路规划必须处理一系列问题，包括现有铁路运输系统服务和设施的清单。规划必须包括对该州客运铁路服务目标的阐述，对该州铁路运输、经济和环境影响的分析，以及对该州当前和未来货运和客运基础设施的长期投资计划。这些规划必须与其他州交通规划相协调，明确长期服务和投资的需求。美国交通运输部必须为各州铁路规划的编制和修订制定最低标准（U.S. Department of Transportation，2009b）。

PRIIA 授权三项新的联邦城际铁路资助计划：

城际客运铁路走廊资助计划：该计划授权美国交通运输部为城际铁路客运服务提供资金援助。符合条件的申请人包括各州（包括哥伦比亚特区）、州集团，以及负责提供由一个或多个州建立的城际客运铁路服务的公共机构。资金用于资助改善城际客运铁路运输所需的基础设施和设备。PRIIA 描述了项目选择标准和所需的授权条件。该项目是根据联邦铁路署在 2008 和 2009 财政年度实施的对各州的资本援助、城际铁路客运铁路服务项目建立的。

高速铁路走廊开发：PRIIA 授权美国交通运输部建立并实施高速铁路走廊开发计划。符合条件的申请人包括各州（包括哥伦比亚特区）、州集团，以及负责提供由一个或多个州建立的城际客运铁路服务的公共机构和 Amtrak。符合条件的走廊包括以前由交通运输部部长指定的 10 条高速铁路走廊。资助可用于资本项目，广泛包括典型收购、建设，以及轨道结构和设施改善活动等。

高速铁路被定义为城际铁路客运服务，其运行速度至少达到每小时 110 英里。美国交通运输部被授权明确拨款申请要求条件。PRIIA 确定了一定数量的拨款标准，包括该项目是国家铁路计划的一部分，申请人有能力执行项目，以及该项目将明显改善城际铁路客运服务等。

缓解拥堵：PRIIA 授权美国交通运输部与各州合作，向各州或 Amtrak 提供资金，用于为高优先级铁路走廊项目提供必要的基础设施和设备，以减少拥堵或促进城际铁路客运量增长。符合条件的项目将是那些确定为减少拥堵或促进铁路走廊客流量增长、提高运营效率和可靠性的项目，以及由美国交通运输部指定为符合该计划目标并准备实施的项目。

PRIIA还为感兴趣的私营部门提供了参与运营和改善城际客运铁路服务的机会（US DOT，2009b）。

其他高铁项目：该项目旨在为高铁发展建立公私合作伙伴关系。联邦铁路署（FRA）在联邦注册平台上发布了11条高速走廊的征集意愿书（EOI），征集对11条走廊中某条高速城际客运铁路融资、设计、施工、运营和维护感兴趣的企业。符合要求并将对国家运输系统产生积极影响的申请，将通过成立独立的专门审查委员会进行评估，然后向国会提交。

替代客运铁路服务试点：联邦铁路署将开发一个试点项目，允许拥有铁路基础设施的铁路运营商自己运营城际客运服务来代替Amtrak，单次试点的服务期限不超过5年。

特别客运列车：Amtrak获准采用竞争性合同，增加由私营部门运营商出资或与私营部门合作运营的特别客运列车，将联邦补贴的需求降至最低。

PRIIA的第六章向华盛顿都会区公共交通管理局提供资金，以资助首都地区改善计划中部分预防性维护项目（US DOT，2009b）。

许多客运铁路项目的推进得益于该法案和《美国复兴与再投资法案》（American Recovery and Reinvestment act）。截至2012年1月，联邦铁路署为32个州和哥伦比亚特区的149个项目拨款96亿美元。在接受联邦资金之前，各州和私营铁路公司必须就包括可靠的出行时间和服务频率等可量化措施在内的协议进行谈判，一旦工作完成，双方都必须遵守这些协议。由于东北走廊以外的几乎所有客运服务都要经过私人铁路公司的铁路，因此协议保护了私人投资并确保货运继续准点运行（AASHTO，2012）。

2009年《美国复兴与再投资法案》

美国国会于2009年2月17日通过了《美国复兴与再投资法案》，并由奥巴马总统签署生效。作为对经济危机的直接回应。复兴法案有三个迫在眉睫的目标：创造新的就业机会和挽救现有的就业机会；刺激经济活力，投资于长期增长；并在政府支出中增加前所未有的问责制度和透明度。《复兴法案》旨在通过提供7870亿美元来实现这些目标：为数百万工薪家庭和企业减税和提供福利；为失业救济金等福利项目提供资金；以及为联邦政府合同、拨款和贷款提供资金。2011年，原预算7870亿美元增至8400亿美元，与总统的2012年预算保持一致，并与自复兴法案颁布以来的国会预算办公室的变化保持一致（Recovery Act，2012）。

28个不同的机构分配了7870亿美元的复兴资金。每个机构都制定了具体计划，明确如何支出复兴资金。这些机构将基于合同将资金授予州政府，或者直接授予承包商及其他组织。为了实现拨款透明度目标，该法案要求复兴资金的接受者每季度报告他们的资金支出情况。

道路桥梁建设修复和科学研究同样获得了资助。没有明确的结束日期写入复兴法案。尽管复兴法案的许多项目都着眼于刺激经济，但其他部分项目预计将在未来多年为经济增长做出持续贡献。复兴法案的资金与其他项目的资金一起支持了许多必要的交通工程。截至2011年6月30日，已签约或竣工的工程达260亿美元，建成道路和交通项目8600个。到2011年12月，92亿美元的客运铁路项目获得了批准（AASHTO，2012）。

紧凑型发展对机动化出行的影响

多年来，关于紧凑土地利用开发对减少机动化出行的影响，以及由通过机动车使用的减少导致能源使用和尾气排放的变化而影响全球变暖进程，一直存在着广泛的争论。为解决这个问题，国会要求进行一项研究，以评估石油的使用，进一步明确主要温室气体二氧化碳（CO_2）的排放是否可以通过更紧凑的混合土地开发（即多用途土地的高密度开发）来减少（TRB，2009）。

撰写该报告的委员会预计，到 2050 年，更紧凑的混合用地开发模式将使车辆行驶里程（VMT）、能源使用和二氧化碳排放减少 1% ~ 11%。然而，委员会所有成员都不认为，为达到预计的目标而改变发展模式和公共政策是可行的。

委员会认为逻辑和经验证据都表明，在较高的人口和就业密度下的开发，出行平均的起点和目的地彼此更接近；因此，平均出行距离较短。紧凑的混合用地开发对车辆行驶里程的影响可以通过其他政策措施得以加强，这些政策措施可以使车辆行驶更方便、更经济。

紧凑的发展能减少车辆行驶里程，能直接减少燃料使用和二氧化碳排放。然而，降低车辆行驶里程的进展将很缓慢，因为现有的建筑存量的结实耐久，限制了新建紧凑发展建筑的机会；新建住房可能是为了容纳不断增长的人口，并取代每年报废的一小部分住房。然而，如果通过更高的能源价格或其他公共政策和法规提高了汽车燃油效率、住宅供暖和制冷的能源效率，那么在其他条件相同的情况下，更紧凑地发展会降低能源使用和二氧化碳排放。

更紧凑的混合用地开发的增加将使短期能源消耗和二氧化碳排放减少，但这些减少将随着时间的推移而累积。这些改善并将随着时间而进一步深化。基于现有用地开发模式相关政策变革的范围和程度，委员会成员对于未来可能实现高密度开发的程度并未达成一致意见。

研究的结论是，促进大规模更紧凑的混合用地发展需要克服许多障碍。地方分区法规，尤其是限制密度水平和土地用途混合的郊区分区法规，是实现更紧凑开发的最主要障碍之一。严格管制的土地使用也限制了紧凑项目的供应，尽管有证据表明社区的兴趣有所增加。

委员会警告说，发展模式的改变将带来研究中未能量化的其他益处和费用。因此，需要更仔细地设计研究，仔细审视土地利用模式、更紧凑的混合用途发展对车辆行驶里程、能源使用和二氧化碳排放的影响，以便更有效地实施紧凑发展。

委员会进一步建议，应鼓励更紧凑的混合用途发展和加强其发挥减少车辆行驶里程、能源使用和二氧化碳排放能力的政策。气候变化是一个迟早都要解决的问题，如果国家为能源效率和减少温室气体排放制定雄心勃勃的目标，更高效的土地利用模式可能成为战略的一部分。由于土地利用的变化可能需要几十年的时间才能实现，而发展模式需要在几年的时间就能逆转，因此这些政策的实施应该很快开始。委员会再次警告说，由于对不同混合用途发展政策的益处和费用了解不完全，因此应当认真执行这些政策，并监测其效果。

可持续社区伙伴关系

2009 年 6 月，美国交通运输部、住房和城市发展部和环境保护署宣布建立一个跨部门的"可持续社区伙伴关系"，以帮助发展经济适用房、创造更多的交通选择和降低的交通成本，同时保护美国社区的环境。该伙伴关系旨在促进可持续发展和经济增长（U.S. Department of Transportation，2009a）。

有六条指导性的"宜居原则"可用于协调联邦交通、环境保护和各自机构的住房投资：

- 提供更多的交通选择；
- 促进公平、负担得起的住房；
- 增强经济竞争力；
- 支持现有社区；
- 协调政策和杠杆投资；
- 重视社区和邻里。

这三个机构决心共同努力，确保实现这些住房和交通目标，同时保护环境、促进公平发展和帮助应对气候变化。三家机构一致认为，社区必须为居民提供一系列的交通选择，包括步行、骑自行车和公共交通，以及私人汽车。减少车辆行驶里程对改善空气质量至关重要。该伙伴关系的目的是：加强综合住房、交通、水利基础设施、土地利用规划和投资；帮助社区实现可持续发展的愿景来符合联邦交通、水利基础设施、房地产和其他投资的政策，减少美国对进口石油的依赖，减少温室气体排放，保护空气、水和改善生活质量，从而更加有效地使用联邦住房和交通资金，重新定义住房负担能力并使其透明化；重新开发利用不足的土地；实施宜居性措施和工具；匹配美国交通运输部、住房和城市发展部和环境保护署的项目；开展联合研究、数据收集和推广。

美国交通运输部、住房和城市发展部和环境保护署共同管理了 1.5 亿美元的竞争性资助，用于发展城市、郊区和乡村社区。此外，这些机构还将资金集中在许多其他资助项目中，以实现符合宜居原则的可持续发展。

在伙伴关系成立后的一年内，这三家机构通过各自的政策和资助项目共同促进了可持续社区的发展。他们联合评估了 TIGER、棕地规划试点、可持续社区规划和社区资助规划等项目的申请。三家机构在监管和政策变化方面进行了合作，比如住房和城市发展部的棕地政策变化，交通运输部的自行车和行人资助政策变化，以及对联邦设施选址的建议（U.S. Environmental Protection Agency，2010 年）。

到第二年，这些机构已向 48 个州的 200 多个社区提供了超过 25 亿美元的援助，以帮助实现住房和交通目标，同时保护环境、促进公平发展和应对气候变化的挑战。其中 2.38 亿美元用于美国乡村社区（U.S. Environmental Protection Agency，2011 年）。

第 13514 号行政命令，要求联邦政府在环境、能源和经济绩效方面发挥领导作用

2009 年 10 月 5 日，奥巴马总统签署了 13514 号行政命令，命令要求"联邦政府在环境、能源和经济绩效方面发挥领导作用"。行政命令为联邦机构设定了可执行性目标，重点是改善环境、能源和经济绩效。13514 号行政命令的目标是"在联邦政府内建立一项可持续性的综合战略，并使减少温室气体排放（GHG）成为联邦机构的优先事项"。行政命令要求联邦机构在 90 天内提交 2020 年减少温室气体污染的目标，并提高能源效率，减少车队石油消耗、节约用水、减少浪费、支持可持续社区，利用联邦购买力促进对环境友好的产品和技术发展

（Obama，2009）。

为加强联邦政府的核心目标，布什总统于2007年1月24日签署了13423号行政命令，即"加强联邦环境、能源和交通管理"。135154号行政命令在此基础上对能源减少和环境要求进行了扩充。它设定了比2005年的能源政策法案更具挑战性的目标，要求联邦机构在2015财年结束前将能源强度每年降低3%或共计30%（Bush，2007）。

联邦政府拥有近50万幢建筑，运营着60多万辆汽车，雇用了180多万名公民，每年购买的商品和服务超过5000亿美元。行政命令要求联邦政府将减少温室气体排放作为一项优先任务，并要求各机构制定侧重成本效益的项目和可持续发展规划。

该行政命令要求各机构评估、管理和减少温室气体排放，以达到各自制定的目标。它还包括了一个由机构制定目标并通过环境质量委员会主席向总统报告的过程。它要求每个机构指定一名高级可持续发展工作人员。行政命令还要求联邦机构实现能源、水和废弃物的减少目标，包括：

- 到2020年，车队石油使用量减少30%；
- 到2020年，用水效率提高26%；
- 到2015年实现50%的回收和废物利用；
- 95%的申请合同将满足可持续性要求；
- 落实2030年零能耗建筑要求；
- 执行2007年《能源独立与安全法案》第438节关于雨水的规定；
- 根据住房与城市发展部、交通运输部和环境保护署提出的宜居原则，制定联邦建筑可持续选址指南。

2011年4月19日，24个联邦机构和部门首次发布了预算办公室可持续发展和能源计分卡。这些计分卡使各机构能够瞄准和跟踪在清洁能源领域以身作则的最佳契机；并达到一系列的减轻能源、水、污染和垃圾的目标。

2010年1月，奥巴马总统宣布了联邦政府从2008—2020年的一项温室气体的减排目标。其中来自燃料和建筑能源等直接排放减少28%；来自员工通勤和商务旅行等的间接排放减少13%。

行政命令还要求联邦机构尽力推动区域和地方通过参与区域交通规划，识别现有的社区交通基础设施，并确保规划新的联邦设施选址考虑步行友好，接近就业中心，公共交通可达，并强调与现有的中心城市、乡村社区以及现有或规划中城市中心的结合。

第十八章
资源约束时代

进入 21 世纪 20 年代，美国国家经济增长放缓。国内生产总值（GDP）增长缓慢，失业率居高不下，国债达到危机水平。在这种环境下，很难为运输项目获取足够的资金。由于无法就下一个地面交通法案的规模和组成达成一致，没有资金来源支持国家的交通项目，国会对 SAFETEA-LU 法案进行了 10 次延期。

为了说服国会认识到交通对国家经济和民众幸福至关重要，人们付出了相当大的努力，但收效甚微。来自两个国家委员会——国家地面交通政策和税收委员会和国家地面交通基础设施融资委员会的报告，详细说明了目前国家地面交通系统项目存在的问题以及范围和性质，并提出了解决方案。

联邦地面运输项目很快将缺乏资金和支持，道路项目的授权明显高于汽油税收入，国会需要增加收入或削减开支，作为重新授权过程的一部分。当政府试图通过一项交通法案解决这些问题时，国会陷入了一场两党争斗的僵局。行政当局继续根据效益—成本分析，为州和地方项目拨款。最后，在 2012 年 7 月 6 日，国会通过了一项法案，奥巴马总统签署了一项为期两年的对地面交通项目的重新授权，以推进《21 世纪法案》的实施（MAP-21）。

在规划实践方面，多年来为开发更好的分析工具而进行的研究已开始取得成果。一些机构已开始使用基于活动的分析方法，而不是传统的基于出行的方法。这种变化是由于交通规划者需要解决的更广泛问题。

展望未来，需要进一步深化车联网技术的研究，促进车辆自检的信息交流，以改善安全、通行能力和环境。从某种程度上说，这些车联网汽车会促进无人驾驶汽车的出现。

国家地面交通基础设施融资委员会

SAFETEA-LU 第 11142 节（a）款设立了国家地面交通基础设施融资委员会，负责分析未来的道路和公共交通需求，以及公路信托基金的财务状况，并就交通基础设施融资的其他途径提出建议。经过 2 年的研究和审议，委员会发表了最后报告。报告指出，用于改善、维护和扩大美国地面交通系统的资金严重短缺（Paying Our Way，2009）。

委员会认为："国家面临危机，我们的地面交通系统已经严重恶化，以至于国家的安全、经济竞争力和生活质量都面临风险"（Paying Our Way，2009）。研究发现，从 1980—2006 年，汽车行驶里程增长了 97%，卡车行驶里程增长了 107%，而道路车道里程仅增长了 4.4%。此外，超过一半的联邦公路条件欠佳，超过四分之一的桥梁结构存在缺陷，并且大约有四分之一的国家公共汽车和铁路资产状况不佳。此外，美国许多大都市地区都存在交通拥堵的地方病，交通拥堵的代价包括浪费时间、浪费燃料、车辆磨损，其费用在全美 437 个城市地区每年高达 780 亿美元（Paying Our Way，2009）。

委员会的结论是，如果不改变交通政策，各级政府估计的投资缺口将占每年维护和改善美国道路和公共交通系统所需大概费用（约 2000 亿美元）的三分之一。在联邦一级，也有类似的缺口，长期公路信托基金（HTF）的年平均收入估计只有 320 亿美元，而每年需要的投资接近 1000 亿美元。与此同时，联邦公路信托基金（federal Highway Trust Fund）近期面临资不抵债的危机，而最近联邦汽车燃油税收入和卡车相关使用费收入减少，进一步加剧了这一危机。委员会还认为，交通运输系统的价值被低估了。通常情况下，用户支付的价格明显低于提供交通服务的成本（Paying Our Way，2009）。

委员会审查了文献中确定的各种可能的公共和私人资金来源，并听取了许多个人关于可能方法的意见。

委员会得出结论，当前联邦地面交通融资结构主要依赖于燃油税在长期是不可持续的，因为担心加剧全球气候变化和对外国能源的依赖，需要推动更高的燃油效率、替代燃料、和新的汽车技术发展。因此，委员会认为，基于行驶里程的用户收费系统（潜在的影响因素如时间、道路类型、车重、燃油经济性等）而不是间接燃料消耗，将是联邦地面交通基金投资中长期运行最可行的方法。此外，使用更多的定价机制，包括有针对性的收费和广泛车辆行驶里程定价系统，可能会促进公路网络使用，通过将需求转移到一天不拥挤的时段或其他模式，可能会使投资更有效，从而减少额外的建设需求（Paying Our Way，2009）。

委员会就筹资框架提出了建议。在短期内，联邦投资的最佳选择将是增加目前的联邦燃油税和现有 HTF 收入。其中包括联邦汽油税增加 10 美分；联邦柴油税上调 15 美分，重型汽车使用税（HVUT）上调一倍，所有特殊燃料税相应上调，并将这些税率与通涨挂钩。委员会还建议国会发起一项前瞻性研究、开发和示范（RD&D）计划，以解决关键的政策问题，如隐私、管理方法和成本，以及与气候变化和其他国家政策目标的相互影响。

委员会建议扩大信贷援助和国家基础设施银行项目，以及鼓励各州向更直接的"用户付费"制度过渡。委员会还倡议促进私营部门更广泛地参与交通项目融资（Paying Our Way，2009）。

所有这些调查结果和建议都提交给国会、联邦和州机构，以便其在制定运输重新授权立法时加以考虑。

出行预测的高级实践

半个世纪以来，交通模型一直用于基础设施规划和政策分析领域。出行生成、交通分布、方式划分和交通分配的四阶段模型是交通建模中广泛应用的一种方法。然而，在过去 10 年里，政策制定者们开始提出更复杂的问题，比如根据车辆类型、入住率、时段或拥堵程度来区分道路收费的影响。燃料价格的上涨会在多大程度上影响人们的出行行为，包括出行方式的选择、出行链，以及生活、工作、购物和休闲活动的地点选择？其他场景，如面向公共交通引导的发展模式和精明增长策略，对交通量有何影响？货运量上升如何影响不同时段的交通流量？

政策制定者提出的这些问题和其他问题，很难用传统的建模方法来回答；因此，需要一种新的建模方法。与此同时，通过借鉴 TRANSIMS 等大规模项目和其他非聚合方法，研究取得了重大进展。自 21 世纪初以来，越来越多的机构开始探索高级建模的优势（Parsons Brinckerhoff, Inc., 2010）。

高级交通建模被定义为那些超越传统的四阶段出行需求建模方法的实践。具体来说，这包括五个建模领域：基于行程和出行活动链的模型、土地使用模型、货运和商业活动模型、全州模型和动态网络模型。除动态网络模型外，所有这些高级模型都已成功地用于解决城市和州一级的政策和投资选择问题。这些分析中的一些问题根本无法用传统的四阶段模型予以评估。

大多数决定采用高级出行模型的机构都是出于解决政策问题的需要，而这些政策问题不只是简单的交通分析。在政策背景下，问题比回答"需要多少条车道"更复杂。更多的决策者支持建立超越传统四阶段出行需求模型的高级模型。一旦采用了高级模型并克服了执行方面的障碍，大多数机构都认为从中得到了重大的好处。

尽管在此过程中需要克服许多障碍，而且在随后的实现中更是如此，但是如果为有能力的人员提供足够资源支持，那么基于活动的模型就会成为一种经过验证的技术，并且能够取得成功。土地利用模型已成功地用于政策分析。货运和商业模型以及动态网络模型发展略微滞后，还没有取得同样的成功。然而，对于那些愿意推动这一实践的人来说，它们确实带来了显著的希望。

报告发现，一些实践者认为高级建模技术的复杂性是一个重要的障碍。他们解释说，这种增加的复杂性涉及高级模型的所有方面，包括它们的结构、数据需求和计算负担。然而，有人指出，向决策者和公众解释一种先进的建模方法实际上可能更容易，因为模拟的行为更接近现实，比传统的聚合方法需要更少的抽象思维。此外，政策分析常需要更复杂的模型，例如，与具有固定时间的传统模型相比，引入高峰时段定价时采用的时间模型可以解决高峰扩散问题，而固定时间可能更简单，但不能回答该政策问题。

报告中分析的成功的模型遵循灵活的开发范式，该范式建议从最简单的模型开始，然后随着时间的推移不断发展。事实证明，这种方法比"前期精细设计"更成功，"前期精细设计"试图一步构建大型复杂模型。

本报告中的发现可能有助于机构发现适合于建模任务的方法。通过解决高级建模项目所遇到的障碍，那些决定转向高级模型的机构可直接绕过其他机构所面临的困难。报告讨论的主题包括制度问题、资金、项目组织和技术实施。

MOVES 机动车排放模型

环境保护机构要求进行符合性分析的机构使用 EPA 建立的排放模型。多年来，这类模型一直都采用的是 MOBILE。2010 年 3 月，EPA 推出了汽车尾气排放模拟器模型（MOVES），作为除加利福尼亚州以外的所有州 MOBILE 的替代方案。2010 年的 MOVES2010 成为 EPA 建模工具的最新升级版，该工具用于估计汽车、卡车、摩托车和公共汽车的排放，基于对数百万个排放测试结果的分析，以及该机构对机动车排放理解的进一步深入。

2010 年，MOVES2010 提交给 EPA 和加利福尼亚州以外交通运输机构作为州实施空气质量计划（SIP）符合性分析的模型。环境保护机构建立了 2 年的过渡期，之后 MOVES2010 排放模型将被要求用于加利福尼亚州以外地区的区域排放分析，来进行交通运输符合性决策（U.S. Environmental Protection Agency，2010a）。

MOVES2010 成为环境保护机构官方的机动车排放因子模型，估算了挥发性有机化合物（VOCs）、氮氧化物（NOₓ）、一氧化碳（CO）、直接可吸入颗粒物（PM10 和 PM2.5）在加利福尼亚州以外地区汽车、卡车、公共汽车、摩托车的实施方案和区域排放情况。出于上述应用，MOVES2010 取代了之前在 2004 年发布的 MOBILE6.2 排放模型。

MOVES2010 在几个关键方面对 MOBILE6.2 进行了改进。MOVES2010 基于对 MOBILE6.2 发布以来收集和分析的车辆数据进行了回顾，其中包括来自轻型车辆的数百万次排放测量数据。对这些数据的分析增进了 EPA 对公路移动污染源排放清单的了解，也增进了该机构对各种控制战略的相对有效性的了解。MOVES2010 采用了以数据库为中心的设计，使用户在输入和输出数据时具有更大的灵活性。这种结构也使得 EPA 能够更容易地更新 MOVES2010 的排放数据。MOVES2010 包括对车辆尾气排放和蒸发的评估，以及刹车磨损和轮胎磨损污染物标准的评估（U.S. Environmental Protection Agency，2010a）。

MOVES 使用来自特定区域出行的输入指标，包括：天气、车辆类型、车辆年龄、车辆类型 VMT、平均速度、道路类型、斜坡坡度、燃料类型以及检查 / 维护程序。MOVES 包含一个默认的数据库，包括整个美国的气象、车队、车辆活动、燃料和排放控制计划数据。模型输出碳氢化合物（HC）、氮氧化物（NOₓ）和一氧化碳（CO）等标准污染物的排放（U.S. Environmental Protecyion Agency，2010a）。

EPA 认识到，各州已经在使用 MOBILE 6.2 开发州实施方案方面投入了时间和精力。EPA 已经批准的州实施方案不需要因模型更新而进行修订。已经提交或在 EPA 批准 MOVES2010 后不久提交州实施方案的州也不需要修订（U.S. Environmental Protection Agency，2010a）。

EPA 在 MOVES2010 用于新交通规划、交通改善规划（TIP）符合性确定以及区域排放分析之前设定了两年的过渡期。这段过渡期于 2012 年 3 月 2 日结束。而最终的符合性规则将过渡期延长至 2013 年 3 月 2 日（U.S. Environmental Protection Agency，2010a）。

TIGER 酌情拨款计划

至 2011 年 9 月 30 日，2009 年通过的《美国复兴与再投资法案》（以下简称"复兴法案"）第 12 章提到，将拨款 15 亿美元用于为国家地面交通系统提供酌情的补充资金，这些拨款将在竞争性的基础上发放，用于将对国家、大都市地区或区域产生重大影响的地面运输项目投资。复兴法案的目标包括保持和创造就业机会，促进经济复苏，投资于能够提供长期经济效益的交通基础设施，以及帮助那些受当前经济衰退影响最严重的人。交通运输部称这些用于国家交通系统的补充拨款为"TIGER 酌情拨款计划"（促进经济复苏的交通投资）（U.S. Department of Transportation，2011a）。这些资金将酌情分配，不同于传统的按公式分配大部分地面运输资金。

该项目下的资金被授予州和地方政府，包括美国领土、部落政府、公共交通机构、港口署、大都市区规划机构（MPO）、州或地方政府的其他政治分支机构以及多个州或多个司法管辖区的联合申请人。有资格获得复兴法案资助的地面交通项目应包括，但不限于美国法典第 23 章下道路或桥梁项目；还包括：州际间复兴、乡村道路系统改善、天桥和立交桥重建、桥梁替换、桥梁抗震改造、道路线形调整、美国法典 53 节 49 条的公共交通项目；新开工项目的投资，这些措施将加速这些项目的完成并进入税收服务体系；铁路客运、货运项目；港口基础设施投资，将港口与其他运输方式连接起来，提高货运效率。联邦份额支出的费用可以达到 100%，优先考虑那些需要联邦基金资助并完成一揽子投资计划的项目。

TIGER 项目酌情拨款根据严格的评估程序发放，该程序基于以下选择标准，包括复兴法案中规定的标准：

1. 长效成果：交通运输部优先考虑对国家、大都市区或地区产生长期影响和理想效果的项目。以下类型应优先考虑：

（1）良好维修状况：改善现有运输设施和系统的状况，特别强调尽量减少生命周期成本的项目。

（2）经济竞争力：促进美国在中长期的经济竞争力。

（3）宜居性：改善美国各地社区居民的生活和工作环境质量以及体验。

（4）可持续性：提高能源效率，减少对石油的依赖，减少温室气体排放并有益于环境。

（5）安全：提高美国运输设施和系统的安全性。

2. 创造就业和刺激经济：根据复兴法案的宗旨，交通运输部优先考虑预计能够迅速创造和保留就业机会并刺激经济快速增长的项目，特别是有利于经济困难地区的就业和活动。

3. 创新：交通运输部优先考虑使用创新战略追求上述项目的长期成果。

4. 伙伴关系：交通运输部优先考虑与广泛参与者之间展现出强有力合作 / 或将交通与其他公共服务工作相结合的项目。

交通运输部收到超过 1400 份 TIGER I 申请，总额接近 600 亿美元，为 51 个项目提供了资金总额接近 15 亿美元。 TIGER II 补助金共有 1700 份申请，资金申请总额约为 210 亿美元。最终为 42 个基本项目援助的资金总额接近 5.57 亿美元。 此外，还为 33 个规划项目提供了总额近 2800 万美元的资金。 对于 TIGER III，交通运输部从 50 个州收到了 828 份申请，总额达 141 亿美元，共批准授权 46 个项目，提供总额为 5.11 亿美元的援助（U.S. Dept., 2011b）。

军事基地交通

国会不时设立一个全美委员会，以解决军事基地的关闭和重新调整问题。 2005 年创建的第五个基地关闭和调整委员会（BRAC）与先前主要关闭基地的 BRAC 不同，该委员会建议在 18 个国内军事基地增加数千名基地军事人员，增加军属并在这些军事基地附近增加国防相关承包商。其中一些基地位于主要大城市地区，那里已经存在交通问题甚至已经存在严重的交通拥堵。BRAC 重新调整必须在 2011 年 9 月 15 日之前完成，这意味着这些社区将迅速改变。一旦基地准备就绪，所有人员就会迅速到达。

在 2010 财政年度拨款法案中，国会要求对 BRAC 案例中用于改善交通状况的联邦资金进行研究。研究委员会审查了其中 6 个基地的情况，包括：弗吉尼亚州的贝尔沃尔堡（Fort Belvoir）、得克萨斯州的布利斯堡（Fort Bliss）、华盛顿州刘易斯-麦科德（Lewis-McChord）联合基地、马里兰州国家海军医疗中心、佛罗里达州埃格林（Eglin）空军基地、马里兰州的米德堡（Fort Meade）。该报告记录了研究的发现和建议，并于 2011 年公开发表（Transportation

Research Board，2011 年）。

　　研究报告发现，由于 BRAC 2005 年的基地增加，以及扩大军事服务规模的政策和快速的重新部署，导致了道路交通的增加，在一些大都市地区，交通拥堵已经恶化，甚至会更糟。这些地区的运输系统的对民用和军用需求所面临的潜在问题相当严重。甚至在军事调动大量人员之前，大城市地区就面临着日益严重的交通堵塞、交通延误和出行时间可靠性下降。这些地区一直在努力治理交通拥堵，提高可靠性，并使用一系列选项增加安全。而部署在这些主要都市地区的基地人员增加则加剧了交通拥堵，并有可能使某些地区的局势无法控制。当交通网络达到饱和时，任何额外的交通流量都会对延迟产生不成比例的非线性影响，并可能使设施从降速到走走停停。

　　在 BRAC 案例中，州和地方管辖当局面临的问题是由于繁忙的交通设施上快速增长的交通量，特别是在有些大都市地区内这些繁忙的走廊难以扩建；对项目进行环境影响评价并列入国家和区域运输计划是一个漫长过程；州和地方项目之间为获得联邦和州援助以提高承载力而展开激烈竞争；以及可用的州和地方资金普遍短缺。此外，公路和公共交通项目建设的正常时间（从所需的规划和环评再到建设）最快为 9 年，但通常为 15 ~ 20 年。

　　此外，军事基地规划和军事基地所依赖的由当局规划的民用区域交通基础设施之间存在着重大的体制失调。各基地依靠民用资源来满足其基地外的运输需要，但没有任何程序来确保这些需求得到满足。当 BRAC 和其他军事基地做出决定时，也没有适当的程序将正确的信息（例如关于拥堵给军方带来后续成本）传递到上游。国防部对基地—社区合作的区域规划政策指导是不够的。所要求的基地总规划与周围社区的区域计划经常没有关联，地方社区也不知道有大规模部队调动。

　　报告显示，国防部认为其对基地外交通设施的责任有限。国防部唯一可用于资助基地外交通基础设施的项目——国防通道（DAR）计划，不足以在建成区扩大基地。DAR 计划项目资格是由许多标准决定的，但在大都市地区最重要的是交通加倍的标准，这在已经拥挤的设施上是不可能的。除了 DAR，根据国防部的政策，即使国防部的决定加剧了交通拥堵，地方和州当局也要负责基地外的交通运输设施；这项政策对于拥挤的都市区交通网络来说是不现实的。此外，基地外项目在军事建设预算中竞争性很差，其主要为基地内的优先设施提供资金。DAR 仅限于道路项目，而在交通拥挤的大都市地区，为了满足某些出行需求，往往需要公共交通。

　　一个主要建议是军事基地总体规划应与大都市区规划机构（MPO）编制交通规划互相融合，以确保（a）军事运输需求集成到整个区域交通环境，（b）基地的对周边社区的影响要考虑到民用规划（c）军事基地的扩张规划与民用规划相一致。每个基地都有与军事预算周期相一致的总体规划和资本预算。这些规划的重点是基地的军事建设需求。未来，这些总体规划应与 MPO 规划合作制定，以便将改善基地交通通道的项目纳入 MPO 的长期规划和短期交通改善规划。基地总体规划不仅应包括设施费用，还应包括公共交通和出行需求预测的费用。总体规划应在合理的时间内更新。应将资金分配给各基地，以满足总体规划编制。

　　此外，报告建议，DAR 计划应替换现有的都市区交通量增加一倍的资格标准，应该用影响收费的方法。国防部还应该为大都市地区的基地提供必要的公共交通服务；从军事中获得经济利益的社区应支付其份额；国会应该考虑特别拨款或重新分配资金，为受 BRAC 2005 影响最严重的社区近期改善提供资助。

提高企业平均燃油经济性标准

2007 年 12 月 19 日，美国总统乔治·W·布什签署了《能源独立与安全法案》，该法案设定了到 2020 年全美企业平均燃油经济性（CAFE）标准为每加仑 35 英里。这一目标将使燃油经济性标准提高 40%，并为美国节省数十亿加仑的燃油。这是 CAFE 标准自 1975 年创建以来的第一次立法变更。该标准适用于所有客车，包括"轻型卡车"（白宫 2007 年）。

在 2010 年 5 月 21 日的一份总统备忘录中，奥巴马总统要求 EPA 和美国国家公路交通安全管理署共同开展一个国家项目，该项目将："……生产新一代清洁汽车。"总统特别要求各机构"……根据《清洁空气法案》和《能源独立与安全法案》开展的一项国家项目，提高燃料效率，并减少 2017—2025 年型号客车和轻型卡车的温室气体排放"。

作为回应，美国国家公路交通安全管理署（NHTSA）和美国环境保护署（EPA）在 2011 年 11 月联合制定了一项规则，将进一步收紧 2017 年至 2025 年生产的轻型汽车（包括轿车、运动型多用途车、皮卡、小型货车和跨界多用途车）的 CAFE 标准。环保署提出的温室气体标准，将与美国国家公路交通安全管理署的 CAFE 标准协调，标准预计 2025 年生产标准将达到 163g/km 的二氧化碳（CO_2）。提出的标准将日益严格，新车队的燃油经济性，从 2016 年的每加仑 34.1 英里提高到 2025 年每加仑 49.6 英里，这是因为老款汽车被逐渐被替换成新型汽车（U.S. Department of Transportation，2011c）。

小汽车、SUV、小型货车和皮卡占美国交通运输温室气体排放的近 60%。更高的燃油经济性标准预计将减少 40 亿桶的石油消耗，并通过缩减这些汽车使用寿命，减少了 20 亿吨的温室气体污染（NHTSA 2011）。国会预算办公室预计，2012—2022 年期间，公路信托基金在征收燃油税方面的损失将比预期多 5700 万美元。然而，在近 30 年内，燃油税收的减少不会达到 21%（U.S. Congressional Budget Office，2012）。

修订后联邦公共交通管理署新评估程序

2012 年 1 月，美国交通运输部提出了为重大公共交通项目提供新的援助指南，除了目前的主要标准——节约成本和时间外，还应考虑经济发展机会和环境效益等宜居性问题。它计划改变联邦公共交通管理署（FTA）的新启动项目中关于如何接受联邦财政援助这一问题。作为这一举措的一部分，FTA 将取消布什政府 2005 年 3 月发布的预算限制，该限制主要关注的是，与成本相比，项目缩短了多少通勤时间。美国交通运输部想要考虑公共交通在多大程度上改善了环境，改善了发展机会，使社区成为更好的居住地。修订后的指导方针与 SAFETEA-LU 的指导方针是一致的：每当重大变化发生时，就会发布关于设施项目审查和评估过程的政策指导，但频率不低于每两年一次（U.S. Department of Transportation，2012a）。

指南修正的目的是为了获得更广泛的公共交通利益；制定清晰、可理解的措施，支持精简化；尽可能以量化措施维持数据驱动的方法；利用简化的分析方法，同时保持识别有投资价值的项目。FTA 在法律上被要求开展项目审查及评级，地方财政承诺制定一套全面的项目评级制度；按 5 分制评定项目；给出了每个项目论证标准的可比较性，但不一定等于数值权重。

FTA 提出了一个修订的程序，资助申请人在申请新启动资金时可以遵循该程序，程序允许使用项目的公共交通出行次数，而不是节省旅行时间。它将使项目赞助者能够灵活地选择他们执行某些措施时的分析水平。它将消除制定"基准"备选方案的需要，在没有设施投资的情况下，通常是 TSM 替代方案能够在走廊内取得最好的成果。修订的程序将允许使用当前年度数据来满足需求，而不需要对未来年度进行预测。只要编制本年度的预测，现有的制度就可以作为比较的依据。如果已准备了基准年预测，就可以用无构建方案作为比较。

指南修订后的标准将允许依赖公共交通出行的人每一次出行可相当于不依赖公共交通出行人的两次出行。订正过程将允许使用简化的需求模型，而不是传统的预测方法。订正办法要求根据本年度数据预测项目费用 / 收益，根据项目赞助者的意愿，如果赞助者认为这些指标将有助于项目评价，可以进行 10 年期指标的预测。为了鼓励竞争，提议地方融资份额低于50% 的项目评级提高一级。

修订后指南将要求项目赞助者进行一项事前事后对比研究，分析项目对公共交通服务和客运量的影响；评估项目启动 2 年后的预测结果和实际结果，并确定预测结果和实际结果之间的差异。事前事后研究的内容必须包括在完整的资助协议中。

其他可纳入分析的因素包括：项目与多模式间衔接贯通；环境的考虑和公平问题；宜居社区倡议和地方经济活动；从地方或联邦制定政策、其他主要公共部门、设施和投资与拟建项目近似之处；项目是否符合区域可持续发展或蓝图计划；考虑创新采购和施工技术，包括设计—建造—移交应用。

修订后的准则提出了表 18-1 所示的修改前后标准的新权重。准则包括一个附录，提供了有关具体措施和权重的细节。

即使项目在修订评估过程完成后，并批准获得全额的资金援助协议，也要经过 60 天的国会审查期才能签署。

项目选择标准	表 18-1
项目选择标准	
当前权重	提议权重
移动性 = 20%	移动性 = 16.66%
成本效益 = 20%	成本效益 = 16.66%
环境收益 = 10%	环境收益 = 16.66%
土地利用 = 20%	土地利用 = 16.66%
经济发展 = 20%	经济发展 = 16.66%
运营有效性 = 10%	运营有效性 = 16.66%
其他因素——能提升或降低总体项目与选择评级或水平	其他因素——能提升或降低总体项目与选择评级或水平

佛罗里达州的交通规划流程

佛罗里达州的大都市区规划机构（MPO）比其他任何一个州都多，固定公共交通线路运营商、机场、海港和收费机构也相对较多。佛罗里达州 67 个县和 400 多个市都通过并定期修订了一项综合规划，以指导 5 ~ 20 年政府服务增长、发展和提供。未来发展和公共设施，例如交通设施，必须符合这些规划。县和市负责大多数公共交通系统、机场和海港，或者直接负责，或者与管理和提供服务的佛罗里达交通运输部（FDOT）合作（Florida Department of Transportation，2009）。佛罗里达州已经指定了多个交通规划机构来覆盖整个州规划。

　　佛罗里达州的法规包括通过全州综合规划来计划、建设和维护当地的道路系统。地方政府还直接或与管理和提供服务的佛罗里达交通运输部（FDOT）合作，负责大多数公共交通系统、机场和海港。FDOT 辖区审查地方政府的综合计划，并对与多式联运战略系统（SIS）、区域交通激励计划（TRIP）和佛罗里达州交通计划目标不一致的地方进行批注。这些辖区与社区事务部协调这些审查，以确定地方政府的综合规划是否符合州法规（Florida Department of Transportation，2009）。

　　区域规划委员会（RPCs）由地方选举、任命的工作人员和普通公民组成，从多地区的角度考虑规划和发展问题。佛罗里达州的 11 个区域委员会审查和批注地方政府的综合规划，特别是针对地区问题。它们负责拟订区域政策的战略规划，其中包括关于交通、经济发展、自然资源和其他问题的区域目标和政策。

　　佛罗里达州的城市化地区有 26 家 MPO。佛罗里达州 MPO 的指定过程，在州法律、行政法规和与佛罗里达州交通运输部协作方面比美国大多数州更全面、详细（University of Florida，2012）。每个 MPO 负责制定长期交通规划、交通改善规划和确定交通资金优先次序。一些 MPO 和郊县已经形成了区域伙伴关系，以制定指导未来增长的区域愿景，并确定和实施区域交通优先事项。

　　2005 年，佛罗里达州立法机构设立了区域交通激励计划（TRIP），作为改善增长管理规划和交通基础设施供应的一项重大举措。TRIP 旨在改善区域性重要交通设施。佛罗里达州各地都设有基金，为地方政府和私营部门提供激励，为急需的项目提供资金，这些项目有利于地区出行和货物流动。佛罗里达州交通运输部将支付 50% 的项目成本，或为公共交通设施项目提供多达 50% 非联邦份额。下列项目获得优先考虑：提供与 SIS 的联系；支持对经济至关重要的乡村地区的经济发展和货物流动；根据当地的管理条例，建立走廊管理技术，改善军事设施与战略公路网（STRAHNET）或战略铁路网（STRACNET）之间的通达性（Florida Department of Transportation，2012a）。

　　佛罗里达交通运输部（FDOT）已经指定佛罗里达城市交通标准模型结构用于整个州的出行需求预测。他们开发并维护了这些计算机模型。佛罗里达交通运输局与地区、MPO、市、县和其他政府机构合作使用这些模型，并提供技术指导、培训和援助。佛罗里达模型工作组的成立是为佛罗里达交通模型制定政策方向和程序指南。MTF 的投票成员由 MPO 的代表 FDOT 辖区、佛罗里达运输机构、FSUTMS 用户团体、联邦公路管理署、佛罗里达社区事务部和佛罗里达环境保护部组成。截至 2010 年 10 月，佛罗里达交通运输部（FDOT）已批准 Cube 5.1.2（包括 Cube Base、Voyager、Cluster 和 Avenue）作为开发 FSUTMS 模型的官方版本（Florida Department of Transportation，2012a）。

　　佛罗里达州 2060 年交通愿景将在下一个 50 年寻求将该州负责运输的各种组织整合到一个更综合、更协调的运输规划和实施过程中（Florida Department of Transportation，2012b）。

超级地区的超级通勤

　　随着大都市区域的增长和扩大，它们开始在经济和出行模式上更加融合，形成一个超级都市区（图 18-1）。因此，越来越多的出行者从一个大都市地区通勤到另一个大都市地区。这些"超级通勤者"，是指那些在某一大都市地区的中心郡工作，但居住在该大都市地区之外的人，他们乘坐飞机、火车、汽车、公共汽车或多种交通工具进行长途通勤。这些超级通勤族通常每周会出差一到两次，他们在劳动力大军中所占比例在迅速增长。不断变化的工作场所结构促进了远程办公的发展，全球经济生活模式使超级通勤者成为一股新的交通力量（Moss and Qing，2012）。

许多工人不需要每周 5 天出现在办公室；他们在家里、偏远地区、甚至在开车或乘坐飞机时进行工作。

国际上宽带互联网接入的增长，家庭电脑系统的发展与工作场所电脑系统的发展，以及移动通信系统的兴起，都促成了美国超级通勤族的出现。超级通勤族在一个地区的工资较高，而在另一个地区的住房成本较低，因此他们处于有利地位。

许多员工根本不会出现在一间办公室里：全球经济让高技能员工完全可以在虚拟办公平台上工作，在任何地方获得客户，并通过电子邮件、电话和视频会议进行沟通。此外，全球经济使时钟变得无关紧要，使人们能够在与他们居住的时区不同的地方工作。简单地说，工作场所不再固定在一个地方，而是员工所在的地方。因此，过去十年来，城市劳动力市场（员工居住的地方）已经扩大到不仅包括一个城市的远郊，还包括遥远的、非本地的大都市地区，从而导致相距数百英里的城市之间实现了更大程度的经济一体化。

2002—2009 年，超级通勤者的数量增长了 60%，而同期主要工作岗位的数量增长了 8%。2012 年有 5.9 万名超级通勤者，占员工总数的 3%。美国各地的超级通勤者往往是年轻人（29 岁以下），而且比普通工人更有可能成为中产阶级。美国大约 49% 的人其年收入可能低于 1.5 万美元工人平均工资水平。拥有超级通勤族最多的五个地区分别是：达拉斯沃斯堡—得克萨斯州休斯敦，加利福尼亚州圣何塞—洛杉矶，华盛顿州亚基马—西雅图，马萨诸塞州波士顿—纽约州曼哈顿，得克萨斯州圣安东尼奥—休斯敦。

都市圈的扩张说明了都市圈的经济地理在信息时代是如何演变的，因为都市圈开始共享劳动力 / 通勤圈和社会。全美超级通勤率的增长和偏远都市地区之间经济一体化水平的提高，可能使都市地区有机会通过加强协调来提高经济竞争力。随着经济活动日益成为区域间的活动，有必要转向"超级区域"规划和都市圈区域之间更密切的经济合作。

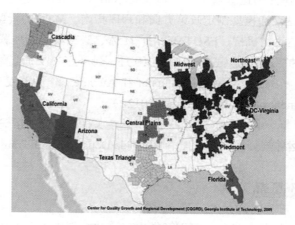

图 18-1　美国主要城市群

《出行需求预测：参数和技术》

2012 年，TRB 发布了全美道路合作研究项目（NCHRP）716 报告，《出行需求预测：参数和技术》，更新了 NCHRP365 报告，即《城市规划的出行预测技术》。自 NCHRP365 报告发布以来，社会发生了重大变化，影响了交通规划的复杂性、范围和背景。规划问题已经超越"城市"，包括乡村延伸和特殊用途土地。交通规划工具不断更新和传播，实现了更灵活的分析，以支持决策。对交通规划的需求已经扩展到特殊人群（例如，部落、移民、老年人和年轻人）和更广泛的问题（例如，安全、拥堵、定价、空气质量、环境和货运）。此外，NCHRP 365 报告中的默认数据和参数需要更新，以反映当前和未来的规划要求（Cambridge Systematics，2012）。

本报告注意到出行需求预测实践中发生的许多变化。占主导地位的四阶段建模过程已经进行了许多改进。其中包括将时间模型更广泛地用于平均工作日建模的过程；广泛使用补充模型步骤，例如车辆可用性模型；在模型中包含非机动出行；以及对四个主要模型组件的程序加以增强（例如，使用 logit 目的地选择模型进行交通分布）。此外，已经开发了新一代的出行需求建模软件，其不仅利用了现代计算环境，而且还在不同程度上包括与地理信息系统的集成。

出行模型开始引入并实施了新开发的基于活动的建模。越来越多的出行需求模型更直接地与交通仿真模型相结合。大多数出行需求建模软件供应商都开发了交通仿真软件包。并且，与使用静态土地利用分配模型相比，增加了对综合土地利用交通模型的使用。

为了支持出行需求预测实践中的这些发展，数据收集技术已经取得了进展，特别是在使用全球定位系统（GPS）等新技术以及改进家庭出行和公共交通出行调查方法。

本报告就出行需求预测程序及其在解决常见交通问题方面的应用提供了最新指引。该指南介绍了简单、直接的技术应用，默认参数的可选使用，以及对其他更复杂技术的适当引用。规划人员利用这一信息的方法主要有两种：当适合于模型开发的本地数据不足或不可用时，在出行模型组件的开发中使用可移植参数，以及检查模型输出的合理性。该报告提出了一系列方法，旨在允许用户根据自己的情况，来确定选择建模和分析技术时的细节和复杂程度。它还讨论了技术、默认参数的可选使用以及对其他更复杂技术的引用。

车联网

《多式联运地面运输效率法案》（ISTEA）建立了一个联邦项目，研究、开发和操作测试智能交通系统（ITS），并促进其实施。该计划旨在促进 ITS 技术的部署，以提高地面运输的效率、安全性和便利性，从而改善可达性，挽救生命和节省时间，并提高生产力。该项目其中一个组成部分是车联网研究项目（U.S. Dept.，2012b）。

车联网项目是一项多模式创新举措，旨在实现车辆、基础设施和乘客个人通信设备之间安全、互相操作的网络无线通信。车联网研究是由美国交通运输部和其他机构资助的，目的是利用无线技术的潜在变革能力，促进交通安全、机动性和环境可持续性。美国交通运输部研究中心正在支持其车联网技术的应用、开发和测试，以确定其潜在的效益和成本。如果成功部署，它将最终提高所有美国人的安全、机动性和生活质量，同时有助于减少地面交通对环境的影响。

车联网研究有潜力改变我们所熟知的出行方式。使用前沿技术——先进的无线通信、车载计算机处理、先进的车辆传感器、GPS 导航、智能基础设施，以及其他——网联车辆能够识别道路上的威胁和危险，并通过无线网络传输这些信息，向驾驶员发出警报和警告。

本研究的核心是网络环境，支持车辆之间（V2V）和车辆与基础设施组件（V2I）或手持设备（V2D）之间的高速传输，从而支持大量的安全和移动性应用。这种连接提供了比以往更多的机会了解交通和路况。装备车辆可以匿名发送包括出行时间和环境状况在内的信息，从而可以了解到城市地区每条主要街道以及全美每条州际公路上的交通状况。这些信息可以改善交通信号控制、提供普遍存在的出行者信息、制定更好的交通计划，以及降低现有交通数据收集方法的成本等好处。

最终，车联网研究可能会导致无人驾驶汽车的出现。几家公司正在研究自动驾驶汽车，包括谷歌、奥迪和丰田。尽管这项技术已经取得了进展，但要建立一个管理自动驾驶汽车网络的法律框架仍存在困难。

《21 世纪进步法案》

国会在 SAFETEA-LU 最初到期 21 个月后，通过了为期两年的对地面交通项目的重新授权。《21 世纪进步法案》（MAP-21）每年为这些项目提供了 546 亿美元的资金，基本与 SAFETEA-LU 的资金持平，通货膨胀率略有上升。SAFETEA-LU 的平均年度资金为 501 亿美元（见表 18-2）。

《21 世纪进步法案》　　　　　　　　　　　　　　　　　表 18-2

2013—2014 财政年			
项目名称	财政年 2013(美元)	财政年 2014（美元）	两年总计（美元）
选择的道路和公共交通项目授权项			
联邦援助公路核心项目	37476819674	37798000000	37798000000
国家公路绩效项目	21751779050	21935691598	43687470648
陆路交通项目	10005135419	10089729416	20094864835
道路安全提升项目	2390305390	2410515560	4800820950
缓解拥堵和空气质量项目	2209172618	2227860477	4437033095
都市规划	311667197	314302948	625970145
交通运输替代方案	808760000	819900000	1628660000
《交通基础设施融资和创新法案》（TIFIA）	750000000	1000000000	1750000000
国家和区域重点项目	500000000	—	500000000
渡轮和站房设施	67000000	67000000	134000000
研究	400,000000	400000000	800000000
道路项目资金总计授权	40968000000	41025000000	81993000000
道路项目合约限制总计	39699000000	40256000000	17073000000

续表

2013—2014 财政年			
项目名称	财政年 2013（美元）	财政年 2014（美元）	两年总计（美元）
公共交通配置和公共交通车补助	8478000000	8595000000	17073000000
规划项目	126900000	128800000	255700000
都市规划	10000000	10000000	20000000
城市化区域公式配置补助	4397950000	4458650000	8856600000
老年和残疾公式配置补助	254800000	258300000	513100000
偏僻地区公式配置补助	599500000	607800000	1207300000
公共交通测试设施	300000	3000000	6000000
国家公共交通机构	500000	5000000	10000000
国家公共交通数据库	3850000	3850000	7700000
州级良好维修公式配置补助	2136300000	2165900000	4302200000
公共交通车和公共交通车设施	422000000	427800000	849800000
快速增长 / 高密度公式配置补助	518700000	525900000	1044600000
首都投资补助	1907000000	1907000000	3814000000
公共交通资金授权总计	10584000000	10701000000	21285000000

资料来源：Aashto,Highlights-Moving Ahead for Progress in the 21st Century（MAP21），aashto-journal.org

提取日期：2016 年 7 月 1 日

《21 世纪进步法案》（MAP-21）将联邦地面交通项目的数量从 90 个减少到 30 个以下，减少了近 2/3，目的是将资源集中在国家的主要目标上，减少重复的项目，并取消专项拨款。它将现有的公路与公共交通资金的分配比例维持在大约 80：20 的水平。

《21 世纪进步法案》（MAP-21）建立的联邦助建公路项目包括：（1）显著降低所有公共道路交通死亡和严重伤害事故数；（2）维护道路基础设施系统处于良好状态；（3）改善地面交通系统的效率；（4）改善全美货运网——支持区域经济发展；（5）提高交通系统性能的同时保护自然环境。

2013 财年，道路项目获得的资金约为 404 亿美元，2014 财年约为 410 亿美元。MAP-21 取消了向各州按公式分配公路资金，而是基于各州 2012 年的资金份额。MAP-21 继续通过以下核心项目向各州提供联邦公路援助资金。法案的核心道路项目从 7 个减少到 5 个：

国家道路运行计划（NHPP）：这部分为巩固现有项目（州际维护，国家公路系统，公路大桥项目）而创建的一个新项目。该项目将提供更多的灵活性，而指导国家和地方投资维护和改善国家公路系统（NHS）的运行。该项目将消除现有项目之间的障碍，这些障碍限制了各州在解决道路和桥梁需求方面的灵活性，并要求各州对改善成果和有效使用纳税人资金负责。项目将限制了各州与 NHPP 基金一起资助单人乘用车辆的能力，在最近连续三年不得超过 NHS 项目总分摊额的 40%。MAP-21 指导美国交通运输部与各州交通部门和利益攸关方磋商，制定衡量 IHS 和 NHS 绩效、路面状况以及 NHS 桥梁状况的指标。一年后，各州将被要求为 NHS 制定"基于风险的资产管理计划"，并制定针对这些绩效指标的目标。法案颁布四年后，各州将被要求向交通运输部提交两年一次的绩效报告。连续两份报告未能实现绩效目标，将遭到惩罚——这要求各州将 NHPP 资金用于与未能实现绩效目标相关的项目。

交通机动性（TM）计划：这个新计划取代了目前的"地面交通运输计划"，但保留了相同的结构、目标和灵活性，允许各州和大都市区投资符合其独特需求和优先事项的项目。它还使可建造的地面交通项目具有更广泛的资格。以前在 SAFETEA-LU 得到专门资金的项目，正在根据 MAP-21 进行合并，作为交通机动性计划保留下来。资金将按公式在各州之间分配。在每个州，TM 项目资金的 50% 将按人口分配（按相对比例在人口 20 万以上地区与人口 5000以上地区分配），剩下的 50% 可以用于该州的任何地方。

道路安全改进计划（HSIP）：MAP-21 是建立在道路安全改进计划（HSIP）的基础上。由于该项目在减少死亡人数方面取得了显著成效，因此大幅度增加了对该项目的资助。根据"道路安全计划"，各州必须制定并实施一项安全计划，确定道路安全应对策略。在 MAP-21 颁布后的 1 年内，要求美国交通运输部制定与严重伤害和死亡有关的绩效指标。各州将有一年的时间来制定达到这些指标相关的绩效目标。各州将向美国交通运输部提交报告，介绍其在实现绩效目标方面取得的进展。如果美国交通运输部认定一个州在两年内没有在这些目标上取得进展，那么这个州将被要求将其 HSIP 基金的一部分（相当于前一年的 HSIP 拨款）只能用于道路安全改进项目，并在这些目标实现之前提交年度报告。

拥堵缓解和改善空气质量（CMAQ）计划：《21 世纪进步法案》（MAP-21）改变现有的交通拥堵和空气质量改善计划（CMAQ）项目，包括加入细颗粒污染物的处理，在大都市区要求开展效果评估以确保 CMAQ 基金被用于改善空气质量和交通拥堵。MAP-21 改进了交通改善项目，赋予各州在项目资金使用上更大的灵活性。安全的上学路线、休闲步道、风景小道并入新的交通替代项目。MAP-21 要求各州把相当于 2009 财政年度的交通强化项目拨款金额从他们的未来 CMAQ 项目中预留出来，以支持替代项目。MAP-21 加入了卡车电动停车、HOV车道、转向车道、和柴油车改造项目。50% 的资金直接用于 MPO；所有资金将通过竞争性拨款来分配。

国家货运网络项目：《21 世纪进步法案》（MAP-21）将现有项目合并为一个新的重点货运项目，按公式向各州提供资金，用于改善包括货运多式联运在内的地区和国家公路货运活动。该计划最多 10% 的资金可用于货运铁路，交通机动性计划的 5% 也可用于货运铁路。交通运输部被委任在 MAP-21 颁布后 1 年内建立一个主要的货运网络（PFN），该网络将与州际公路系统（IHS）中未指定为骨架网络的一部分，以及郊区货运走廊一起构成一个全美的货运网络。PFN 将被限制在现有 2.7 万英里的道路中。在 MAP-21 颁布后的两年内，美国交通运输部要求为 PFN 上的货物运输制定可量化的运行绩效指标。届时，各州将有 1 年时间（与公共和私营利益攸关方协商）制定最新的州绩效目标，并使用美国交通运输部制定的指标。这些绩效目标是各州能够使用货运计划资金必须满足的要求。法案要求各州每 2 年报告为实现这些目标所取得的进展。如果美国运输部认定一个州在两年内未能实现其绩效目标，该州将需要提交两年一次的货运绩效改善计划。

《21 世纪进步法案》（MAP-21）批准了一项竞争性项目，资助符合严格标准要求的，具有国家和区域意义的重大项目。该项目在 2013 财年获得了 5 亿美元的授权。申请者仅限于各州、部落政府和公共交通机构。

MAP-21 放宽了对国家公路系统收费的全面禁令。各州可以在现有公路、桥梁和隧道上修建新的收费车道，前提是走廊上的免费车道数量保持不变。此外，重建的免费桥梁和隧道可

改为收费桥梁 / 隧道。在收费变更申请中免除了对设施类型的限制。此外，除州际公路外，还允许重建其他免费公路并将其改造为收费设施。

MAP-21 纳入了旨在减少项目交付时间和成本的方案改革，同时加强环境保护。改进的例子包括：扩大使用创新的承包方法；建立纠纷调解程序；允许早期优先权收购；减少对环境没有重大影响的项目的官僚障碍；鼓励有关机构尽早进行协调，以避免在审查进程中出现拖延；并在规定的期限内加速项目交付。

在 MAP-21 "美国快速发展"章节中包括了建立在交通基础设施融资和创新计划（TIFIA）基础上的条款。MAP-21 对交通基础设施融资和创新计划（TIFIA）计划进行修改，MAP-21 增加了援助经费，从现有的 1.22 亿美元 / 年增加到第一年 7.5 亿美元、第二年 10 亿美元。MAP-21 将项目成本的最大配套份额从 33% 提高到 49%。MAP-21 允许交通基础设施融资和创新计划（TIFIA）用来支持一组相关项目，并预留出对郊区更有利的资金。

MAP-21 通过创建新的联邦土地和部落交通运输项目，巩固了现有的联邦土地和部落高速公路项目结构。该法案继续为对国家联邦土地至关重要的道路、桥梁维护和建设提供资金。此外，领土和波多黎各公路项目向美国领土和波多黎各提供资金，用于建设和维护道路、桥梁和隧道项目。MAP-21 还为国家紧急救援提供资金，以修复自然灾害损坏的道路和桥梁。

MAP-21 在接下来的两年维持了相应的公共交通援助资金。此外，法案允许公路信托基金和有限的普通基金继续资助重大公共交通通项目。2013 财年和 2014 财年的公共交通项目分别获得了约 106 亿美元和 107 亿美元的资助。新开工项目在每个财政年度的资金为 19 亿美元。MAP-21 授权更多的快速公交项目得到资助。法案还批准了一项新的"核心能力"融资标准，赋予现有系统一些额外的支出灵活性。

《21 世纪进步法案》（MAP-21）将公共交通项目重组为以下几类：

城市化地区和发展中州的项目：MAP-21 继续执行最大的公共交通项目，2013 财年为 44 亿美元，2014 财年将达到 45 亿美元。工作岗位可达性和逆向通勤（JARC）将在该项目下得到资助。

良好状态维修计划：MAP-21 创建了一个新的"良好状态维修"拨款计划，将取代目前轨道交通现代化计划。新计划将在 2013 和 2014 财年向固定导向系统拨款 21 亿美元，这些系统使用并占用单独的道路路权，用于公交专用车道 / 路、铁路系统、固定接触网系统、客运渡轮和快速公交系统。受助人将被要求开发资产管理系统，包括资本资产清单和状况评估、决策支持工具和投资优先事项。该法案将根据 2011 财年生效的城市公式计划中铁路等级，分配总额的 50%，其中 60% 按车辆里程收入进行分配，40% 按固定导轨交通路线里程进行分配。剩余 50% 的资金将根据另一个公式分配，该公式 60% 的资金分配将基于车辆行驶里程，40% 的资金将基于轨道交通里程分配。

MAP-21 还批准了高强度公共汽车的良好维修计划，2013 财年和 2014 财年分别批准授权 6090 万美元和 6170 万美元。资金将按车辆里程收入分配 60%，按定向路线里程分配 40%。该项目将为公共交通提供资金援助，该项目提供设施允许其他高乘用车辆使用（HOV 车道）。

郊区公式计划：MAP-21 批准增加郊区的资金，以资助郊区的公共交通活动。该项目在 2013 财年获得了 5.995 亿美元的资助，2014 财年获得了 6.078 亿美元的资助。MAP-21 还为郊区的就业岗位可达性和逆向通勤活动提供了经费。

老年人和残疾人计划：老年人和残疾人计划，和"新的自由"计划合并为一个计划，资助旨在提高老年人和残疾人的移动性项目。合并后的方案将在 2013 和 2014 财政年度把老年人和残疾人交通项目的可用资金分别增加到 2.548 亿美元和 2.583 亿美元。

公共交通导向发展（TOD）的试点项目：该项目将向地方社区提供资金，用于鼓励 TOD 的规划工作。只有新项目或计划开工项目才有资格申请。

清洁燃料计划：法案授权 5700 万美元用于清洁燃料计划。

《21 世纪进步法案》（MAP-21）允许人口超过 20 万人的都市化地区利用其"城市化地区和发展中州项目"的一部分资金来资助公共交通系统发展。在高峰时段拥有 76 ~ 100 辆公共交通车的运营商将可以使用 50% 的联邦配套资金来提供运营援助。在高峰时段拥有 75 辆或更少公共汽车的运营商将能够使用高达 75% 的联邦资金进行运营援助。

MAP-21 加强了联邦政府在国家安全监督（SSO）中的作用，要求美国交通运输部为所有公共交通方式制定新的国家安全计划，制定车辆最低安全性能标准以及建立国家安全认证培训的项目，并赋予联邦和州员工安全审计和监督职责。

MAP-21 继续以现有每年 2.2 亿美元资助公路铁路平交道口项目。由于 NHTSA 行为 / 项目，援助资金实现了少量增长。MAP-21 继续实施第 402 节国家和社区道路安全拨款项目，为保护乘员、违章驾驶、交通记录、分级许可、分心驾驶和摩托车驾驶等设立了新的综合激励计划。

MAP-21 改变了全州和大都市区的规划流程，将更全面的基于绩效的决策方法纳入其中。它建立了一种结果驱动的方法来跟踪绩效，并要求各州和都市区规划组织对改善其交通资产的条件和绩效负责。规划过程设定了五个国家目标。这些目标包括安全、基础设施条件、系统可靠性、货运和环境可持续性。所有州和大都市区的长期运输规划必须说明项目决策将如何有助于实现国家相关的绩效目标。未能制定绩效目标或未能遵守其他规划过程，可能导致规划得不到认证，最多会被扣留 20% 的规划资金。法案允许 MPO 在其规划中进行多个情景模式比较。MAP-21 还将分配给 MPO 的资金从目前的约 12.5% 增加到约 14%。它要求所有 MPO 包含近两年内成立由公共交通机构代表提出的法规。

MAP-21 将资助研发、技术部署、培训和教育、智能交通系统（ITS）和大学交通中心的活动，以进一步创新交通研究。主要研究领域包括：改善道路安全和基础设施的完整性、加强交通规划和环境决策、减少拥堵、改善道路运营、提高货运效率。每年提供 4 亿美元，并为大学交通中心批准了 35 项竞争性拨款。MAP-21 取消了地面运输与环境合作研究项目（STEP）、国际研究项目和国家货运合作研究项目。

MAP-21 将公路信托基金支出权限延长至 2014 年 9 月 30 日。按照现行税率，将汽车燃油税和三项非燃油税的征收期限延长至 2016 年 9 月 30 日。2013 年，将 62 亿美元转入公路信托基金的道路账户，2014 年转入 104 亿美元。2014 年，还向大运量公共交通账户转移了 22 亿美元。此外，MAP-21 还从地下储油泄漏补偿信托基金中拨出 24 亿美元给公路信托基金。

第十九章
基础设施的弹性

2012 年 10 月，飓风桑迪摧毁了美国的东北部地区，特别是新泽西州和纽约州的沿海地区。这场暴风雨发生在袭击墨西哥湾沿岸的卡特里娜飓风和 2013 年的一场飓风之间。这些暴风雨和其他自然灾害造成的破坏使人们开始意识到城市开发与设施，包括交通设施，缺乏应对自然灾害的弹性。

1980—2013 年，美国遭受了超过 2600 亿美元与洪水有关的损失。平均而言，每年洪水死亡人数超过任何其他自然灾害。此外，联邦政府因此支出的费用超过任何其他灾害。洪水在所有灾害报道中约占 85%。随着气候变化，预计洪水风险在未来会随着时间而增加。事实上，国家气候评估组织（National Climate Assessment）预测（2014 年 5 月），在 21 世纪，极端天气事件（如严重洪水）将持续存在，对建筑物、道路、交通设施、铁路、港口、工业设施，甚至沿海军事设施等城市基础设施损害尤为严重（Federal Emergency Management Agency, 2015）。

交通规划机构需要在制定交通改善规划时考虑到这些暴力天气事件和海平面上升问题。是选择加强交通基础设施以应对极端事件，还是将交通设施迁移到相对低灾害风险的地方？规划机构需要做出艰难的决定，这两种方法都需要耗费时间并且会产生很大的成本。

美国交通运输部关于气候变化适应性的政策声明

2011 年，美国交通运输部发布了一份关于气候变化适应性的政策声明，旨在将气候变化影响和适应性的考虑纳入交通运输部的规划、运营、政策和计划中，以确保交通基础设施、服务和运营在当前和未来的气候条件下保证有效。全球气候正在发生变化，交通运输部门需要针对其影响做好准备。通过实施气候变化适应性，交通运输部门可以适应未来气候的变化、减少不利影响并利用新的机会做出改善。因此，交通运输部的模型主管部门应将对气候适应性的考虑纳入其规划程序和投资决策中。交通运输部同时也鼓励各州、区域和地方交通机构在其决策过程中考虑气候变化的影响（U.S. Department of Transportation, 2011）。

交通运输部在实施本政策时，声明将遵守以下指导原则。
- 采用综合方法。
- 选择最脆弱地区。
- 使用当前最好科学技术。
- 与广泛的利益相关者建立牢固的伙伴关系。

- 采用风险管理方法和工具。
- 采用生态系统方法。
- 最大化互利，采用支持改善灾害预防、促进可持续资源管理和减少温室气体排放的战略措施，包括开发具有成本效益的技术。
- 持续评估绩效。
- 分析气候变化如何影响交通运输部门实现其使命、政策、计划和运营目标的能力。
- 制定成果年报。
- 与负责实施气候适应性的高级工作人员以及气候变化中心指导委员会成员协作行动。
- 实施环境质量委员会（CEQ）颁布的气候变化适应性实施指令。

由部长顾问（交通运输部的高级可持续发展官员）和指定模型主管负责确保实施本政策，负责交通政策的助理部长和交通运输部气候变化中心提供支持。

该政策指出，气候的变化将影响运输系统，联邦层面以及一些州和地方已经投入工作，但还有更多的工作要做。交通运输部鼓励那些为确保交通基础设施能够抵御气候影响所做的努力；然而，这一目标的成功将取决于整个交通运输部门是否接受并实施这一政策。

第 13604 号行政命令：提高联邦许可和审查基础设施项目的绩效

交通基础设施项目需要多个联邦许可和审查，包括《国家环境政策法案》（NEPA）审查，以确保避免或尽量减少和减轻对环境与社区的不利影响。国家环保署的审查包括分析数据和文件编制，考虑申报行动的潜在影响，并分析合理的备选方案。它还提供了一个满足其他环境审查的标准体系，比如 1973 年的《濒危物种法案》（ESA），1966 年的《国家历史保护法案》（NHPA），《清洁水法案》（CWA），1946 年的《通用桥梁法案》（General Bridge Act），《马格努森—史蒂文森渔业保护和管理法案》（MSA）和 1972 年的《海洋哺乳动物保护法案》（MMPA）。交通运输和其他基础设施项目的联邦审查机构以及申请这些项目的机构都已认识到早期和持续协调对促进有效和高效率的审查进程至关重要（U.S. Department of Transportation, Federal Highway Administration，2015c）。

然而，具有不同法定责任的参与者之间的有效协调一直比较困难。这些参与者之间因为存在可用时间和资源以及机构任务的不同和基本政策差异等众多问题，使得这些审查往往耗费了大量时间，严重拖延了这些项目的实施。

2012 年 3 月 22 日，奥巴马总统发布了第 13604 号行政命令："提高联邦许可和审查基础设施项目的绩效"，指示所有联邦机构"在其权限内采取一切措施，利用现有资源，以最高效率和效能办理联邦许可和审查程序，确保社区和环境的健康、安全和保障，同时支持重要的经济增长。"第 13604 号行政命令在整个政府范围开始改善联邦许可和审查程序，以达成更好的项目、改善环境和社区成果、促进更快的决策与更短的基础设施项目审查时间期限（Obama，2012）。

根据该命令，总统于 2013 年 5 月 17 日发布了一份备忘录，讨论了第 13604 号行政命令发布以来机构的最佳做法。2013 年 6 月 7 日，总统发布了另一份备忘录，指示联邦机构"对需要联邦批准的重要陆上电力传输项目建立一个综合的、跨部门的预申请程序（Obama，2013a，b，c）。

　　联邦工作组制定了一本手册以促进行政命令的实施。该手册目的是通过提供资料促进更广泛地采用当前审查方法，起到改进同步审查的做法。通过增加同步审查，实现更有效率和效能的环境审查，这可能会让项目减少对环境影响的同时节省时间和金钱。该手册汲取了以前的同步审查工作的经验教训，并将同步审查程序分解为易于理解的几个部分，使机构有机会更广泛地复制整个或部分程序，无须执行正式协议。本手册探讨了进行同步审查时的考虑因素，包括了那些可能出现挑战的领域。该手册还包括最佳实践方法，例如交通运输方式之间的联络、创新的简化措施和通信技术（U.S. Department of Transportation，2015）。

完整街道

　　"完整街道"的概念基于如下理念：街道既是人的空间，也是交通的动脉。完整街道将减缓汽车的速度、改造道路以适应骑自行车者、公共交通乘客和行人，还包括推婴儿车和乘坐轮椅的人。道路不是只为汽车和卡车而建的理念对公共空间和商业活动产生了积极影响（Vock，2015）。

　　完整街道没有确定的模板，但有许多共同的元素。许多大城市改变了他们修建街道的方式。规划设计人员过去绞尽脑汁地按交通干道设计，现在道路正在被重塑和改造为对城市经济的成功、安全和活力至关重要的公共空间。越来越多的人行道被展宽用来为儿童玩耍、婴儿车、老年人以及各个年龄段的人们散步提供空间。交通工作人员通过自行车道、轻轨走廊和快速公交系统为街道上的自行车和公共交通提供空间（NACTO，2012）。

　　街道重新设计，人行道在交叉口处以灯泡形状凸出到路口内，或者以小半径转角（sharp corners）的形式伸入路内，这意味着行人过街到达另一侧所穿过的路面更少。半径更小的转角让驾驶员更难以高速转过路口，降低了行人和骑车者的风险。行人安全岛确保行人不会在红灯时在街道中间无处停留。

　　一些完整街道具有使驾驶员和公共交通乘客出行更顺畅的特点。最常见的改变方法之一是将一条四车道道路（每个方向有两条车道）转换为三车道道路，每个方向设有一条车道，再加一条中央转弯车道。这样的"道路瘦身"（road diets）做法避免转弯车辆占用车道造成交通拥堵。完整街道的一些其他特点还包括设计公共交通候车亭引导乘客离开人行道，设置公共交通港湾让公共交通车驾驶员在上下乘客收取车费时驶离主线。

　　交通工程师学会（ITE）和全美城市交通工作者协会（NACTO）编写了《街道设计手册》，以协助各州和地方社区在其社区中建设精明街道（NACTO，2012；ITE，2012）。

基础设施适应性试点

　　联邦公路管理署和联邦公共交通管理署认识到日益频繁和愈发强烈的热浪与洪水这样的气候变化，威胁到联邦对交通基础设施的大量投资。他们与州和地方交通机构合作，以提高交通运输系统对这些影响的抵御能力。

　　美国联邦公路管理署（FHWA）选择了5个试点小组、联邦公共交通管理署选择了7个试点小组进行气候变化适应性评估。试点项目旨在提高道路和公共交通系统适应气候变化影响的实践水平，并测试气候变化脆弱性评估模型。交通机构按照一个概念模型，通过收集和整合气候和资产数据的程序来识别系统关键脆弱点。联邦公路管理署利用从试点项目中获得的反馈和经验教训,将概念模型草案修订为气候变化和极端天气脆弱性评估框架(图 19-1)(U.S. Dept. of Transportation,2012d)。

从最初的项目来看,联邦公路管理署(FHWA)发现气候变化威胁到安全、系统可靠性、资产管理和财务管理等关键目标。更频繁的热浪增加材料压力,同时降雨量增加、海平面上升以及强飓风导致洪水破坏道路并扰乱交通。他们还发现由于气候模型的全球性,由此产生的气候预测并不适合在项目层面做出设计决策。规划人员需要足够精细的气候预测,以制定有效的战略,适应项目和系统层面的气候变化。

交通系统中对应对气候变化和极端天气的脆弱程度与交通资产或系统对气候影响的敏感性、对气候影响程度和适应能力有关。交通机构可能需要在其资产管理计划、灾害缓解计划、交通规划项目选择标准或其他计划和流程中使用脆弱性评估的结果。大都市区规划组织(MPO)和其他地方机构可能需要考虑选择不易受气候变化影响的地区为新的项目选址,教育员工了解机构所属交通运输系统整体的气候风险,或制定适应性策略。

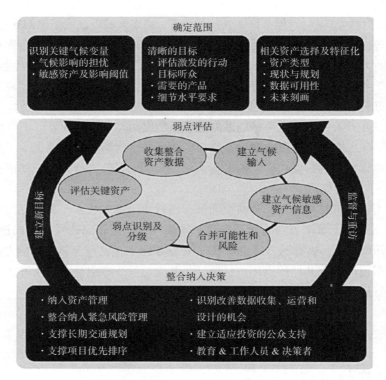

图 19-1　气候变化和极端天气脆弱性评估框架

资料来源:U.S. Department of Transportation,Federal Highway Administration,2012d,Climate Change & Extreme Weather Vulnerability Assessment Framework,Washington,DC December

出行预测资源库

制定出行预测手册的讨论已经持续多年。在最终报告《大城市出行预测:当前实践和未来方向》中,交通研究委员会(TRB)确定了许多改善出行需求预测的建议,包括:"开发并保持最新的全美出行预测手册，为那些从事出行需求预测的人提供重要的信息。"收集出行预测理论和实践信息作为这一过程的早期阶段，最开始被维基百科称之为"TFResource"。

　　TRB 成立出行预测资源特别委员会作为该网站的编辑委员会。TRB 担任该网站的"秘书处"，TRB 还任命了一位 TRB 常务委员为网站开发提供技术专业知识，被称为监管人员（Curators）。除了监管人员之外，网站管理员还负责网站本身的日常性组织、功能设定和运行维护。交通预测社区被邀请注册并在该网站进行知识分享。贡献者可以来自交通专业任何部门、具有任何经验水平，以及分享任何有关出行预测的观点。

　　所有单个页面都按照最佳的内容分类来划分板块。来自委员会的监管人员和用户社区的人关注每个内容板块文章的质量和广度。表 19-1 列出了按出行预测主题范围定义的板块列表。

TFResource 的内容板块　　　　　　　　　　　　　　　　　表 19-1

- 基于活动的模型
- 空气质量建模
- 协会、组织和委员会
- 资本投资资助计划
- 选择模型
- 沟通模型结果
- 动态网络模型
- 评估绩效
- 货运建模
- 土地利用—交通模型
- 方式选择
- 模型校准和验证
- 整合出行需求和网络模型
- 路网分配
- 定价和估值
- 公共交通建模
- 空间数据
- 时间数据
- 空间交互模型
- 全州模型
- 交通网络
- 出行行为
- 出行调查数据
- 基于出行的模型
- 城市和大都市模型

奥巴马总统的气候行动计划

　　奥巴马总统在 2009 年承诺，如果所有其他主要经济体同意限制其排放量，那么美国到

2020 年将把其温室气体排放量降低到比 2005 年低 17% 的范围水平。2013 年 6 月，奥巴马总统公布了一项旨在遏制气候变化及其影响的计划（Obama，2013b）。

奥巴马总统的计划建立在风能、太阳能和地热能的使用倍增以及更严格的燃油经济标准之上。在过去的一年中，能源部门的碳排放量降至 20 年来的最低水平。2012 年，美国的石油净进口量降至 20 年来的最低水平，并已成为世界领先的天然气生产国。

然而，2011 年也是美国有史以来最暖的一年，大约三分之一的美国人经历了 10 天或更长时间的 100 华氏度（约 37.8 摄氏度）的高温。记录显示最热的 12 个年份都出现在过去 15 年中。在过去的 30 年里，哮喘发病率翻了一番。不断增加的洪水、热浪和干旱使农民破产，导致粮食价格大幅上涨。

行动计划中建议了遏制碳排放污染若干措施：

- 指示环保署（EPA）为新建和现有发电厂制定碳排放标准。
- 承诺为化石燃料项目提供 80 亿美元的贷款担保。
- 指示内政部到 2020 年在联邦土地上授权 10GW 的风能和太阳能项目。
- 扩大了总统"更好的建筑挑战"项目，帮助建筑物减少能耗，到 2020 年能源效率至少提高 20%。
- 通过为电器和联邦建筑制定能效标准，制定到 2030 年累计减少至少 30 亿吨碳污染的目标。
- 致力于制定重型车辆的燃油经济性标准。
- 旨在减少氢氟碳化合物和强效的温室气体。
- 指示机构制定全面的甲烷战略。
- 致力于森林和其他景观保护。

为应对气候变化，该计划提出以下行动：

- 指示各机构支持地方投资用于帮助缓解脆弱性地区应对全球变暖的影响。
- 对受飓风桑迪影响的地区制定降低洪水风险的标准。
- 与医疗保健行业合作，建设可持续的、适应力强的医院。
- 向农民、牧场主和土地所有者传播科学信息。
- 建立全美抗旱能力伙伴关系，使牧场不易受到灾难性火灾的影响。
- 通过气候数据行动，为各州、地方和私营部门领导人提供信息。
- 致力于扩大新的和现有的举措，包括主要排放国家的相关举措。
- 呼吁美国政府结束海外新建燃煤电厂的公共融资。
- 扩大政府的规划和响应能力。

《气候行动计划》旨在为国家应对气候变化的影响做好准备。即使国家正在采取新措施减少碳污染，也必须为全美范围内已经感受到的气候变化影响做好准备。

出行时间可靠性

出行者通常会在决定出行方式和地点时评估出行时间和出行费用。然而，随着交通设施变得更加拥挤，出行的可靠性变得更加重要。随着出行可靠性更加多变，出行者倾向于在期望的时间到达目的地。任何出行者都会为出行时间的变化留下余量，或者接受他们迟到的风险。

规划人员和研究人员使用了多项指标来捕捉出行时间的变化情况（表 19-2）（Cambridge Systematics，Inc.，2013b）。

可靠性性能指标　　　　　　　　　　　　　　　　　　　　　　　　表 19-2

可靠性性能指标	定义	单位
规划时间指数	第 95 百分位出行时间指数（第 95 百分位出行时间除以自由流出行时间）	无
缓冲指数（BI）	第 95 百分位出行时间与平均出行时间（或中位数）的差值,用平均（中位数）出行时间归一化	百分比
失败 / 及时措施	出行时间小于出行时间中位数乘以 1.1 或 1.2 的百分比，平均速度低于 50 英里 / 小时、40 英里 / 小时、30 英里 / 小时的空间平均速度的出行比例	百分比
第 80 百分位出行时间指数	第 80 百分位出行时间除以自由流出行时间	无
偏差统计	（第 90 百分位出行时间减去中位数）除以（中位数减去第 10 百分位）	无
痛苦指数（调整后）	最高 5% 的出行时间除以自由流出行时间的平均值	无

资料来源：Cambridge Systematics, Inc.,2013,Final Report：Analytical Procedures for Determining the Impacts of Reliability Mitigation Strategies,Strategic Highway Research Program,Transportation Research Board,Washington,D.C.,March

规划机构被鼓励在其整体规划过程中纳入可靠性分析。研究人员为将可靠性纳入其规划过程开发了一个研究框架。传统的持续、合作和全面（3C）规划流程侧重于提高能力，通常不会全面响应可靠性引导策略的内容，特别是针对导致出行不可靠的事故和其他非经常性交通中断问题的运行改进。

在规划过程中每个阶段都需要纳入灵活性指标，包括：

- 远期规划；
- 走廊规划（包括分区和其他类似的规划工作）；
- 设计；
- 整合的环境审查和许可程序（Cambridge Systematics, Inc.，2013a）。

将可靠性绩效指标纳入规划和设计过程的框架包括四个关键步骤：

- 测量和跟踪可靠性表现；
- 将可靠性纳入政策声明；
- 评估可靠性的需求和不足；
- 使用可靠性指标来进行投资决策。

很明显，可靠性是交通拥堵的一个属性而不是一个明显现象。它是经常性或非经常性拥堵的结果。任何影响交通拥堵从而导致出行不可靠的因素都不应被孤立思考。由于交通拥堵通常用持续时长和严重程度来描述，所以可靠性还需要根据时间变化来定义。

减少交通拥堵的措施也将提高交通系统的可靠性。这些改善措施包括提高能力和减少需求；减少交通中断的策略，例如事件管理；需求管理策略，包括定价；其他运营策略。随着交通拥堵的不断增加，提高可靠性的策略将变得更加重要。

第 13653 号行政命令：美国应对气候变化影响的准备

2013 年 11 月 1 日，奥巴马总统签署了第 13653 号行政命令："美国应对气候变化影响的准备"，指示联邦机构采取一系列措施使美国社区提高对极端天气的抵御能力，并为气候变化的其他影响做好准备。该行政命令将国家政策表述为：

气候变化影响包括长时间过高温度、频繁的暴雨、野火的肆虐、严重的干旱、永久冻土融化、海洋酸化和海平面上升等，气候变化已经影响到整个国家的社区、自然资源、生态系统、经济和公共卫生。对于已经面临经济或健康挑战的社区，以及已经面临其他压力的物种和栖息地，这些影响通常最为重要。管理这些风险需要联邦政府和利益相关方进行深思熟虑的准备，密切合作和协调规划，以促进联邦、州、地方、部落、私营部门和非营利部门为适应气候变化共同努力；帮助保护国家的经济、基础设施、环境和自然资源，并为执行部门、运营机构、服务和项目提供连续性（Obama，2013c）。

该行政命令指示联邦机构履行若干职能。首先，联邦机构必须使联邦程序现代化，以支持适应气候变化相关项目的投资：机构必须审查其政策和程序并找到方法使城镇更容易建设得更精明和更强大；机构需要找到支持和鼓励各州、地方社区和部落进行更精明、更适应气候变化的投资，包括机构指导、资助、技术援助、绩效评估、安全考虑和其他项目（包含基础设施发展）等激励措施。

其次，各机构需要管理好土地和水域以应对气候变化。各机构需要为应对气候变化提供信息、数据和工具。重要的是联邦机构需要为与气候变化相关的风险制定规划。联邦机构需要制定和实施战略，以评估和解决与气候变化相关的最重大风险。联邦机构被要求制定、实施和更新综合规划，将气候变化纳入机构运作。

在其他职能中，该行政命令还建立了一个州与地方和部落领导人应对气候变化的工作组，就联邦政府如何对全美范围内社区应对气候变化的需求，向行政当局提出建议。为了实施这些行动，行政命令提出成立了一个由白宫主持的跨部门气候预警和恢复委员会，由超过25个机构组成，其中包括交通运输部。为了帮助实现该行政命令的目标，要求这些机构要充分考虑由该行政命令建立的州与地方、部落领导人气候预警和恢复委员工作组的建议。

气候变化交通系统敏感度矩阵

美国交通运输部制定了气候变化交通系统敏感度矩阵，提供六种交通运输方式及子模式对11种潜在气候影响的敏感性信息。该矩阵涵盖的资产类型包括铁路、港口和水运、机场和直升机场、石油和天然气管道、桥梁、道路和公路。该工作手册最初是在美国交通运输部墨西哥湾沿岸项目中开发出来的（ICF International，2014）。

该矩阵解决了交通运输资产或系统对气候压力源中给定变化的敏感度。这些参数是评估脆弱性和风险的关键部分。气候压力源包括：温度升高和极端高温、降雨导致的内陆洪水、海平面上升/极端高潮、风暴潮、风、干旱、沙尘暴、野火、冬季风暴、冻融变化和永久冻土融化。

该矩阵为每种资产和气候压力源提供了以下信息：

- 关系：定性描述每个气候压力源与每类资产子类型之间的关系。
- 阈值：任何有关资产子类型可能会开始出现损坏的特定阈值信息。
- 指标：过去对该气候变量的敏感性增加有关或可能与未来该气候变量相关的指标列表。
- 主要来源：各资产子类型设计、维护和管理的相关信息来源（ICF International，2014）。

交通规划人员可以使用矩阵来筛选特别敏感且可能易受气候变化影响的资产。敏感性信息可以帮助交通规划人员在基础设施开发和维护优先级方面做出更明智的决策。

建立美国投资创新

2014 年 7 月，奥巴马总统宣布了一项"建立美国投资创新"的行政行动。这是一项旨在增加基础设施投资和经济增长的政府行动。作为该倡议的一部分，行政当局在交通运输部设立了"建设美国交通投资中心"，为寻求利用创新融资方式和希望与私营部门建立伙伴关系的州和城市提供一站式支持服务。

这一倡议是奥巴马总统通过创造和扩大就业机会以求在经济方面取得进步的整体计划的一部分。总统表示，无论是将货物运送到枢纽和港口，还是将人们获得服务或将千兆网络连接到办公室和家庭，现代化和高效的基础设施都有助于小企业扩张、制造商出口、投资者将工作机遇带到海岸城市，并降低美国人的商品和服务价格。

"建立美国投资创新"的目标是通过与州和地方政府以及私营部门投资者合作，增加基础设施投资和经济增长，以鼓励合作、扩大公私合作伙伴关系（PPPs）市场，并使联邦信贷项目得到更多利用。该倡议：

- 创立了"建设美国交通投资中心"：该中心位于交通运输部，为国家和地方政府、公共机构和私人开发商以及寻求利用交通基础设施项目创新型融资策略的投资者提供一站式服务。

- 为公共和私营部门提供引导服务：该中心旨在使各州和地方政府更容易理解和使用交通运输部信贷项目，并利用公共和私人资金支持富有雄心的项目。该中心还将为私营部门开发商和基础设施投资者提供相关工具和资源，以保持成功的公私合作关系。

- 改善交通运输部信贷程序的提供：该中心将鼓励和提高对《交通基础设施融资和创新法案》（TIFIA），私人活动债券（PABs）以及铁路修复和改善程序融资计划（RRIF）的认识与有效利用。

- 技术援助：该中心将与那些在私人投资方面处于领先地位的州分享最佳实践经验，并与那些尚未采用创新融资策略的州分享。该中心将提供技术援助，帮助消除障碍，以确保公共和私营部门能够共同参与全面项目、成功项目的案例研究和交易结构的样例、PPP 项目的标准操作程序和分析工具包。

- 启动"建设美国机构间工作组"，由财政部和交通运输部共同主持，将对公共和私营部门的项目进行重点审查。该小组将与州和地方政府、项目开发商、投资者和其他组织合作，以解决私人投资和合作伙伴关系的障碍。

运行绩效管理

《21 世纪进步法案》（MAP-21）的要求是建立基于绩效和产出的程序。这种基于绩效和产出的程序其目标是让各州和 MPO 将资源投入到共同实现国家目标的项目上（U.S. Department of Transportation，2014a）。MAP-21 在七个方面确定了联邦援助公路计划的国家绩效目标（表 19-3）。

联邦援助公路项目全美运行绩效目标　　　　　　　　　　　表 19-3

目标项	全美运行绩效目标
安全	大幅减少所有公共道路上的交通意外伤亡
基础设施条件	维护道路基础设施资产体系处于良好的修复状态
拥堵缓解	大幅减少全美道路系统的拥堵
系统可靠性	提高地面运输系统的效率
货物运输与经济活力	完善全美货运网络，增强乡村社区进入国内和国际贸易市场的能力，支持区域经济发展
环境可持续	在保护和改善自然环境的同时，提高运输系统的性能
减少项目交付延迟	通过消除项目开发和交付过程中的延误，包括减少监管负担和改进机构的工作实践，加快项目的完成，从而降低项目成本，促进就业和经济，加快人员和货物的流动

此外，MAP-21 要求美国交通运输部与各州、大都市区规划组织（MPO）和其他利益攸关方进行协商，在以下领域制定绩效衡量标准：

• 州际系统和国家公路系统其余部分道路的运行状况；

• 国家公路系统的桥梁状况；

• 所有公共道路死亡人数和严重伤害人数——根据车公里计算的人数和比例；

• 交通拥堵；

• 路上交通源排放；

• 州际公路系统的货运。

在交通运输部发布运行绩效评估的最终规则 1 年内，MAP-21 要求各州制定支持这些措施的运行绩效目标。为确保一致性，各州在为 MPO 代表的地区制定运行绩效目标时，必须在最大可行范围内与 MPO 协调；在没有 MPO 代表的城市地区设定运行绩效目标时，必须公共交通提供者协调。

在各州或公共交通供应商设置绩效目标 180 天内，要求 MPO 设定与绩效评估相关的绩效目标。为确保一致性，每个 MPO 在设定绩效目标时，必须在最大可行范围内与相关的州和公共交通供应商进行协调。

MAP-21 要求在州（和 / 或 MPO）目标中包含以下文件：大都市交通规划；大都市交通改善规划（TIP）；全州交通改善规划（STIP）；国家公路运行绩效计划（NHPP）下的国家资产管理规划；以及根据《拥堵减缓和空气质量改善计划》制定的州运行绩效目标。法案要求各州报告全美公路系统的状况和表现，实现运行绩效目标的进展情况；以及各州解决货运瓶颈问题的方法。

MAP-21 对每个州的公路安全提出了额外要求。如果一个州的乡村公路上的死亡率在最近两年期间有所增加，该州必须在《公路安全改善计划》下为高风险的乡村道路安全项目投入一定数额的资金。而且，如果一个州 65 岁以上的驾驶员和行人的人均交通死亡人数和严重受伤人数在最近两年期间有所增加，国家必须在其下一个战略性道路安全计划中详细说明准备如何解决这些增加的比例。

MAP-21 还要求美国交通运输部每 4 年至少核实一次 MPO 服务交通管理协会的大都市规划程序是否符合标准，包括在大都市交通规划过程是否包含基于运行绩效的方法。如果 MPO 没有获得此认证，交通运输部可以扣留高达 20% 的原本属于大都市规划区域的援助资金。

应对灾害的交通规划

过去几年，美国城市地区出现了越来越多的自然灾害、人为灾害和紧急情况。应急管理部门经常负责灾后恢复的紧急规划和运营组织，交通运输对社区在灾害、紧急情况和重大事件中的反应和恢复至关重要。对交通运输机构来说，对这些事件的规划与通勤高峰和扫除积雪时的规划一样必要。而这一过程更具挑战性，因为它需要更加重视与更广泛的利益相关者和更广泛的地理区域沟通和协作。因此政府制定了一份手册，以协助交通工作人员统筹灾害、紧急情况和重大事件规划，并将应急规划考虑纳入交通规划（Matherly，2014）。

该指南建立了一套通用原则，可用于规划来自灾难、紧急情况或重大事件的特殊交通要求。沟通和协作是维系所有原则的两条准则。没有这些准则，众多司法管辖规划过程的任何一个部分都不可能发挥作用。紧急规划程序的第一步是组成一个协作的规划小组，目的是共同规划、开创、解决问题和/或管理活动，也是与其他相关机构、主要利益相关方以及与公众沟通的必要渠道。

该指南明确了可用于识别风险和危害以及应用交通运输系统资产和系统能力的规划原则与协作原则。规划必须是综合全面的，通过制定、审查和测试一系列解决方案，来解决对关键服务、组成部分、反应能力以及社区和区域的短期和长期恢复所产生的影响。区域交通规划过程需要合作，需要寻求、评估并采用所有公共、私人和非营利利益攸关方的投入、建议、关注、见解和批评。区域交通规划需要建立一个协调的系统，查明问题和可能的解决办法。它需要考虑到所有相关利益攸关方的需求。

应对灾害的区域交通规划需要通过及时、准确、清晰、简单和有用的方式向出行者、现场救援人员和其他利益相关者传递信息。灾害、紧急情况和重大事件的区域交通规划必须具有包容性，包括服务、负责提供服务的实体、物资需求和服务对象。规划还应包括所有的运输方式；也包括公共和私人利益相关方，包含紧急情况管理人员、企业、政府关键基础设施层的所有者和运营商、交通弱势群体的社区等。

应对灾害的区域交通规划必须具有灵活性、适应性和在不确定时期做出迅速决定的能力。它还必须具备尽快恢复交通系统及其服务的社区正常运行的能力。紧急情况、灾害和重大事件的区域交通规划必须定期演练以改进规划和运营。其中一些规划和活动可以与重大活动的规划同时进行。为紧急情况和灾害制定的区域交通规划需要持续和定期编制，并要求对参与紧急规划活动做出长期承诺。

精明增长区规划工具

尽管关于交通与土地使用之间联系以及各种精明增长策略对出行需求影响的研究文献很多，但缺乏可用于评估精明增长策略对高峰小时交通、城市蔓延、节能减排、主动出行和碳足迹等方面影响的实用分析工具。

精明增长区规划（SmartGAP）工具是为满足这一需要而开发的。该工具旨在解决研究中发现的许多限制问题，并提供填补可用工具系列中的空白。SmartGAP 根据所考虑的建筑环境、出行需求、交通供给和运输政策的变化评估了区域不同情景。 SmartGAP 跟踪一个区域的个体家庭和企业特征，并根据这些特征确定出行需求（Outwater et al.，2014）。

该工具包括了 13 种类型的建设环境（住宅区商用、混合用地、公共交通引导开发）和区域类型（城市、郊区和乡村），用以解决土地使用和交通相互作用的复杂性。SmartGAP 评估了一系列由精明增长场景产生的绩效指标：社区影响、出行影响、环境和能源影响、金融和经济影响以及地理位置影响。这些度量标准在区域范围内提供了对每个场景的评估。SmartGAP 被设计用来在区域尺度内进行操作，并且灵活地应用于每个区域的不同场地类型之中。

交通政策中的变化预测了每个家庭出行的车公里变化，可以根据价格、智能交通系统策略、以及班车、远程办公、合乘和公共交通卡补贴程序等多种交通政策。该预测包括由于城市形态变化以及短期和长期诱导型需求带来的每个家庭车公里的变化。

第 13690 号行政命令：建立《联邦洪水风险管理标准》

为了提高国家对洪水的抵御能力并使国家更好地应对气候变化的影响，《总统气候行动计划》（2013 年 6 月）指示联邦机构采取适当行动降低联邦投资的风险，特别是"更新他们的抵御洪水风险的标准。"该行政命令显示了联邦政府需要采取行动以提高国家对洪水的预警和抵御能力。 1977 年 5 月 24 日的第 11988 号行政命令（洪泛区管理）要求执行部门和机构尽可能避免占用和改造洪泛区所带来的长期和短期不利影响，并在可行的替代方案前提下避免直接或间接支持洪泛区的开发（Obama，2015）。

为执行第 11988 号行政命令，联邦政府制定了评估在漫滩之内或对其产生影响的联邦行动的影响程序。作为与《气候行动计划》相一致的抗灾和降低风险的国家政策的一部分，国家安全委员会的工作人员协调了各机构间的工作，为联邦资助的项目制定了新的抵御洪水风险标准。这些工作的结果形成《联邦洪水风险管理标准》，标准成为一个提高抗洪能力和帮助保护洪泛区自然价值的灵活框架，确保各机构将管理范围从当前的基本洪水水位扩大到更高的垂直高度和相应的水平洪泛区，以应对当前和未来的洪水风险，并确保纳税人资金资助的项目能够持续到预期的时间。

对第 11988 号行政命令"洪泛区管理"（1977）修正后的新的行政命令提供了三种方法供联邦机构建立洪水高度和灾害区域管理决策时考虑：首先利用最容易得到的、可操作的数据和方法整合当前和未来基于科学分析的洪水变化；根据建筑物的临界情况，采用高于 100 年一遇（1%）的洪水高度 2 ~ 3 英尺的海拔高度；或使用 500 年一遇（0.2%）洪水位高度（Obama 2015）。

联邦紧急事务管理署（FEMA）同时公布了执行第 11988 号行政命令的《洪泛区管理订正准则草案》以供公众审查，其中部分强调与国家环境规划署加强整合协调。

第二十章
资金的挑战

在《美国地面交通修复法案》（FAST）通过之前，针对如何为未来的地面交通项目提供资金问题进行了一次重大辩论。自 2008 年 9 月底初版法案提出以来，MAP-21 扩充了 33 次。与 MAP-21 相比，FAST 法案提供的资金略有增加。因此，许多州仍需要增加额外收入以满足其地面交通需要。

展望未来，公路和公共交通信托基金的收入显然无法维持和改善地面交通系统。联邦汽油税收入的年度变化不大，而车辆效率的提高将进一步减少信托基金的收入。为信托基金寻找额外收入将是未来的一项挑战。

绩效评价作为规划过程的重点并纳入规划管理，目的是为最具成本效益的项目和服务分配资源。未来交通对健康的影响也更令人担忧。

研发很多注意力转向了车联网和无人驾驶汽车。研究和开发集中于推动这些车辆投入实际应用。目前这些新型车辆的各方面都有很多研究立项，重点是工程问题及其对城市地区的影响。

《超越交通：趋势和选择 2045》

2015 年 3 月，美国交通运输部发布了一份报告《超越交通：趋势和选择 2045》，旨在开启一场全美对话，讨论交通的未来，以及可预见的交通问题的潜在解决方案。报告指出，仅靠联邦政府无法解决未来可能带来的所有问题和关注点；许多决策由其他利益攸关方包括州和地方政府以及私营部门共同制定。任何全面行动规划都需要与这些参与者进行协商和协调才能执行（U.S. Department of Transportation，2015b）。

在建设世界级交通系统的竞赛中，美国曾经是领头羊，但是现在领先的优势已经消失了，美国现在已经落后了。不仅仅是基础设施陈旧，在很多方面这个国家都更显老态。《超越交通：趋势和选择 2045》指出，如果情况确实如此，那么到 2045 年曾经推动美国崛起的交通系统反而会让美国放慢脚步。该报告对未来交通提出了一系列问题。

- 出行将如何发展？美国将如何建立一个交通系统来适应不断增长的人口和不断变化的出行方式？

到 2045 年，美国的人口将增加 7000 万人。到 2050 年，新兴的大城市可以吸收 75% 的美国人口，预计乡村人口将继续下降。美国南部和西部的人口增长最快，现有的基础设施可能无法容纳这部分人口增长。

　　美国人，特别是千禧一代，有可能继续减少开车出行，更多出行转而乘坐公共交通和城际客运列车（图 20-1）。在 2045 年，美国老年人人口将比现状增长近两倍，因此，更多的人需要高质量的公共交通连系医疗和其他服务。

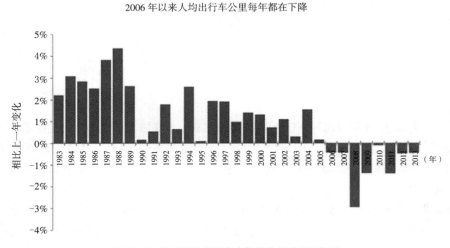

图 20-1　自 2006 年以来人均汽车行驶里程概况

- 货运将如何转变？如何减少导致货运业务成本增加的货运瓶颈？

　　到 2045 年，货运量将增加 45%。网上购物推动了对小型包裹送货上门的需求，很快就可以替代许多家庭购物出行。航线合并以及航空枢纽的整合可能会导致增加空中交通拥堵。

　　由于美国能源成本较低，国际贸易平衡可能从进口转向出口，但全球化将同时加剧这两方面的压力，令港口和边境口岸不堪重负。强劲的国内能源生产可能会使美国在 2020 年前成为天然气净出口国，但管道能力可能会阻碍增长，并导致更多石油通过铁路运输。

- 出行会如何变得更好？如何打破新技术的障碍，保证出行更安全、更方便？

　　技术变革和创新可以改变车辆、基础设施、物流和交通运输服务，提高效率和安全性。新的出行数据来源有可能改善出行者的体验、支持更有效的交通系统管理，并改善投资决策。自动化和机器人技术将影响所有交通运输方式、改善基础设施维护和出行安全，并使无人驾驶汽车成为主流。

- 交通运输系统如何提高适应性？使基础设施面对飓风桑迪等事件更具适应能力？

　　气候变化的影响将包括全球平均海平面上升、气温上升，以及更频繁、更强烈的风暴事件。所有这些都会影响公路、桥梁、公共交通、沿海港口和水运通道。

　　海平面上升 2 英尺将淹没东海岸 600 多英里的铁轨，以及美国一些最繁忙的机场。

- 如何在协调决策和资金之间关系，并以最明智的方式投资交通系统所需的巨额资金？

　　用于支持交通运输的公共收入无法跟上维护和设施扩大所带来的成本上升。65% 的美国道路的评级不佳；25% 的桥梁需要大修；45% 的美国人公共交通服务意识不足。联邦汽油税不再足以满足交通运输需求。总体融资存在不确定性，公路信托基金的短缺以及铁路、海上公路和港口缺乏可靠的联邦资金，迫切需要建立新的融资机制。

　　该报告设置了一个未来场景，为讨论政策选择提供了一个起点。在交通陷入拥堵场景下，各级政府的交通政策基本上没有变化。在这种未来情境下，道路拥堵加剧，大城市交通出行和航空出行延误变得更加频繁，交通服务日益昂贵，城际铁路服务减少。随着运输成本的上升，货物运输变得越来越不可靠，美国的出口竞争力也越来越弱。气候变化的影响提高了维护基础设施的成本，并增加了出行中断的频率。监管体系无法跟上技术的变化，潜在的革命性交通和安全技术受到了阻碍。政府没能进行必要的投资来保护基础设施，各州政策的不统一增加了州际贸易的成本。在缺乏任何新思维、缺乏担当艰难决定的情况下，整个交通系统的表现和状况会整体下降，拖累经济增长并制约其增长。

　　为了避免交通陷入拥堵，需要在许多主要领域做出选择。该报告提出了一套指导合理交通政策决策的原则。政策应该：

- 识别威胁交通运输系统的危险力量，并以数据分析为框架，以诚实、透明和基于事实的方式处理这些危险力量。
- 开发新机制以适应不断变化的环境，并以快速和灵活的方式推进技术的发展。
- 重新评估和简化各级政府的作用，并促进私营部门参与制定合作解决方案并加强伙伴关系，以实现共同目标。
- 确保有足够的资源来保存、维持和建设交通资产，并支持为 21 世纪资产的新投资提供资金或融资的选择。
- 在不加剧收入不平等或社会分裂的情况下，促进平衡和可持续的经济增长。
- 支持技术创新，同时确保卓越的安全、保密和隐私。

美国交通运输部正在寻求意见和建议以避免未来陷入全面交通拥堵场景。

交通互联网公司

　　计算机和通信的发展以及个人智能手机的普及，为城市交通互联网络公司（transportation network companies，TNC）带来了新的发展途径。过去几年，优步（Uber）、Lyft 和 Sidecar 等租车公司吸引了数以百万计的乘客。

　　这些公司使用手机应用程序，通过携带智能手机的出行者提交一个出行请求，然后发送给使用自己汽车的驾驶员来响应该请求。一次出行的价格与计价器出租车类似，不过所有的打车和付款行为都是由公司单独处理，而不是由驾驶员亲自处理。在一些城市，价格是按距离计算的，而在其他一些城市价格按时间计算。出行结束时，总车费会自动记入出行者的信用卡账单中（Uber，2015）。

　　优步使用自动算法在高峰时段提高价格，快速响应市场供求变化，在乘客需求增加时吸引更多驾驶员，同时也降低了出行需求。乘客在预订优步时，会收到价格上涨的通知。截至 2015 年 5 月 28 日，优步已经在全球 58 个国家和 300 个城市上线（Uber，2015）。

　　这些公司的成功在全美许多城市引发了争论。这些交通互联网公司（TNCs）的主要特点是取消了以前为方便联系而必须设置的中间人。交通互联网公司通过削减出租车队运营商和执照持有者，提高服务水平和降低价格。买卖双方的直接联系可以让闲置的驾驶员和车辆得到利用，从而有助于降低出行者和驾驶员的成本。这些新公司可以让出行者用比以前更少的汽车来满足他们的交通需求，这可能会减少拥堵（Moylan，2014）。

交通互联网公司的成功在许多地方并不是没有受到出租车和豪华轿车出租行业的忽视或挑战。出租车驾驶员抱怨称，交通互联网公司的经营超出了现有出租车监管的范围，实际上给它们贴上了在黑市经营的"吉普赛出租车"的标签。他们认为，接受交通互联网公司将侵蚀出租车的市场份额，在这个本已动荡不安的行业中侵蚀收入和就业岗位。初步研究表明，交通互联网公司至少对出租车的使用产生了重大影响。旧金山市政交通局（San Francisco Municipal Transportation Agency）报告称，在短短 15 个月的时间里，出租车出行减少了 65%，从每月 1424 次降至 504 次（Moylan，2014）。

在许多城市，出租车驾驶员必须购买一个牌照才能运营。在芝加哥，牌照的价格从 2007 年的 7 万美元上涨到 2013 年的 35.7 万美元。但是，自从优步在该市推出以来，一个牌照的价格在 2015 年初跌至 27 万美元。牌照车主抱怨说，交通互联网驾驶员不遵守相同的交通规则，不需要接受严格的车辆检查，也不需要获得驾驶员执照，也不需要根据需求改变价格（Madhani，2015）。

各城市都在想法应对这些交通互联网公司，一些提议要求交通互联网公司遵守出租车和豪华轿车出租服务的规章制度——是否要求他们购买昂贵的附加许可（通常称为"牌照"），或者服从详细的定价规定。这种做法如果不被淘汰将严重限制交通互联网公司在大多数城市的业务能力（Moylan，2014）。

联邦运输管理署的简化项目出行预测软件

经费申请人和决策者日益关注为满足联邦运输管理署援助资金的长期性、成本和复杂性。为了解决这些问题，联邦运输管理署开发了 STOPS，即简化项目出行预测软件（Simplified Trips-on-Project Software）。根据模型自动选项，新开工项目和小型开工项目的发起人能够使用一种简化的方法来量化联邦运输管理署用于评估新开工项目的措施（RSG，2015）。

简化项目出行预测软件（STOPS）是一套用来简化评估公共交通项目客流量的程序，避免耗时开发和使用区域出行需求预测模型。STOPS 利用现成的数据和程序来估算一个固定导轨项目的公共交通客流量，这些数据和程序根据当地和国家在轨道交通和快速公交客运量方面的经验计算得出。

STOPS 可用于估算以下客流量：
- 固定导轨交通起动线。
- 现有固定导轨交通线路的延长线。
- 现有固定导轨交通系统增加的新线路。
- 两条独立的既有固定导轨交通系统之间的联络线。

STOPS 是传统"四阶段"出行模型的有限应用。STOPS 用 2000 年人口普查中的人口普查运输规划包（Census Transportation Planning Package，CTPP）代替了标准的"出行发生与吸引"和"出行分布"步骤，以描述整体出行概况。STOPS 采用"通用公共交通反馈规范"（General Transit Feed Specification，GTFS）格式的标准公共交通服务数据取代了传统的"编码"公共交通网络。

STOPS 的校准和验证数据来自 6 个都市区的详细乘客调查数据和其他 9 个都市区的站点统计数据。这 15 个都市区共有 24 个固定导轨交通系统（6 条通勤铁路，1 条重轨，13 条轻轨，

2 条快速公交车和 2 条有轨电车线路)。

STOPS 可以生成项目发起人所需的所有报告，报告支持详细的客流预测审核，并支持联邦运输管理署"新起点"和"小起点"项目的拨款申请。联邦运输管理署预计，地方机构安装 STOPS 并配置好所需要输入信息,需要一名有能力的交通预测专业人员进行 1 ~ 2 周的工作。联邦运输管理署预计，对于简单的项目，项目预测将需要额外 1 周的时间;而对于复杂的项目，则需要额外 2 ~ 3 周的时间。

州燃油税

由于联邦政府对地面交通项目的再授权立法在国会受挫以及建设成本增加，各州陷入了财政收入短缺的困境。在资金短缺的州的州长们再次试图提高燃油税，以支付或弥补交通项目支出。为应对近年来放缓的联邦交通投资，六个州计划于 2015 年 7 月 1 日上调燃油税以支付必要的交通项目，它们是：爱达荷、佐治亚、马里兰、罗得岛、内布拉斯加和佛蒙特。在多年没有提高联邦燃油税的情况下，这些增长大多是为了赶上通货膨胀。即使燃油价格下降，州燃油税的增加也会导致更高的汽油价格（Lang 2015)

由于在政治上不受欢迎，各州一直不愿提高州燃油税来资助交通项目。此外，由于燃油效率的提高和美国驾驶员消耗的汽油更少，提高燃油税带来预期收入将逐步减少。弗吉尼亚州采取了另一种方法，用一系列销售税取代州燃油税。

在一个收入稳定或下降的时代，各州继续努力解决建设成本上升的问题。尽管一些州提高了燃油税或其他收入来源，但更多州削减了交通支出，推迟了公共交通项目。

《前路坎坷》

今年（2015 年）7 月，TRIP 组织发布了一份关于美国公路状况的报告，题为《前路坎坷：美国最艰难的出行和让道路更顺畅的策略》(Bumpy Roads Ahead：America 's rough Rides and Strategies to make our Roads smooth)。他们发现，全美超过四分之一的主要城市道路状况不佳，这些公路和主要街道是通勤者和商业的主要路线。这些主要道路承载了美国每年大约 3 万亿英里行驶里程的 53%。TRIP 报告的主要调查结果如下（TRIP，2015)：

全美超过四分之一的主要城市道路被评为不达标或状况不佳，使得驾车者和卡车驾驶员出行困难,增加了车辆运营成本。超过四分之一（28%）的美国主要城市道路和公路(州际公路、公路和其他主干道)铺设的路面质量不达标，给驾车者带来了难以接受的颠簸。此外，全美41% 的主要城市道路和公路路面状况一般或良好，31% 的路面状况较好。

从 1990—2008 年，美国汽车出行增加了 39%。从 2008—2013 年，机动车保有量基本保持不变，在这 5 年间略微增长了 0.5%。2013—2014 年，美国的汽车出行增加了 1.7%。2015 年前 4 个月，美国汽车出行同比增长 3.9%。预计 2015—2030 年，全美重型卡车出行水平将增加约 72%，给全美道路带来更大的压力。

2015 年美国各州公路与运输工作者协会"运输底线报告"还发现，假设汽车出行以每年1% 的速度增长，为了改善国家公路、道路和桥梁的状况，满足全美的交通需求，每年需要投资 1200 亿美元。这一投资水平比目前每年 880 亿美元的开支高出 36%。

交通运输机构可以通过使用高质量的铺装材料来降低路面的生命周期成本，这些材料可以使道路在较长时间内保持结构完整和路面平整，并通过采用路面养护方法来优化路面表面的维修时间（表 20-1）。

美国道路的设计生命周期   表 20-1

阶段 1：设计	道路的正式规划，设计提供一个硬件足以履行其规划功能的道路
阶段 2：建设	修建道路。施工结果有所不同，但道路状况良好
阶段 3：缓慢退化	由于气候和交通的原因，路面和结构开始退化，但道路看上去状况良好
阶段 4：关键结构损坏	道路构件退化疲劳，变质加速，道路结构破坏，坑洞和可见的变形出现
阶段 5：彻底损坏	路面铺装开始消失

资料来源：National Center for Pavement Preservation 2005, *At the Crossroads Preserving Our Highway Investment*. Washington, DC

联邦政府是城市道路和公路维修的重要资金来源。但是，在目前的联邦地面交通计划到期后，由于缺乏足够的资金用于道路维护，MAP-21 预言了美国公路和城市道路的未来状况不佳。

车联网试点部署方案

美国交通运输部的车联网研究项目是一项旨在实现车辆、基础设施和个人通信设备之间的安全、互操作、无线通信的多模式行动。美国交通运输部和其他部门一直在研究车联网，因为这项技术具有潜在的革命性，可以使地面交通更安全、更智能、更环保。联邦车联网研究为支持试点部署方案做了大量工作，包括二十多个应用程序的操作概念和原型设计。联邦政府的研究工作正在开发关键的交叉技术和其他支持集成部署应用程序所需的功能（Connected Vehicle Pilot Deployment Program Website，2016）。

2015 年 9 月 14 日，美国交通运输部宣布选择三个车联网部署场地作为车联网试点部署方案的第一批参与者。

这三个试点项目共同代表了由场地特定需求驱动的车联网技术所支持的广泛应用范围。第一批的三个场地包括使用车联网技术来提高南怀俄明 I-80 州级公路的卡车安全与效率，利用"车辆—车辆"（V2V）技术和交叉通信来提高纽约市高优先级通道的车流和行人安全，在佛罗里达州坦帕市（Tampa）高速公路可变车道上或附近部署多个安全和移动性应用程序。第一批试点场地的初步概念开发持续了 12 个月。第一阶段关注改进交通运营、系统标准和综合部署方案的核心概念。综合部署方案促进了第二和第三阶段将这些概念快速推进到实践的部署。这三个试点将在彼此之间、与美国交通运输部和其他利益相关者，以及其他团队成员之间进行合作，以最大限度提高项目的生产力。这种合作模式使当前工作受益，也有助于稍后确立第二批部署试点。

"车联网试点部署方案"旨在利用最有效和新兴的技术，鼓励早期采纳车联网应用概念的用户进行创新。试点部署方案预计将把车联网研究概念与实际有效的要素整合，增强现有的运行能力。这些试点部署方案的目的是鼓励多方利益相关者（例如私营公司、各州政府、运输机构、商用车辆运营商和货运商）结成伙伴关系，利用跨地面运输系统（例如公共交通、高速公路、干线道路、停车场设施和收费公路）的多种来源数据（例如车辆、移动设备和基础设施），以支持系统性能改善和加强运行绩效管理。

交通健康

人们对获得健康、积极生活方式相关的交通方式选择越来越感兴趣。为了更好地考虑健康问题，需要运输专业人员和卫生从业人员在协作过程中相互沟通。这些合作程序的目标是：

- 促进安全；
- 改善空气质量；
- 通过环境敏感性解决方案尊重自然环境；
- 通过改善就业岗位、医疗保健和其他社区服务的可达性来改善社会公平；
- 为步行、自行车、公共交通以及合乘和车辆共享的积极影响创造更多机会。

联邦公路管理署联合联邦公共交通管理署在全美范围内招募了 5 家机构来测试一个框架体系，该框架会在即将进行或正在进行的交通廊道研究中使用。该框架体系的基础是从业人员熟悉的交通廊道规划技术步骤，并将突出每个步骤中为交通决策提供信息的具体活动，从而在改善交通系统的同时支持产生健康的结果（图 20-2）。

图 20-2　公共健康与交通走廊规划框架体系

资料来源：http://www.fhwa.dot.gov/planning/health_in_transportation/research_efforts, September 23, 2015

在交通政策和土地利用规划的目标中考虑健康问题，当道路被设计成适合行人、自行车和公共交通的时候，可有助于减少空气污染，预防交通伤害和死亡，降低肥胖、糖尿病、心血管疾病和癌症发病率。像为小汽车和卡车设计道路一样精心为出行者设计道路，被认为可以增加体力活动、提高社区生活质量、便捷居民获得社区服务（Centers for Disease Control and Prevention，2011）。

基于活动的出行需求模型：初级阶段

交通机构不断增加对基于活动的出行需求模型的开发和试验。虽然在实施基于活动的模型方面取得了一些成功，但这些模型的实践主要限于较大的大都市区规划机构（MPO）和一些州的部门。

基于活动的模型与传统的基于出行的模型有许多相似之处。然而，基于活动的模型整合了四阶段出行模型的一些重大进步。这些进步包括明确表示时间和空间的实际约束，以及个人和家庭中多个人的活动和出行之间的联系。它们描述了人们如何计划和安排他们的日常出行。基于活动的模型更接近实际的出行决策，并可能更好地预测未来出行模式。

研究成果汇编成相应的指南，指导各机构从传统的出行预测体系转向基于活动的出行需求模型预测。指南分为两部分。第一部分是入门简介，旨在提供对基于活动的模型开发和应用程序的全面介绍。第一章为负责决策的管理人员介绍机构将使用哪种模型。第二章是为指导模型和规划经理开发一个基于活动的模型提供技术路线图。第三章针对从业者或建模师，重点介绍基于活动的模型的概念和算法（Castiglione et al.，2015）。

本指南的第二部分讨论了采用集成动态模型系统的潜在好处和问题。基于活动的模型系统与区域尺度的动态网络分配模型相互关联。开发和应用先进的集成动态模型是一个新兴的研究和实践领域。本部分讨论了从传统的出行需求预测模型转向基于活动的模型与区域规模的动态网络分配模型相关联的先进的出行需求预测模型时所面临的障碍和实际问题。

国家货运战略规划

经过多年的讨论和辩论，美国交通运输部制定了一项全美货运战略规划，以应对相关立法。MAP-21 首次制定了"国家货运政策"（NFP）。"国家货运政策"明确了提出了如下具体目标：提高货运网络的经济竞争力、效率和生产力，减少交通拥堵，加强货物运输的安全、保障和弹性，改善维修和运行维护，充分利用先进技术和创新，减少对环境的影响。为实现这些目标，美国交通运输部提出了国家货运战略规划。MAP-21 还鼓励发展州货运咨询委员会和州货运规划，以改善协调货运规划。

美国的货运系统是一个复杂的网络，由近 700 万英里的公路、地方道路、铁路、通航水道和管道组成。这个网络的各个组成部分通过数千个海港、机场和多式联运设施相互连接。这一体系负担了美国农业、工业、零售和服务业各个领域的原材料和成品的流动。货运由私营运输实体在联邦、州、地方政府机构和私营部门公司共同建造和运营的基础设施上完成运输（U.S. Department of Transportation，2015c）。

有 310 多万美国人在数以百万计的卡车、火车、飞机、轮船和驳船等交通网络中以及协调这些业务的物流企业中就业。总的来说，该多模式运输网络直接支持了 4400 万个就业岗位，并影响了所有美国人。这是美国经济的一个重要因素，它在 2015 年的 GDP 估算超过 17.9 万亿美元。每天，该系统运送 5500 万吨价值超过 490 亿美元的货物，平均每人每年超过 63 吨。

展望未来，美国的经济规模预计在未来 30 年将翻一番。预计到 2045 年，全美人口将从 2015 年的 3.21 亿人增加到 3.89 亿人。美国人将越来越多地生活在拥挤的城市和郊区，到 2040 年，只有不到 10% 的人口生活在乡村地区（2010 年 16%，1980 年的 23%）。为了支持未来人口增加、经济增长与贸易发展，所有模式的货运量预计到 2040 年将增长约 42%（图 20-3）。快速增长的货运需求和老化的交通运输基础设施使货运系统面临严重压力。此外，为解决货运特定运输需求的投资水平也跟不上经济和人口增长的步伐。

美国货运战略规划包含了美国交通运输部正在考虑自行或与合作伙伴共同实施的战略，这些战略可以在现有法定权力和资源的情况下实施。规划亦包括了部分其他策略，可能需要法规变更、新的合作伙伴、技术、资金来源或其他创新。许多战略侧重于私营企业、州和地方利益相关方之间的合作：

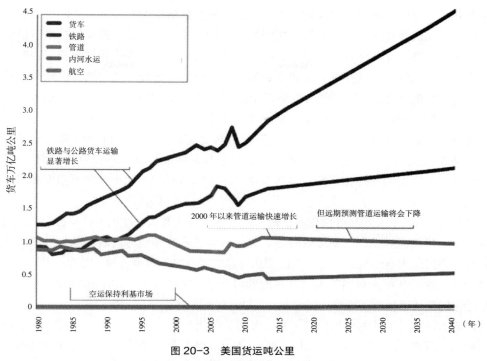

图 20-3　美国货运吨公里

资料来源：U.S. Department of Transportation（2015）

- 减少拥堵，提高货运系统的性能。
- 提高货运系统的安全性、保障性和弹性。
- 促进多式联运。
- 识别国家主要贸易门户和多式联运货运网络 / 走廊。
- 减轻货运项目 / 运输对社区的影响。
- 支持研究并促进采用新技术和最佳实践做法。
- 简化项目规划、审核、许可和批准。
- 促进多模式、多方式协作和解决措施。
- 促进公共和私营部门之间协作。
- 确保提供更好的数据和货运模型。
- 培养新一代货运人才。
- 解决财务瓶颈的策略。
- 增加现有的货运资金来源。
- 寻求新的货运资金来源。

认识到这些日益增加的挑战，国会和行政部门将继续与各州和工业界密切合作，以便对全美的货运需求有更深刻的了解，并应对这些挑战。

大数据

交通、通信、计算机和传感器的改进收集了大量的数据。大数据广义上是指可以通过现代技术获取、存储和解释的超大数据集。一般认为，数据集太大导致无法使用典型个人计算机来储存、无法通过常用电子表格应用程序来分析处理。高通量数据采集技术包括信息传感移动设备、遥感、互联网日志记录和无线传感器网络。大数据考验规划师和工程师理解数据并用之做规划的能力。这些数据集越来越复杂，这可能会增加一些问题，如缺少信息和其他质量问题、数据异构性、不同的数据格式和存储限制。这些数据以过去 10 年所没有的方式展示在人们面前（International Transport Forum，2015）。

这些数据使各地交通局能够通过当前交通状况实时信息和出行时间来与驾驶员交互信息。这些机构还利用数据进行交通运营、态势感知和绩效管理，包括瓶颈识别、趋势定位、编制规划以及方案前后对比研究。这些数据可用于从通行能力和运行效率角度更好地管理交通系统。

MAP-21 增加了对州和区域交通机构绩效考核报告的要求，使用包括运行数据在内的新型数据，使各机构能够编制这些绩效报告。交通机构越来越多地将规划和绩效监测报告建立在永久性安装的监测器的数据之上。以前用从特殊途径收集的数据或建模数据，将由运营 / 监测数据生成。这些新技术有利于人们更好地理解出行行为的日常、季节和时间变化，从而推动更个性化的交通运输管理策略（Tiffe et al.，2015）。

低成本与广泛传播的传感技术（其中大部分涉及个人设备）、数据存储成本的急剧下降以及新数据处理算法的可用性之间相互结合，提高了捕捉和分析更详细的现实表征的能力。这些表征扩展了传统的传输数据收集源。跟踪和定位人与其他人和地点关系能够揭示人的日常活动和关系模式，这些活动和关系可以作为身份识别。人们的轨迹是独特的，尽管许多技术能识别这些数据，但要想有效地做到这一点并保留足够的细节以便进行有用的分析是困难的（International Transport Forum，2015）。

许多数据来自私营部门，它们通过电话、信用卡、电子邮件、车辆传感设备等收集而来的。庞大的数据引起了人们对个人隐私的严重关注。因此有必要开发包括数据共享在内的新的公私合作模式，以便充分利用大数据的所有好处，同时保护隐私。

可以预期大量实时数据的利用和合并可能导致与政策有关的新见解和交通运输服务的业务改进。

互联城市

美国交通运输部车联网计划启动了一个智慧 / 互联城市项目作为其计划的方向。他们将智慧 / 互联城市定义为一个互联系统，包括就业、医疗、零售 / 娱乐、公共服务、住宅、能源分配和交通。整个系统将由信息通信技术（ICT）连接在一起，传输和处理关于城市内各种活动的数据。所有有助于城市智慧 / 互联的交通工具都是"网联交通"——车辆、出行者和基础设施通过各种数据流相互通信的交通系统。

智能 / 互联城市的动态结构与传统城市在三个主要方面存在差异。首先，智能 / 互联城市包含并使用"能够感知环境和 / 或自身状态、发送数据并经常接收命令的智能基础设施、装置和设备"。这个智能基础设施将城市的数据世界与其物理现实连接起来，创建基于现实世界的数据，并遵循基于数据的命令对现实世界进行操作。其次，信息通信技术（ICT）的进步使得智能 / 互联城市新的分析程序更加便捷，包括大数据分析、通过众包收集数据并解决问题，以及通过游戏化激励行为公民参与互联城市中。第三，智能/互联城市对智能电网的要求越来越高。智能电网是一种可编程的高效输配电系统，能够响应动态电力需求。

随着网联交通与智能/互联城市的其他部分相互作用，未来的互联交通出现了两种可能的趋势。因为车联网和出行者将融入物联网，车联网和出行者将能够与各种各样的设备共享数据，而不仅仅是与运输相关的设备和基础设施，出行者将越来越能够以一种购买服务的方式获得机动性，而不是购买车辆或承诺长期采用某种特定出行方式。

研究小组预计，美国交通运输部将与传统运输伙伴合作并接触其他行业的代表，以实现这些目标。联邦政府在这一领域的最终研究目标是促进网联交通的实践，并推动机构合作，这将有助于在智能/互联城市环境中充分发挥新兴车联网技术的潜力。

《美国地面交通修复法案》

2015 年 12 月 4 日，奥巴马总统签署了《美国地面交通修复法案》（FAST），授权联邦财政年度 2016—2020 年联邦公路、道路安全、运输和铁路项目的 5 年实施计划。《美国地面交通修复法案》是自 2005 年 SAFETEA-LU 法案以来，首个长期的综合地面交通立法。《美国地面交通修复法案》在 5 年内提供 3050 亿美元，与 MAP-21 相比略有增加，这是由于普通基金（GF）向公路信托基金转移了 700 亿美元。它在 5 年内为联邦公路援助项目提供 2250 亿美元的公路信托基金（HTF）合同授权，将资金从 2015 年的 410 亿美元增加到 2020 年的 470 亿美元。《美国地面交通修复法案》在 5 年内为联邦公共交通项目提供 610 亿美元，其中包括 490 亿美元公路信托基金合同授权和 120 亿美元普通基金（GF）授权。在道路安全方面，条例草案为国家公路交通安全管理署（NHTSA）提供了 47 亿美元（公路信托基金提供了 37 亿美元），为快速路交通安全管理局提供了 32 亿美元，为联邦铁路署和 Amtrak 提供了 100 亿美元（表 20-2）。

《美国地面交通修复法案》资金表　　　　　　　　　　　　表 20-2

项目类别	2015 财年	2016 财年		2017 财年		2018 财年		2019 财年		2020 财年		5 年总计	5 年平均
道路													
全美道路增效项目	21908	22332	1.9%	22828	2.2%	23262	1.9%	23741	2.1%	24236	2.1%	116399	23280
地面交通整体补贴项目	10077	10328	1.1%	10589	2.5%	10818	2.2%	11026	1.9%	11287	2.4%	54048	11876
道路安全改善项目	2192	2226	1.5%	2275	2.2%	2318	1.9%	2360	1.8%	2407	2.0%	11585	2317
铁路公路立体交叉项目	220	225	2.3%	230	2.2%	235	2.2%	240	2.1%	245	2.1%	1175	235
缓解拥堵与改善空气质量项目	2267	2309	1.9%	2360	2.2%	2405	1.9%	2449	1.8%	2499	2.0%	12023	2405
大都市规划项目	314	329	5.0%	336	2.0%	343	2.1%	350	2.1%	359	2.3%	1717	343
全美公路货运项目	不适用	1140	不适用	1091	4.3%	1190	9.1%	1339	12.5%	1487	11.1%	6247	1249

续表

项目类别	2015财年	2016财年		2017财年		2018财年		2019财年		2020财年		5年总计	5年平均
地面交通整体补贴项目（前交通替代性项目）	820	835	不适用	835	0.0%	850	1.8%	850	0.0%	850	0.0%	4220	844
小计，分摊项目（HTF）	37798	39728	5.1%	40548	2.1%	41424	2.2%	42359	2.3%	43373	2.4%	207432	41486
联邦土地和部落交通项目	1000	1050	5.0%	1075	2.4%	1100	2.3%	1125	2.3%	1150	2.2%	5500	1100
研究项目	400	415	3.6%	418	0.7%	418	0.0%	420	0.6%	420	0.0%	2090	418
杂项	357	380	6.4%	380	0.0%	380	0.0%	380	0.0%	380	0.0%	1900	380
交通基础设施融资和创新法案	1000	275	-72.5%	275	0.0%	285	3.6%	300	5.3%	300	0.0%	1435	287
国家重大公路、货运工程	不适用	800	不适用	850	6.3%	900	5.9%	950	5.6%	1000	5.3%	4500	900
FHWA行政管理	440	453	3.0%	460	1.5%	467	1.5%	474	1.5%	481	1.5%	2334	467
小计，其他项目（HTF）	3197	3373	5.5%	3457	2.5%	3549	2.7%	3649	2.8%	3731	2.3%	17758	3552
总计，联邦资助公路项目（HTF）	40995	43100	5.1%	44005	2.1%	44973	2.2%	46008	2.3%	47104	2.4%	225190	45308
总计，其他项目（GF）	30	222	640.0%	210	-5.4%	210	0.0%	210	0.0%	210	0.0%	1062	212
总计，联邦资助道路项目（HTF和GF）	41025	43322	5.6%	44215	2.1%	45183	2.2%	46218	2.3%	47314	2.4%	226253	45250
税收	40256	42361	5.2%	43266	2.1%	44234	2.2%	45269	2.3%	46365	2.4%	226252	45250
AASHTO基本融资方案：维持当前的实际投资	40995	42113	2.7%	43034	2.2%	43961	2.2%	45001	2.4%	46042	2.3%	220150	44030
公共交通													
规划项目	129	131	1.5%	133	2.0%	136	2.1%	139	2.1%	142	2.1%	681	136
城市化区域例行资金	4459	4539	1.8%	4630	2.0%	4727	2.1%	4827	2.1%	4929	2.1%	23652	4730
老年人与残疾人	258	263	1.8%	268	2.0%	274	2.1%	280	2.1%	286	2.1%	1370	274

续表

项目类别	2015 财年	2016 财年		2017 财年		2018 财年		2019 财年		2020 财年		5 年总计	5 年平均
乡村例行资金	608	620	2.0%	632	2.0%	646	2.1%	659	2.1%	673	2.1%	3231	646
州良好维修	2166	2507	15.7%	2550	1.7%	2594	1.7%	2638	1.7%	2684	1.7%	12973	2595
公共交通车及其设施例行资金	428	428	0.0%	436	2.0%	446	2.1%	455	2.1%	465	2.1%	2229	446
公共交通车及其设施裁量资金	不适用	268	不适用	284	5.8%	302	6.3%	322	6.8%	344	6.8%	1519	304
增长州与高密度州	526	536	不适用	544	1.5%	553	1.5%	561	1.5%	570	1.6%	2765	553
积极铁路控制资金	不适用	不适用	不适用	199	不适用	0	不适用	0	不适用	0	不适用	199	40
其他项目	22	56	156.3%	57	1.8%	57	0.4%	58	0.0%	58	0.0%	285	57
小计，分摊项目（HTF）	8595	9348	8.8%	9734	4.1%	9733	0.0%	9939	2.1%	10150	2.1%	48904	9781
小计，其他项目（GF）	193	140	-27.5%	140	0.0%	140	0.0%	140	0.0%	140	0.0%	700	140
资本投资补助金（GF）	1907	2302	20.7%	2302	0.0%	2302	0.0%	2302	0.0%	2302	0.0%	11509	2302
小计，联邦公共交通项目（HTF 和 GF）	10659	11789	10.2%	12175	3.3%	12175	0.0%	12381	1.7%	12592	1.7%	61113	12223
AASHTO 基本融资方案：维持当前的实际投资	10694	12007	12.3%	12210	1.7%	12414	1.7%	12657	2.0%	12901	1.9%	62189	12438
道路安全													
联邦汽车运输安全管理署（HTF）	572	580	1.5%	644	11.0%	658	2.1%	666	1.2%	676	1.5%	3224	645
国家公路交通安全管理署（HTF）	680	716	5.3%	731	2.1%	747	2.1%	762	2.1%	778	2.1%	3735	747
小计，道路安全项目（HTF）	1252	1297	3.6%	1376	6.1%	1404	2.1%	1428	1.7%	1454	1.8%	6959	1392
客运铁路													
资助美铁（GF）	1390	1450	4.3%	1500	3.4%	1600	6.7%	1700	6.3%	1800	5.9%	8050	1610

续表

项目类别	2015财年	2016财年		2017财年		2018财年		2019财年		2020财年		5年总计	5年平均
其他联邦铁路管理资助	不适用	200	不适用	350	75.0%	425	21.4%	575	35.3%	650	13.0%	2200	440
总计，客运铁路项目（GF）	1390	1670	20.1%	1870	12.0%	2046	9.4%	2297	12.3%	2472	7.6%	10355	2071
总计(HTF)	50842	53744	5.7%	55114	2.5%	56111	1.8%	57375	2.3%	58709	2.3%	281053	56211
总计（HTF和GF）	54362	58078	6.8%	59636	2.7%	60809	2.0%	62324	2.5%	63832	2.4%	304679	60936

注：粗体数字是总数或小计，以百万美元计；HTF代表公路信托基金；GF代表通用基金。

该法案使《国家公路运行评估计划》（NHPP）的资金有资格用于非国家公路系统的桥梁，这些桥梁位于符合联邦资助条件的道路上。地面交通计划（STP）更名为地面交通整体补助计划（STBGP）。STBGP根据按人口规模渐进分配资金，每年增长1%，从2016年占STBGP资金的51%增长到2020年的55%。现有国家公路系统外的桥梁都保留在STBGP之中。该法案要求23USC109的设计标准考虑"利用现有设计指南和法规中的弹性来节省成本"。它还将美国各州公路与运输工作者协会的《公路安全手册》和全美城市交通工作者协会的《城市街道设计手册》加入了用于制定设计标准的资源清单。直接接受联邦资金的地方实体可以使用其所在州交通局出版的设计指导手册。

《美国地面交通修复法案》创建了一个全新的"全美重大货运和公路项目"自由裁量项目，为全美或区域性项目提供联邦财政援助。资金只能拨付给州或地方政府机构或多个机构组成的团体。公路货运项目必须是NHFN或NHS的公路或桥梁项目，包括增加州际间运力。其他货运项目还可以包括铁路、多式联运设施、风景名胜区工程、公路—铁路立交等。非公路项目在5年内的投资上限为5亿美元，必须用于改善NHFN的货运状况，并必须使公众受益。项目每年必须拨出25%的符合条件资金用于乡村地区的项目。联邦项目份额不得超过60%；如果使用其他联邦资源来满足各州份额，则联邦项目份额不得超过80%。货运项目将被视为发生在联邦援助公路上。国会可以在美国交通运输部决策后60天内否决对项目的资助。

《美国地面交通修复法案》（FAST）创建了国家公路货运网络，包括四个组成部分：

- 主要公路货运系统（PHFS）：由交通运输部确定的41518英里货运公路网络。
- 关键性乡村货运走廊：符合国家标准的网络，满足一定的要求，最多150英里或国家主要公路货运系统（PHFS）里程的20%。
- 关键城市货运走廊：在50万人口或以上的地区建立一个符合一定要求的由MPO确定的交通网络，与州协商，最高可达公路里程的75%，相当于一个州主要公路货运系统（PHFS）里程的10%。
- 主要公路货运系统（PHFS）尚未确定的州级公路。

从2020年开始，联邦公路管理署必须每5年重新制定PHFS，但PHFS增长比例不得超过3%。

《美国地面交通修复法案》制定了一项由美国交通运输部副部长负责管理的全美多式联运货运政策，以改善全美多式联运货运网络（NMFN）的条件和运行。美国交通运输部必须每5

年制定一份国家货运战略规划，其中包括跨州配送项目、货运运输的财务和监管障碍等。它指示美国交通运输部在 1 年内构建一个新的全美多式联运货运网络，并在 6 个月内构建一个临时网络。全美多式联运货运网络至少包括：国家公路货运网络、一级货运铁路、主要港口、五大湖区和内河航道、海上公路和主要机场。该法案鼓励各州成立州货运咨询委员会，并要求所有州在法案颁布两年内制定全州货运规划（SFP），并每五年更新一次。全州货运规划可以独立于州的长期规划，也可以包含在州的长期计划中。

国家公路性能计划（NHPP）的资金能够用于非国家公路系统的桥梁，这些桥梁位于符合联邦资助条件的公路上。现有的系统外桥梁保留在 STBGP 下。交通运输替代方案（TAP）被合并到地面运输整体补助金项目（STBGP）中，并重新命名为"STBGP 替代方案"。此外，STBGP 预留的子项分配部分中最多有 50% 可以转让给更广泛的 STBGP 项目。可供选择的休闲路径资格维持不变。该法案将渡轮 / 码头、货车泊车设施、铁路平交道口和港口的多式联运作为 STBGP 合格项目。

该法案继续实施《交通拥堵缓解与空气质量改善计划》，法案仅增加了一小部分资金。有一些规定精简了环境审查和批准程序，以加速项目的批准，同时保证不以牺牲环境为代价。它扩展了 MAP-21 建立的多模式分类排除对象，允许任何交通运输部门管理使用另一个管理部门的分类排除对象。法案要求美国交通运输部在进行国家环境政策分析时，最大限度将 23USC139 中的环境精简措施应用于铁路项目。该法案为执行国家环境政策法案（NEPA）任务的州设立了一个试点项目，用各州环境复议法代替 NEPA。重要的是，该法案改进了将规划等级决策转入国家环境政策法案的流程，并扩大了可向前推进的决策。但是，这需要合作机构的同意。而且，与当前只要求"有机会参与"的法律相比，它要求在有目的和需要的范围界定过程中尽早取得一致意见或解决方案，可供分析的备选方案在环境审查流程的范围内。它要求各领导机构在同每一个参与该项目的机构协商并征得其同意后，为环境影响报告书和环境评价制订项目时间表；虽然目前不需要项目进度表。

《美国地面交通修复法案》取消了将道路安全改进项目资金用于教育和执法等非基础设施安全项目的资格。该法案在 5 年内拨出 12 亿美元的 HSIP 基金，用于 130 节公路—铁路平交道口项目。

《美国地面交通修复法案》每年继续拨付 23 亿美元资助固定导轨系统投资。项目最高可获得 60% 的联邦配套份额，或者最高 80% 的联邦配套份额（由其他联邦来源构成）。它不再允许 FTA 从成本效益计算中剔除艺术和景观费用。联邦政府对小型项目启动和核心能力项目的匹配份额仍保持在 80%。继续使用来自交通运输部弹性灵活项目的资金，最多 80% 联邦配套份额也被保留下来。该法案为联合城际铁路和公共运输项目建立了一个框架。加快资本投资资助（CIG）试点计划允许在授权过程中选择至多 8 个项目作为资助。选定的项目必须至少部分通过公私伙伴关系的支持，并由现有公共交通供应商运营和维护。

《美国地面交通修复法案》法案延续了城市化区域方案计划。在特定条件下，它允许 20% 的拨款用于《美国残疾人法案》（ADA）辅助客运系统的运营。法案允许使用高达 0.5% 的公式拨款援助资金用于员工发展，并从 2019 财年开始增加小型公共交通密集城市（STIC）等级。FAST 法案还授权新的公共汽车和公共汽车设施竞争性拨款计划。它为低排放或无排放公共交通应用竞赛预留专款。FAST 法案保留了目前的增长状态和高密度计划。它引入了一个新的创新协调可达性和移动性试点计划。FAST 法案通过实现小型城乡公共交通系统的合作采购和租赁，来为公交运营商汇集资源。

国家良好状态维修计划被修改为仅用于高等级公共汽车，且只覆盖车辆状态良好的维修费用。联邦和地方配套份额分别为 80%、20%。该法案要求建立一个联合采购交流中心，允许受让人汇总计划中的车辆采购活动，并确定联合采购参与者。它鼓励资本租赁，包括低排放或零排放的资产和部件。TOD 将重点放在交通站点周围的增长上，以创建紧凑的、多用途的社区，方便就业和服务。该法案继续向乡村地区提供拨款，向各州和联邦认可的印第安部落提供资金、计划和运营援助，以支持人口不足 5 万人的乡村地区的公共交通。

《美国地面交通修复法案》继续实施技术援助计划，以便更有效地提供运输服务，制定标准和最佳做法，满足公共交通工作人员的需要。该研究项目被重新命名为"公共交通创新"，资金可用于展示、部署和评估研究项目，并为项目提供了一个新的低/无排放车辆零部件测试项目。"公共交通运输合作研究项目"移到这一节。该法案规定设立一个由联邦运输管理署资助的公共交通测试设施，测试所有使用联邦运输管理署资金援助购买的新车型。

《美国地面交通修复法案》为联邦运输管理署确立了新的安全责任。它要求联邦运输管理署实施并维持一个国家公共交通安全计划，以改善所有接受联邦资金的公共交通系统的安全。安全计划包括国家公共交通安全计划、安全认证培训计划、公共交通机构安全计划和国家安全监督计划。《美国地面交通修复法案》规定，在某些情况下，联邦政府可以暂时承担轨道交通安全监管的责任。该条款还授权联邦运输管理署发布限制和禁令，以解决不安全的条件或做法，并扣留不符合安全要求的资金。

《美国地面交通修复法案》对大都市、州域和非都市区的交通规划流程做出了一些改变。它重新强调城市间运输，包括城际公共交通和联运设施，以及旅游运输，并减少自然灾害的风险。法案扩大了规划程序的范围，包括运输系统的弹性和可靠性。它强调各州和 MPO 需要为公共港口、城际公交运营商和以雇主为基础的通勤规划提供一个合理的机会来评议交通规划。该法案为交通运输管理领域的 MPO 提供了制定拥堵管理规划的选项。它规定，全州交通运输规划必须包括对运行措施和目标的描述，以及评价交通运输系统现状和运行的系统运行报告。它继续要求 MPO 和各州通过以绩效为导向、以结果为基础的规划方法制定交通运输规划和运输改进方案。MPO 规划必须包括处理运行度量和标准的目标，系统运行报告中的交通改善规划（TIP）必须包括实现运行目标的 TIP 所带来的预期进展的描述。

该法案对美铁进行了改革，包括将美铁的运营方式重组为商务线路。通过建立一个由州政府支持的线路委员会，它在不牺牲环境的前提下，加快了铁路项目的环境审查进程，从而使各州对自己的线路有了更大的控制权。它为私营部门创造了机会，通过车站和路权开发法案建立了一个"联邦-州伙伴关系的良好维修资助计划"。它加强了东北走廊的规划，使美铁更负责任，成为平等的合作伙伴。如果可以使纳税人的成本更低，法案允许竞争对手运营至多三条美国铁路公司（Amtrak）的长途线路。它向通勤铁路提供有竞争力的资助和贷款，以促进准时的"列车控制"系统。

该法案清除了法定的收费表述，要求对某些收费设施（包括长途公共交通和市内公共汽车）采取同样的措施。在实施 HOT 车道项目时，必须就都市规划区内跨州设施的 HOT 车道的收费安排及收费金额征询市政管理处的意见。法案取消了州际公路上 HOV 设施对 HOT 车道的限制。

《美国地面交通修复法案》重组了财政部的信贷和创新财务计划。该法案设立了美国国家地面交通和创新财政署，这是一个新设办公室，旨在帮助简化和改进该部门信贷援助项目的申请程序。它降低了《交通基础设施融资和创新法案》（TIFIA）项目的最低项目规模，提供资金来支付借款人通常承担的贷款评估成本，并为各州使用联邦定式资金来支付信贷补贴成本提供了灵活性。《美国地面交通修复法案》使铁路客运车站的 TOD 项目有资格获得铁路改造和改善融资。《交通基础设施融资和创新法案》（TIFIA）项目有资格获得 NHPP、STBGP、国家重大货运和公路项目同样的援助。

《美国地面交通修复法案》设立了国家地面运输和创新财务署，向希望利用交通运输部信贷项目的赞助商提供帮助并交流最佳做法。该署将简化交通运输部信用项目的申请流程。《美国地面交通修复法案》要求该署通过精简的审查和公开的批准程序，改进部门信贷项目的申请程序。该署将确保向 PPP 项目提供的交通运输部信贷援助，并对公众公开。法案同时将协调环境审查和许可程序的进展。该法案重新授权公路基金为各州基础设施银行提供资金至2020 年。

《美国地面交通修复法案》创建了一个新计划——"先进交通和拥堵管理技术部署计划"（Advanced Transportation and Management Technologies Deployment initiative）。该计划每年获得联邦援助资金为 6000 万美元。该项目旨在向符合条件的实体提供资助，以用于大规模安装和运行先进交通技术模型的应用部署，重点是提高安全性、效率、系统性能和基础设施投资回报。《美国地面交通修复法案》（FAST）授权开展一项研究计划，研究基于用户付费的替代收费机制，以确保公路信托基金的长期偿付能力。FAST 授权 TRB 研究州际公路系统升级和修复所需的行动，以满足未来 50 年不断增长和变化的需求。

第二十一章
结束语

1962 年通过的《联邦援助公路法案》开启了持续、全面和紧密合作的城市交通规划时代，时至今日已经 50 多年。自这些法案通过以来，美国发生了巨大变化。《联邦援助公路法案》加速了艾森豪威尔州际公路系统的建设，在某种程度上，正是这些法案促使其中一些变化成为现实。国家不断出现的新问题和新矛盾推动了交通规划的发展，值得注意的是，交通规划虽然历经变化，但 1962 年法案确定的基本原则至今仍然适用。

城市交通规划是 20 世纪二三十年代由公路交通规划活动演变而来的。这些早期的努力是为了建设一个全国性的全天候公路网络设施。在这一阶段，工程师和规划人员的重点是改进个别运输设施的设计和运营。随着出行需求的增加，重点转向升级和扩大这些设施的服务。

20 世纪 50 年代和 60 年代早期，城市交通规划研究是由国家公路部门独立的规划小组进行的。随着 1962 年《联邦援助公路法案》的通过，地方政府机构与各州签署了执行城市交通规划进程的协议备忘录。这些研究主要以系统为导向，具有 20 年的时间跨度并覆盖整个区域范围。这在很大程度上是州际公路和国防公路国家系统立法的结果，该立法要求这些主要公路的设计要符合未来 20 年的交通需求。因此，贯穿 20 世纪 60 年代长达 10 年的规划重点是基于区域范围的长期规划。

20 世纪 70 年代初开始，规划过程的重点逐渐转向近期规划和走廊范围。这是由于意识到长期规划主要是关注区域主要公路设施，对较小的设施以及现有系统改善只给予很少的注意。建设新设施的难度和成本日益增加，环境问题日益严重，阿拉伯石油禁运，都加剧了这一转变。此外，1970 年的《城市公共交通援助法案》为公共交通设施拨付了第一批联邦援助资金。

早期的努力如 TOPICS 和快速公交优先等项目，最终扩展到交通系统管理战略（TSM）。通过一系列的技术来提高现有车辆和设施的利用率及服务能力。TSM 把重点从扩大设施转移到提供服务。联邦政府率先进行 TSM 改革，以引起更多的关注。行动之初，仍有相当大的阻力。无论是机构还是技术都无法立即解决 TSM 的选项。重新规划过程需要一段时间的学习和适应，以推动其执行。至 20 世纪 80 年代，大多数都市化地区的城市交通规划逐渐以短期为主导。

到 20 世纪 90 年代初，社会历经重大的变革，这些变革的影响蔓延至城市交通规划领域，并对其产生重大影响。在大多数城市地区，大兴土木的公路建设时代已经基本结束。然而，城市出行的增长继续有增无减。面对有限的道路扩建可能性，人们迫切要求找到新的途径来满足出行需求。交通系统管理措施（TSM）的尝试已证明对拥堵缓解十分有限，人们应对交通拥堵的手段捉襟见肘，交通拥堵似乎难以遏制，城市环境和城市生活品质随之退化。人们需要更全面和更综合的策略。庆幸的是，包括智能交通系统在内的一些新技术逐渐达到可应用的程度。

许多机构开始涉及战略管理的规划过程，以辨识城市变化的范围和性质，并制定解决这些问题的战略，并使其更好地适应新环境。这些机构把注意力转向更长远的未来，更综合的交通管理策略，更广泛的地理空间，并对技术替代方案产生兴趣。到2000年，城市交通规划的重点已转向解决日益严重的交通拥堵问题，满足国家空气质量标准，减缓全球变暖，支持可持续发展。

此外，使城市交通规划过程本身也正经历着变革，规划决策更具包容性。在20世纪的大部分时间里，交通决策由政府机构的工程师和规划人员共同承担。随着1962年《联邦援助公路法案》及其后续法案的通过，MPO的政府工作人员获得了对城市地区交通决策的一些话语权。后续的联邦地面运输法案增加了道路、公共交通资金使用的灵活性。这也提高了地方政府制定交通发展和融资决策的能力。

随着《多式联运地面运输效率法案》的通过，其他利益相关者和普通公民获得一个深度参与的机会，人们可以评论长期交通规划和短期交通改善规划。实施法案的众多条例进一步完善了公众参与制度和流程，建立了一个正式、积极和包容的公众参与过程，为社区参与提供充足的机会。法案和条例使得公众参与成为一项行政命令，并要求国家环保署下的环境影响分析过程充分利用公众参与处理环境公平问题。在这个过程中，必须保证联邦行动和项目在健康、经济和社会影响等各方面不会对少数族裔社区和低收入社区产生不成比例的影响。随着公众对受影响地区交通决策的影响越来越大，公共利益集团在参与交通规划过程中也变得越来越老练。

20世纪60年代后半期和70年代，重大的新问题不断涌现，包括安全、公民参与、保护公园土地和自然区域、弱势群体的平等机会、环境问题（特别是空气质量）、老年人和残疾人的出行服务、能源保护和城市中心的振兴。这要求城市交通规划进程必须与时俱进，以处理不断出现的新问题、新理论、新技术和新趋势，通常这也是规划对联邦政府提出的要求做出的应对。最近，公路和公共交通基础设施的不断恶化，并由此可能对经济增长产生影响的担忧开始影响交通规划。交通拥堵、空气质量、全球变暖、环境公平、可持续发展、资产管理、交通安全等问题也陆续成为城市交通规划的重点。

与此同时，人们一直倡导采用各种交通措施来解决这一系列的问题和担忧。新建公路、快速公交、重轨和轻轨交通系统、收费、自动导轨交通、远程办公、辅助交通、发行债券、双模式公共交通、ITS和磁悬浮都成为他们考虑的方案。很难鉴定这些方案是所有这些问题的答案，还是只是其中某些问题的答案。交通系统管理是一种尝试，将短期的低成本选择纳入强化战略，以实现一个或多个目标。交通需求管理试图整合各种策略，以影响出行行为，缓解交通拥堵和改善空气质量。方案分析的是权衡和评估各种主要投资方案以及交通管理手段。但是，需要采用更广泛的方法来评价各种战略对出行需求、土地开发和环境质量的影响。

交通规划技术也在这一时期得到了长足的发展。早在20世纪50年代早期的城市交通研究中，特定目的的程序被纳入城市出行预测过程。整个20世纪60年代，从业人员推动了主要规划技术的改进，这些新方法很容易就被集成到实践中。联邦公路管理署（FHWA）和城市公共交通管理署（UMTA）开展了广泛的活动，开发了分析技术和计算机程序，并予以广泛传播，供州和地方政府使用。"城市交通规划系统"（UTPS）因而在 20 世纪 70 年代中期成为城市交通分析的标准计算机系统。

从 20 世纪 70 年代开始，新的出行预测技术主要由大学研究开发的，他们以新的数学技术和计量经济学、心理测量学为理论基础，建立了离散出行预测方法。这些非聚合出行预测方法与当时实际使用的聚合方法大为不同，深奥的数学理论也是从业人员难以快速学习掌握的，新的技术不容易纳入传统的规划流程。研究人员和实践者之间交流不畅，虽然研究人员力图开发更合适的方法来分析这一系列复杂的问题和选项，但从业者仍然坚持使用较老的技术，研究和实践之间的差距只是非常缓慢缩小。

微型计算机已经融入城市交通规划的各个方面，GIS 的应用也在不断扩大。但是，很少有机构有资源来开发自己的软件，只能任由商业市场变幻莫测。此外，现在小型机构甚至利益集团都可以使用微型计算机。这为这些组织进行分析提供了机会，但可能增加达成共识的难度。

20 世纪 90 年代给城市交通规划组织带来了新的挑战。经过十年的权力和责任的分散，城市交通规划面临着低密度的土地开发模式、交通拥挤和空气污染等问题，需要从区域层面上加以解决。但是，大多数城市地区的体制安排并不有利于协调和整合实现更有效土地利用模式所需的各种因素。制度职责在各级政府之间垂直分散；在众多地方政府单位中横向分散；在交通、土地利用、空气质量等多领域发挥职能。大多数城市都没有整合这些机构的努力，只有极个别的州开始着手整合一些机构。但是，如果要满足 1990 年《清洁空气法案修正案》的要求，就必须加强空气质量管理人员和交通规划人员之间的协调。

这一时代，对城市交通规划的要求比任何时候都高，需要解决的问题的范围持续扩大，需求分析的要求比以前更加全面和精确。有些州的要求甚至超出了联邦机构的要求。但是，城市交通规划机构几乎没有得到任何协助。研发经费逐渐减少，城市交通规划经费跟不上日益增加的需求。交通模型改进计划（TMIP）只是满足这些需求的一项微小的努力。

城市交通规划机构预算仍然紧张。只有极少的资金用于理论和方法的研究。许多地区的数据库陈旧，各机构在大规模收集区域数据集面临困难，包括家庭访问、OD 调查。全国性个体交通运输研究和人口普查署的城市交通系列规划提供了一个以较低成本更新旧数据库的机会。但是，许多城市交通规划机构早已中断了其出行预测模型改进，仍然需要大量投入来执行这项任务。

新世纪重新燃起了人们对交通有限资源的关注。国会就联邦政府在交通政策、项目和融资方面的作用如何达成一致意见遇到了相当大的困难。重点再次转移到维持和高效运营交通系统，确保支出取得扎实的成果，并寻找足够的资源来满足日益增长的需要。联邦政府对私人部门融资支持公共基金的兴趣有所增加。公共部门对交通规划程序的参与不断扩大。新的问题不断涌现，交通规划需要进一步适应新的问题和需求。

四阶段交通模型已使用多年，一些 MPO 的先驱开始实验更先进的建模做法。这些较新的技术能更好地适应决策者和民众所关心的问题。新的模型研究已经进行了许多年，即将进入实践阶段，但大规模建模实践仍需很长时间。采用以活动为预测基础的新方法，是为了响应决策者和公民提出的更广泛的政策问题。随着人们对气候变化的日益关注，有必要寻找汽车出行的替代方式是至关重要的。价值定价、交通需求管理、自行车、紧凑型城市发展等问题不能用传统方法进行分析。这些新技术应用在未来前景广阔。

联邦政府持续尝试整合和协调交通、环境和住房方面的政策和项目。联邦政府利用其资金来推动相关行动以达到目标。在其带动下，各州和 MPOs 纷纷效仿，以便获得联邦援助资金。目标导向的自行裁量资金的使用进一步加强了联邦政府的作用。

随着我们进入新世纪，人们越来越关注全球变暖、风暴和海平面上升的影响以及交通基础设施抵御这些事件的能力。基础设施的韧性成为运输规划过程中不可分割的一部分。

展望未来，规划者们正准备迎接无人驾驶和车联网的到来，人们正在从多方面研究这些新技术，以确定如何最好地实施这些技术，并准确把握它们对出行行为乃至整个城市地区的影响。

所有这些都表明，城市交通规划仍然是动态变化的，交通规划仍在路上。

附录 A
缩写

AASHO American Association of State Highway Officials 美国各州公路工作者协会

AASHTO American Association of State Highway and transportation Officials 美国各州公路与运输工作者协会

AGT Automated Guideway Transit 自动导轨交通

ANPRM Advanced Notice of Proposed Rulemaking 拟定规章预公告

APTA American Public Transit Association 美国公共运输协会

ATA American Transit Association 美国运输协会

BART Bay Area Rapid Transit 湾区快速公交

BOB Bureau of the Budget 预算局

BMS Bridge Management System 桥梁管理系统

BPR Bureau of Public Roads 公共道路局

BRAC Base Closure and Realignment Commission（军事）基地关闭与改组委员会

BRT Bus Rapid Transit 快速公交系统

BTS Bureau of Transportation Statistics 交通运输统计署

3C Continuing, Comprehensive, and Cooperative 持续、全面、合作

CAFE Corporate Average Fuel Economy 企业平均燃油经济性

CAMPO Capital Area Metropolitan Planning Organization 首都圈大都市区规划组织

CATI Computer-Assisted Telephone Interviewing 计算机辅助电话访谈

CATS Chicago Area Transportation Study 芝加哥地区交通研究

CBD Central Business District 中央商务区

CFS Commodity Flow Survey 商品流动调查

CEQ Council on Environmental Quality 环境质量委员会

CMS Congestion Management System 拥堵管理系统

COG Council of Governments 政府委员会

CTRMA Central Texas Regional Mobility Authority 得克萨斯州中部地区机动性管理局

CUTS Characteristics of Urban Transportation Systems 城市交通系统特征

CUTD Characteristics of Urban Transportation Demand 城市交通需求特征

DMATS Detroit Metropolitan Area Traffic Study 底特律都市区交通研究

DPM Downtown People Mover 中心城区居民捷运系统

DOD Department of Defense 国防部

DOE Department of Energy 能源部

DOT Department of Transportation 交通运输部

DEIS Draft Environmental Impact Statement 环境影响评价报告草稿

EIS Environmental Impact Statement 环境影响评价报告

E.O. Executive Order 行政命令

EPA Environmental Protection Agency 环境保护署

ERGS Electronic Route Guidance System 电子导航系统

FAF Freight Analysis Framework 货运分析框架

FARE Uniform Financial Accounting and Reporting Elements 统一的财务会计和报表要素

FAST Fixing America's Surface Transportation Act 美国地面运输修正法案

FAUS Federal Aid Urban System 联邦资助城市系统

FHWA Federal Highway Administration 联邦公路管理署

FOIA Freedom of Information Act 信息自由法案

FONSI Finding of No Significant Impact 无显著影响发现报告

FTA Federal Transit Administration 联邦运输管理署

FY Fiscal Year 财年

GARVEEs Grant Anticipation Revenue Vehicles 增加预期援助收入的车辆

GF General Fund 普通基金

GIS Geographic Information Systems 地理信息系统

GRT Group Rapid Transit 大容量快速公交

GRTA Georgia Regional Transportation Authority 佐治亚州区域交通管理局

HEW Department of Health, Education, and Welfare 卫生、教育与社会福利部

HHFA Housing and Home Finance Agency 住房与贷款金融机构

HHS Department of Health and Human Services 卫生与公共服务部

HOV High Occupancy Vehicle 高乘载车辆

HOT High Occupancy Toll Lane 高乘载车辆收费通道

HPMS Highway Performance Monitoring System 公路性能监测系统

HP&R Highway Planning and Research 公路规划与研究

HRB Highway Research Board 公路研究委员会

HCM Highway Capacity Manual 公路通行能力手册

HTF Highway Trust Fund 公路信托基金

HUD Department of Housing and Urban Development 住房与城市发展部

ICE Interstate Cost Estimate 州际公路成本估算

IM Instructional Memorandum 指导性说明

I/M Inspection/Maintenance Program 检查／维护方案

IMS Intermodal Transportation Facilities and Systems Management System 多式联运设施及体系管理系统

IPG Intermodal Planning Group 多式联运规划小组

IRT Institute for Rapid Transit 快速运输研究院

ISTEA Intermodal Surface Transportation Efficiency Act of 1991 1991 年多式联运地面运输效率法案

ITE Institute of Transportation Engineers 交通工程师学会

ITLUP Integrated Transportation and Land-Use Package 交通和土地利用一体化模型

ITS Intelligent Transportation Systems 智能交通系统

IVHS Intelligent Vehicle-Highway Systems 智能化车路协同系统

JARC Job Access and Reverse Commute Program 就业岗位可达性和反向通勤项目

LCI Livable Communities Initiative 宜居社区倡议

LPO Lead Planning Organization 主导性规划机构

LRV Light Rail Vehicle 轻轨车辆

LRT Light Rail Transit 轻轨运输系统

LUTRAQ Making the Land Use, Transportation. Air Quality Connection 土地利用、交通与空气质量的互动关系

MIS Major Investment Study 重大投资研究

MOVES Motor Vehicle Emissions Model 汽车尾气排放模型

MPO Metropolitan Planning Organization 大都市区规划机构

MSA Metropolitan Statistical Area 大都会统计区

MUTCD Manual on Uniform Traffic Control Devices 交通控制设备标准手册

NARC National Association of Regional Councils 全美地区委员会协会

NCHRP National Cooperative Highway Research Program 全美公路合作研究项目

NCTRP National Cooperative Transit Research Program 全美公共交通合作研究项目

NRC National Research Council 国家研究委员会

NEPA National Environmental Policy Act of 1969 1969 年国家环境政策法案

NHFN National Highway Freight Network 国家公路货运网络

NHPP National Highway Performance Program 国家公路运行评估项目

NHS National Highway System 国家公路系统

NHTSA National Highway Traffic Safety Administration 国家公路交通安全署

NMI National Maglev Initiative 国家磁悬浮计划

NPTS Nationwide Personal Transportation Study 全美性个体交通运输研究

NPRM Notice of Proposed Rulemaking 拟定规章公告

NTS National Transportation System 国家交通运输系统

OMB Office of Management and Budget 管理与预算办公室

OTA Office of Technology Assessment 技术评估办公室

QRS Quick Response System 快速响应系统

PATS Pittsburgh Area Transportation Study 匹兹堡地区交通研究

PCC Electric Railway Presidents' Conference Committee 电气化铁路主席会议委员会

PHFS Primary Highway Freight System 干线公路货运系统

PLANPAC Planning Package（of computer programs）（基于计算机程序的）规划包

PMS Pavement Management System 路面铺装管理系统

PPM Policy and Procedure Memorandum 政策和程序说明

PRT Personal Rapid Transit 个体快速公交系统

PTMS Public Transportation Management System 公共交通管理系统

3R Resurfacing, Restoration, and Rehabilitation 重铺、修复和恢复

4R Resurfacing, Restoration, Rehabilitation and Reconstruction 重铺、修复、恢复和重建

RITA Research and Innovative Technology Administration 研究与创新技术管理署

RMA Regional Mobility Authority 区域机动性管理局

SAFETEA-LU Safe, Accountable, Flexible, Efficient Transportation Equity Act: A Legacy for Users 安全、可靠、灵活、高效的运输公平法: 用户财产

SEWRPC Southeastern Wisconsin Regional Planning Commission 威斯康星州东南部区域规划委员会

SHRP Strategic Highway Research Program 公路战略研究项目

SIB State Infrastructure Bank 州立基础设施银行

SIP State Implementation Plan 州实施方案

SLRV Standard Light Rail Vehicle 轻轨标准车

SLT Shuttle Loop Transit 穿梭公共交通

SMD Service and Methods Demonstration 服务和方法示范

SMS Safety Management System 安全管理系统

SMSA Standard Metropolitan Statistical Area 标准大都会统计区

SOV Single Occupancy Vehicle 单乘车辆

STBGP Surface Transportation Block Grant Program 地面运输整体补助金项目

STIP Statewide Transportation Improvement Program 州交通改善规划

STP Surface Transportation Program 地面交通计划

SUV Sport Utility Vehicle 运动型多用途车

TAG Transportation Alternatives Group 交通可选方案集

TAZ Transportation Analysis Zone 交通分析小区

TCM Transportation Control Measure 交通控制措施

TCP Transportation Control Plan 交通控制计划

TCQSM Transit Capacity and Quality of Service Manual 公共交通客运能力与服务水平手册

TCRP Transit Cooperative Research Program 公共交通合作研究计划

TCSP Transportation and Community and System Preservation Pilot Program 交通、社区和系统保护试点项目

TDM Transportation Demand Management 交通需求管理

TEA-21 The Transportation Equity Act for the 21st Century 21世纪交通公平法案("冰茶法案")

TIFIA Transportation Infrastructure Finance and Innovation Act 交通基础设施融资和创新法案

TIGER Transportation Investment Generating Economic Recovery 交通投资刺激经济复苏

TIGER Topologically Integrated Geographic Encoding and Reference 拓扑统一地理编码参考文件

TIP Transportation Improvement Program 交通改善规划

TMA Transportation Management Association 交通管理协会

TMA Transportation Management Area 交通管理地区

TMIP Travel Model Improvement Program 交通模型优化方案

TOD Transit-Oriented Design 公共交通导向设计

TOPICS Traffic Operations Program to Improve Capacity and Safety 通行能力和安全提升交通运行方案

TRANSIMS Transportation Simulation and Analysis System 交通仿真和分析系统

TRB Transportation Research Board 交通运输研究委员会

TRO Trip Reduction Ordinance 出行量减少条例

TSM Transportation System Management 交通系统管理

TTC Texas Transportation Commission 得克萨斯州交通委员会

UMTA Urban Mass Transportation Administration 城市公共交通管理署

UPWP Unified Planning Work Program 标准化规划工作方案

UTCS Urban Traffic Control Systems 城市交通控制系统

UTPP Urban Transportation Planning Package 城市交通系列规划

UTPS Urban Transportation Planning System 城市交通规划系统

V2D Vehicle to Driver Communication 人车通信系统

V2V Vehicle to Vehicle Communication 车间通信系统

VMT Vehicle Miles of Travel 车辆行驶里程

附录 B
参考文献

1,000 Friends of Oregon, 1997, Making the Connections - A Summary of the LUTRAQ Project , February.

Advisory Commission on Intergovernmental Relations, 1995, MPO Capacity: Improving the Capacity of Metropolitan Planning Organizations to Help Implement National Transportation Policies , Washington, D.C., May.

___, 1974, Toward More Balanced Transportation: New Intergovernmental Proposals , Report A-49. U.S. Government Printing Office, Washington, D.C.

Advisory Council on Historic Preservation, 1986, Section 106, Step-by-Step , Washington, D.C. October.

Alan M. Voorhees and Associates, Inc., 1979, Guidelines for Assessing the Environmental Impacts of Public Mass Transportation Projects , U.S. Department of Transportation, Washington, D.C.

___, 1974, Status of the Urban Corridor Demonstration Program , U.S. Department of Transportation, Washington, D.C. July.

Allen, John, 1985, "Post-Classical Transportation Studies," Transportation Quarterly , Vol. 39, No. 3. July.

Allen-Schult, Edith and John L. Hazard, 1982, "Ethical Issues in Transport - The U.S. National Transportation Study Commission: Congressional Formulation of Policy," Transport Policy and Decisionmaking , Martinus Nijhoff Publishers, The Hague, The Netherlands, Volume 2, pp. 17–49.

Altmaier, Monica, Elisa Barbour, Christian Eggleton, Jennifer Gage, Jason Hayter, and Ayrin Zahner, 2009, Make it Work: Implementing Senate Bill 375 , University of California, Berkeley, October 4.

American Association of State Highway and Transportation Officials, 2003, A Manual of User Benefit Analysis for Highway - 2nd Edition, 2003, Washington, D.C

American Association of State Highway and Transportation Officials, 2004, A Policy on Geometric Design of Highways and Streets, 5th Edition , Washington, DC.

___, 2001, A Policy on Geometric Design of Highways and Streets , Washington, DC.

___, 1990, A Policy on Geometric Design of Highways and Streets , Washington, D.C.

___, 1988, Keeping America: The Bottom Line – A Summary of Surface Transportation Investment Requirements, 1988–2020 , Washington, D.C., September.

___, 1987a, Understanding the Highway Finance Evolution/Revolution , Washington, D.C. January.

___, 1987b, Action Plan For the Consensus Transportation Program , Washington, D.C. May.

___, 1984, A Policy on Geometric Design of Highways and Streets–1984 , Washington, D.C.

___, 1978, A Manual on User Benefi t Analysis of Highway and Bus - Transit Improvements–1977 , Washington, D.C.

___, 1973, A Policy on Design of Urban Highways and Arterial Streets–1973 , Washington, D.C. 402

American Association of State Highway and Transportation Officials, 2015, 2015 AASHTO Bottom Line Report, Washington, DC

American Association of State Highway Officials, 2012, Passenger Rail Moves Ahead：Meeting the Needs of the 21st Century , Washington, DC. , February.

___, 1966, A Policy on Geometric Design of Rural Highways–1965 , Washington, D.C.

___, 1960, Road User Benefi t Analyses for Highway Improvements , (Informational Report), Washington, D.C.

___, 1957, A Policy on Arterial Highways in Urban Areas , Washington, D.C.

___, 1954, A Policy on Geometric Design of Rural Highways , Washington, D.C.

___, 1952a, Road User Benefit Analyses for Highway Improvements , (Informational Report), Washington, D.C.

___, 1952b, "A Basis for Estimating Traffic Diversion to New Highway in Urban Areas," 38th Annual Meeting, Kansas City, Kansas. December.

___, 1950, Policies on Geometric Highway Design , Washington, D.C.

American Planning Association, 1979, Proceedings of the Aspen Conference on Future Urban Transportation , American Planning Association, Chicago, IL. June.

American Public Transit Association, 1995, 1994-95 Transit Fact Book , Washington, D.C., February.

___, 1994, Transit Funding Needs, 1995-2004 , Washington, D.C., May.

___. 1989, 1989 Transit Fact Book , Washington, D.C., August.

American Public Transit Association, 2007, Public Transportation Fact Book 2007, Washington, D.C.

Arrillaga, Bert, 1978, "Transportation Pricing Program of the Urban Mass Transportation Administration," Urban Economics：Proceedings of Five Workshops on Pricing Alternatives, Economic Regulation, Labor Issues, Marketing, and Government Financing Responsibilities , U.S. Department of Transportation, Washington, D.C. March, pp. 13–15.

Arthur Andersen & Co., 1973, Project FARE, Urban Mass Transportation Industry Reporting System , (Volumes I – V）, U.S. Department of Transportation, Urban Mass Transportation Administration, Washington, D.C., November.

Aschauer, David A., 1989, "Is Public Expenditure Productive？," Journal of Monetary Economics , Vol. 23, No. 2, March, pp. 177–200.

Bartholomew, Keith, 2005, Integrating Land Use Issues Into Transportation Planning：Scenario Planning, University of Utah, Salt Lake City, Utah.

___, 1995, A Tale of Two Cities, Transportation , Volume 22, Number 3, Kluwer Academic Publishers, Dordrecht, The Netherlands, August, pp. 273-293.

Barton-Aschman Associates, Inc. and Cambridge Systematics, Inc., 1997, Model Validation and Reasonableness Checking Manual , Prepared for Federal Highway Administration, February.

Bauer, Kurt W., 1963, "Regional Planning in Southeastern Wisconsin," Technical Record , Volume 1, Number 1, Southeastern Wisconsin Regional Planning Commission, Waukesha, Wisconsin, October–November.

Beagan, Daniel, Michael Fischer, and Arun Kuppam, 2007, Quick Response Freight Manual II, for U.S.

Department of Transportation, Federal Highway Administration, Washington, DC. September.

Beimborn, Edward and Harvey Rabinowitz, et. al., 1991, Guidelines for Transit Sensitive Suburban Land Use Design , U. S. Dept. of Transportation, Washington, D.C., July.

Bel Geddes, Norman, 1940, Magic Motorways . Random House, New York：

Bennett, Nancy, 1996, "The National Highway System Designation Act of 1995, Public Roads , Vol. 59, No. 4, U.S. Department of Transportation, Federal Highway Administration, Spring.

Bloch, Arnold J., Michael B. Gerard and William H. Crowell, 1982, The Interstate Highway Trade-In Process（2 vols.）, Polytechnic Institute of New York, Brooklyn, NY. December.

Bostick, Thurley A., 1966, "Travel Habits in Cities of 100,000 of More," Public Roads , U.S. Department of Commerce, Bureau of Public Roads, Vol. 33, No. 12, Washington, D.C., February.

___, 1963, "The Automobile in American Daily Life," Public Roads , U.S. Department Commerce, Bureau of Public Roads, Vol. 32, No. 11, Washington, D.C., December.

Bostick, Thurley A., Roy T. Messer and Clarence A. Steele, 1954, "Motor-Vehicle-Use Studies in Six States," Public Roads , U.S. Department of Commerce, Bureau of Public Roads, Vol. 28, No. 5, Washington, D.C., December.

Booth, Rosemary and Robert Waksman, 1985, National Ridesharing Demonstration Program：Comparative Evaluation Report , U.S. Department of Transportation, Transportation Systems Center, Cambridge, MA, August.

Briggs, Dwight, Alan Pisarski and James J. McDonnell, 1986, Journey - to - Work Trends Based on 1960, 1970 and 1980 Decennial Censuses , U.S. Department of Transportation, Federal Highway Administration, Washington, D.C. July.

Brand, Daniel and Marvin L. Manheim, eds., 1973, Urban Travel Demand Forecasting , Special Report 143, Highway Research Board, Washington, D.C.

"Bronx River Parkway - Historic Overview," www.nycroads.com/roads/pkwy_NYC .

Brown, Geoffrey, J.H., 2015, Recollections of 499 . Unpublished.

Brown, William F. and Edward Weiner, eds., 1987, Transportation Planning Applications：A Compendium of Papers Based on a Conference Held in Orlando Florida in April 1987 , U.S. Department of Transportation, December 1987.

Bureau of the Budget, Executive Office of the President, 1969, "Evaluation, Review, and Coordination of Federal Assistance Programs and Projects," Circular No. A-95, Washington, D.C. July 24.

___, 1967, "Coordination of Federal Aids in Metropolitan Areas Under Section 204 of the Demonstration Cities and Metropolitan Development Act of 1966," Circular No. A-82, Washington, D.C. April 11, 1967.

Bush, George, 2007, "Strengthening Federal Environmental, Energy, and Transportation Management," Executive Order 13423, Federal Register , Vol. 72, No. 17, pp. 3919-39-3923, January 26.

Cabot Consulting Group, 1982, Transportation Energy Contingency Planning：Transit Fuel Supplies Under Decontrol , U.S. Department of Transportation, Washington, D.C. May.

California Air Resources Board, 2012, "Assembly Bill 32：Global Warming Solutions Act," California Environmental Protection Agency. Retrieved from http：//www.arb.ca.gov/cc/ab32/ ab32.htm , April 13.

Calongne, Kathleen, 2003, Problems Associated With Traffic Calming Devices . Seconds Count, Boulder, CO, January.

Cambridge Systematics, Inc., 2013a, Incorporating Reliability Performance Measures into the Transportation Planning and Programming Processes - Final Report , Strategic Highway Research Program, and Transportation Research Board. Washington, DC. March.

___, et. al. 2013b, Procedures for Determining the Impacts Of Reliability Mitigation Strategies , The Second Strategic Highway Research Program, Transportation Research Board. Washington, DC.

___, 2012, Travel Demand Forecasting: Parameters and Techniques , National Cooperative Highway Research Program Report 716, Transportation Research Board, Washington, DC.

___, 2010, Travel Model Validation and Reasonableness Checking Manual - Second Edition , Prepared for the Federal Highway Administration, September 24.

___, et. al. 2006, Future Financing Options to Meet Highway and Transit Needs . Web-Only Document 102, National Cooperative Highway Research Program, Transportation Research Board, December.

___, 2004, "FHWA Asset Management Position Paper - White Paper," U.S. Department of Transportation, Federal Highway Administration, Washington, DC, April.

_____, 2002a, Transportation Asset Management Guide , National Cooperative Highway Research Program Project 20-24（11）, American Association of State Highway and Transportation Officials, Washington, DC, November.

___, 2002b, Performance Review of U.S. DOT Innovative Finance Initiatives - Final Report , U.S. Department of Transportation, Federal Highway Administration, Washington, DC. July.

___, 1997, Forecasting Freight Transportation Demand. A Guidebook for Planners and Policy Analysts . NCHRP 8-30, Transportation Research Board. May 28.

___. 1996, Quick Response Freight Manual , for U.S. Department of Transportation, Federal Highway Administration, Washington, DC···

___, 1996, Travel Survey Manual , Prepared for U.S. Department of Transportation and U.S. Environmental Protection Agency, June.

Cambridge Systematics, et. al., 1992, Characteristics of Urban Transportation Systems , Revised Edition, U.S. Department of Transportation, Federal Transit Administration, Washington, D.C., September.

Campbell, M. Earl, 1950, "Route Selection and Traffic Assignment," Highway Research Board, Washington, D.C.

Castiglione, Joe, Mark Bradley, and John Gliebe, 2015 , Activity-Based Travel Demand Models: A Primer, SHRP 2 Report S2-C46-RR-1, The Second Strategic Highway Research Program, Transportation Research Board, Washington, D.C.

"Car Sharing," Earth Easy Solutions for Sustainable Living, 2012, retrieved from http: //eartheasy. com/move_car_sharing.html , accessed, March 5.

Centers for Disease Control and Prevention, 2011, Transportation Health Impact Assessment Toolkit, Atlanta, GA, October 19.

Cevero, Robert, 2002, "Reverse Commuting I the United States," paper prepared for the International Seminar on Day-to-Day Mobility and Social Exclusion, Institut Pont la Ville En Movement, University of Marne In Valle, December.

Chapin, Timothy S., Gregory L. Thompson, and Jeffrey R. Brown, 2007, Rethinking the Florida Transportation

Concurrency Mandate , Florida State University, Tallahassee, FL August.

Chappell, Charles W. Jr. and Mary T. Smith, 1971, "Review of Urban Goods Movement Studies," Urban Commodity Flow , Special Report 120, Highway Research Board, Washington, D.C.

Charles River Associates, Inc., 1988, Characteristics of Urban Transportation Demand: An Update , U.S. Department of Transportation, Urban Mass Transportation Administration , Washington, D.C., July.

Chicago Area Transportation Study, 1959–1962; Study Findings , (Volume I) , December 1959; Data Projections , (Volume II) , July 1960; Transportation Plan , (Volume 3) , April 1962; Harrison Lithographing, Chicago, IL.

Clinton, William J., 1994a, Principles for Federal Infrastructure Investment, Executive Order 12893, Federal Register , Vol. 59, No. 20, pp. 4233-4235, January 31.

___, 1994b, Executive Order on Federal Actions to Address Environmental Justice in Minority Populations and Low-Income Populations, White House Memorandum, February 11.

_____, 1994c, Federal Actions to Address Environmental Justice in Minority Populations and Low-Income Populations, Executive Order 12898, Federal Register , Vol. 59, No. 32, pp. 7629-7633, February 11.

Clinton, William J. and Albert Gore Jr., 1993, The Global Climate Action Plan , The White House, Washington, D.C. October.

Cole, Leon Monroe, ed., 1968, Tomorrow's Transportation: New Systems for the Urban Future , prepared by U.S. Department of Housing and Urban Development. U.S. Government Printing Office, Washington, D.C. May.

COMSIS Corp., et. al., 1993, Implementation /effective Travel Demand Managing Measures , prepared for the U.S. Dept. of Transportation, Institute of Transportation Engineers, Washington, D.C., June.

COMSIS Corp, 1990. Evaluation of Travel \Demand Management Measures to Relieve Congestion , prepared for U.S. Department of Transportation, Federal Highway Administration, Washington, D.C. February.

___, 1984, Quick Response System (QRS) Documentation , prepared for the U.S. Department of Transportation, Federal Highway Administration, Washington, D.C., January.

Comptroller General of the United States, 1976, Effectiveness, Benefits, And Costs of Federal Safety Standards for Protection of Passenger Car Occupants , U.S. General Accounting Office, Washington, D.C. July 7.

Cook, Kenneth E., Margaret A. Cook, and Kathleen E. Stein-Hudson, 1996, Conference on Major Investment Studies in Transportation (MIS), Transportation Research Circular, Number 463, September.

Cooper, Norman L. and John O. Hidinger, 1980, "Integration of Air Quality and Transportation Planning," Transportation and the 1977 Clean Air Act Amendments , American Society of Civil Engineers, New York, NY.

Council on Environmental Quality, 1978, National Environmental Policy Act - Regulations, Federal Register , Vol. 43, No. 230, pp. 55978–56007. November 29.

Connected Vehicle Pilot Deployment Program Website, www.its.dot.gov/pilots , January 23, 2016 Crain, John L., 1970, The Reverse Commute Experiment: (A $7 Million Demonstration Program) , Stanford Research Institute, for the Urban Mass Transportation Administration, December.

"CREATE – Keeping the GO in Chicago," 2012, Retrieved from http: //www.createprogram.org/index.htm .

Creighton, Roger L., 1970, Urban Transportation Planning , University of Illinois Press, Urbana, IL.

Cron, Frederick W., 1975a, "Highway Design for Motor Vehicles – An Historical Review, Part 4: The Vehicle Carrying of the Highway," Public Roads , Vol. 39, no. 3, pp. 96–108. December.

___, 1975b, "Highway Design for Motor Vehicles – An Historical Review, Part 2: The Beginnings of Traffic Research," Public Roads , Vol. 38, no. 4, pp. 163–74. March.

Deen, Thomas, 2015, Some Observations Concerning the Joint Planning Exercise Conducted by the Regional Highway Committee and the Planning Office of the National Capital Transportation Agency 1961-1963 , February. Unpublished.

Detroit Metropolitan Area Traffic Study, 1955/56, Part I: Data Summary and Interpretation ; Part II: Future Traffic and a Long Range Expressway Plan . Speaker-Hines and Thomas, State Printers, Lansing, MI. July and March.

Diamant, E.S., et al, 1976, Light Rail Transit: State of the Art Review , De Leuw, Cather & Co. Chicago, IL. Spring.

Domestic Council, Executive Office of the President, 1976, 1976 Report on National Growth and Development– The Changing Issue for National Growth , U.S. Department of Housing and Urban Development, U.S. Government Printing Office, Washington, D.C. May.

___, 1972, Report on National Growth – 1972 , U.S. Government Printing Office, Washington, D.C. February.

Dornan, Daniel L. and M. Patricia Maier, 2005, Incorporating Security into the Transportation Planning Process , Surface Transportation Security Volume 3, Transportation Research Board, Washington, D.C.

Dunphy, Robert T. and Ben C. Lin, 1990, Transportation Management Through Partnerships , Urban Land Institute, Washington, D.C.

Dutch Ministry of Transport and Public Works, 1986, Behavioural Research for Transport Policy , (The 1985 International Conference on Travel Behaviour) VNU Science Press, Utrecht, The Netherlands.

Dyett, Michael V., 1984, "The Land-Use Impacts of Beltways in U.S. Cities: Lessons For Mitigation," in Land-Use Impacts of Highway Projects - Proceedings of the Wisconsin Symposium on Land-Use Impacts of Highway Projects , ed. Alan J. Horowitz, Wisconsin Department of Transportation, Milwaukee, WI, April.

Engelke, Lynette, ed., 1995, Fifth National Conference on Transportation Planning Methods Applications , Volumes 1 and 2, Texas Transportation Institute, Arlington, TX, June.

Environmental Defense Fund, 2012, "California's Global Warming Solutions Act," Retrieved from http: // www.edf.org/climate/AB32？ s_src=ggad&s_subsrc=ab32&gclid=CObgrenVsq8CFScT NAodaGrnhA

Environmental Justice Resource Center, 1996, Conference on Environmental Justice and Transportation: Building Model Partnerships - Proceedings Document , Clark Atlanta University, Atlanta Georgia, June.

Environmental Protection Agency, 2010c, Partnership for Sustainable Communities. A Year of Progress for American Communities, Washington, DC.

Envision Utah, 2000, Envision Utah Quality Growth Strategy and Technical Review , Salt Lake City, UT.

Ewing, Reid, 1999, Traffic Calming: State of Practice , Institute of Transportation Engineers and U.S. Department of Transportation, Federal Highway Administration, Washington, DC. August.

Faris, Jerry, ed., 1993, Fifth National Conference on Transportation Planning Methods Applications , Volumes 1 and 2, Tallahassee, FL, September.

Feiss, Carl, 1985, "The Foundation of Federal Planning Assistance – A Personal Account of the 701 Program," APA Journal, Chicago, spring.

Fekpe, Edward, Mohammed Alam, Thomas Foody, and Deepak Gopalakrishna, 2002, Freight Analysis

Framework Highway: Capacity Analysis Methodology Report, Battelle, Washington, DC. April 18.

Ferguson, Eric, 1990, "Transportation Demand Management: Planning, Development, and Implementation," Journal of the American Planning Association, Vol. 56, No. 3, Autumn.

Fertal, Martin J., Edward Weiner, Arthur J. Balek and Ali F. Sevin, 1966, Modal Split –Documentation of Nine Methods for Estimating Transit Usage, U.S. Department of Commerce, Bureau of Public Roads, U.S. Government Printing Office, Washington, D.C. December.

Florida Department of Transportation, 2012a, 2060 Florida Transportation Plan

Florida Department of Transportation, 2012b, "Transportation Regional Incentive Program," Retrieved from http://www.dot.state.fl.us/planning/trip, April 20

Florida Department of Transportation, 2012c, "Transportation Regional Incentive Program," Retrieved from http://www.dot.state.fl.us/planning/trip, April 20

Florida Transportation Modeling, "2012, FSUTMS Standards," Retrieved from http://www.fsutmsonline.net/index.php?/site/directory/model_docs, April 20

Fisher, Gordon P., ed., 1978, Goods Transportation in Urban Areas - Proceedings of the Engineering Foundation Conference, Sea Island, Georgia, December 4-9, 1977, U.S. Department of Transportation. June.

___, 1976, Goods Transportation in Urban Areas - Proceedings of the Engineering Foundation Conference, Santa Barbara, California, September 7-12, 1975, U.S. Department of Transportation. May.

___, 1974, Goods Transportation in Urban Areas - Proceedings of the Engineering Foundation Conference, Berwick Academy, South Berwick, Maine, August 5-10, 1973, U.S. Department of Transportation. February.

Fisher, Gordon P. and Arnim H. Meyburg, eds., 1982, Goods Transportation in Urban Areas -Proceedings of the Engineering Foundation Conference, Easton, Maryland, June 14-19, 1981, U.S. Department of Transportation. January.

Fitch, Lyle C., ed., 1964, Urban Transportation and Public Policy, Chandler Publishing, San Francisco, CA.

Florida Department of Transportation, 2012b, 2060 Florida Transportation Plan

___, 2012a, "Transportation Regional Incentive Program," Retrieved from http://www.dot.state.fl.us/planning/trip, April 20.

Florida Department of Transportation, 2012a, "Transportation Regional Incentive Program," Retrieved from http://www.dot.state.fl.us/planning/trip, April 20.

___, 2009, Florida's Consultative Planning Process for Non-Metropolitan Areas. 2009.

Florida Transportation Modeling, "2012, FSUTMS Standards," Retrieved from http://www.fsutmsonline.net/index.php?/site/directory/model_docs, April 20.

Gakenheimer, Ralph A., 1976, Transportation Planning as Response to Controversy: The Boston Case, MIT Press, Cambridge, MA.

Gakenheimer, Ralph and Michael Meyer, 1977, Transportation System Management: Its Origins, Local Response and Problems as a New Form of Planning, Interim Report, Massachusetts Institute of Technology, Cambridge, MA. November.

Garrett, Mark and Martin Wachs, 1996, Transportation Planning on Trial: The Clean Air Act ad Travel Forecasting, SAGE Publications, Thousand Oaks, CA.

Garvin, Alexander, 1998, "Are Garden Cities Still Relevant？", Proceeding of the 1998 Planning Conference,

AICP Press, American Planning Association, Chicago, Il.

Gatti, Ronald F., 1969–1989, Radburn - The Town For The Motor Age , The Radburn Association, Radburn, NJ.

Georgia Regional Transportation Authority, 2003, "Background and History," http: //www.grta.org , August 21.

Giuliano, Genevieve, and Martin Wachs, 1991, Responding to Congestion and Traffic Growth: Transportation Demand Management , Reprint, No, 86, Sage Publications.

Glaeser, Edward L., 2009 ," *Remembering the Father of Transportation Economics*," New York Times , October 27.

Glaeser, Edward L., Eric A. Hanushek and John M. Quigley, 2004, Opportunities, Race, And Urban Location: The Influence Of John Kain , NBER Working Paper Series, Working Paper 10312, National Bureau Of Economic Research, Cambridge, MA., February.

Goldner, William, 1971, "The Lowry Heritage," Journal of the American Institute of Planners , Volume 37, Washington, D.C., March, pp. 100-110.

Gortmaker, Linda, 1980, Transportation and Urban Development , U.S. Conference of Mayors, U.S. Government Printing Office, Washington, D.C. October.

Grant, Michael and Chester Fung, 2005, "Congestion Management Systems: Innovative Practices for Enhancing Transportation Planning," ICF Consulting, Submitted for presentation at the 85th Annual Meeting of the Transportation Research Board, Washington, DC, November 21.

Hanks, James W. Jr. and Timothy J. Lomax, 1989, Roadway Congestion in Major Urban Areas - 1982 to 1987 , Texas Transportation Institute, College Station, TX, October.

Harris, Britton, ed., 1965, "Urban Development Models: New Tools for Planning," Journal of the American Institute of Planners , Vol. 3l, No. 2, Washington, D.C. May.

Harvey, Greig and Elizabeth Deakin, 1993, A Manual of Regional Transportation Modeling Practice for Air Quality Analysis , National Association of Regional Councils, Washington, DC, July.

___, 1992, "Part A - Air Quality and Transportation Planning: An Assessment of Recent Developments," Transportation and Air Quality , Searching for Solutions, A Policy Discussion Series, Number 5, U.S. Department of Transportation, Federal Highway Administration, Washington, D.C., August.

___, 1991, Toward Improved Regional Modeling Practice , National Association of Regional Councils, Washington, D.C., December.

Hassell, John S., 1982, "How Effective Has Urban Transportation Been ? ," Urban Transportation: Perspectives and Prospects , edited by Herbert S. Levenson and Robert A. Weant, Eno Foundation For Transportation, Westport, CT.

Hawkins, H Gene, Jr, 1992, "Evolution of the MUTCD: Early Standards for Traffic Control Devices," ITE Journal . July.

Hawthorn, Gary and Elizabeth Deakin, 1991, Conference Summary - Best practices for Transportation Modeling for Air Quality Planning , National Association of Regional Councils, Washington, DC, December.

Hawthorn, Gary, 1991, "Transportation Provisions in the 1990 Clean Air Act Amendments of 1990," ITE Journal , April.

Heanue, Kevin E., 1980, "Urban Transportation Planning - Are New Directions Needed for the 1980s ? ," Presented at the American Planning Association Conference, San Francisco, CA. April.

___, 1977, "Changing Emphasis in Urban Transportation Planning," presented at the 56th Annual Meeting of the Transportation Board, Washington, D.C. January.

Heanue, Kevin and Edward Weiner, 2012, "Metropolitan Transportation Planning - An Abbreviated History of the First 50 Years," TR News 283 , Transportation Research Board, Washington, DC 20001, November–December, pp. 27-36.

Hedges, Charles A., 1985, "Improving Urban Goods Movement: The Transportation Management Approach," Transportation Policy and Decisionmaking , Martinus Nijhoff Publishers, The Netherlands, Volume 3, pp. 113-133.

Hemmens, George C., ed., 1968, Urban Development Models , Special Report 97, Highway Research Board, Washington, D.C.

Hensher, David A. and Peter R. Stopher, eds., 1979, Behavioral Travel Modeling , Croom Helm, London.

Herman, Frank V., 1964, Population Forecasting Methods , U.S. Department of Commerce, Bureau of Public Roads, Washington, D.C. June.

Hershey Conference, 1962, Freeways in the Urban Setting , Sponsored by American Association of State Highway Officials, American Municipal Association, and National Association of County Officials, Automotive Safety Foundation, Washington, D.C. June.

Higgins, Thomas J., 1990, "Demand Management in Suburban Settings: Effectiveness and Policy Considerations," Transportation , Vol. 17, Kluwer Academic Publishers, The Netherlands, pp. 93-116.

___, 1986, "Road Pricing Attempts in the United States," Transportation Research: Part A , Pergamon Press, London, England, Vol. 20A, No. 2, March, pp. 145-150.

Highway Research Board, 1973a, Organization for Continuing Urban Transportation Planning , Special Report 139, Highway Research Board, Washington, D.C.

___, 1973b, Demand-Responsive Transportation Systems , Special Report 136, Washington, D.C.

___, 1971a, Demand-Actuated Transportation Systems , Special Report 124, Washington, D.C.

___, 1971b, Urban Commodity Flow , Special Report 120, Washington, D.C.

___, 1971c, Use of Census Data in Urban Transportation Planning , Special Report 121, Washington, D.C.

___, 1965, Highway Capacity Manual - 1965 , Special Report 87, Washington, DC.

Highway Users Federation for Safety and Mobility, 1990, Proceedings of the National Leadership Conference on Intelligent Vehicle Highway Systems , Washington, DC.

___, 1988, Beyond Gridlock: The Future of Mobility as the Public Sees It , Washington, D.C., June.

Highway Users Federation and the Automobile Safety Foundation, 1991, The Intermodal Surface Transportation Efficiency Act of 1991 - A Summary , Washington, D.C., December.

Highways and Urban Development , Report on the Second National Conference, Williamsburg, Virginia, 1965, sponsored by American Association of State Highway Officials, National Association of Counties, and National League of Cities. December.

Holmes, E. H., 1973, "The State-of-the-Art in Urban Transportation Planning, or How We Got Here," Transportation , I, no. 4, pp. 379-401. March.

___, 1964, "Transit and Federal Highways," Presented at The Engineers' Club of St. Louis, U.S. Department of Commerce, April 23.

___, 1962, "Highway Planning in the United States"（unpublished, Madrid, Spain）.

___, and J. T. Lynch, 1957, "Highway Planning: Past, Present, and Future," Journal of the Highway Division , Proceedings of the ASCE, 83, no. HW3, 1298-1 to 1298-13. July.

Homburger, Wolfgang S., ed., 1967, Urban Mass Transit Planning . University of California Institute of Transportation and Traffi c Engineering, Berkeley, CA.

Horowitz, Alan J., 1989, Quick Response System II Reference Manual - Version 2.3 , prepared for the U.S. Department of Transportation, Federal Highway Administration, Washington, D.C., February 1.

Howard/Stein-Hudson Associates, Inc. and Parsons Brinckerh off Quade and Douglas, 1996, Public Involvement Techniques for Transportation Decision-making U.S. Department of Transportation, Federal Highway Administration and Federal Transit Administration Washington, DC, September

Hughes, J.W. and G. Sternlieb. 1988, "The Suburban Growth Corridor, 1988." In G. Sternlieb and J.W. Hughes, eds. America's New Market Geography: Nation, Region, and Metropolis. Center for Urban Policy Research, New Brunswick, New Jersey, pp.: 277–288.

Hu, Patricia S. and Timothy R. Reuscher, 2004, - Summary of Travel Trends - 2001 National Household Transportation Survey, U.S. Department of Transportation, Federal Highway Administration, Washington, D.C., December.

Hu, Patricia S. and Jennifer Young, 1992, 1990 National Personal Transportation Survey - Summary of Travel Trends , U.S. Department of Transportation, Federal Highway Administration, Washington, D.C., March.

Humphrey, Thomas F., 1974, "Reappraising Metropolitan Transportation Needs," Transportation Engineering Journal , Proceedings of the American Society of Civil Engineers, Vol. 100, No. TE2. May.

I-95 Corridor Coalition, 2012, "Working Together to Accelerate Improvements in Long –Distance Passenger Travel and Freight Movements," Retrieved from http: //www.i95coalition.org/i95/Home/tabid/36/Default.aspx , April 20.

ICF International, 2014, Transportation Climate Change Sensitivity Matrix, developed for: U.S. Department of Transportation, June.

Institute of Transportation Engineers, 1996, Trip Generation, 6th Edition, Washington, D.C

Institute of Transportation Engineers, 2008, Trip Generation, 8th Edition, Washington, D.C

Institute of Transportation Engineers, 2012, Design Walkable Urban Thoroughfares: A context sensitive design, An ITE Recommended Practice , Institute of Transportation Engineers,

Washington, DCTop of Form

___, 2003, Trip Generation , 7th Edition , Washington, DC, March.

___. 1991, Trip Generation, Fifth Edition , Washington, D.C.

___, 1987, Trip Generation Fourth Edition , Washington, D.C.

___, 1982, Trip Generation, An Informational Report , Third Edition, Washington, D.C.

___, 1979, Trip Generation, An Informational Report , Second Edition, Washington, D.C.

___, 1976, Trip Generation, An Informational Report , Washington, D.C.

___, 1965, Capacities and Limitations of Urban Transportation Modes , Washington, D.C.

Institute of Transportation Engineers, 2012, Trip Generation, 9th Edition, Washington, D.C

Instituter of traffi c Engineers, 1965, Capacities and Limitations of Urban Transportation Modes, Washington, D.C.

Insurance Institute for Highway Safety, 1986, Status Report , (Special Issue: U.S. Safety Acts), Washington, D.C. Volume 21, Number 11, September 9.

International Association for Travel Behavior, 1989, Travel Behaviour Research: Fifth International Conference on Travel Behaviour , Gower Publishing Company Limited, Hants, England.

International Transport Forum, 2015, Big Data and Transport-Understanding and assessing Options, Corporate Partnership Board Report, Corporate Partnership Board, Paris, France.

Ismart, Dane, 1990, Calibration and Adjustment of System Planning Models , Federal Highway Administration, December.

Johnson, Katherine M., "Captain Blake versus the Highwaymen: Or, How San Francisco Won the Freeway Revolt," Journal of Planning History 2009 ; 8; 56, originally published online Nov. 28, 2008.

Kilgren, Neil, 2002, Puget Sound Transportation Panel 1989-2002 , Puget Sound Regional Council, Seattle, WA.

Kirby, Ronald F., and Arlee T. Reno, 1987, The Nation's Public Works: Report on Mass Transit , The Urban Institute, National Council on Public Works Improvement, Washington, D.C. May.

Kirby, Ronald F., Kiran V. Bhatt, Michael A. Kemp, Robert G. McGillivray and Martin Wohl, 1975, Para-Transit: Neglected Options for Urban Mobility , The Urban Institute, Washington, D.C.

Kitamura, Ryuichi, 1987, "Behavioral Research for Transportation Policy," Bibliographic Section, Transportation Science, Vol. 21, No. 3, August.

Kittelson& Associates, Inc., et. al., 2003, Transit Capacity and Quality of Service Manual - 2nd Edition, TCRP Report 100, Transit Cooperative Research Program, Transportation Research Board, Washington, D.C.

___, 1999, "Highlights of the Transit Capacity and Quality of Service Manual: First Edition," Research Results Digest , Transit Cooperative Research Program, Number 35, November.

Klinger, Dieter and Richard Kuzmyak, 1985-1986, Personal Travel in the United States: 1983- 1984 National Personal Transportation Study , Volumes 1 (August, 1986) and Volume 2 (September, 1986), and Survey Data Tabulations (November, 1985), COMSIS Corp., U.S. Department of Transportation, Federal Highway Administration, Washington, D.C.

Kret, Ellen H. and SubhashMundle, 1982, Impacts of Federal Grant Requirements on Transit Agencies , National Cooperative Transit Research & Development Program Report 2, Transportation Research Board, Washington, D.C. December.

Kuehn, Thomas J., 1976, The Development of National Highway Policy , University of Washington. August.

Kulash, Damian, 1974, Congestion Pricing: A Research Summary , The Urban Institute, Washington, D.C., July.

Lang, Keith, 2015, "Six states increasing gas taxes on July 1," The Hill, June 6.

Lansing, John B. et. al., 1964, Residential Location and Urban Mobility. Institute of Social Research, The University of Michigan, Ann Arbor, MI, June.

Lansing, John B. 1966, Residential Location and Urban Mobility – A Second Wave of Interviews, Institute of Social Research, The University of Michigan, Ann Arbor, MI, January.

Lansing, John D. and Gary Hendricks, 1967, Automobile Ownership and Urban Density, Institute of Social Research, The University of Michigan, Ann Arbor, MI, June.

Lash, Michael, 1967, "Case Study: Washington, DC – Confl icts in Rapid Transit Planning," Urban Mass Transit Planning , edited by Wolfgang S. Homburger, The Institute of Transportation and traffic Engineering,

University of California, Berkeley, CA.

Lee, R.B., W. Kudlick, J.C. Falcocchio, E.J. Cantilli. and A. Stefanivk, 1978, Review of Local Alternatives Analyses Involving Automated Guideway Transit , Urbitran Associates, New York, NY. February.

Levinson, Herbert, et. al., 2003, Bus Rapid Transit, Volume 1: Case Studies in Bus Rapid Transit and Volume 2: Implementation Guidelines , Transit Cooperative Research Program, Transportation Research Board, Washington, D.C.

Levinson, Herbert S., 1979, Characteristics of Urban Transportation Demand - Appendix , Wilbur Smith and Associates, for U.S. Department of Transportation, Washington, D.C., January.

___, 1978, Characteristics of Urban Transportation Demand - A Handbook for Transportation Planners , Wilbur Smith and Associates, for U.S. Department of Transportation, Washington, D.C., April.

Levinson, Herbert S., et al, 1973, Bus Use of Highways: State of the Art , National Cooperative Highway Research Program Report 143, Highway Research Board, Washington, D.C.

Levittown Historical Society, 2012, "A Brief History of Levittown, New York," Retrieved from http://www.levittownhistoricalsociety.org/history.htm , April 19.

Lieb, Robert C., 1976, Labor in the Transit Industry , Northeastern University, Boston, MA, May.

Lindley, Jeffrey A., 1989; "Urban Freeway Congestion Problems and Solutions: An Update," ITE Journal , Volume 59, December, pp. 21-23.

___, 1987, "Urban Freeway Congestion: Quantifi cation of the Problem and Effectiveness of Potential Solutions," ITE Journal , Volume 57, January, pp. 27-32.

Liss, Susan, 1991, 1990 Nationwide Personal Transportation Study - Early Results , U.S. Department of Transportation, Federal Highway Administration, Washington, D.C., August.

Lockwood, Ian, 1997, "ITE Traffic Calming Defi nition," ITE Journal, Institute of Transportation Engineers, Washington, DC, July.

Lomax, Timothy J. Diane L. Bullard and James W. Hanks Jr., 1988, The Impact of Declining Mobility in Major Texas and Other U.S. Cities , Texas Transportation Institute, College Station, TX, August.

Los Angeles County Economic Development Commission, "California's Global Gateways" .

Loukaitou-Sideris, Anastasia and Robert Gottlieb, 2003, "Putting Pleasure Back in the Drive: Reclaiming Urban Parkways for the 21 st Century," Access , University of California, Transportation Center, Number 22, Spring.

Lowry, Ira S., 1964, A Model of Metropolis , The RAND Corporation (RAND Research Memorandum RM-4035-RC) , Santa Monica, CA. August.

Mabee, Nancy and Barbara A. Zumwalt, 1977, Review of Downtown People Mover Proposals: Preliminary Market Implications for Downtown Application of Automated Guideway Transit , The Mitre Corporation, McLean, VA. December.

Madhani, Aamer, 2015, "Once a Sure Bet, Taxi Medallions Becoming Unsellable," USA Today, May 17.

Martin and McGurkin, Travel Estimation Techniques for Urban Planning , NCHRP Report 365, Transportation Research Board of the National Academies, Washington, DC, 1998.

Maryland Department of Transportation, 1998, Thinking Beyond the Pavement , Baltimore, MD. May.

Marple, Garland E., 1969, "Urban Areas Make Transportation Plans," Presented at the 1969 American Society of Civil Engineers Meeting of Transportation Engineering.

Matherly, Deborah, 2014, A Guide To Regional Transportation Planning For Disasters, Emergencies, And Signifi cant Events, National Cooperative Highway Research Program Report 777, Transportation Research Board, Washington, D.C.

McCarthy, James E., 2004, Transportation Conformity Under the Clean Air Act: In Need of Reform？ Congressional Research Service Reports RL32106, Washington, DC, November 17.

McFadden, Daniel L., 2002, "The Path to Discrete Choice Models," Access , University of California Transportation Center, Berkeley CA, Number 20, Spring.

Meck, Joseph P., 1965, The Role of Economic Studies in Urban Transportation Planning , U.S. Department of Commerce, Bureau of Public Roads, U.S. Government Printing Office, Washington, D.C. August.

Metropolitan Transportation Commission, 1979a, BART in the San Francisco Bay Area- Summary of the Final Report of the BART Impact Program , U.S. Department of Transportation, Washington, D.C. December.

___, 1979b, BART in the San Francisco Bay Area - The Final Report of the BART Impact Program , U.S. Department of Transportation, Washington, D.C. September.

Meyburg, Arnim H., 2004, Letter Report on the Freight Analysis Framework , Committee on the Future of the Federal Highway Administration' s Freight Analysis Framework, Transportation Research Board, Washington, DC, February 9.

Meyer, John R., John F. Kain and Martin Wohl. 1965, The Urban Transportation Problem , Harvard University Press, Cambridge, MA.

Meyer, Michael, 2002, The Role of Metropolitan Planning Organizations in Preparing for Security Incidents and Transportation Response , Georgia Institute of Technology, Atlanta, GA.

___, 1983, "Strategic Planning in Response to Environmental Change," Transportation Quarterly , Vol. 37, No, 2, April.

Miller, David R., ed., 1972, Urban Transportation Policy: New Perspectives , Lexington Books, Lexington, MA.

Mills, James R., 1975, "Light Rail Transit: A Modern Renaissance," Light Rail Transit , Special Report 161, Transportation Research Board, Washington, D.C.

Mitchell, Robert B. and Rapkin, Chester, 1954, Urban Traffic: A Function of Land Use , Columbia University Press, New York, NY.

Moler, Steve, 2002, " A Hallmark of Context-Sensitive Design," Public Roads , U.S. Department of Transportation, Federal Highway Administration, Washington, DC, Vol. 65, No. 6, May/June.

Moss Mitchell L., and Carson Qing, 2012, The Emergence of the "Super-Commuter , Rudin Center for Transportation, New York University Wagner School of Public Service February.

Moyer, D. David and Barry L. Larson, eds., 1991, Proceedings of the 1991 Geographic Information Systems （GIS）for Transportation Symposium , American Association of State Highway and Transportation Officials, Washington, D.C., April.

Moylan, Andrew, Ryan Xue, Evan Engstrom, Zach Graves 2014, Ride Score 2014: "Hired Driver Rules in U.S. Cities," R Street' s website, November 12.

Muller, P. O., 1995, "Transportation and Urban Form: Stages in the Spatial Evolution of the American Metropolis." in The Geography of Urban Transportation , 2nd edition, ed. S. Hanson, The Guilford Press, New York.

MultiConsultant Associates, Inc., 1999, National Personnel Transportation Survey Symposium, Search for Solutions – A Policy Discussion Series, Number 17, U.S. Department of Transportation, Federal Highway Administration, Washington, DC. February.

NACTO, 2012, Urban Street Design Guide – Overview , National Association of City Transportation Officials New York, October 2012

National Committee on Urban Transportation, 1958-59, Better Transportation for Your City: A Guide to the Factual Development of Urban Transportation Plans , (with 17 procedure manuals) , Determining Street Use (Manual 1A) , Origin-Destination and Land Use (Manual 2A) , Conducting a Home Interview Origin-Destination Survey (Manual 2B), Measuring Traffic Volumes (Manual 3A), Determining Travel Time (Manual 3B) , Conducting a Limited Parking Study (Manual 3C) , Conducting a Comprehensive Parking Study (Manual 3D) , Maintaining Accident Records (Manual 3E) , Measuring Transit Service (Manual 4A) , Inventory of the Physical Street System (Manual 5A) , Financial Records and Reports (Manual 6A) , Cost Accounting for Streets and Highways (Manual 6B) , Standards for Street Facilities and Services (Manual 7A) , Recommended Standards, Warrants and Objectives for Transit Services and Facilities (Manual 8A) , Developing Project Priorities for Transportation Improvements (Manual 10A) , Improving Transportation Administration (Manual 11A) , Modernizing Laws and Ordinances (Manual 12A) , Public Administration Service, Chicago, IL.

National Council on Public Works Improvement, 1988, Fragile Foundations: A Report on America's Public Works (Final Report to the President and Congress) , U.S. Government Printing Office, Washington, D.C., February.

___, 1986, The Nation's Public Works: Defining the Issues, (Report to the President and the Congress) , Washington, D.C., September.

National Research Council, 1994, Curbing Gridlock: Peak-Period Fees to Relieve Traffic Congestion , Volumes 1 and 2, Transportation Research Board Special Report 242, National Academy Press, Washington, DC.

National Surface Transportation Policy and Revenue Study Commission, 2007, Transportation for Tomorrow , December.

National Transportation Policy Study Commission, 1979a, National Transportation Policies Through The Year 2000 , U.S. Government Printing Office, Washington, D.C., June.

___ , 1979b, National Transportation Policies Through The Year 2000 - Executive Summary , U.S. Government Printing Office, Washington, D.C., June.

N.D. Lea Transportation Research Corporation, 1975, Lea Transit Compendium – Reference Guide , Volume II, Number 1, N.D. Lea Transportation Research Corporation, Huntsville, AL.

Neuman, Timothy R., et.al., 2002, A Guide to Best Practices for Achieving Context Sensitive Solutions , National Cooperation Highway Research Program Report 480, Transportation Research Board, Washington, DC.

New Jersey Department of Transportation, 2012, "Transit Village Initiative," Retrieved from, http: //www.state. nj.us/transportation , April 17.

New Jersey Department of Transportation, 2010, Transit Village Grant Program Handbook - Application Process and Selection Criteria , January.

O'Connor, Rita, Marcy Schwartz, Joy Schaad, And David Boyd, 2000, "State of the Practice: White Paper on Public Involvement," Committee on Public Involvement in Transportation, Transportation in the New

Millennium - State of the Art and Future Directions, Transportation Research Board, Washington, DC, January.

Obama, Barak, 2013c, Preparing the United States for the Impacts of Climate Change , Executive Order 13653, White House, November 1.

Obama, Barak, 2015, "Establishing a Federal Flood Risk Management Standard and a Process for Further Soliciting and Considering Stakeholder Input," Executive Order 13690, The White House, January 30.

___, 2013b, President Obama's Climate Action Plan , The White House, June 25.

___, 2013a, Memorandum on Modernizing Federal Infrastructure Review and Permitting Regulations, Policies, and Procedures, Federal Register, May 22.

___, 2012, Executive Order 13604—Improving Performance of Federal Permitting and Review of Infrastructure Projects , Federal Register. Vol. 77, No. 60, March 28.

___, 2009. Federal Leadership in Environmental, Energy, and Economic Performance , Executive Order 13514, Federal Register , Vol. 74, No. 194, pp. 57117–52127. Oct. 5.

Oi, Walter Y. and Paul William Shuldiner, 1962, An Analysis Of Urban Travel Demands , Northwestern University Press, for the Transportation Center, Northwestern University.

Orange County Transportation Authority, 2012a, "91 Express Lanes – Overview," Retrieved from http: //www. octa.net/91overview.aspx

Orange County Transportation Authority, 2012b, 91 Express Lanes Fiscal Year 2010-2011 Annual Report , Retrieved from http: //www.octafi les.net/91annual.pdf

Orski, C. Kenneth, 1982, "Private Sector Involvement in Transportation," Urban Land , Urban Land Institute, Washington, D.C., October.

Outwater, Maren and Colin Smith et al. 2014. Effect of Smart Growth Policies on Travel Demand, Report S2-C16-RR-1, The Second Strategic Highway Research Program, Transportation Research Board, Washington, D.C.

Paparella, Vincent F., 1982, An Administrative History of the Development of the FHWA//UMTA Joint Urban Transportation Planning Regulations , U.S. Department of Transportation, Urban Mass Transportation Administration, Washington, D.C. February.

Parker, Elizabeth A., 1977, "Major Changes in the Urban and Rural Highway and Transit Programs," U.S. Department of Transportation, Washington, DC.

Parsons Brinckerhoff, Inc., 2010, Advanced Practices in Travel Forecasting-A Synthesis of Highway Practice , National Cooperative Highway Research Program Synthesis 406, Transportation Research Board, Washington, DC, February 1.

Payne-Maxie Consultants and Blayney-Dyett, 1980, The Land Use and Urban Development Impacts of Beltways, (4 Volumes) U.S. Department of Transportation and U.S. Department of Housing and Urban Development, Government Printing Office, Washington, DC, October.

Paying Our Way - A New Framework for Transportation Finance , 2009, Final Report of the National Surface Transportation Infrastructure Financing Commission, Washington, DC, February 26./

Peat Marwick Main & Co., 1989, Status of Traffic Mitigation Ordinances , prepared for U.S. Department of Transportation, Urban Mass Transportation Administration, Washington, D.C. August.

Pisarski, Alan E., 2006, Commuting in America III - The Third National Report on Commuting Patterns and Trends , National Cooperative Highway Research Program Report 550 and Transit Cooperative Research

Program Report 110, Transportation Research Board, Washington, DC.

___, 1996, Commuting in America II - The Second National Report on Commuting Patterns and Trends , Eno Transportation Foundation, Inc., Lansdowne, VA.

___, 1987a, Commuting in America - A National Report on Commuting Patterns and Trends , Eno Foundation for Transportation, Inc., Westport, CT.

___, 1987b, The Nation's Public Works: Report on Highways Streets, Roads and Bridges , National Council on Public Works Improvement, Washington, D.C. May.

Polytechnic Institute of New York, 1982, The Interstate Highway Trade-In Process , Brooklyn, N.Y. December.

Pratt, Richard H., et. al., 2000, Traveler Response to Transportation System Changes – Interim Handbook , Transit Cooperative Research Program Web Document 12, Transportation Research Board, Washington, DC, March.;

Pratt, Richard H., and John H. Copple, 1981, Traveler Response to Transportation System Changes , (Second Edition), Barton-Aschman Associates, Inc., for U.S. Department of Transportation, Federal Highway Administration, July.

Pratt, Richard H., Neil Pedersen and J. Mather, 1977, Traveler Response to Transportation System Changes - A Handbook for Transportation Planners: Edition I , R.H. Pratt Associates, U.S. Department of Transportation, Federal Highway Administration, Washington, D.C. February.

Putman, Stephen H., 1983, Integrated Urban Models , Pion Limited, London, England.

___, 1979, Urban Residential Location Models , Martinus Nijhoff Publishing, Boston, MA.

Rabinowitz, Harvey and Edward Beimborn, et. al., 1991, The New Suburb , U. S. Dept. of Transportation, Washington, D.C., July.

Reagan, Ronald, 1981b, "Postponement of Pending Regulations," White House Memorandum. January 29.

___, 1981a, Federal Regulation, Executive Order 12291, Federal Register , Vol. 46, No. 33, pp. 13193-13198. February 17, 1981.

___, 1982, Intergovernmental Review of Federal Programs, Executive Order 12372, Federal Register , Vol. 47, No. 137, pp. 30959-30960. July 16, 1982.

Reno, Arlee, Richard Kuzmyak and Bruce Douglas, 2002, Characteristics of Urban Travel Demand , Transit Cooperative Research Program Report 73, Transportation Research Board, Washington, DC.

Reno, Arlee T. and Ronald H. Bixby, 1985, Characteristics of Urban Transportation Systems , Sixth Edition, System Design Concepts, Inc., for U.S. Department of Transportation, Urban Mass Transportation Administration , Washington, D.C., October.

Rice Center, 1981, Urban Initiatives Program Evaluation , Houston, TX. March 12.

Rosenberg Matt, 2012, "Levittown, Long Island Was the Country's Largest Housing Development," Retrieved from, http: //geography.about.com/od/urbaneconomicgeography/a/levittown.htm

Rosenbloom, Dr. Sandra, 1992, Reverse Commute Transportation: Emerging Provider Roles , The University of Arizona, Prepared for U.S. Department of Transportation, Washington, D.C., March.

___, 1975, Paratransit , Special Report 164, Transportation Research Board, Washington, D.C. RSG, 2015, STOPS Simplifi ed Trips-on-Project Software , Prepared for: Federal Transit Administration, April 29.

Ruff, Joshua, 2007, Levittown: The Archetype for Suburban Development, HistoryNet.com, Retrieved from, http: //www.historynet.com/levittown-the-archetype-for-suburban- -development.htm

Ryan, James M. and Donald J. Emerson, et. al., 1986, Procedures and Technical Methods for Transit Project Planning , U.S. Department of Transportation, Urban Mass Transportation Administration, Washington, D.C., September.

Rypinski, Arthur, 2005, Energy Policy Act of 2005 - Listing of Provisions Potentially Affecting the Department of Transportation - Based upon Conference Committee Report of 27 July 2005 , U.S. Department of Transportation, Washington, DC, August, 3.

Sagamore Conference on Highways and Urban Development, 1958, Guidelines for Action, Conference Sponsored by American Municipal Association, American Association of State Highway Officials, Highway Research Board, and Syracuse University. October.

Salvesen, David, 1990, "Lizards, Blind Invertebrates, and Development," Urban Land , Vol. 49, No. 12, Urban Land Institute, Washington, D.C., December.

Sanders, David, and T. Reynen, 1974, Characteristics of Urban Transportation Systems: A Handbook for Transportation Planners , DeLeuw, Cather and Co., U.S. Department of Transportation, Urban Mass Transportation Administration , Washington, D.C., May.

Schaeffer, Eric N., 1986, "Transportation Management Organizations: An Emerging Public/Private Partnership," Transportation Planning and Technology , Gordon and Breech, Science Publishers, Inc., Vol. 10, pp. 257–266.

Schmidt, Robert E. and M. Earl Campbell, 1956, Highway Traffic Estimation , Eno Foundation for Highway Traffic Control, Saugatuck, CT.

Schrank, David L., Shawn M. Turner and Timothy J. Lomax, 1993, Estimates of Urban Roadway Congestion - 1990 , Texas Transportation Institute, Texas Department of Transportation, Austin, TX, March.

Schrank, D. and Lomax, T. (2007) . The 2007 Urban Mobility Report . Texas Transportation Institute. College Station, TX.

Schreiber, Carol, 1991, Current Use of Geographic Information Systems in Transit Planning , prepared for U.S. Department of Transportation, Urban Mass Transportation Administration, Washington, D.C., August.

Schweiger, Carol L., 1991, Current Use of Geographic Information Systems in Transit Planning - Final Report, EG&G Dynatrend Incorporated. U.S. Department of Transportation, Technology Sharing Program, Washington, DC.

Schrank, David and Tim Lomax, 2005, The 2005 Urban Mobility Report, Texas Transportation Institute, The Texas AM University System, College Station, Texas May

Schueftan, Oliver and Raymond H. Ellis, 1981, Federal, State and Local Responses to 1979 Fuel Shortages, Peat, Marwick, Mitchell & Co., Washington, D.C. February

Scott, James A., ed., 1975, Transportation , (Special Issue on Paratransit) , Vol. 4, No. 4, Elsevier Scientific Publishing Company, Amsterdam, The Netherlands. December.

___, 1991, "Transportation Provisions of the Clean Air Act Amendments of 1990," presented at the National Association of Regional Councils: National Briefing on New Clean Air Act, Washington, D.C., February 2.

Second Conference on Application of Transportation Planning Methods , 1989, University of North Carolina at Charlotte, April.

Shrouds, James M., 1995, Challenges and Opportunities for Transportation Implementation of the CAE of 1990 and the IS TEA of 1991, Transportation , Volume 22, Number 3, Kluwer Academic Publishers, Dordrecht, The Netherlands, August, pp. 193-215.

Silken, Joseph S. and Jeffery G. Mora, 1975, "North American Light Rail Vehicles," Light Rail Transit , Special Report 161, Transportation Research Board, Washington, D.C.

Silver, Jacob and Joseph R. Stowers, 1964, Population, Economic, and Land Use Studies in Urban Transportation Planning , U.S. Department of Commerce, Bureau of Public Roads, Washington, D.C. July.

Smirk, George M., ed., l968, Readings in Urban Transportation , Indiana University Press, Bloomington, IN.

Sousslau Arthur B., 1983, Transportation Planners' Guide to Using the 1980 Census , COMSIS Corporation, U.S. Department of Transportation, Federal Highway Administration, Washington, D.C. January.

Sousslau, Arthur B., Maurice M. Carter, and Amin B. Hassan, 1978a, Manual Techniques and Transferable Parameters for Urban Transportation Planning, Transportation Forecasting andTravel Behavior , Transportation Research Record 673, Transportation Research Board, Washington, D.C.

Sousslau, Arthur B., Amin B. Hassan, Maurice M. Carter, and George V. Wickstrom, 1978b, Travel Estimation Procedures for Quick Response to Urban Policy Issues , National Cooperative Highway Research Program Report 186, Transportation Research Board, Washington, D.C.

Sousslau, Arthur B., Amin B. Hassan, Maurice M. Carter, and George V. Wickstrom, 1978c, Quick Response Urban Travel Estimation Techniques and Transferable Parameters - User's Guide , National Cooperative Highway Research Program Report 187, Transportation Research Board, Washington, D.C.

Southeastern Wisconsin Regional Planning Commission, 1965-66, Planning Report No. 7 – Land Use-Transportation Study , Inventory Findings -1963（Volume 1）, May 1965; Forecasts and Alternative Plans （Volume 2）, June 1966; Recommended Land Use and Transportation Plan -1990 ,（Volume 3）, November 1966, Waukesha, Wisconsin.

Spear, Bruce, et al. 1981, Service and Methods Demonstrations Program Report , U.S. Department of Transportation, Urban Mass Transportation Administration, Washington, D.C. December.

___, 1979, Service and Methods Demonstration Program Annual Report , U.S. Department of Transportation, Urban Mass Transportation Administration, Washington, D.C. August.

___, 1977, Application of New Travel Demand Forecasting Techniques to Transportation Planning: A Study of Individual Choice Models , U.S. Department of Transportation, Federal Highway Administration, Washington, DC. March.

Stopher, Peter, 1991, "Deficiencies in Travel Forecasting Procedures Relative to the 1990 Clean Air Act Amendment Requirements," presented at the Annual Transportation Research Board meeting, Washington, D.C., January.

Stopher, Peter and Martin Lee-Gosselin, 1996, Understanding Travel Behavior in an Era of Change , Pergamon, New York, NY, August.

Stopher, Peter R., Arnim H. Meyburg, and Werner Brog., eds., 1981, New Horizons in Travel-Behavior Research, D.C. Heath, Lexington, MA.

Stopher, Peter R. and Arnim H. Meyburg, eds., 1976, Behavioral Travel-Demand Models , D.C. Heath, Lexington, MA.

___, eds., 1974, Behavioral Modeling and Valuation of Travel Time , Special Report 149, Transportation

Research Board, Washington, D.C.

Strayhorn, CaroleKeeton, 2005, Central Texas Regional Mobility Authority: A Need for A Higher Standard, Special Report, Texas Comptroller of Public Accounts, Austin, TX., March.

Swerdloff, Carl N. and Joseph R. Stowers, 1966, "A Test of Some First Generation Residential Land Use Models," Land Use Forecasting Concepts , Highway Research Record Number 126, Highway Research Board, Washington, D.C.

Sword, Robert C. and Christopher R. Fleet, 1973, "Updating An Urban Transportation Study Using the 1970 Census Data," Highway Planning Technical Report , Number 30, U.S. Department of Transportation, Federal Highway Administration, Washington, D.C. June.

Texas Transportation Institute, 1997, Activity-Based Travel Forecasting Conference, June 2-5, 1996, Summary, Recommendations, and Compendium of Papers , U.S. Department of Transportation and U.S. Environmental Protection Agency, Washington, DC, February.

___, 1972, Urban Corridor Demonstration Program Evaluation Manual , U.S. Department of Transportation, Washington, D.C. April.

The President's Council on Sustainable Development, 1996, Sustainable Development: A New Consensus for Prosperity, Opportunity, and a Healthy Environment for the Future , Washington, D.C., February.

The White House, 2007, "Fact Sheet: Energy Independence and Security Act of 2007," Washington, DC, December 19.

Third National Conference on Transportation Planning Applications , 1991, Texas State Department of Highways and Public Transportation, April.

Tiffe, Kristin and Deena Platman , 2015, Big Data in Transportation and Urban Planning, Portland State University , February 19.

Transportation Alternatives Group, 1990, Future Federal Surface Transportation Programs: Policy Recommendations , Washington, D.C., January.

Transportation Research Board, 2011, Federal Funding of Transportation Improvements. In BRAC Cases , Transportation Research Board Special Report 302.

___, 2009, Driving and the Built Environment: The Effects of Compact Development on Motorized Travel, Energy Use, and CO_2 Emissions , Transportation Research Board Special Report 298, Washington, DC.

___, 2008, Potential Impacts of Climate Change on U.S. Transportation , Transportation Research Board Special Report 290, Washington, DC.

___, 2007, Metropolitan Travel Forecasting: Current Practice and Future Direction , Transportation Research Board Special Report 288, Washington DC.

___, 2003b , Access Management Manual , May.

___, 2003, Letter Report from TRB Committee for Review of Travel Demand Modeling by the Metropolitan Washington Council of Governments , Transportation Research Board, Washington, D.C., Sept. 8.

___, 2001, Performance Measures to Improve Transportation Systems and Agency Operations , Conference Proceedings 26, Report of a Conference - Irvine, California, October 29–November 1, 2000, National Academy Press, Washington, D.C.

___, 2000, Refocusing Transportation Planning for the 21st Century , Conference Proceedings 20, National

Academy Press, Washington, DC.

＿, 1995a, I nstitutional Aspects of Metropolitan Transportation Planning , Transportation Research Circular Number 450, Washington, D.C., December.

＿, 1995b, Expanding Metropolitan Highways - Implications for Air Quality and Energy Use , Special Report 245, Washington, D.C.

＿, 1993, Moving Urban America , Special Report 237, Washington, D.C.

＿, 1994, Highway Capacity Manual , Third Edition, Special Report 209, Washington, D.C.

＿, 1990a, Transportation and Economic Development - 1990 , Transportation Research Record No. 1274, Washington, D.C.

＿, 1990b, In Pursuit of Speed：New Options for Intercity Passenger Transportation , Transportation Research Board Special Report 233, Washington, D.C., November.

＿, 1988, A Look Ahead - Year 2020 , Transportation Research Board Special Report 220, Washington, D.C.

＿, 1987, Research for Public Transit-New Directions , Transportation Research Board Special Report 213, Washington, D.C.

＿, 1985a, Light Rail Transit：System Design for Cost-Effectiveness , State-of-the-Art Report 2, Transportation Research Board, Washington, D.C.

＿, 1985b, Proceedings of the National Conference on Decennial Census Data for Transportation Planning , Transportation Research Board Special Report 206, Washington, D.C.

＿, 1985c, Highway Capacity Manual , Transportation Research Board Special Report 209, Washington, D.C.

＿, 1984a, Future Directions of Urban Public Transportation , Transportation Research Board Special Report 200, Washington, D.C.

＿, 1984b, Travel Analysis Methods for the 1980s , Transportation Research Board Special Report 201, Washington, D.C.

＿, 1984c, Census Data and Urban Transportation Planning in the 1980s , Transportation Research Record 981, Washington, D.C.

＿, 1982a, Light Rail Transit：Planning, Design and Implementation , Transportation Research Board Special Report 195, Washington, D.C.

＿, 1982b, Urban Transportation Planning in the 1980s , Transportation Research Board Special Report 196, Washington, D.C.

＿, 1978, Light Rail Transit：Planning and Technology , Transportation Research Board Special Report 182, Washington, D.C.

＿, 1977, Urban Transportation Alternatives：Evolution of Federal Policy , Transportation Research Board Special Report 177, Washington, D.C.

＿, 1975a, A Review of Urban Mass Transportation Guidelines for Evaluation of Urban Transportation Alternatives , A Report on the Conference on Evaluation of Urban Mass Transportation Alternatives, Transportation Research Board Washington D.C., February 23-26.

＿, 1975b, Light Rail Transit , Transportation Research Board Special Report 161, Washington, D.C.

＿, 1974a, Demand-Responsive Transportation , Transportation Research Board Special Report 147, Washington, D.C.

___, 1974b, Demand-Responsive Transportation Systems and Services , Special Report 154, Washington, D.C.

___, 1974c, Census Data and Urban Transportation Planning , Transportation Research Board Special Report 145, Washington, D.C.

"*The Recovery Act,*" *2012, retrieved from http*：//www.recovery.gov/About/Pages/The_Act.aspx.

Transportation Systems Center, 1977, Light Rail Transit：State of the Art Review , U.S. Department of Transportation, Washington. D.C. May.

Travel Forecasting Resource , 2013, www.TFResource.org

TRIP, 2015, Bumpy Roads Ahead：America's Roughest Rides and Strategies to Make our Roads Smoother, Washington, DC. July

Turnbull, Katherine F., 2007, The Metropolitan Planning Organization, Present and Future, Summary of a Conference , August 27–29, 2006, Conference Proceedings 39, Transportation Research Board, Washington, D.C.

Tyndall, Gene R., John Cameron and Chip Taggart, 1990, Strategic Planning and Management Guidelines for Transportation Agencies , National Cooperative Highway Research Program Report 331, Transportation Research Board, Washington, D.C., December.

Uber, 2015, Wikipedia, July 16.

U.S. Congress, 1989, The Status of the Nation's Highways and Bridges：Conditions and Performance , House Document No. 101-2, 101st Congress, 1st Session, U.S. Government Printing Office, Washington, D.C., January.

___, 1981, The Status of the Nation's Highways：Conditions and Performance , House Document No. 97-2, 97th Congress, 1st Session, U.S. Government Printing Office, Washington, D.C., January.

___, 1975, The 1974 National Highway Needs Report , House Document No. 94-45, 94th Congress, 1st Session, U.S. Government Printing Office, Washington, D.C., February 10.

___, 1972a, Report to Congress on Section 109（h）, Title 23, U.S. Code - Guidelines Relating to the Economic, Social, and Environmental Effects of Highway Projects , House Document No. 45, 92nd Congress, 2d Session, U.S. Government Printing Office, Washington, D.C. August.

___, 1972b, Part 1 of the 1972 National Highway Needs Report , House Document No. 92-266, 92nd Congress, 2d Session, U.S. Government Printing Office, Washington, D.C., March 15.

___, 1972c, Part 2 of the 1972 National Highway Needs Report , House Document No. 92-266, Part II, 92nd Congress, 2d Session, U.S. Government Printing Office, Washington, D.C., April 10.

___, 1970 National Highway Needs Report With Supplement , Committee Print 91-28, 91st Congress, 2d Session, U.S. Government Printing Office, Washington, D.C., September.

___, 1968a, 1968 National Highway Needs Report , Committee Print 90-22, 90th Congress, 2d Session, U.S. Government Printing Office, Washington, D.C., February.

___, 1968b, Supplement to the 1968 National Highway Needs Report , Committee Print 90-22A, 90th Congress, 2d Session, U.S. Government Printing Office, Washington, D.C., July.

___, 1944, Interregional Highways ,（Message from the President of the United States Transmitting a Report of the National Interregional Highway Committee）, House Document no. 379, 78th Congress, 2nd Session. U.S. Government Printing Office, Washington, D.C.

___, 1939, Toll Roads and Free Roads , House Document no. 272, 76th Congress, 1st Session, U.S. Government

Printing Office, Washington, D.C.

U.S. Congress, Senate, 1962, Urban Transportation - Joint Report to the President by the Secretary of Commerce and the Housing and Home Finance Administration, Urban Mass Transportation - 1962 , 87th Congress, 2nd Session, U.S. Government Printing Office, Washington, D.C. pp. 71-81.

U.S. Congress, Office of Technology Assessment, 1975, Automated Guideway Transit – An Assessment of PRT and Other New Systems , U.S. Government Printing Office, Washington, D.C. June.

U.S. Congressional Budget Office, 2012, How Would Proposed Fuel Economy Standards Affect the Highway Trust Fund？, Washington, DC, May

U.S. Dept. of Transportation, Volpe National Transportation Systems Center, 2006b, Expert Forum on Road Pricing and Travel Demand Modeling - Proceedings. Washington DC

U.S. Department of Commerce , Bureau of Public Roads, 1965a, Highway Progress ,（Annual Report of the Bureau of Public Roads, Fiscal Year 1965）. U.S. Government Printing Office, Washington, D.C. October.

___, 1965b, Traffic Assignment and Distribution for Small Urban Areas , U.S. Government Printing Office, Washington, D.C. September.

___, 1964, Traffic Assignment Manual , U.S. Government Printing Office, Washington, D.C. June.

___, 1963a, Calibrating and Testing a Gravity Model with a Small Computer , U.S. Government Printing Office, Washington, D.C. October.

___, 1963b, Calibrating and Testing a Gravity Model for Any Size Urban Area , U.S. Government Printing Office, Washington, D.C. July.

___, 1963c, Instructional Memorandum 50-2-63, Urban Transportation Planning. Washington, D.C. March 27.

___, 1963d, Highway Planning Program Manual , Washington, D.C.

___, 1962, Increasing the Traffic-Carrying Capability of Urban Arterial Streets：The Wisconsin Avenue Study , U.S. Government Printing Office, Washington, D.C. May.

___, 1957, The Administration of Federal-Aid for Highways , U.S. Government Printing Office, Washington, D.C. January.

___, 1954a, Highways in the United States , U.S. Government Printing Office, Washington, D.C.

___, 1954b, Manual of Procedures for Home Interview Traffic Studies - Revised Edition , Washington, D.C., October.

___, 1950, Highway Capacity Manual - Practical Applications of Research , U.S. Government Printing Office, Washington, DC.

___, 1944, Manual of Procedures for Home Interview Traffic Studies , U.S. Government Printing Office, Washington, D.C.

U.S. Department of Energy, 1978, The National Energy Act - Information Kit , Washington, D.C. November.

U.S. Department of Housing and Urban Development, 1980, The President's 1980 National Urban Policy Report , U.S. Government Printing Office, Washington, D.C. August.

___, 1978a, A New Partnership to Conserve America's Communities -A National Urban Policy , Urban and Regional Policy Group, U.S. Government Printing Office, Washington, D.C. March.

___, 1978b, The President's 1978 National Urban Policy Report , U.S. Government Printing Office, Washington, D.C. December.

U.S. Department of Transportation, 2015, Synchronizing Environmental Reviews for Transportation and Other Infrastructure Projects - 2015 Red Book , September.

___, Research and Innovative Technology Administration, Intelligent Transportation Systems Joint Program Office, 2012b, "Connected Vehicle Research," retrieved from http：//www.its.dot.gov/connected_vehicle/connected_vehicle.htm.

___, Federal Transit Administration, 2012a, "Major Capital Investment Projects," Notice of Proposed Rulemaking, . Federal Register ： Volume 77, No. 16, Pages 3848-3909, January 25.

___, Federal Transit Administration, 2012c, Circular 4702.1B TITLE VI Requirements and Guidelines for Federal Transit Administration Recipients , October 1.

___, Federal Highway Administration, 2012d, Climate Change & Extreme Weather Vulnerability Assessment Framework, Washington, DC December .

___, 2011a, "Notice of Funding Availability for the Department of Transportation's National Infrastructure Investments Under the Full-Year Continuing Appropriations, 2011；and Request for Comments," Federal Register , Vol. 76, No. 156, August 12, pp. 50289-50312

___, 2011b," DOT Takes" We Can't Wait" To Heart；TIGER III Projects Announced Ahead Of Schedule," Fast Lane – The Official Blog or the U.S. Secretary of Transportation, December 15.

___, National Highway Traffic Safety Administration, 2011c, "NHTSA and EPA Propose to Extend the National Program to Improve Fuel Economy and Greenhouse Gases for Passenger Cars and Light Trucks," Press Release, November 16.

___, 2011d, Policy Statement on Climate Change Adaptation , Washington, DC, June.

___, 2009a, "DOT Secretary Ray LaHood, HUD Secretary Shaun Donovan and EPA Administrator Lisa Jackson Announce Interagency Partnership for Sustainable Communities – Partnership Sets Forth Six 'Livability Principles' To Coordinate Policy," Press Release, June 16.

___, Federal Railroad Administration, 2009b, "Overview, Highlights and Summary of the Passenger Rail Investment and Improvement Act of 2008（PRIIA）-（Public Law No. 110-432, Division B, enacted Oct. 16, 2008, Amtrak/High-Speed Rail）, March 10.

___, 2007, "U.S. Department of Transportation Names Six Interstate Routes as "Corridors of the Future" to Help Fight Traffi c Congestion," Press Release, Washington, DC, September 10.

___, 2006, National Strategy To Reduce Congestion On America's Transportation Network , Department of Transportation, Washington, DC., May.

___, Volpe National Transportation Systems Center, 2006, Expert Forum on Road Pricing and Travel Demand Modeling - Proceedings . Washington DC.

___, Federal Highway Administration, 2004a, National Bicycling and Walking Study - Ten Year Status Report , Washington, DC, October.

___, Federal Highway Administration and Federal Transit Administration, 2004b, The Metropolitan Transportation Planning Process：Key Issues A Briefi ng Notebook for Transportation Decisionmakers, Officials, and Staff, Transportation Planning Capacity Building Program, Washington, DC, May.

___, Federal Highway Administration, 2004c, Report on the Value Pricing Pilot Program Through March 2004 , Washington, DC.

___, Federal Highway Administration, 2004d, Report to Congress on Public-Private Partnerships , Washington, DC., July.

___, Federal Highway Administration, 2004e, Highway Finance and Public-Private Partnerships - New Approaches to Delivering Transportation Services , Washington, DC, December.

___, Federal Highway Administration, 2002a, "Freight Analysis Framework," Freight News , Washington, DC. October.

___, Federal Highway Administration, 2002b, State Infrastructure Bank Review , Washington, DC, February.

___, Federal Highway Administration, 2000a, MUTCD 2000 - Manual on Uniform Traffic Control Devices - Millennium Edition , Washington, DC., December 18.

___, ITS Joint Program Office, 2000b, National Intelligent Transportation Systems Program Plan - Five-Year Horizon , Washington, DC, August.

___, Federal Transit Administration, 2000c, Report on Job Access and Reverse Commute Program - Report of the Secretary of Transportation to the United States Congress Pursuant to 49 U.S.C. 3037（k）（2）（b）, Washington, DC.

___, Federal Highway Administration, 2000d, 2000 Report on the Value Pricing Pilot Program , Washington, DC., July.

___, 2000e, The Changing Face of Transportation , Washington, DC.

___, 2000f, Transportation Decision Making：Policy Architecture For The 21 st Century , Washington, DC.

___, Federal Highway Administration, 1999a, Asset Management Primer , Washington, DC, December.

___, Offi ce of Intelligence and Security, 1999b, Worldwide Terrorist and Violent Criminal Attacks Against Transportation—1998, Washington, D.C.

___, 1998, A Summary - Transportation Equity Act for the 21st Century , Washington, D.C., July.

___, 1997a, Environmental Justice in Minority and Low-Income Populations：Incorporation of Procedures Into Policies, Programs and Activities, DOT Order 5610.2, Federal Register , Vol. 62, No. 72, pp. 18377-81, April 15.

___, Federal Highway Administration, 1997b, An Evaluation of the U.S. Department of Transportation State Infrastructure Bank Pilot Program - SIB Report to Congress , Washington, DC, February 28.

___, Federal Highway Administration, 1997c, Flexibility in Highway Design , Washington, DC. July.

___, 1996a, Building Livable Communities Though Transportation , Washington, D.C., October.

___, Federal Transit Administration, 1996b, Planning, Developing, and Implementing Community-Sensitive Transit , Washington, D.C. May.

___, Federal Highway Administration and Federal Transit Administration,, 1996c, Statewide Transportation Planning Under ISTEA - A New Framework for Decision Making , Washington, D.C.

___, 1996d, A Progress Report on the National Transportation System Initiative , Washington, D.C., December.

___, Federal Highway Administration and Federal Transit Administration, 1995, A Guide to Metropolitan Transportation Planning Under ISTEA - How the Pieces Fit Together , Washington, D.C.

___, Federal Highway Administration, 1994, National Bicycling and Walking Study Final Report - Transportation Choices for a Changing America, Washington, DC, April.

___, 1993a, Transportation Implications of Telecommuting Washington, D.C., April.

___, Federal Highway Administration and Federal Transit Administration, 1993b, Statewide Planning; Metropolitan Planning; Rule, Federal Register , Vol. 68, No. 207, pp. 58040-58079, October 28.

___, Federal Highway Administration and Federal Transit Administration, 1993c, Management and Monitoring Systems, Interim Final Rule, Federal Register , Vol. 58, No. 229, pp. 63442-85, December 1.

___, Federal Transit Administration, 1992a, Intermodal Surface Transportation Efficiency Act of 1991 - Flexible Funding Opportunities for Transit , Washington, D.C., April 30.

___, 1991a, Transportation for Individuals With Disabilities, Federal Register , Vol. 56, No. 65, pp. 13856-13981, April 4.

___, 1991b, A Summary - Intermodal Surface Transportation Efficiency Act of 1991 , Washington, D.C., December.

___, 1990a, National Transportation Strategic Planning Study , Washington, D.C., March.

___, 1990b, Moving America: New Directions, New Opportunities, A Statement of National Transportation Policy , Washington, D.C., February.

___, 1990c, Report to Congress on Intelligent Vehicle-Highway Systems , March.

___, Federal Railroad Administration, 1990d, Assessment of the Potential for Magnetically Levitated Transportation in the United States , Washington, D.C., June.

___, 1989a, Moving America: New Directions, New Opportunities, Volume 1: Building the National Transportation Policy , Washington, D.C., July.

___, 1989b, Moving America: A Look Ahead to the 21st Century , Washington, D.C.

___, Urban Mass Transportation Administration, 1988a, The Status of the Nation' s Local Mass Transportation: Performance and Conditions , Washington, D.C. June.

___, Urban Mass Transportation Administration, 1987a, The Status of the Nation' s Local Mass Transportation: Performance and Conditions , Washington, D.C. June.

___, Urban Mass Transportation Administration, 1987b, Charter Service, Federal Register , Vol. 52, No. 70, pp. 11916-936. April 13.

___, 1987c, Fact Sheet-Surface Transportation and Uniform Relocation Assistance Act of 1987（P.L. 100-17）, Washington, D.C. April 10.

___, Federal Highway Administration, 1987d, Highway Performance Monitoring System Analytical Process , Volumes 1-3, Washington, D.C., December.

___, Federal Highway Administration and Urban Mass Transportation Administration, 1987e, Environmental Impact and Related Procedures, Federal Register , Vol. 52, No. 167, pp. 32646-69. August 28.

___, Urban Mass Transportation Administration, 1986a, Charter Bus Operations; Proposed Rule, Federal Register , Vol. 51, No. 44, pp. 7892-7906. March 6.

___, 1986b, Nondiscrimination on the Basis of Handicap in Department of Transportation Financial Assistance Programs, Federal Register , Vol. 52, No. 100, pp. 18994-19031. May 23.

___, Urban Mass Transportation Administration, 1984a, "Stanley Announces Policy for New Fixed Guideway Systems,"（News Release）, UMTA 16-84. May 18.

___, Urban Mass Transportation Administration, 1984b, Urban Mass Transportation Major Capital Investment Policy, Federal Register , Vol. 49, No. 98, pp. 21284-91. May 18.

___, Urban Mass Transportation Administration, 1984c, Private Enterprise Participation in the Urban Mass Transportation Program, Federal Register , Vol. 49, No. 205, pp. 41310-12. October 22.

___, Urban Mass Transportation Administration, 1984d, The Status of the Nation's Local Public Transportation: Conditions and Performance , Washington, DC. September.

___, Federal Highway Administration, 1984e, Highway Performance Monitoring System Field Manual , Washington, D.C., January.

___, 1983a, Intergovernmental Review of the Department of Transportation Programs and Activities, Federal Register , Vol. 48, No. 123, pp. 29264-74. June 24.

___, Urban Mass Transportation Administration, 1983b, ACT Socio-Economic Research Program Digest , Washington, D.C. March.

___, Federal Highway Administration and Urban Mass Transportation Administration, 1983c, Urban Transportation Planning, Federal Register , Vol., 48, No. 127, pp. 30332-43. June 30.

___, Urban Mass Transportation Administration, 1983d, Microcomputers in Transportation Software and Source Book , Washington, D.C. September.

___, Urban Mass Transportation Administration, 1983e, Microcomputers in Transportation Selected Readings : Getting Started in Microcomputers , (Volume 1); Selecting a Single User System , (Volume 2), Washington, D.C.

___, 1983f, Nondiscrimination on the Basis of Handicap in Programs Receiving Financial Assistance From the Department of Transportation, Federal Register , Vol. 48, No. 175, pp. 40684-94. September 8.

___, 1983g, Fact Sheet-Surface Transportation Assistance Act of 1982 (P.L. 97-424), Washington, D.C. January 13.

___, Urban Mass Transportation Administration, 1982a, Paratransit Policy, Federal Register , Vol. 47, No. 201, pp. 46410-11. October 18.

___, Urban Mass Transportation Administration 1982a, Charter Bus Operations and School Bus Operations (ANRPM) , Federal Register, Vol. 47, No. 197, pp. 44795-804. October 12.

___, 1981a, Nondiscrimination on the Basis of Handicap, Federal Register , Vol. 46, No. 138, pp. 37488-94. July 20.

___, Federal Highway Administration and Urban Mass Transportation Administration, 1981b, Air Quality Conformity and Priority Procedures for Use in Federal-Aid Highway and Federally- Funded Transit Programs, Federal Register , Vol. 46, No. 16, pp. 8426-32. January 26.

___, Urban Mass Transportation Administration, 1981c, Charter Bus Operations, Federal Register , Vol. 46, No. 12, pp. 5394-407. January 19.

___, Urban Mass Transportation Administration, 1981d, National Urban Mass Transportation Statistics: First Annual Report, Section 15 Reporting System , Washington, D.C., May.

___, Federal Highway Administration, 1980-1983, 1977 Nationwide Personal Transportation Study , Characteristics of 1977 Licensed Drivers and Their Travel (Report No. 1, October 1980), Household Vehicle Ownership , (Report No. 2, October 1980), Purposes of Vehicle Trips and Travel , (Report No. 3, December 1980), Home-to-Work Trips and Travel , (Report No. 4, December 1980), Household Vehicle Utilization, (Report No. 5, April 1981), Vehicle Occupancy (Report No. 6, April 1981), A Life Cycle of Travel by the

American Family , (Report No. 7, July 1981) , Urban/Rural Split of Travel , (Report No. 8, June 1982) , Household Travel , (Report No. 9, July 1982) , Estimates of Variances , (Report No. 10, November 1982) , Person Trip Characteristics , (Report No. 11, December 1983) , Washington, DC.

___, Federal Highway Administration, 1980a, Federal Laws and Material Relating to the Federal Highway Administration , U.S. Government Printing Office, Washington, D.C.

___, Federal Highway Administration and Urban Mass Transportation Administration, 1980b, Environmental Impact and Related Procedures, Federal Register , Vol. 45, No. 212, pp. 71968- 987. October 30.

___, 1980c, Energy Conservation by Recipients of Federal Financial Assistance, Federal Register , Vol. 45, No. 170, pp. 58022-38. August 29.

___, Federal Highway Administration, 1980d, A Study of the Administrative Effectiveness of the Department of Transportation Ridesharing Programs , Washington, D.C., May.

___, Federal Highway Administration and Urban Mass Transportation Administration, 1980e, "Interstate Withdrawal and Substitution; Revision of Regulations," Federal Register, Vol. 45, Nov. 204, pp. 69390-68400) , October 20.

___, Federal Highway Administration, 1979a, America' s Highways, 1776-1976, A History of the Federal-Aid Program , U.S. Government Printing Offi ce, Washington, D.C.

___, Urban Mass Transportation Administration, 1979b, Urban Mass Transportation Act of 1964, as amended through December 1978, and Related Laws , U.S. Government Printing Office, Washington, D.C.

___, 1979c, Energy Conservation in Transportation , Washington, D.C. January.

___, 1979d, The Surface Transportation Assistance Act of 1978 , Washington, D.C. August.

___, 1979e, "Improving the Urban Transportation Decision Process," (memorandum from the Federal Highway Administrator and Acting Deputy Urban Mass Transportation Administrator) . Washington, D.C. October 11.

___, 1979f, Nondiscrimination on the Bases of Handicap in Federally-Assisted Programs and Activities Receiving or Benefiting from Federal Financial Assistance, Federal Register , Vol. 44, No. 106, pp. 31442-82. May 3l.

___, Urban Mass Transportation Administration, 1979g, Urban Initiatives Program; Program Guidelines, Federal Register , Vol. 44, No. 70, pp. 21580-83. April 10.

___, Urban Mass Transportation Administration, 1978a, Policy Toward Rail Transit, Federal Register , Vol. 43, No. 45, pp. 9428-30. March 7.

___, Federal Highway Administration, 1978b, Manual on Uniform Traffic Control Devices , Washington, DC.

___, Federal Highway Administration, 1977a, Computer Programs for Urban Transportation Planning - PLANPAC/BACKPAC General Information Manual , U.S. Government Printing Office, Washington, D.C. April.

___, Urban Mass Transportation Administration, 1977b, Urban Mass Transportation Administration-Statistical Summary , U.S. Government Printing Office, Washington, D.C.

___, 1977c, National Transportation Trends and Choices - To The Year 2000 , U.S. Government Printing Office, Washington, DC, January 12.

___, Urban Mass Transportation Administration, 1977d, Urban Mass Transportation Industry Uniform System of Accounts and Records and Reporting System , General Description , (Volume 1) , Washington, D.C., January 10.

___, Urban Mass Transportation Administration, 1977e, Uniform System of Accounts and Records and Reporting System, Federal Register , Vol. 42, No. 13, pp. 3772-79. January 19.

___, Federal Transit Administration, 1977f, Circular 4702.1A Title VI and Title VI-Dependent Guidelines for FTA Recipients , December.

___, 1976a, Urban System Study , Washington, D.C.

___, Urban Mass Transportation Administration, 1976b, Major Urban Mass Transportation Investments, Federal Register , Vol. 4l, No. 185, pp. 41512-14. September 22.

___, Urban Mass Transportation Administration and Federal Highway Administration, 1976c, Transportation for Elderly and Handicapped Persons, Federal Register , Vol. 4l, No. 85, pp. 18234-41. April 30.

___, Urban Mass Transportation Administration, 1976d, Charter and School Bus Operations, Federal Register , Vol. 41, pp. 14123-31. April 1.

___, Federal Highway Administration and Urban Mass Transportation Administration, 1975a, Planning Assistance and Standards, Federal Register , Vol. 40, No. 181, pp. 42976-84. September 17.

___, 1975b; 1974 National Transportation Report: Current Performance and Future Prospects . U.S. Government Printing Office, Washington, D.C. July.

___, Urban Mass Transportation Administration, 1975c, Major Mass Transportation Investments, (Proposed Policy) , Federal Register , Vol. 40, No. 149, pp. 32546-47, August 1.

___, 1975d, A Statement of National Transportation Policy (By the Secretary of Transportation), U.S. Government Printing Office, Washington, DC, September 17.

___, Federal Highway Administration, 1975e, National Highway Inventory and Performance Study Manual - 1976 , Washington, D.C., July.

___, Federal Highway Administration, 1974a, Progress Report on Implementation of Process Guidelines , Washington, D.C. May 10.

___, 1974b, A Study of Mass Transportation Needs and Financing , Washington, DC. July.

___, 1973, Federal Highway Administration, Urban Origin-Destination Surreys , Washington, D.C, (reprinted1975) .

___, Federal Highway Administration, 1972-1974, Nationwide Personal Transportation Study , Automobile Occupancy (Report No. 1, April 1972) , Annual Miles of Travel (Report No. 2, April 1972) , Seasonal Variations of Automobile Trips and Travel , (Report No. 3, April 1972) , Transportation Characteristics of School Children , (Report No. 4, July 1972) , Availability of Public Transportation and Shopping Characteristics of SMSA Households , (Report No. 5, July 1972) , Characteristics of Licensed Drivers , (Report No. 6, April 1973) , Household Travel in the United States , (Report No. 7, December 1972) , Home-to-Work Trips and Travel , (Report No. 8, August 1973) , Mode of Transportation and Personal Characteristics of Tripmakers , (Report No. 9, November 1973) , Purpose of Automobile Trips and Travel , (Report No. 10, May 1974) , Automobile Ownership, (Report No. 11, December 1974) , Washington, DC.

___, Federal Highway Administration, 1972a, Policy and Procedure Memorandum 90-4, Process Guidelines (Economic, Social and Environmental Effects on Highway Projects) , Washington, D.C. September 2l.

___, 1972b, 1972 National Transportation Report: Present Status- Future Alternatives , U.S. Government Printing Office, Washington, D.C. July.

___, Urban Mass Transportation Administration, 1972c, External Operating Manual（UMTA Order 1000.2）, Washington, D.C. August.

___, 1972d, An Analysis of Urban Highway Public Transportation Facility Needs（Volumes 1 and 2）, Washington, DC. April.

___, Federal Highway Administration, 1970a, Stewardship Report on Administration of the Federal-Aid Highway Program 1956-1970 . Washington, D.C.

___, Federal Highway Administration, 1970b, Highway Environment Reference Book , Washington, D.C. November.

___, Federal Highway Administration, 1969a, Policy and Procedure Memorandum 20-8, Public Hearings and Location Approval, Washington, D.C. January 14.

___, Federal Highway Administration, 1969b, 1968 National Highway Functional Classification Study Manual , Washington, D.C., April.

___, Federal Highway Administration, 1968, Instructional Memorandum 50-4-68, Operations Plans for "Continuing" Urban Transportation Planning, Washington, D.C. May 3.

___, Federal Highway Administration, 1967a, Policy and Procedure Memorandum 50-9, Urban Transportation Planning, Washington, D.C. June 21.

___, Federal Highway Administration, 1967b, Guidelines for Trip Generation Analysis , U.S. Government Printing Office, Washington, D.C. June.

___, Federal Highway Administration, 1967c, Instructional Memorandum 21-13-67, Reserved Bus Lanes, Washington, D.C. August 18.

___, and U.S. Department of Housing and Urban Development, 1974, Report to the Congress of the United States on Urban Transportation Policies and Activities , Washington, D.C.

U.S. Environmental Protection Agency, 2012, Using MOVES for Estimating State and Local Inventories of On-Road Greenhouse Gas Emissions and Energy Consumption , Public Draft, March 31.

___, 2011, "EPA, HUD, DOT Mark Partnership for Sustainable Communities Second Anniversary," News Releases By Date, June 16.

___, 2010a, "Official Release of the MOVES2010 Motor Vehicle Emissions Model for Emissions Inventories in SIPs and Transportation Conformity, Notice of availability", Federal Register , Volume 75, Number 40, March 2, Pp. 9411-9414.

___, 2010b, "Transportation Conformity Rule: MOVES Regional Grace Period Extension," Final rule, 40 CFR Part 93.

___, 2010, Partnership for Sustainable Communities. A Year of Progress for American Communities , Washington, DC.

___, 1993, Air Quality: Transportation Plans, Programs, and Projects; Federal or State Implementation Plan Conformity; Rule, Federal Register , Volume 58, Number 225, pp. 62188- 62253, November 24.

___, 1990, Clean Air Act Amendments of 1990 - Detailed Summary of Titles , Washington, D.C., November 30.

U.S. Federal Works Agency, Public Roads Administration, 1949, Highway Practice in the United States of America , U.S. Government Printing Office, Washington, D.C.

U.S. General Accounting Office, 1997, Transportation Infrastructure - States' Implementation of Transportation

Systems , Washington, DC., January 13.

U.S. General Accountability Office, 2005, Highway Congestion - Intelligent Transportation Systems' Promise for Managing Congestion Falls Short, and DOT Could Better Facilitate Their Strategic Use , Washington, DC, September.

U.S. Housing and Home Finance Administration and U.S. Department of Commerce, 1965, Standard Land Use Coding Manual , U.S. Government Printing Office, Washington, D.C. January.

U.S. Public Roads Administration, 1955, General Location of National System of Interstate Highways Including All Additional Routes at Urban Areas Designated , September.

University of Florida, 2012, Regional Cooperation in Transportation Planning , prepared for Florida Department of Transportation, February

University of South Florida, 2006, Transportation Concurrency Requirements And Best Practices: Guidelines for Developing and Maintaining An Effective Transportation Concurrency Management System , Tallahassee, FL, September

Upchurch, Jonathan, 1989, "The New Edition of the Manual on Uniform Traffic Control Devices: An Overview," ITE Journal , Volume 59, Number 4, Washington, DC., April.

Vickrey, William, 1959, "Economic Justifi cation For Peak-Hour Charges," Statement to the U.S. Congress Joint Committee on Washington Metropolitan Problems, November 11.

Vock, Daniel C., 2015, "Redesigning Roads: Taking A Look at the 'Complete Streets' Movement," Governing-The States And Localities .

Vonderohe, Alan, Larry Travis and Robert Smith, 1991, "Implementation of Geographic Information Systems (GIS) in State DOTs," NCHRP Research Results Digest , Transportation Research Board, Washington, D.C., August.

Voorhees, Alan M., 1956, "A General Theory of Traffic Movement," 1955 Proceedings , Institute of Traffic Engineers, New Haven, CT.

Vuchic, Vukan R., 1981, Urban Public Transportation: Systems and Technology , Prentice-Hall, Englewood Cliffs, NJ.

Wachs, Martin, 1990, "Regulating Traffic by Controlling Land Use The Southern California Experience, Transportation , Vol. 16, pp. 241-256.

Wagner, Frederick A., 1978, Evaluation of Carpool Demonstration Projects - Phase I Report , U.S. Department of Transportation, Federal Highway Administration, Washington, D.C., October.

Walmsley, Anthony, 2003, "The Henry Hudson Parkway Scenic Byway Initiative, History," www. henryhudsonparkway.org/hhp/history2.htm , April.

Washington Center for Metropolitan Studies, 1970, Comprehensive Planning for Metropolitan Development , prepared for U.S. Department of Transportation, Urban Mass Transportation Administration, Washington, D.C.

Watson, Peter L. and Edward P. Holland, 1978, "Congestion Pricing: The Example of Singapore," Urban Economics: Proceedings of Five Workshops on Pricing Alternatives, Economic Regulation, Labor Issues, Marketing, and Government Financing Responsibilities , U.S. Department of Transportation, Washington, D.C. March, pp. 27-30.

Ways, Sherry B. and Cynthia Burbank, 2005, "Scenario Planning," Public Roads , Vol. 69, No. 2, U.S.

Department of Transportation, Federal Highway Administration, Washington, DC., September/October.

Webster, Arthur L., Edward Weiner, and John D. Wells, 1974, The Role of Taxicabs in Urban Transportation , U.S. Department of Transportation, December.

Weiner, Edward, 1975c, "The Characteristics, Uses, and Potentials of Taxicab Transportation," Transportation, Volume 4, No. 4.

Weiner, Edward, 2005, "Transportation Policy in U.S.A.," Chapter 44, Handbook of Transport Strategy, Policy And Institutions , ed. Kenneth J. Button and David A. Hensher, Elsevier Inc,, San Diego, CA.

Wells, John D., et. al., 1972, The Economic Characteristics of Urban Public Transportation Industry, Institute for Defense Analyses, U.S. Department of Transportation, Washington, DC, February.

___, 1994, "Telework: A Vital Link to Transportation, Energy, and the Environment," Proceedings of the Telework ' 94 Symposium: The Evolution of a New Culture , November 15.

___, 1993a, "Upgrading Travel Demand Forecasting Capabilities," Proceedings of the Fourth National Conference on Transportation Planning Methods Applications , May 3-7.

___, 1993b, "Upgrading Travel Demand Forecasting Capabilities," The Urban Transportation Monitor , 1993, Vol. 7, No. 13, July 9.

___, 1989, "Summary - Second Conference on Application of Transportation Planning Methods," Proceedings of the Second Conference on Applications of Transportation Planning Methods , University of North Carolina at Charlotte, June.

___, 1984, "Devolution of the Federal Role in Urban Transportation" , Journal of Advanced Transportation , Vol. 18, No. 2.

___, 1984/5, "Urban Transportation Planning in the U.S.- An Historical Overview," Transport Reviews , Part 1, Vol. 4, No. 4, October/December 1984; Part 2, Vol. 5, No. 1, January/March 1985. Taylor and Francis, London.

___, 1983, "Redefinition of Roles and Responsibilities in U.S. Transportation," Transportation , Vol. 17, Martinus Nijhoff, The Hague, The Netherlands, pp. 211-24.

___, 1982, "New Directions for Transportation Policy," Journal of the American Planning Association , Vol. 48, No. 3, Washington, D.C. Summer.

___, 1979, "Evolution of Urban Transportation Planning," in Public Transportation: Planning, Operations, and Management ,（Chapter 15）, G. Gray and L. Hoel, eds., Prentice-Hall, Englewood Cliffs, NJ.

___, 1976a, "Assessing National Urban Transportation Policy Alternatives," Transportation Research , Pergamon Press, London, England, Vol. 10, pp. 159-78.

___, 1976b, "Mass Transportation Needs and Financing in the United States," Transportation , Volume 5, Elsevier Scientifi c Publishing Company, Amsterdam, The Netherlands, pp. 93-110.

___, 1975a, "Workshop 3: The Planner ' s Role," Research Needs for Evaluating Urban Public Transportation , Special Report 155, Transportation Research Board, Washington, D.C. pp. 40-44.

___, 1975b, "Urban Area Results of the 1974 National Transportation Study," U.S. Department of Transportation, Washington, D.C. January.

___, 1975c, "The Characteristics, Uses, and Potentials of Taxicab Transportation," Transportation , Volume 4, No. 4.

___, 1974, "Urban Issues in the 1974 National Transportation Study," Presented at the ASCE/EIC/RTAC Joint

Transportation Engineering Meeting, Montreal, Canada. July.

Weiner, Edward, and Fredrick W. Ducca, 1996, "Upgrading Travel Demand Forecasting Capabilities: The U.S. DOT Travel Model Improvement Program," TR News , Number 186, September - October.

Weingroff, Richard F., 2012, Designating the Urban Interstates , U.S. Dept. of Transportation, Federal Highway Administration, Sept.13.

Wells, John D., et. al., 1970, An Analysis of the Financial and Institutional Framework for Urban Transportation Planning and Investment, Institute for Defense Analyses, Arlington, VA. June

Wells, John D., et. al., 1974, The Economic Characteristics of Urban Public Transportation Industry , Institute for Defense Analyses, U.S. Department of Transportation, Washington, DC, February.

Wells, John D., Norman J. Asher, Richard P. Brennan, Jane-Ring Crane, Janet D. Kiernan, and Edmund H. Mantell, 1970, An Analysis of the Financial and Institutional Framework for Urban Transportation Planning and Investment , Institute for Defense Analyses, Arlington, VA. June.

Wilbur Smith and Assoc., 1961, Future Highways and Urban Growth , prepared for the Automobile Manufacturers Association, February.

Williams, Kristine M. 2003, "Access Management Manual: TRB Committee Documents the State of the Art," TRNews. 228, September-October.

Wingo, Lowden Jr., 1963, "An Analysis Of Urban Travel Demands," (Book Review) , The American Economic Review , Vol. 53, No. 5, American Economic Association, December, pp. 1168-1170

http: //greenbeltmuseum.org/history/ , retrieved on December 12, 2015

http: //www.greendale.org/our_community/historic_greendale/index.php

http: //www.encyclopedia.com/topic/shopping_center.aspx

http: //www.dullestollroad.com/toll/about-dulles-toll-road , retrieved on December 15, 2015

注: 1 英寸 =25.4mm;

　　1 英尺 =0.3084m;

　　1 英里 =1.6093km;

　　1 英亩 =4046.8564m^2。

译后记

  中国城市规划设计研究院的马林、赵小云、高广达，北京当代科旅规划建设研究中心刘春艳、高唱和中规院（北京）规划设计公司岳阳在本书翻译中付出了巨大的努力，李天娇和实习学生王森在本书的初稿翻译校核中给予了切实的帮助。感谢李玲洁编辑的耐心编校工作，她为阅读的流畅度做出了重要贡献！

  由于本书涉及美国各类政策、交通立法、机构体制等诸多领域，而我们的水平十分有限，错误之处在所难免，敬请读者批评指正。

城市交通理论与技术译丛编译团队

北京

2019 年 11 月 20 日